普通高等教育"十一五"国家级规划教材

高等院校电子技术系列教材

模拟电子技术基础教程

Fundamentals of Analog Electronics

(修订版)

主编　周跃庆

天津大学出版社
Tianjin University Press

内容简介

本书是在第一版的基础上，结合近几年的教学实践和总结提高的教学改革实践经验修改增删而成。在修订过程中，依据2004年教育部高等学校电子信息与电气信息类基础课程指导委员会重新修订的“模拟电子技术基础”课程的教学基本要求，在保证基本教学内容的前提下，从“开放“和“批判”的视角出发，能加强读者对已有知识的应用意识和引起读者对获取知识途径的深入思考；为适应新形势和教学的灵活性，对加深加宽内容做了选讲处理；为便于读者自我检验，书中增加了习题解答提示或答案。

全书共分9章，内容有：常用半导体器件；放大电路基础；功率放大电路；模拟集成电路；放大电路中的反馈及应用；信号处理电路和模拟乘法器；信号产生电路；直流稳压电源；电流模式电路概述。

本书与周跃庆主编的《数字电子技术基础教程》配套，仍沿用从“模拟电子技术”到“数字电子技术”的体系。但若有反之体系讲授的需要，只要将《模拟电子技术基础教程》中的第1章移到《数字电子技术基础教程》之前讲授即可。

本书可作为高等学校电气信息类等各专业本科生教材，也可供成人和职业教育相关专业选用。

图书在版编目(CIP)数据

模拟电子技术基础教程/周跃庆主编.—天津：天津大学出版社，2005.9（2016.8重印）
ISBN 978-7-5618-2190-9

Ⅰ.模… Ⅱ.周… Ⅲ.模拟电子－电子技术－高等学校－教材 Ⅳ.TN710

中国版本图书馆CIP数据核字(2005)第097452号

出版发行 天津大学出版社
地　　址 天津市卫津路92号天津大学内(邮编:300072)
电　　话 发行部:022-27403647
网　　址 publish. tju. edu. cn
印　　刷 天津泰宇印务有限公司
经　　销 全国各地新华书店
开　　本 185mm×260mm
印　　张 19.5
字　　数 500千
版　　次 2005年9月第1版
印　　次 2016年8月第5次
印　　数 9 001-10 000
定　　价 26.00元

修订版序

《模拟电子技术基础教程》、《数字电子技术基础教程》自 2005 年 9 月和 2006 年 6 月相继出版以来，在受到国内同行和广大读者关注的同时，也收到许多建议和宝贵意见，本书作者在此表示衷心的感谢。

通过改革实践和总结提高，修订版在原版的基础上进行了修改、增删。在修订过程中，依据 2004 年教育部高等学校电子信息与电气信息类基础课程指导委员会重新修订的“模拟电子技术基础”课程的教学基本要求，做了如下考虑和处理。

(1)在保证基本教学内容的前提下，作者力图用尽可能少的篇幅把本课程的重要内容和基础理论介绍给读者，使读者通过本课程的学习能够认识电路、会看电路图、会设计电路、会用电路知识去解决实际问题。

(2)从“开放”和“批判”的视角出发，加强读者对已有知识的应用意识，并引起读者对获取知识途径的深入思考。如将一些经简单推理就能理解的内容刻意地让读者通过习题来掌握；对电路存在的弊端及现在或未来可能出现的解决途径，在适当章节给予了必要的提示。

(3)使教材既能适应电子技术不断发展的新形势，又能适应教学上的灵活性。

(4)为便于教师选讲和读者自学参考，在编排上，对加深、加宽的内容均注有 * 号。

(5)为使教材内容与习题紧密结合，并便于读者自我检验，书中增加了习题解答提示或答案。

在修订过程中，电气与自动化工程学院电子学教研组全体教师进行了多次研讨，具体参加新版修订工作的有周跃庆(第 1、2、4、5、8、9 章)、任英玉(第 6 章)、范娟(第 7 章)、王萍(第 3 章)、李斌(第 8 章)、吕伟杰(习题解答或提示)。周跃庆负责全书的组织和定稿。

在修订过程中许任男协助校对了书的部分原稿，本书作者表示感谢。

现在新版教材与读者见面了，恳请各界读者一如既往，对书中的缺点和错误多加指正。

编者

2008 年 3 月

配套教学资源网址：http://course.tju.edu.cn/dzjc/

前　　言

模拟电路是电气信息类专业的重要基础课之一，其应用范围很广，它包括线性放大电路，也包括诸如整流、振荡等非线性电路。广义来讲，数字电路以外的所有电路均属于模拟电路。

本书作者认真总结了“模拟电子技术”课程教学的点滴体会，研读了国内外有代表性的教材，吸取了近几年国内有关教学改革的宝贵经验。编写过程中着眼于两个目的：一是力图讲清楚本课程的重要内容和基础理论；二是力图使学生通过本课程的学习能够认识电路，会看电路图，会设计电路，会用电路知识去解决实际问题。

在内容安排上有三方面的考虑：一是加强模拟电子电路的基本概念、基本电路、基本原理、基本分析方法及基本设计和计算方法等重要基础理论和技术；二是适度压缩分立元件电路，加强集成电路及其应用内容；三是在重视传统基本理论与技术同时，适当加入新内容，如电流模式电路理论与技术等。

参加本书编写工作的教师及具体执笔分工如下：第 1、4、5、9 章由周跃庆编写；第 2、3、8 章由赵一群编写；第 6 章由任英玉编写；第 7 章由范娟编写。李斌编写部分章节的习题。全书由周跃庆定稿。

在拟定本书编写大纲过程中，电气与自动化工程学院电子学教研组全体教师进行了多次研讨，大家提出了许多宝贵意见，本书作者在此表示感谢。在完成本书编写过程中，作者从所列参考文献中吸取了宝贵的经验，本书作者谨向参考文献的著、编、译者表示感谢。

此外，本书编写过程中，张娟娟、程亦晗、贾鹏、张媛媛、王鸿隽绘制了书中图稿，本书作者表示感谢。

由于作者水平有限，难免存在不妥之处，恳请各位老师、同学及其他读者给予指正。

编者

2005 年 1 月

目 录

第1章 常用半导体器件

引言

虽然电子技术的发展异常迅猛,但以大规模集成电路、计算机技术为先导的电子技术发展,并没有动摇电子器件仍以PN结为基础的现实。PN结在现代电子学中有着重要的作用,因为就PN结本身而言,它就是一种有着广泛用途的二极管;另外,它也是双极型晶体管和场效应晶体管的重要组成部分。因此,了解PN结的结构和电特性是很有必要的。本章首先简单介绍半导体的一些基本知识,再讨论PN结的导电机理和电特性,而后介绍半导体二极管、双极型晶体管(BJT)和场效应晶体管(FET)的工作原理、特性及主要参数。

1.1 半导体导电特性

半导体的导电能力介于导体和绝缘体之间,其电阻率为$10^{-9} \sim 10^{-3}$ Ω·cm。常用的半导体材料有Si(硅)、Ge(锗)和Ⅲ～Ⅴ族化合物砷化镓(GaAs)等,其中以硅用得最广泛,在以后的讨论中,常以硅作为例子。

半导体之所以被用来制造各种电子器件,主要在于其独特的导电特性:在纯净半导体中掺入少量其他元素(称为杂质),可以改变和控制半导体的导电能力;温度变化、光照及外界磁场也可以改变半导体的导电能力。利用半导体的这些特性可制造出具有不同性能的半导体器件。例如,半导体二极管、双极型晶体管、场效应晶体管及热敏器件、光电器件、磁敏器件等。

1.1.1 本征半导体

本征半导体是指纯净的、结构完美的单晶半导体,它不含有任何杂质。现以硅和锗为例子以说明。

1.本征半导体的原子结构

硅和锗都是Ⅳ族元素,它们的原子序数分别为14和32,原子结构如图1-1-1所示。它们的最外层都有4个电子,通常称为价电子。半导体的导电性能与价电子有关,为便于讨论导电机理,常采用图1-1-1(c)所示的简化模型。在这个模型中只画出价电子,除价电子以外的所有内层电子与原子核组成惯性核,它的净电量为正4个电子电量。

在形成晶体时,每个原子的价电子都与其周围的原子所共有,形成共价键结构,如图1-1-2(a)所示。在绝对零度(0 K)下,所有价电子都被原子核束缚在共价键上,而不能自由运动,所以相当于绝缘体。

2.本征激发及载流子

当本征半导体受热或光照时,有些价电子由于热“激发”获得能量而摆脱共价键的束缚,成为自由电子(带一个单位负电荷);同时,价电子离开后,在原来的共价键中因缺少电子留下一个空位(带一个单位正电荷),这个空位被称为空穴。周围的价电子受到热激发也会跳

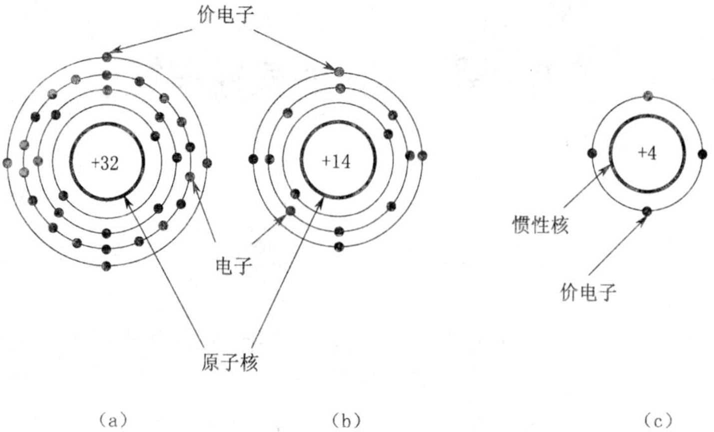

图 1-1-1　硅和锗原子结构模型
(a)Ge(锗);(b)Si(硅);(c)简化模型

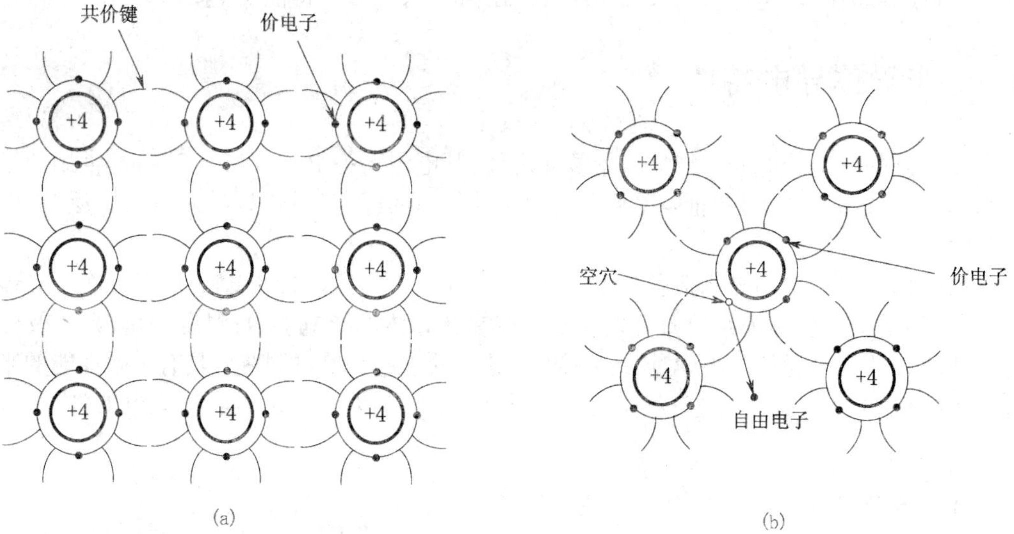

图 1-1-2　共价键结构示意图
(a) $T=0$ K;(b) $T>0$ K

到这个空穴处,在其原来的位置形成新的空穴,这相当于空穴从一个位置移到另一个位置,如图 1-1-2(b)所示。并把上述现象称为本征激发。

不加电场时,自由电子和空穴的运动是随机的,不会形成电流。在外加电场作用下,虽然在微观上电子和空穴的运动仍是杂乱无章的,但从宏观上看,自由电子和空穴在沿电场方向作定向运动(二者运动方向相反),形成电流。可见,在半导体中存在两种载流子——自由电子和空穴。它们是成对出现的,电荷量相等,极性相反,也称作"电子空穴对"。

值得指出的是,空穴并不是一个物理实体,引进空穴的概念只是为了处理问题方便。半导体中所说的电子导电和空穴导电实际上都是电子参与导电,所谓空穴导电,只是价电子在电场作用下依次填补空穴的统计结果。

3.本征载流子浓度

在本征半导体中,产生"电子空穴对"的同时,还会出现载流子复合现象,即自由电子在热运动中可能与空穴相遇,释放出能量,填补空穴,恢复共价键结构,使"电子空穴对"消失。

在一定温度下，本征激发和载流子复合都在不停地进行，最终达到动态平衡，使本征半导体内载流子浓度处于某一热平衡值，并把热平衡时的自由电子浓度 n_i 和空穴浓度 p_i 统称为本征载流子浓度。理论分析表明，本征载流子浓度可用下式表示：

$$n_i = p_i = A_0 T^{\frac{3}{2}} e^{\left(\frac{-E_{go}}{2kT}\right)} \tag{1-1-1}$$

式中，A_0 是与半导体材料有关的常数，硅的 $A_0 = 3.88 \times 10^{16}\,cm^{-3} \cdot K^{-\frac{3}{2}}$，锗的 $A_0 = 1.76 \times 10^{16}\,cm^{-3} \cdot K^{-\frac{3}{2}}$；$k$ 是玻耳兹曼常数，$k = 1.38 \times 10^{-23}$ J/K $= 8.63 \times 10^{-5}$ eV/K；T 是绝对温度，单位为 K；E_{go}是 0 K 时的禁带宽度，它表示把一个价电子激发成自由电子所需要的最小能量，单位为 eV[1 eV $= 1.6 \times 10^{-19}$ J(焦耳)]，硅、锗的禁带宽度分别为 1.21 eV 和 0.785 eV。

式(1-1-1)表明，本征载流子浓度与半导体材料有关，也与温度密切相关。温度 T 升高，$n_i(p_i)$增大，导电能力增强。在室温下($T = 300$ K)，由式(1-1-1)计算可得，硅的 $n_i = p_i \approx 1.5 \times 10^{10}\,cm^{-3}$，锗的 $n_i = p_i \approx 2.4 \times 10^{13}\,cm^{-3}$。

1.1.2　杂质半导体

在室温下，本征载流子浓度数值虽然很大，但与其原子密度(硅原子密度为 $5.1 \times 10^{22}\,cm^{-3}$)相比，却是很小的数字，其导电能力很弱。但是，在本征半导体中掺入微量其他元素，其导电能力会发生显著变化。掺入的元素称为“杂质”，掺入杂质后的半导体称为杂质半导体。根据掺入的杂质不同，杂质半导体分为 N 型(电子型)半导体和 P 型(空穴型)半导体两种类型。

1. N 型半导体

在本征半导体中掺入少量Ⅴ族元素(例如磷)，能使半导体中的自由电子浓度显著增加。由于磷原子有 5 个价电子，当掺入硅中后，有 4 个电子与周围的硅原子形成共价键，还多余 1 个电子。这个多余的价电子受到的束缚比共价键上的电子小得多，很容易被激发使它挣脱原子核的束缚成为自由电子，而失去多余电子的杂质原子变为不能移动的正离子，由于五价元素杂质可以提供多余电子，故称为施主杂质。掺入杂质原子数越大，产生的自由电子就越多，其导电能力就越强。N 型半导体结构如图 1-1-3 所示。

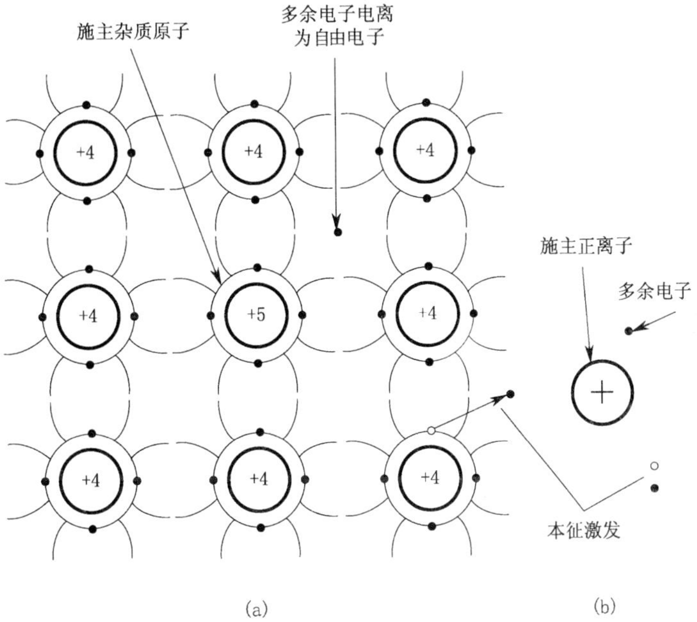

图 1-1-3　N 型半导体结构示意图

(a)共价键结构；(b)模型

杂质半导体中，除施主杂质提供的大量自由电子外，同时还存在本征激发产生的电子空穴对，但自由电子数远大于空穴数，故以自由电子导电为主。因此，称掺入五价元素杂质的半导体为电子型或 N 型半导体（N 表示 Negative），并把自由电子称为多数载流子，简称“多子”；空穴称为少数载流子，简称“少子”。N 型半导体的模型表示如图 1-1-3(b)所示。

2. P 型半导体

在本征半导体中掺入少量Ⅲ族元素（例如硼），能使半导体中的空穴浓度显著增加。由于三价元素硼的最外层只有 3 个价电子，当将其掺入硅中之后，在与周围的硅形成共价键时尚缺少 1 个价电子，产生一个空位。在室温下，相邻原子的价电子很容易填补这个空穴，从而产生一个空穴，而三价杂质原子因接受 1 个价电子而变为不能移动的负离子。由于三价元素杂质接受价电子，故称为受主杂质，其结构如图 1-1-4 所示。

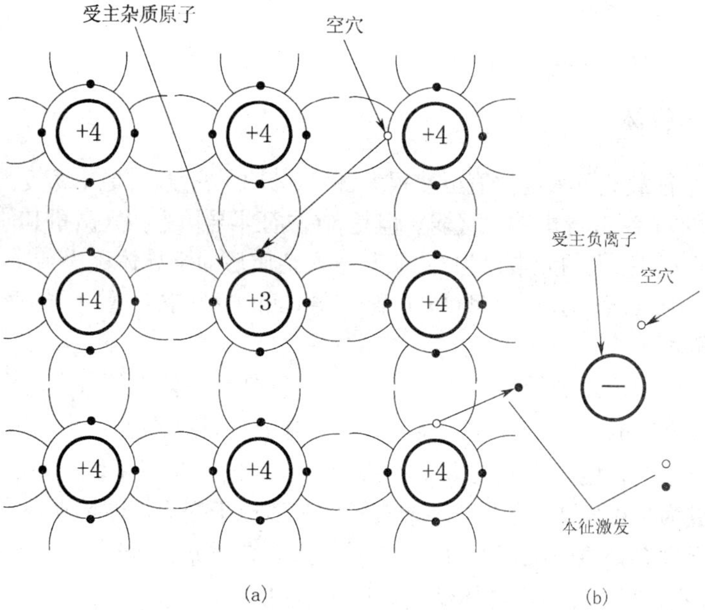

图 1-1-4　P 型半导体结构示意图

(a)共价键结构；(b)模型

半导体中，除受主杂质提供的大量空穴外，同时还存在本征激发产生的电子空穴对，但空穴数远大于自由电子数，故以空穴导电为主。这种以空穴导电为主的半导体称为空穴型或 P 型半导体（P 表示 Positive）。即在 P 型半导体中，空穴是多数载流子，电子是少数载流子。图 1-1-4(b)是 P 型半导体的模型表示。

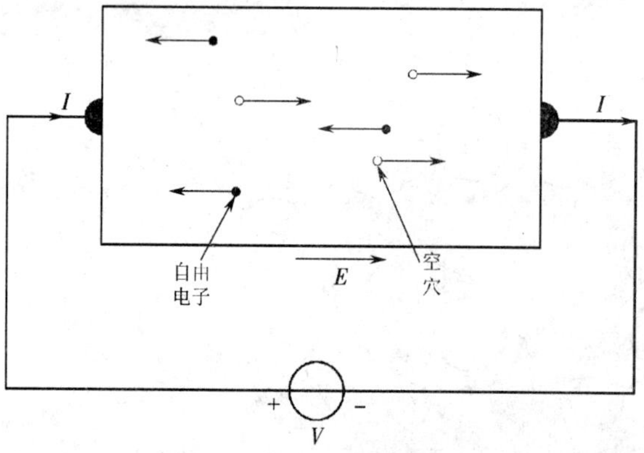

图 1-1-5　载流子的漂移运动

3. 载流子的两种运动

电流是载流子定向运动的结果。半导体中的载流子有两种运动形式，即漂移运动和扩散运动。

漂移运动是载流子在电场力作用下的定向运动，如图 1-1-5 所示。空穴带正电荷顺电场方向运动，而电子逆电场方向运动。由于它们所带的电荷极性相反，所以两种载流子运动所产生的电流方向一致，并把由载流子的漂移运动所产生的电流叫漂移电流。

由前面分析可知，热平衡时，半导体中载流子浓度的分布是均匀的，没有外电场作用不会形成电流。当半导体的一端面受到光照或注入载流子时，半导体中载流子浓度的热平衡状态受到破坏，并在半导体内形成浓度差，导致载流子作定向运动，如图1-1-6所示。载流子从浓度高的区域向浓度低的区域的定向运动称为扩散运动，由载流子扩散运动形成的电流称为扩散电流。

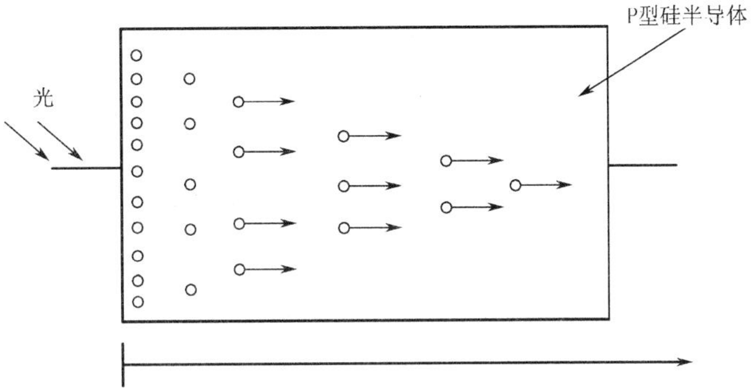

图1-1-6 载流子的扩散运动

1.2 PN结和半导体二极管

在N型(或P型)半导体衬底上，采用扩散、外延或合金等杂质补偿方法，将其部分区域转变成P(或N)区，则在P区与N区的交界处形成PN结。PN结是半导体器件及集成电路中元器件的基本结构。

1.2.1 PN结的形成

图1-2-1(a)表示在同一半导体中的P区和N区，其交界处PN结形成的物理过程简述如下。

首先，在P、N半导体交界面两侧存在多子浓度的显著差异，导致了载流子的扩散运动。P区内的空穴向N区扩散，并与N区内的电子复合，使得交界面附近的P区一侧因失去空穴而留下不能移动的负离子；同理，N区内的电子将向P区扩散，并与P区的空穴复合，N区一侧因失去电子而留下不能移动的正离子。这样由于多子扩散，在交界面两侧形成了一个正负离子区，称为“空间电荷区”。在该区域内，多数载流子因扩散和复合而消耗掉，因此空间电荷区又称为耗尽层，如图1-2-1(b)所示。在空间电荷区内正负离子的积累形成了方向由N区指向P区的内电场E_0，并在PN结中产生电位差V_0，而在PN结以外的区域是等电位的，以保持电中性，其电位和电子势能分布曲线分别如图1-2-1(c)、(d)所示。

伴随着内电场的建立，将对载流子的运动产生两种影响。一是不利于多子的扩散，即内电场将阻碍P区的空穴和N区的电子继续向对方区域扩散，故空间电荷区又称阻挡层。二是有利于少子的漂移，即内电场将驱使N区的空穴向P区漂移，P区的电子向N区漂移，从而产生少子的漂移运动。P区的电子向N区漂移并补充失去的电子，使正离子数减少；同理，P区的空穴也得到补充，使负离子数减少，导致空间电荷区内正负离子积累数量减少。

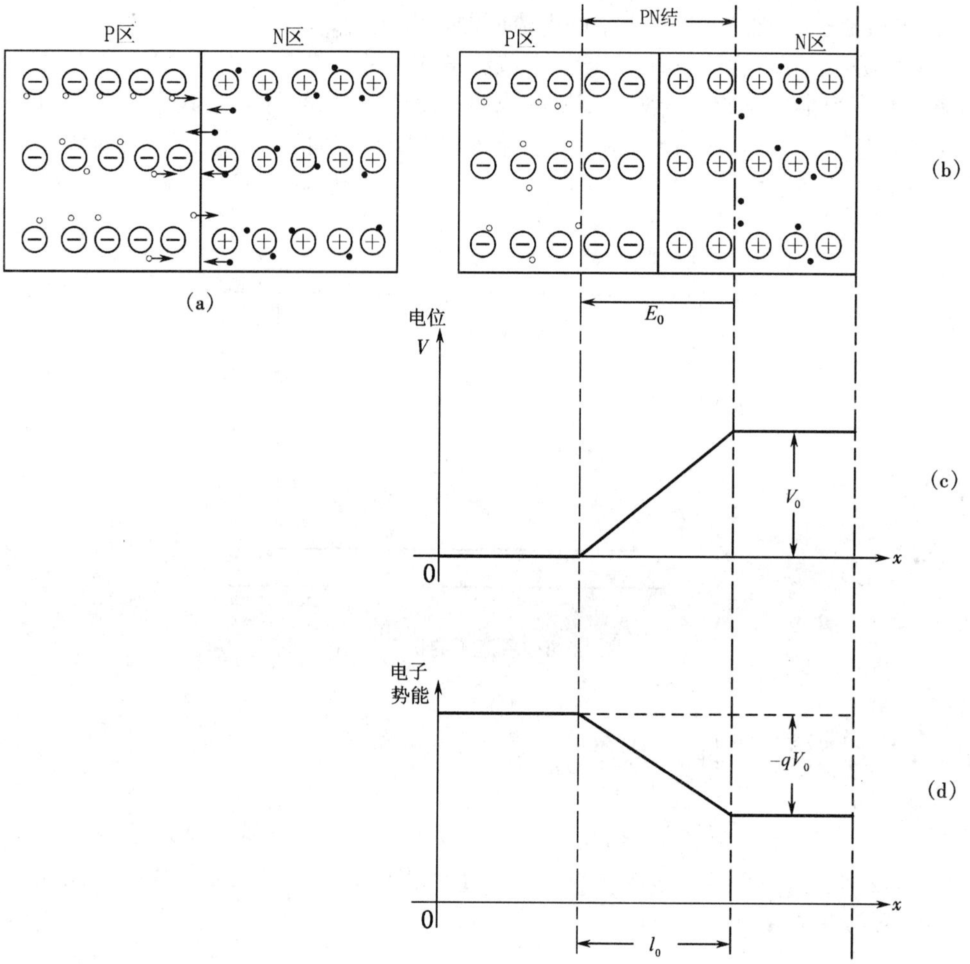

图 1-2-1 PN 结的形成

(a)扩散后的 P 区和 N 区交界面;(b)PN 结的形成;(c)电位分布曲线;(d)电子势能

可见,多子的扩散运动和少子的漂移运动是同时存在的,随着扩散运动的进行,空间电荷区加宽,电场 E_0 增强,又使扩散运动减弱,漂移运动则随之增强,使空间电荷区变窄,电场 E_0 削弱,再次促使多子扩散,最终将达到扩散运动和漂移运动的动态平衡。此时,空间电荷区的宽度相对稳定下来,内电场强度为恒定值,这就是所谓的 PN 结。由于在动态平衡中,总的多子扩散电流与总的少子漂移电流大小相等,方向相反,所以 PN 结中总电流为零。

1.2.2 PN 结的特性

在以上 PN 结无外加电压时的讨论中,强调了 PN 结的形成过程和动态平衡概念。下面讨论 PN 结在外加电压作用下的特性。需要指出的是,加上外加电压时,因为 N 区和 P 区的材料电阻很小,所以外电压主要降落在空间电荷区。

1.单向导电性

(1)外加正向电压

将 PN 结的 P 区一侧接电源的正极,N 区一侧接电源的负极,称为 PN 结的“正向偏置”,简称“正偏”,如图 1-2-2 所示。PN 结正偏时,外加电场与内电场方向相反,削弱了内电场的作用,空间电荷量减少,阻挡层宽度由 l_0 减小为 l,耗尽层两端电位差由 V_0 降为 $V_0 - V_F$,从而破坏了 PN 结的动态平衡状态,使多子扩散数目远远大于少子漂移数目,流过 PN 结的电流近似为扩散电流,称为正向电流 I_F,且正向电流将随着电压的增大而迅速增大,使正偏的 PN 结表现为一个阻值很小的电阻。

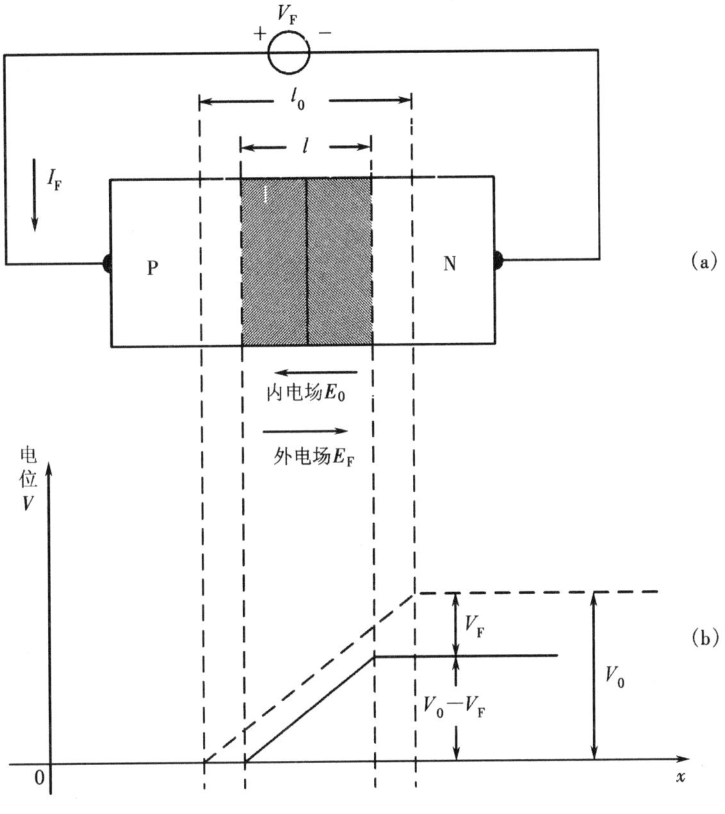

图 1-2-2　PN 结的“正向偏置”

(a)电路接法;(b)电位分布

(2)外加反向电压

将 PN 结的 P 区接电源的负极,N 区接电源的正极,称为 PN 结的“反向偏置”,简称“反偏”,如图 1-2-3 所示。PN 结反偏时,外加电场与内电场的方向相同,起增强内电场的作用,空间电荷区加宽,由 l_0 变为 l,电位差由 V_0 增加到 $V_0 + V_R$,从而有利于少子漂移,不利于多子扩散,使多子扩散数目近似为零,PN 结同样失去动态平衡,此时,通过 PN 结的电流主要由漂移电流决定,称为反向电流 I_R。由于少子数量是由本征激发引起的,其浓度很小,且当温度一定时,少子数量为恒定值,因此反向电流 I_R 很小且几乎不随反偏电压变化,故亦称反向饱和电流 I_S,此时 PN 结表现为一个大电阻。

可见,PN 结具有单向导电特性。PN 结正偏时,产生的正向电流远远大于 PN 结反偏时

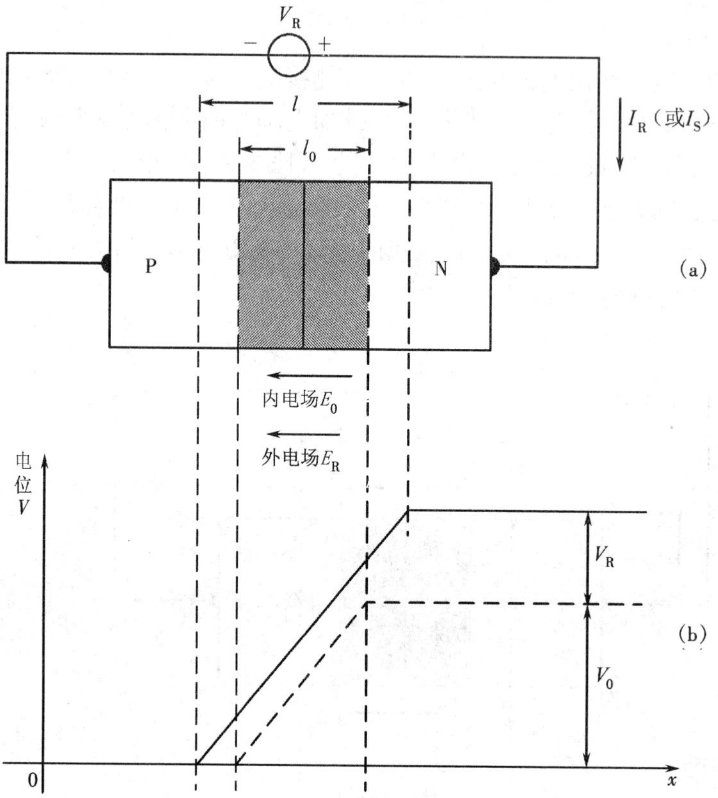

图 1-2-3 PN 结的“反向偏置”
(a)电路接法;(b)电位分布

的反向饱和电流。

2.PN 结的伏安特性

PN 结两端外加电压 V 与流过的电流 I 之间的关系 $I=f(V)$ 称为 PN 结的伏安特性。根据理论分析,PN 结的理想伏安特性可用下式表示:

$$I=I_S(e^{V/V_T}-1) \tag{1-2-1}$$

式中,I_S 为反向饱和电流;$V_T=kT/q$ 为温度的电压当量,其中 q 为电子的电量,当温度为室温 $T=300$ K 时,$V_T=26$ mV。

由式(1-2-1)可知,当正偏电压 $V \gg V_T$ 时,$e^{V/V_T} \gg 1$,则 $I \approx I_S e^{V/V_T}$,即当 V 大于一定值后,I 与 V 成指数关系;当反偏压 $|V| \ll V_T$ 时,指数项趋于零,则 $I \approx -I_S$,即反向电压达到一定值后,PN 结反向电流为常数,也就是所说的反向饱和电流。总的伏安特性如图 1-2-4 中实线所示。

3.击穿特性

图 1-2-4 中的实线是理想情况,实际 PN 结的反向电流 I_S 在反向电压大于某一值时将急剧增加,这种现象称为 PN 结的反向击穿,如图 1-2-4 中的虚线所示,图中的 V_{BR} 称作击穿电压。

击穿的机理有两种,一种是雪崩击穿,另一种是齐纳击穿。雪崩击穿多发生在低掺杂的 PN 结中,这种结的空间电荷区较宽。当反向电压足够高时,PN 结中内电场较强,穿越耗尽层的少子受到电场加速，获得足够的动能，把共价键上的价电子碰撞下来，产生电子空穴对，这些新的载流子又被加速，又会碰撞产生新的电子空穴对，形成连锁反应。这种过程如同雪崩一样，会导致反向电流随着反偏压的增大而迅速增大，造成PN结雪崩击穿。

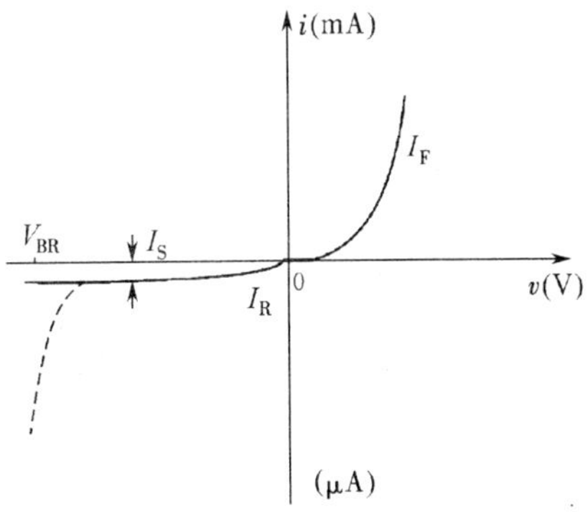

图1-2-4　PN结的伏安特性

齐纳击穿多发生于高掺杂的PN结中，这种结的空间电荷区较窄，不太大的反偏压就会产生很强的电场，足以将价电子直接从共价键上拉出来，从而获得很多的电子空穴对，使得反向电流剧增，PN结产生齐纳击穿。

一般来说，击穿电压低于5 V者为齐纳击穿，大于7 V者为雪崩击穿，介于二者之间两者均可有之。雪崩击穿时，电压温度系数为正；齐纳击穿时，电压温度系数为负。当两种击穿均存在时，其电压温度系数很低，甚至接近于零。

以上两种电击穿，只要满足 $I_R V_{BR}$ 小于PN结功耗，就是可逆的，即反向电压降低或去掉后，PN结仍可恢复原状态。一旦 $I_R V_{BR}$ 大于PN结功耗，就会因结温升高产生热击穿，使PN结被烧毁。可以利用电击穿制造特殊的二极管，但热击穿必须避免。

4.电容效应

PN结两端电压改变时，会引起积累在PN结的空间电荷量和两中性区的非平衡少数载流子数量发生变化，从而显示出PN结的电容效应。PN结电容 C_J 包括势垒电容 C_B 和扩散电容 C_D。

(1)势垒电容

由以上讨论可知，当PN结正偏压增大或反偏压减小时，空间电荷量减少，耗尽层变窄，相当于势垒区放电；当PN结正偏压减小或反偏压增大时，空间电荷量增加，耗尽层加宽，相当于对势垒区充电。因此，PN结的势垒电容是用来描述势垒区的空间电荷量随电压变化而产生的电容效应，并用 C_B 表示。

由于PN结正偏时，结电阻很小，所以 C_B 的作用相对较小；但在PN结反偏时，C_B 的作用就显得尤为重要。

(2)扩散电容

由于PN结正偏时，多子扩散运动将随电压改变而变化，两中性区也发生电荷充放电现象。随着PN结的正偏，多子扩散增强，使P区和N区的多子进入对方中性区而成为非平衡少子，并在中性区不断扩散的过程中，与其中的多子复合而消失。结区边界附近少子浓度最高，随后以指数规律衰减。因此，扩散电容是用来描述势垒区外侧的非平衡少子积累引起的电容效应，用 C_D 表示。

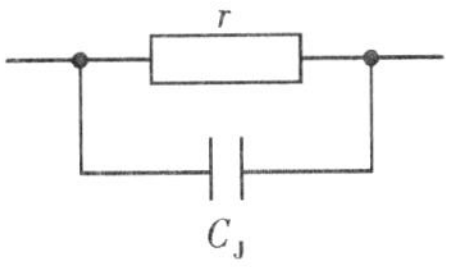

图1-2-5　PN结的高频等效电路

C_D 和 C_B 是并联的，PN结总电容

$$C_J = C_B + C_D \tag{1-2-2}$$

正偏时，$C_D \gg C_B$，$C_J \approx C_D$；反偏时 $C_D \approx 0$，$C_J \approx C_B$。

值得注意的是，在高频运用时，必须考虑结电容的影响，PN结的高频等效电路如图1-2-5所示。其中，r 表示结电阻，C_J 表示结电容。结电容的大小除了与外加电压有关,还与本身结构和工艺有关。

1.2.3 半导体二极管

1.结构和类型

将半导体 PN 结加上欧姆接触电极、引出线并封装管壳就构成了一个半导体二极管(简称二极管)。其中,由 P 区引出的电极称为正极,由 N 区引出的电极称为负极,其结构与符号如图 1-2-6 所示。符号中的箭头(图 1-2-6(d))是由 P 区指向 N 区,表示其正向导通时,实际的电流方向。尽管二极管存在半导体中性区的体电阻、接触电极电阻和引线电阻,使二极管的特性与 PN 结特性有所不同,但是差异不大,所以半导体二极管的特性基本上与 PN 结特性相同。

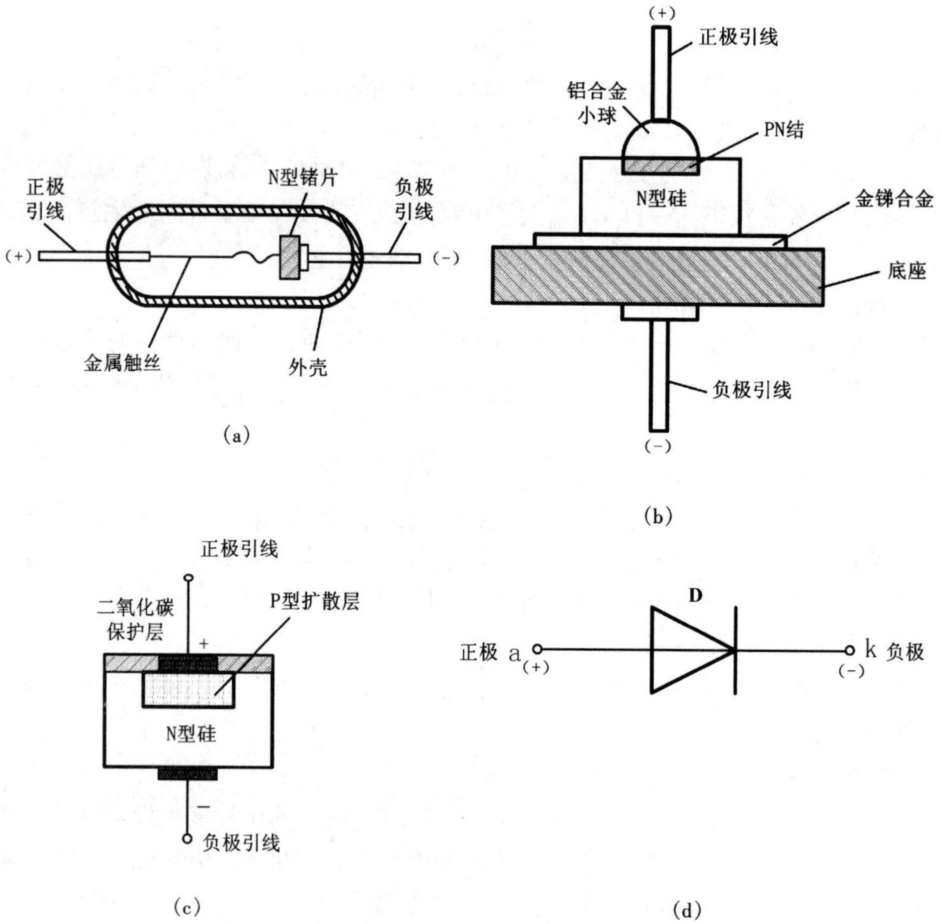

图 1-2-6 二极管的结构与符号

(a)点接触型;(b)面接触型;(c)平面型;(d)符号

二极管按结构分为点接触型、面接触型、平面型三种,分别如图 1-2-6(a)、(b)、(c)所示。

点接触型的特点是 PN 结面积小、极间电容小、工作电流小、工作频率高,主要用于高频检波、混频或作为开关元件用。

面接触型的特点是 PN 结面积大、工作电流大、频率低,主要用于整流。

平面型二极管是集成电路中常见的一种形式。PN 结面积较大时,可作大功率整流。结面积较小时,结电容也小,可在数字电路中作开关管用。

制造二极管的材料有硅和锗,分别称为硅二极管和锗二极管。

2.伏安特性

二极管的伏安特性与 PN 结的伏安特性相似,实测两例二极管伏安特性 $i_D = f(v_D)$,如图 1-2-7 所示。

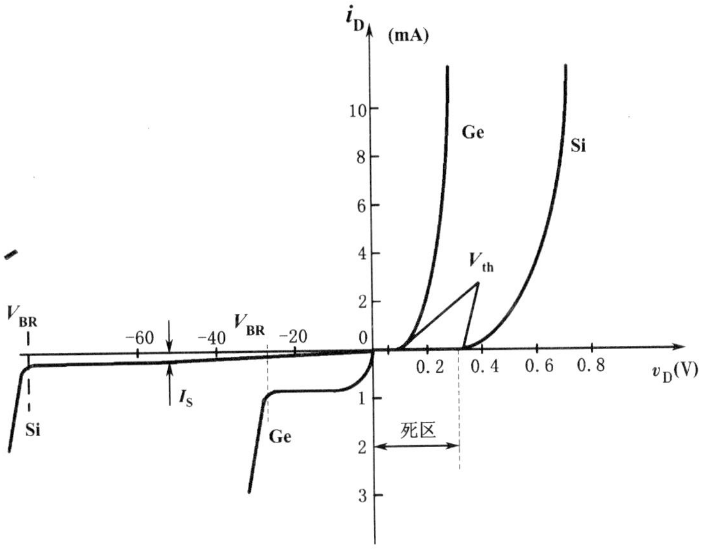

图 1-2-7　二极管伏安特性

二极管伏安特性曲线分为三个区域:

(1)正向工作区

在图 1-2-7 中,$v_D > 0$ 的区域为正向工作区。在该区域,二极管的正向特性是非线性的。在起始部分,由于正偏压较小,PN 结上形成的外电场对内电场的影响小,因此这时的正向电流很小,几乎为零,二极管此时并未导通;只有当正偏压增到一定数值出现正向电流时,才认为二极管导通,并把此时所对应的电压称为开启电压(或阈值电压、门限电压、死区电压),以 V_{th}表示。常温下,硅管的 $V_{th} \approx 0.5 \sim 0.6$ V,锗管的 $V_{th} \approx 0.1 \sim 0.2$ V。二极管的理想伏安特性可用 PN 结电流方程(式(1-2-1))表示。

(2)反向工作区

在图 1-2-7 中,$-V_{BR} < v_D < 0$ 的区域为反向工作区。在该区域,二极管的反向电流很小,且基本上不随反向电压变化,而趋向于反向饱和电流 I_S 值。通常锗管的 I_S 较大,为 μA 量级;硅管的 I_S 较小,在 $10^{-9} \sim 10^{-15}$ A 量级。

(3)击穿区

在图 1-2-7 中,$v_D \leqslant -V_{BR}$的区域为击穿区。在该区域,当反向电压负向增加到 V_{BR},即 $v_D \leqslant V_{BR}$时,二极管反向电流剧增,使二极管反向击穿,V_{BR}称为反向击穿电压。

3.主要参数

器件的参数表征了半导体器件的性能和运用条件,是用户合理选择和正确使用器件的依据。二极管的主要参数如下。

(1)最大整流电流 I_F

I_F 是指二极管长期运行时,允许通过的最大正向平均电流,超过此值可能使二极管过热烧坏。

(2)最大反向击穿电压 V_R

V_R是指二极管允许加的最大反向工作电压,通常 V_R 为反向击穿电压 V_{BR}的一半。

(3)反向电流 I_R

I_R 是指二极管未击穿时的反向电流,I_R 值愈小,二极管的单向导电性愈好。

(4)最高工作频率 f_M

f_M 是由 PN 结电容决定的频率参数,一旦工作频率超过此值,会使二极管的单向导电性变坏。

(5)极间电容 C_J

C_J 包括势垒电容 C_B 和扩散电容 C_D(已在前面讨论)。

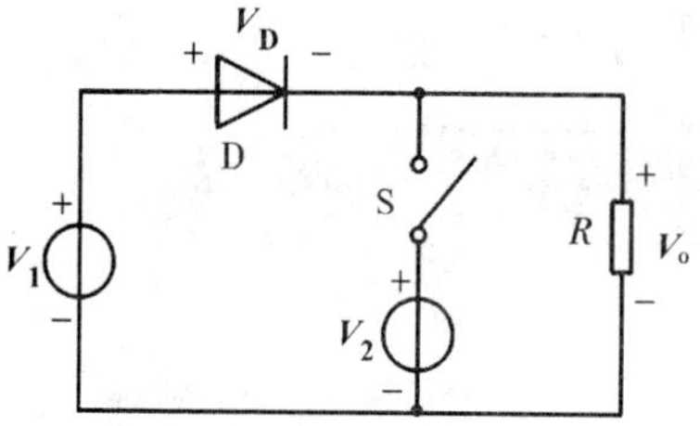

图 1-2-8 例 1-2-1 电路图

[**例 1-2-1**] 电路如图 1-2-8 所示。假设二极管导通电压 $V_D = 0.7$ V, $V_1 = 6$ V, $V_2 = 10$ V。试分别估算开关断开和闭合时输出电压的数值。

解:当开关断开时,二极管因承受正向电压而处于导通状态,故输出电压

$$V_o = V_1 - V_D = 6\ V - 0.7\ V = 5.3\ V$$

当开关闭合时,二极管因承受反向电压而截止,故输出电压

$$V_o = V_2 = 10\ \text{V}$$

1.2.4 特殊二极管

1.稳压管

如前述所知,PN 结击穿后,其端电压基本维持恒定,只要保证击穿时的电流不超过允许值,PN 结就不会损坏。稳压管正是利用 PN 结的这一反向击穿特性,通过特殊工艺制造而成。稳压管的符号及伏安特性如图 1-2-9 所示。

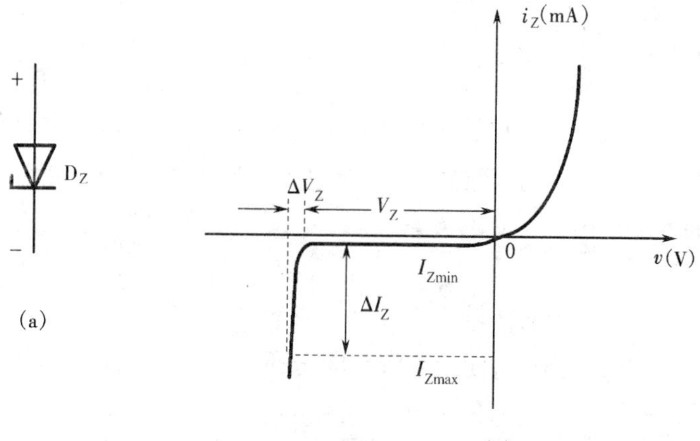

图 1-2-9 稳压管

(a)符号;(b)伏安特性

图 1-2-9(b)中的 V_Z 表示反向击穿电压，即稳压管的稳定电压；I_{Zmin} 为稳压管具有正常稳压作用的最小工作电流，要求 $I_Z > I_{Zmin}$，器件参数手册中，通常以稳定电流 I_Z 代替 I_{Zmin}，如表 1-2-1 中的第三列所示；I_{Zmax} 为稳压管的最大稳定电流，手册中通常以 I_{ZM} 表示。当稳压管实际工作电流 $I_Z > I_{ZM}$ 时，其功率损耗 $P_Z = V_Z I_Z$ 将超过最大允许耗散功率 P_{ZM}。可见，稳压管工作电流应满足 $I_{Zmin} \leqslant I_Z \leqslant I_{Zmax}$ 关系，稳压管的反向击穿特性越陡，其动态电阻，即稳压管的内阻 $r_Z = \dfrac{\Delta V_Z}{\Delta I_Z}$ 越小，稳压管的稳压性能就越好。表 1-2-1 列出了几种稳压管的主要参数，其中温度系数是指稳压值受温度影响的参数，其数值为温度每升高 1℃时，稳定电压值的相对变化量。用百分数表示为

$$k = \frac{\Delta V_Z}{V_Z \Delta T} \times 100\%/℃ \tag{1-2-3}$$

表 1-2-1　几种稳压管的主要参数

型号	稳定电压 V_Z(V)	稳定电流 I_Z(mA)	最大稳定电流 I_{ZM}(mA)	最大允许耗散功率 P_{ZM}(W)	动态电阻 r_Z(Ω)	温度系数 k(%/℃)
2CW11	3.2～4.5	10	55	0.25	<70	-0.05～+0.03
2CW15	7～8.5	5		0.25	≤10	+0.01～+0.08
2DW7A*	5.8～6.6	10	30	0.20	≤25	0.05

* 2DW7A 为具有温度补偿的稳压管。

[例 1-2-2]　简单稳压管稳压电路如图 1-2-10 所示。已知稳压管的稳定电压 $V_Z = 6$ V，最小稳压电流 $I_{Zmin} = 2$ mA，最大稳压电流 $I_{Zmax} = 50$ mA，负载电阻 $R_L = 1 \sim 5$ kΩ。求解限流电阻 R 的取值范围。

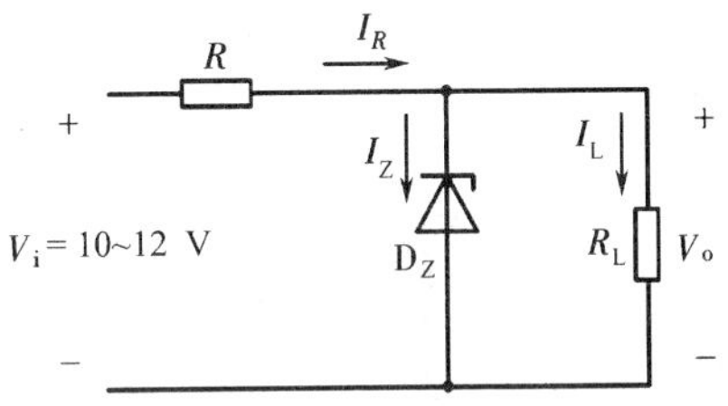

图 1-2-10　例 1-2-2 的电路图

解：选取 R 的依据是：当输入电压和负载电阻最大时，流过稳压管的击穿电流应小于它所允许的最大电流；而当输入电压和负载电阻最小时，稳压管仍工作在击穿区。因而有如下关系式：

$$\frac{(12-6)\text{V}}{R} - \frac{6\text{ V}}{5\text{ k}\Omega} \leqslant 50\text{ mA}$$

$$\frac{(10-6)\text{ V}}{R} - \frac{6\text{ V}}{1\text{ k}\Omega} \geqslant 2\text{ mA}$$

故解得限流电阻的取值范围是

$$117\ \Omega \leqslant R \leqslant 500\ \Omega。$$

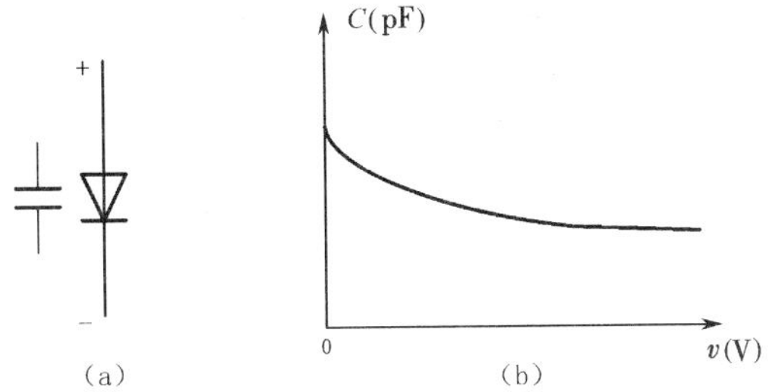

图 1-2-11　变容二极管

(a)符号；(b)容压特性曲线

2. 变容二极管

前已讨论，PN 结势垒电容的大小与外加电压有关，利用这一特性可制造变容二极管，其符号和特性如图 1-2-11 所示。

变容二极管通常在反偏状态下工作，

改变反偏压的大小可以调节电容量，它作为压控电容器广泛应用于压控振荡器、频率变换和高频技术。

3. 光敏二极管

光敏二极管是将光信号转换为电信号的常用器件。其结构是在它的 PN 结处，通过管壳上的一个玻璃窗口接受外部的光照。这种器件的 PN 结在反偏状态运行，其反向电流随光照强度的增加而增大。图 1-2-12 所示是光敏二极管的符号、等效电路及特性曲线。

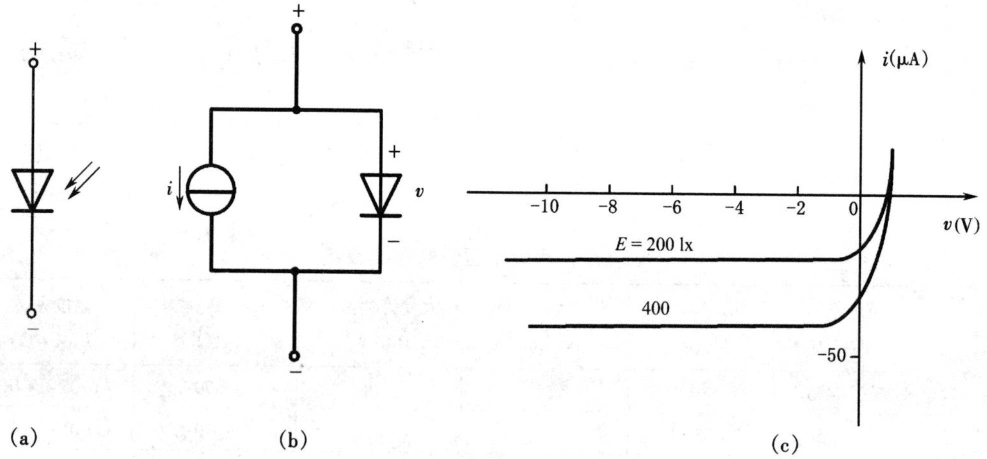

图 1-2-12　光敏二极管

(a)符号；(b)等效电路；(c)特性曲线

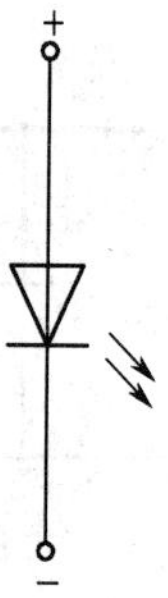

图 1-2-13　发光二极管的符号

由图 1-2-12(c)可见，它的反向电流与照度成正比，其中 lx(勒克斯)为照度(E)的单位。

4. 发光二极管

发光二极管通常是用元素周期表中Ⅲ、V 族元素的化合物(如砷化镓、磷化镓)制成的。当这种管子通以电流时会发出光来。但一般而言，其光谱范围较窄，其波长由所用的基本材料而定。几种常见发光材料的主要参数如表 1-2-2 所示。图 1-2-13 是发光二极管的表示符号。

表 1-2-2　发光二极管的主要特性

颜色	波长(nm)	基本材料	正向电压(10 mA 时)(V)	光强(10 mA 时，张角 ± 45°)(mcd*)	光功率(μW)
红外	900	砷化镓	1.3 ~ 1.5		100 ~ 500
红	655	磷砷化镓	1.6 ~ 1.8	0.4 ~ 1	1 ~ 2
鲜红	635	磷砷化镓	2.0 ~ 2.2	2 ~ 4	5 ~ 10
黄	583	磷砷化镓	2.0 ~ 2.2	1 ~ 3	3 ~ 8
绿	565	磷化镓	2.2 ~ 2.4	0.5 ~ 3	1.5 ~ 8

* cd(坎德拉)发光强度的单位。

［例 1-2-3］ 电路如图 1-2-14 所示。已知 $V=6$ V，发光二极管的导通电压 $V_D=1.6$ V，当正向电流为 5～20 mA 时才能发光。试问：

(1)开关处于何种位置时发光二极管可能发光？

(2)为使发光二极管发光，电路中 R 的取值范围为多少？

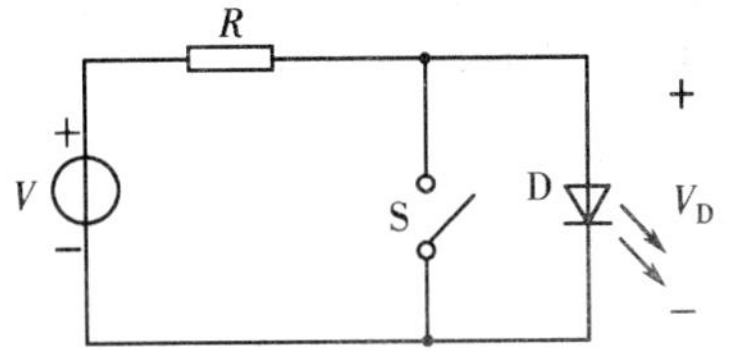

图 1-2-14　例 1-2-3 电路图

解：(1)当开关断开时，发光二极管处于导通状态，故有可能发光。当开关闭合时发光二极管的两端电压为零，故不可能发光。

(2)由 $I_{Dmin}=5$ mA，$I_{Dmax}=20$ mA，可知

$$R_{max}=\frac{V-V_D}{I_{Dmin}}=\frac{(6-1.6)\ \text{V}}{5\ \text{mA}}=0.88\ \text{k}\Omega$$

$$R_{min}=\frac{V-V_D}{I_{Dmax}}=\frac{(6-1.6)\ \text{V}}{20\ \text{mA}}=0.22\ \text{k}\Omega$$

故 R 的取值范围是 $0.22\ \text{k}\Omega \leqslant R \leqslant 0.88\ \text{k}\Omega$。

1.3　双极型三极管

双极型三极管又称双极晶体管(常简称三极管、晶体管)。三极管中参与导电的有自由电子和空穴两种极性的载流子，所以称之为双极型晶体管(Bipolar Junction Transistor，简写成 BJT)。三极管最主要的特点是具有电流控制作用，它不论对集成电路还是分立元件电路都非常重要。图 1-3-1 给出了几种常见的三极管外形。

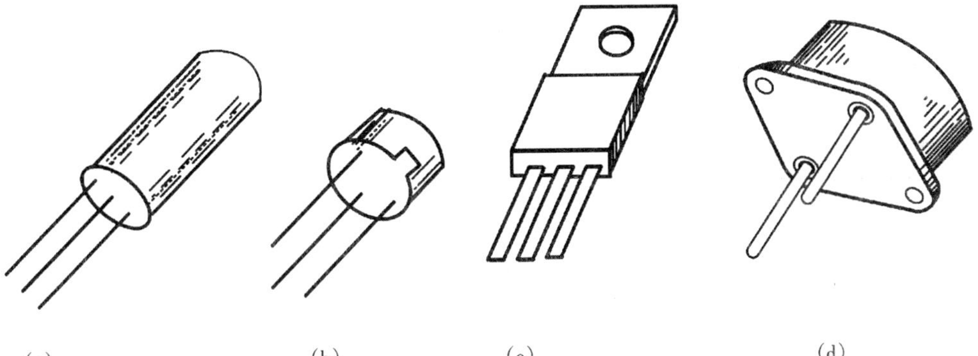

(a)　(b)　(c)　(d)

图 1-3-1　几种三极管的外形

(a)小功率管；(b)小功率管；(c)中功率管；(d)大功率管

1.3.1　结构与符号

根据不同的掺杂方式，可以构成两种不同类型的双极型三极管——NPN 型和 PNP 型。图 1-3-2 和图 1-3-3 分别给出了这两种三极管的结构示意图。从图中可见，三极管的结构是由 N、P 两种杂质半导体三层交错而成，形成三区、三极、两结的结构。三个区分别称为发射区(e 区)、基区(b 区)和集电区(c 区)；从三个区各引出一个电极，相应称作发射极(emitter，简记作 e)、基极(base，简记作 b)和集电极(collector，简记作 c)。在这种交错结构中会出现两

个 PN 结，发射区和基区之间的 PN 结称为发射结(J_e)，基区和集电区之间的 PN 结称为集电结(J_c)。若基区为 P 型半导体，则为 NPN 型三极管；若基区为 N 型半导体，则为 PNP 型三极管。

从结构示意图中可看到，发射区和集电区为同一类型的杂质半导体，但是它们不具有对称性。各区在制造工艺上的特点不同，作用也不同。发射区为高掺杂，以利于发射载流子；基区为低掺杂且做得很薄，用来减小载流子复合的机会，以利于控制载流子；集电区掺杂浓度远低于发射区，但集电结面积大，以利于收集载流子。正是这些制造工艺的特点，保证了三极管具有电流控制作用。

一般锗三极管是用合金法制造的，例如在 N 型锗片的两面放上铟球，通过加热使之熔化，掺入锗中，形成 PNP 结构。硅三极管则多是用平面工艺制造的，即在硅片上通过氧化、光刻、扩散等工艺依次形成 NPN 或 PNP 结构，再通过蒸发、压焊、封装等工序制成晶体管。

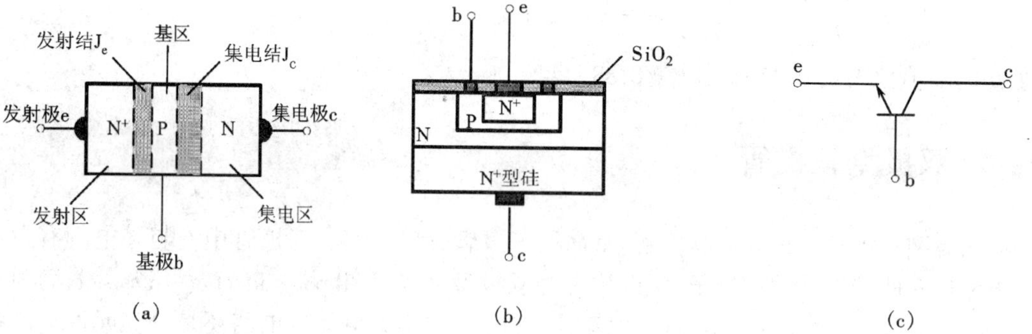

图 1-3-2 NPN 型 BJT 的结构示意及符号

(a)示意图；(b)结构；(c)符号

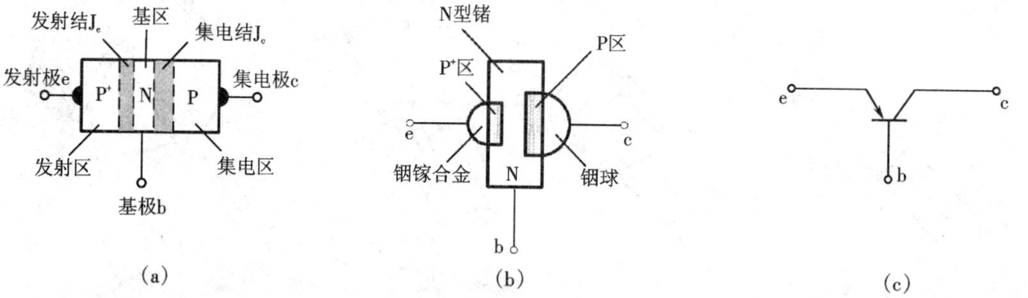

图 1-3-3 PNP 型 BJT 的结构示意及符号

(a)示意图；(b)结构；(c)符号

图 1-3-2(b)和图 1-3-3(b)分别是 NPN 型平面管和 PNP 型合金管的结构图。其代表符号如图 1-3-2(c)和 1-3-3(c)所示，符号中的箭头表示发射结正向导电时的电流方向。

下面以 NPN 管为例讨论三极管的工作机理，所得结论同样适合于 PNP 型三极管。

1.3.2 电流分配与控制

可以说三极管的基本性能就是电流控制作用，为了得到三极管的电流控制关系，必备的外部条件是：外加电压的极性要保证发射结处于正偏，集电结处于反偏，如图 1-3-4 所示。

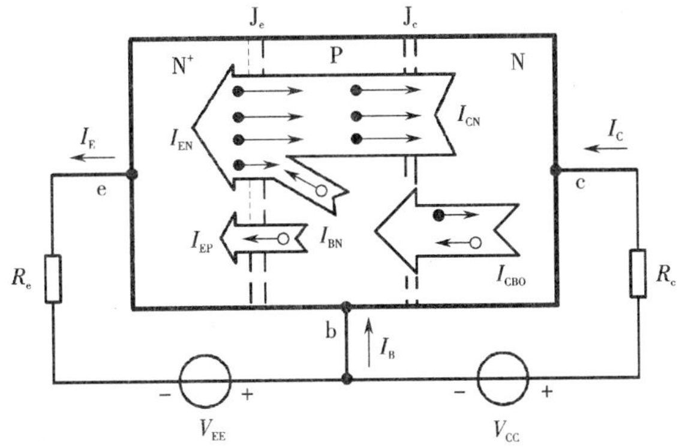

图 1-3-4　NPN 管中的载流子运动

1. **内部载流子运动形成的电流**

因为发射结处于正向偏置，发射结的内电场被削弱，使发射区的多数载流子——自由电子不断扩散到基区，形成发射极电流 I_E，其方向与电子运动方向相反，如图 1-3-4 所示。同时，基区空穴也扩散到发射区，但由于基区中空穴的浓度远低于发射区的电子浓度，因此与电子流相比，这部分空穴流可忽略不计，即图 1-3-4 中的 $I_{EP} \approx 0$。

由发射区注入到基区的电子，在基区靠近发射结的边界积累起来，在基区形成了一定的浓度梯度，靠近发射结一侧浓度最高，因此，电子就要向集电结方向扩散。在扩散过程中，有少数电子与基区的空穴复合形成基区复合电流 I_{BN}。由于基区很薄，掺杂浓度很低，所以扩散电子被空穴捕获复合的数量很少，绝大部分电子都能扩散到集电结边界。

又由于集电结处于反偏，使集电结内电场增强，在强电场的作用下，扩散到集电结边界的电子很快漂移过集电结，而被集电区收集，形成集电极电流的主要部分，即图中的 I_{CN}。与此同时，集电区和基区中的本征少子也受到强电场的作用，形成漂移电流，并称之为反向饱和电流，记作 I_{CBO}，I_{CBO}是温度的函数。

综上所述，由发射区发射的电子流（I_E）被分成两部分，其中绝大部分被集电极收集（I_{CN}），只有很小部分在基区与空穴复合（I_{BN}）。由图 1-3-4 可得三极管各电极上的电流为

$$I_C = I_{CN} + I_{CBO} \tag{1-3-1}$$

$$I_B = I_{BN} - I_{CBO} \tag{1-3-2}$$

$$I_E = I_{CN} + I_{BN} = I_C + I_B \tag{1-3-3}$$

式(1-3-3)表明，三极管各电极电流满足基尔霍夫电流定律。

2. **电流分配关系**

首先定义到达集电极的那部分电流 I_{CN}与发射极电流 I_E 之比为共基极直流电流放大系数，并以 α 表示，即

$$\alpha = \frac{I_{CN}}{I_E} \tag{1-3-4}$$

可见，α 就是电流传输比，典型值为 0.98～0.998。

引入 α 后，三极管的电流分配关系为

$$\left.\begin{aligned} I_C &= \alpha I_E + I_{CBO} \\ I_B &= (1-\alpha) I_E - I_{CBO} \\ I_E &= I_C + I_B \end{aligned}\right\} \tag{1-3-5}$$

当 I_{CBO}很小时，则可得如下近似式：

$$\left.\begin{aligned} I_C &\approx \alpha I_E \\ I_B &\approx (1-\alpha)I_E \\ I_E &= I_C + I_B \end{aligned}\right\} \tag{1-3-6}$$

上式表明，三极管各极电流之间有一个固定的电流分配关系，即

$$I_E : I_C : I_B = 1 : \alpha : (1-\alpha) \tag{1-3-7}$$

值得一提的是，一旦管子制造完成，三极管各极之间的电流分配关系即被固定下来。

3. **电流控制作用**

式(1-3-7)表明，三极管各极上的电流相互依赖，相互制约。但是严格地讲，只能把 I_C 作为被控制量，I_E 或 I_B 作为控制量。

①若以 I_E 控制 I_C，则由前面讨论可知

$$\left.\begin{aligned} I_C &= \alpha I_E + I_{CBO} \\ I_C &\approx \alpha I_E \end{aligned}\right\} \tag{1-3-8}$$

②若以 I_B 控制 I_C，则对上式稍加变换，得

$$I_C = \alpha(I_C + I_B) + I_{CBO}$$

即

$$I_C = \frac{\alpha}{1-\alpha}I_B + \left(1+\frac{\alpha}{1-\alpha}\right)I_{CBO} \tag{1-3-9}$$

令

$$\frac{\alpha}{1-\alpha} = \beta$$

$$I_{CEO} = \left(1+\frac{\alpha}{1-\alpha}\right)I_{CBO} = (1+\beta)I_{CBO}$$

则有

$$I_C = \beta I_B + I_{CEO} \tag{1-3-10}$$

$$I_C \approx \beta I_B \tag{1-3-11}$$

式中，β 通常称为共发射极直流电流放大系数。当 $I_B = 0$，基极开路时，$I_C = I_{CEO}$，即 I_{CEO}为集电极与发射极之间的漏电流，故称之为穿透电流。

1.3.3 伏安特性曲线

三极管是一种非线性器件，用伏安特性曲线可较全面地描述三极管各极电压与电流的关系。从使用者的角度看，了解三极管的伏安特性要比了解它的内部载流子的运动显得更为重要。下面介绍工程上最常用的共射输入特性曲线和输出特性曲线。

1. **输入特性曲线**

三极管的共射输入特性曲线是以集电极与发射极之间的电压 v_{CE}为参变量，基极电流 i_B 随基极与发射极之间的电压 v_{BE}变化的特性，即

$$i_B = f(v_{BE})\big|_{v_{CE}=\text{常数}} \tag{1-3-12}$$

图 1-3-5 所示为 v_{CE}取不同值时的输入特性曲线簇。下面分四种情况说明。

①当 $v_{CE} = 0$ 时，相当于发射极与集电极短接，此时，发射结和集电结并联，均加正向电

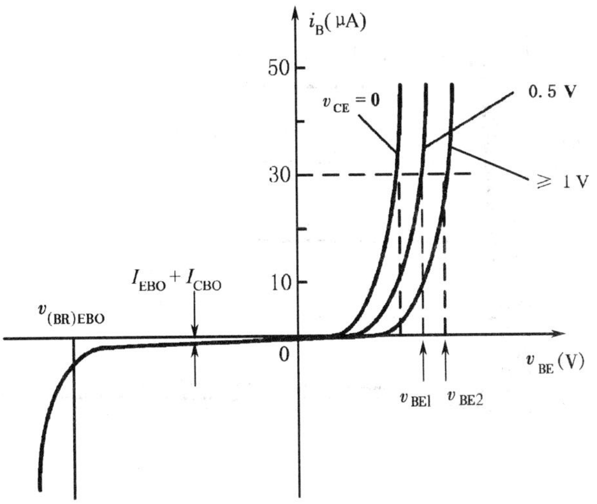

图 1-3-5　共射输入特性曲线簇

压，i_B 和 v_{BE}的关系与 PN 结的正向特性曲线相同。

②当 $v_{CE}>0$ 且数值较小时，集电结的正偏电压随 v_{CE}增大而减小，集电结处于弱反偏状态，对注入基区的自由电子的作用力相应增强，使部分电子流向集电区，电子在基区复合的机会减小，使 i_B 减小。为使 i_B 保持不变，将需要提高 v_{BE}。因而，随 v_{CE}增大，输入特性曲线右移。

③当 $v_{CE}\geqslant 1$ V 后，集电结反偏电压已足够大，足以将扩散到集电结边界处的绝大部分电子收集到集电区，致使 v_{CE}再增加，i_B 也不再明显减小。因此，$v_{CE}\geqslant 1$ V 后，各输入特性曲线几乎重合。

以上表明，三极管输入回路内阻较低，i_B 随 v_{BE}显著变化。

④当发射结和集电结均反偏时，基极反向电流（$i_B\approx-(I_{EBO}+I_{CBO})$）很小。当发射结反偏电压增大到一定值时，发射结发生反向击穿。通常用 $v_{(BR)EBO}$表示集电极开路时的发射结反向击穿电压。

2.输出特性曲线

三极管的共射输出特性曲线是以基极电流 i_B 为参变量，输出端集电极电流 i_C 随电压 v_{CE}变化的特性，即

$$i_C=f(v_{CE})|_{i_B=\text{常数}} \tag{1-3-13}$$

图 1-3-6 所示为 i_B 取不同值时三极管的输出特性曲线簇，下面分四种情况讨论。

(1)放大区

当发射结正偏（$v_{BE}>0$ 且 $i_B>0$），集电结反偏（$v_{CB}>0$）时，三极管工作在放大区。在放大区，输出特性曲线有两个特点，一是随着 i_B 的增大，输出特性向上平移，表明 i_B 对 i_C 有很强控制作用，电流放大系数 β 近似为常数，所以此区域也称为“线性区”；二是 i_C 受 v_{CE}的影响很小，当 v_{CE}增大时，i_C 电流只有略微增加。其原因是，当 v_{CE}增大时，集电结空间电荷区变宽，基区有效宽度变窄，致使电子在基区复合机会减少，引起 i_C 的增加。这种现象称为基区宽度调制效应。

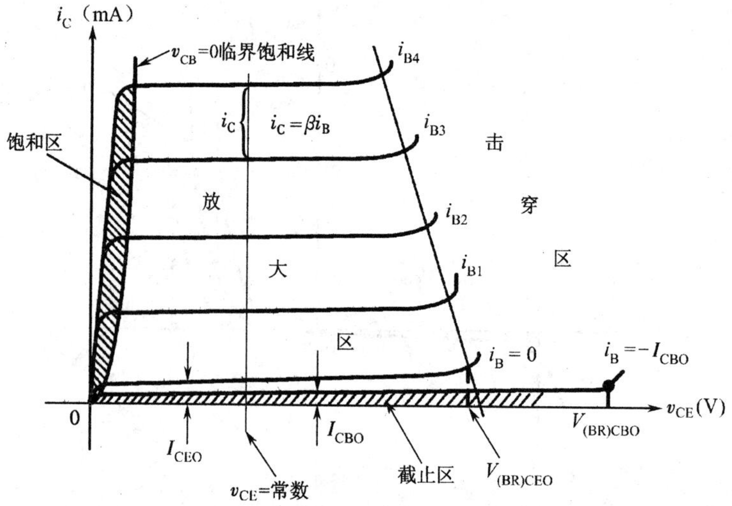

图 1-3-6　共射输出特性曲线簇

(2)饱和区

当发射结和集电结均正偏($v_{BE}>0$,$v_{CB}<0$,且 $i_B>0$)时,三极管工作在饱和区。各输出曲线上 $v_{CB}=v_{BE}$($v_{CE}=0$)时对应点的连线是放大区与饱和区的分界线,称之为临界饱和线。该区域的特点是,v_{CE}对 i_C 的影响很大,i_B 对 i_C 失去控制作用,$i_C=\beta i_B$ 不再成立。三极管饱和时的压降 v_{CE}称为饱和压降,用 $v_{CE(sat)}$或 v_{CES}表示。小功率硅管的 $v_{CE(sat)}$典型值为 0.4~0.8 V,锗管的 $v_{CE(sat)}$为 0.1~0.3 V。

(3)截止区

当发射结和集电结均反偏($v_{BE}<0$,$v_{CB}>0$)时,三极管工作在截止区。通常把 $i_E=0$,即 $i_B=-I_{CBO}$时输出特性曲线与横轴之间的区域称为截止区。在此区域,各极电流都很小,三极管的三个极之间近似为开路。

(4)击穿区

$i_E=0$,即 $i_B=-I_{CBO}$时,相当于发射极开路,此时的击穿电压 $V_{(BR)CBO}$称为发射极开路时集电结反向击穿电压;$i_B=0$ 所对应的击穿电压 $V_{(BR)CEO}$称为基极开路时集电极与发射极间的反向击穿电压;$i_B>0$ 后,随 i_B 增大而相应的反向击穿电压下降。不同的 i_B 值所对应的各输出特性曲线的上升拐点连线的右边区域,便是击穿区。三极管不允许工作在这个区域。

1.3.4　主要参数

1.电流放大系数

(1)直流电流放大系数

如前面所述,共基极直流放大系数 $\bar{\alpha}$,定义为

$$\bar{\alpha}=\frac{I_C-I_{CBO}}{I_E}\approx\frac{I_C}{I_E}$$

共射极直流放大系数 $\bar{\beta}$ 定义为

$$\bar{\beta}=\frac{I_C-I_{CEO}}{I_B}\approx\frac{I_C}{I_B}$$

(2)交流电流放大系数

共基极交流电流放大系数 α 定义为

$$\alpha = \left.\frac{\Delta I_C}{\Delta I_E}\right|_{v_{CB}=\text{常数}}$$

共射极交流电流放大系数 β 定义为

$$\beta = \left.\frac{\Delta I_C}{\Delta I_B}\right|_{v_{CE}=\text{常数}}$$

通常认为 $\bar{\alpha} \approx \alpha$,$\bar{\beta} \approx \beta$。

2.极间反向电流

①发射极开路时,集电极与基极之间的反向饱和电流为 I_{CBO}。

②基极开路时,集电极与发射极之间的穿透电流为 I_{CEO}。

I_{CEO}与 I_{CBO}有下面的关系:

$$I_{CEO} = (1+\beta)I_{CBO}$$

I_{CEO}和 I_{CBO}都是温度的函数,因此极间反向电流越小,三极管的工作稳定性越好。

3.极限参数

(1)集电极最大允许电流 I_{CM}

I_{CM}是指 β 下降到其额定值的$\frac{2}{3}$时允许的最大集电极电流值。当工作电流超过 I_{CM}时,β 及管子性能将显著下降,甚至可能烧坏三极管。

(2)集电极最大功率损耗 P_{CM}

P_{CM}是指集电结上允许损耗功率的最大值,集电极功耗 $P_C = i_C v_{CE}$。在使用时,三极管的电流和电压之积不得超过规定的 P_{CM},否则会使管子的 PN 结温度超过额定值而烧坏三极管。

(3)反向击穿电压

反向击穿电压是三极管在使用中,允许加的最高反向电压。三极管有三个极,因此有 EB、CB 和 CE 间三个击穿电压,即 $V_{(BR)EBO}$、$V_{(BR)CBO}$和 $V_{(BR)CEO}$。其中 $V_{(BR)EBO}$是集电极开路时,基极与发射极间的反向击穿电压,$V_{(BR)CBO}$、$V_{(BR)CEO}$均已在前面讨论过。此外,还有发射极与基极间接有电阻 R 时的集电极与发射极间的反向击穿电压 $V_{(BR)CER}$,发射极与基极间短路($R=0$)时的集电极与发射极间的反向击穿电压 $V_{(BR)CES}$,以及发射结加有反偏压时的集电极与发射极间的反向击穿电压 $V_{(BR)CEX}$。它们的关系是

$$V_{(BR)EBO} < V_{(BR)CEO} < V_{(BR)CER} < V_{(BR)CES} < V_{(BR)CEX} < V_{(BR)CBO}$$

为确保三极管安全使用,工作电压不应超过 $V_{(BR)CBO}$和 $V_{(BR)CEO}$。

三极管的其他参数及特性将在后续各章节中介绍。

[例 1-3-1] 根据下面的三组数据,求 $I_C = 1$ mA 时的 $\bar{\alpha}$、$\bar{\beta}$、α 和β。

(1)$I_E = 0$,$I_B = 0.5\ \mu A$,$I_C = 0.5\ \mu A$;

(2)$I_E = 1.01$ mA,$I_B = 10\ \mu A$,$I_C = 1$ mA;

(3)$I_E = 1.99$ mA,$I_B = 19.9\ \mu A$,$I_C = 1.97$ mA。

解:由第一组数据知,$I_{CBO} = 0.5\ \mu A$,故

$$\bar{\alpha}=\frac{I_C-I_{CBO}}{I_E}=\frac{1-0.0005}{1.01}=0.9896$$

$$\bar{\beta}=\frac{I_C-I_{CBO}}{I_B+I_{CBO}}=\frac{1-0.0005}{0.01+0.0005}=95.19$$

$$\alpha=\frac{1.97-1}{1.99-1.01}=0.9898$$

$$\beta=\frac{1.97-1}{0.0199-0.01}=97.98$$

1.4　场效应晶体管

场效应晶体管是用电场效应感生并控制载流子运动的半导体器件，其工作电流主要由多数载流子的漂移运动形成，因此场效应晶体管又称为单极型晶体管。与双极型晶体管比较，它具有输入阻抗高（最高可达 $10^{15}\ \Omega$ 以上）、噪声低、热稳定性好、抗辐射能力强等优点。

根据结构不同，场效应晶体管分成两大类：结型场效应晶体管（Junction Field Effect Transistor，简称 JFET）和绝缘栅型场效应晶体管（Insulated Gate Field Effect Transistor，简称 IGFET）。根据所用绝缘材料不同，IGFET 有不同类型，目前广泛应用于大规模和超大规模集成电路（LSI 和 VLSI）中的是以二氧化硅为绝缘层所构成的金属—氧化物—半导体场效应晶体管（Metal-Oxide-Semiconductor Field Effect Transistor，简称 MOSFET 或 MOS 管）。本节将讨论各类场效应晶体管的原理和特性。

1.4.1　结型场效应晶体管

1. 结构

图 1-4-1 给出了 N 沟道的电路符号和结构示意图。在图 1-4-1(a)中，是以 N 型半导体为衬底，在其两边扩散成高浓度的 P 型区（用 P^+ 表示），形成两个 PN 结。将两边 P^+ 型区连接在一起引出一个欧姆接触电极，称为栅极（gate，简记作 g），在 N 型衬底的两端各引出一个欧姆接触电极，分别称为源极（source，简记作 s）和漏极（drain，简记作 d）；两个 PN 结中间的 N 型区域称为导电沟道。这种结构称为 N 沟道 JFET，符号如图 1-4-1(b)所示。用类似的方法，可以制成 P 沟道 JFET，其结构和符号分别如图 1-4-2(a)、(b)所示。

2. 工作原理

现以 N 沟道管为例说明结型场效应晶体管的工作原理。

N 沟道 JFET 工作时，其正常偏置是 $V_{GS}<0$，$V_{DS}>0$，即栅极与沟道之间的 PN 结处于反偏状态，如图 1-4-3 所示。

下面讨论 v_{GS} 对 i_D 的控制作用和 v_{DS} 对 i_D 的影响。

(1) v_{GS} 对 i_D 的控制作用

为突出 v_{GS} 对 i_D 的作用，假设 v_{DS} 很小。

当 v_{GS} 由零负向增大时，在反偏电压 v_{GS} 作用下，两个 PN 结的耗尽层将被展宽。但由于 v_{DS} 很小，沟道中的电位从源极到漏极基本上是相等的。可以认为栅极与沟道间 PN 结上的反偏压与 y 无关，沟道的宽度是均匀的，D、S 之间相当于一个线性电阻，如图 1-4-4(a)所示。v_{GS} 越大，耗尽层越宽，沟道越窄，漏、源之间的电阻越大，即沟道电阻受栅压控制。

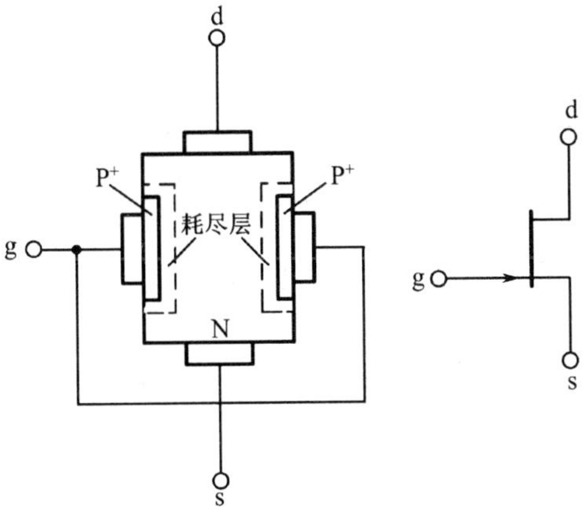

(a)　　　　(b)

图 1-4-1　N 沟道 JFET

(a)结构示意图;(b)符号

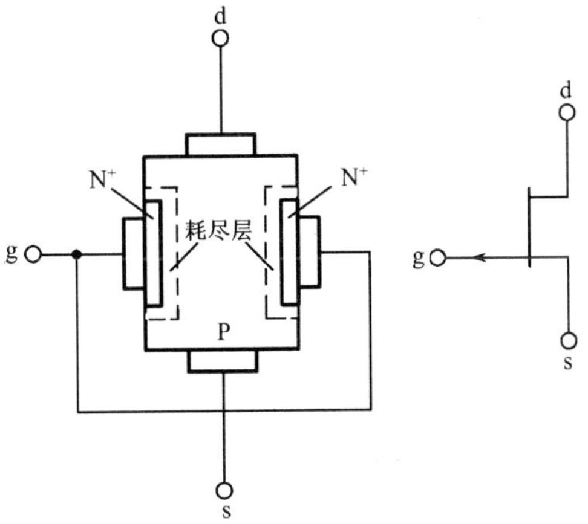

(a)　　　　(b)

图 1-4-2　P 沟道 JFET

(a)结构示意图;(b)符号

当$|v_{GS}|$增大到某一值时,两边耗尽层将碰到一起,沟道消失(通常称为沟道夹断),如图 1-4-4(b)所示。定义此时的 v_{GS}为夹断电压,以 V_P 表示。夹断之后,漏、源间的电阻为无穷大,漏极电流为零。

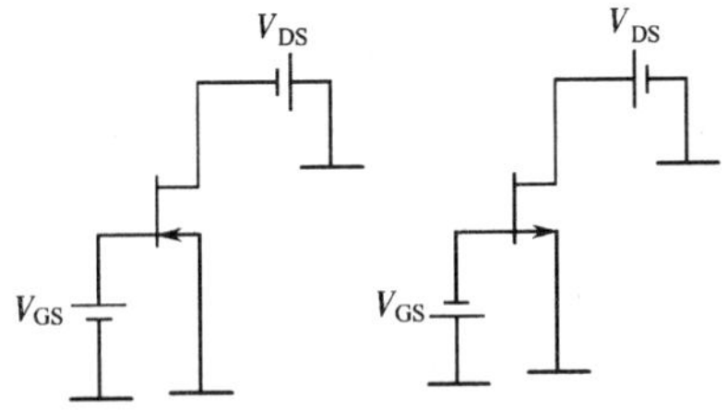

(a)　　　　(b)

图 1-4-3　JFET 的偏置

(a)P 沟道;(b)N 沟道

(2)v_{DS}对 i_D 的影响

当 v_{GS}一定,且$|v_{GS}|<|V_P|$时,随着 v_{DS}增大,在由源极到漏极的导电沟道中,产生电位梯度,越靠近漏端,栅极与沟道之间 PN 结的反偏压越大,耗尽层也越向 N 型半导体中心扩展。所以,沟道宽度不再是均匀的,漏端较窄,源端较宽,如图 1-4-5(a)所示。

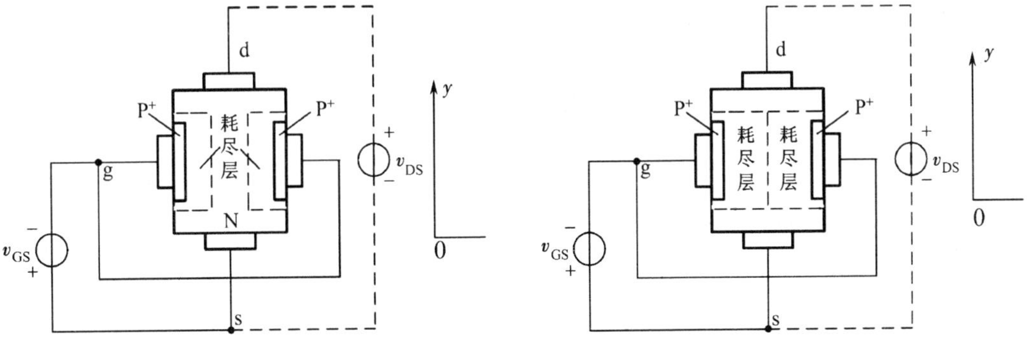

(a)　　　　(b)

图 1-4-4　v_{DS}较小时,v_{GS}与沟道的关系

(a)$V_P<v_{GS}<0$;(b)$v_{GS}\leq V_P$

只要靠近漏端 PN 结的反偏压大于夹断电压,即满足 $v_{GD}>V_P$(或$|v_{GD}|<|V_P|$),则漏端的沟道就未被夹断,漏、源之间仍然存在连续沟道。当 v_{DS}继续增加,使漏端的反偏压 $v_{GD}=V_P$

时，两耗尽层在 A 点相遇，漏端的沟道被夹断，并称此状态为预夹断，如图 1-4-5(b)所示。

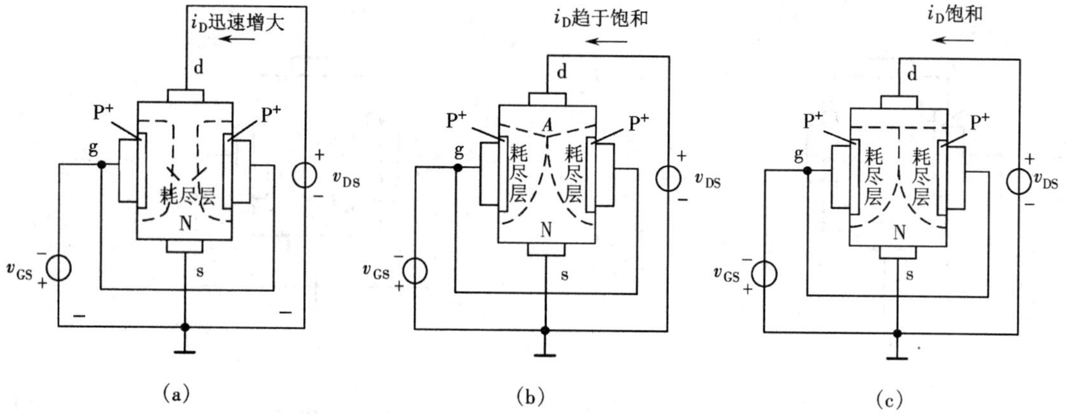

图 1-4-5　$v_{GS} > V_P$ 时，v_{DS}与沟道的关系

(a) $v_{GS} > V_P, v_{GD} > V_P$；(b) $v_{GS} > V_P, v_{GD} = V_P$；(c) $v_{GS} > V_P, v_{GD} < V_P$

再继续增大 v_{DS}，耗尽层靠到一起的部分将向源极方向延伸，夹断区加长，如图 1-4-5(c)所示。此时，尽管被夹断的沟道中没有自由的载流子，但是，由于夹断处场强较大，未被夹断的 N 型沟道中的电子就在电场作用下向漏端运动，这些电子一旦到达夹断点，立即被漏极的正电压拉到漏极，形成漏极电流。夹断区(即耗尽层)是高阻区，所以夹断后，v_{DS}增加部分和夹断层高阻区压降相抵消，i_D 几乎不随 v_{DS}增加而上升，漏极电流趋于饱和。这个工作区域称为饱和区(或称恒流区)，如图 1-4-6 所示。

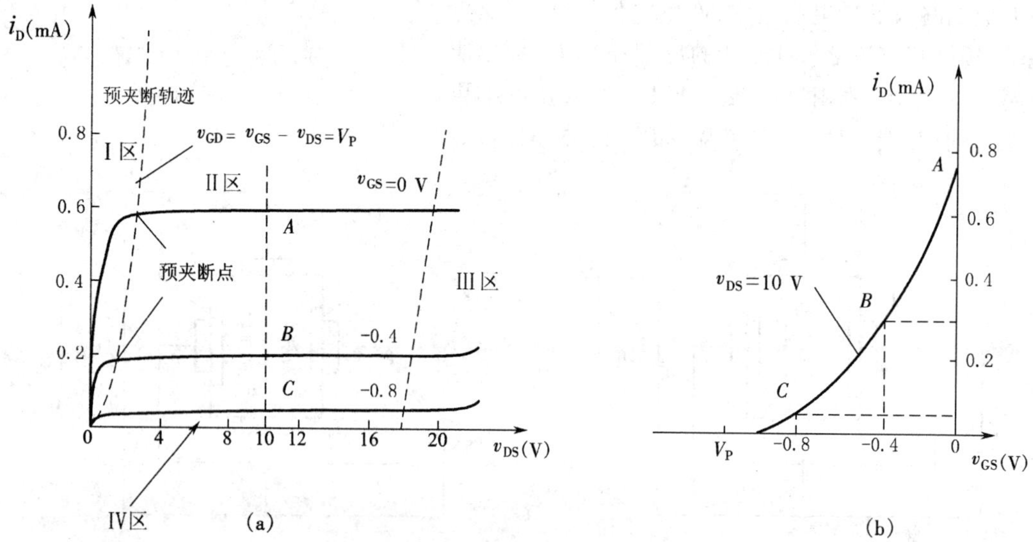

图 1-4-6　N 沟道 JFET 共源的特性曲线

(a)输出特性；(b)转移特性

由于$|v_{GS}|$越大，耗尽层越宽，沟道电阻就越大，对应同一 v_{DS}值的 i_D 就越小。因此，改变栅源电压 v_{GS}可得一簇曲线，如图 1-4-6(a)所示。

综上分析知，JFET 栅极与沟道之间的 PN 结是反向偏置的，因此，栅极电流 $i_g \approx 0$；漏极

电流 i_D 受栅源电压 v_{GS} 控制，且受 v_{DS} 影响，预夹断前，i_D 与 v_{DS} 呈近似线性关系，预夹断后，i_D 趋于饱和，受 v_{DS} 影响很小。

以上讨论所得结论对 P 沟道 JFET 同样适用。只是 P 沟道管在工作时，其电源极性与 N 沟道管的电源极性相反。

3.特性曲线

(1)输出特性

JFET 的输出特性是以 v_{GS} 为参变量，描述漏极电流 i_D 与漏源电压 v_{DS} 之间的关系，即

$$i_D = f(v_{DS})|_{v_{GS}=\text{常数}} \tag{1-4-1}$$

图 1-4-6(a)所示为一 N 沟道 JFET 的共源输出特性。与 BJT 类似，JFET 的工作情况也分为四个区域。为使所得结论对 P 沟道、N 沟道管均适用，在以下讨论中，电压用绝对值表示。

1)可变电阻区　可变电阻区即图 1-4-6(a)中的Ⅰ区。由以上分析可知，JFET 工作在可变电阻区的条件是 $|v_{GS}| < |V_P|$，$|v_{GD}| < |V_P|$，即漏、源之间有连续沟道。在该区域，i_D 随 v_{DS} 灵敏变化，v_{GS} 控制其曲线的斜率，JFET 表现出电阻的特性。

2)恒流区　恒流区为图 1-4-6(a)中曲线水平部分的Ⅱ区。JFET 工作在恒流区的条件是 $|v_{GS}| < |V_P|$，$|v_{GD}| > |V_P|$，即导电沟道出现部分夹断。在该区域，i_D 受 v_{GS} 控制，v_{DS} 对 i_D 影响很小。JFET 用作放大电路时，工作在这个区域，故该区域又称为线性放大区。

3)击穿区　图 1-4-6(a)中Ⅲ区即为击穿区。其物理过程就是前述 PN 结的反向击穿，JFET 不允许工作在这个区域。

4)截止区　截止区即图 1-4-6(a)中横轴附近部分的Ⅳ区，在该区域，$i_D = 0$，处于截止状态。其条件是 $|v_{GS}| > |V_P|$，$|v_{GD}| > |V_P|$。

(2)转移特性

JFET 的转移特性是以 v_{DS} 为参变量，栅源电压 v_{GS} 对漏极电流 i_D 的控制特性，即

$$i_D = f(v_{GS})|_{v_{DS}=\text{常数}} \tag{1-4-2}$$

转移特性曲线可以通过输出特性曲线直接求得，即过横轴上给定 v_{DS} 值的点作一条垂线，将垂线与各输出特性曲线的交点所对应的 i_D 和 v_{GS} 值画在 i_D—v_{GS} 的直角坐标系中，便可得到相应于给定 v_{DS} 值的一条转移特性，图 1-4-6(b)所示为 $v_{DS} = 10$ V 时的转移特性。改变 v_{DS}，可得一簇转移特性曲线。但在恒流区，这些特性曲线几乎重合。

实验表明，在恒流区内，i_D 可近似表示为

$$i_D = I_{DSS}\left(1 - \frac{v_{GS}}{V_P}\right)^2 \quad (V_P \leqslant v_{GS} \leqslant 0\text{ 时}) \tag{1-4-3}$$

式中，I_{DSS} 为漏极最大饱和电流；V_P 为夹断电压。

1.4.2　绝缘栅型场效应晶体管

绝缘栅型场效应晶体管以硅为衬底材料，以二氧化硅为绝缘层，以金属铝或掺杂多晶硅为栅。MOSFET 的栅极与沟道之间的绝缘层隔离，所以输入电阻比 JFET 的高得多，达到 10^{14} Ω 以上。

MOS 管也有 N 沟道和 P 沟道两类，其中每一类又可分为增强型和耗尽型两种。本节以 N 沟道增强型 MOS 管为例进行讨论，然后指出耗尽型管的特点。

1. N 沟道增强型 MOSFET

(1)结构

N 沟道增强型 MOSFET 的结构示意图和符号如图 1-4-7 所示。它是以低掺杂的 P 型硅作衬底,用扩散工艺在 P 型硅中生成两个高掺杂的 N^+ 区。然后在衬底表面生长一层极薄的二氧化硅(SiO_2)绝缘层,SiO_2 上面的局部则是金属铝(Al),由金属铝处引出三个电极——栅极 g、源极 s 和漏极 d,另外,在衬底上引出一个电极,用 B(Body)表示。由图 1-4-7(a)可见,栅极与源极、漏极均无电接触,故名绝缘栅极,其符号如图 1-4-7(b)所示。

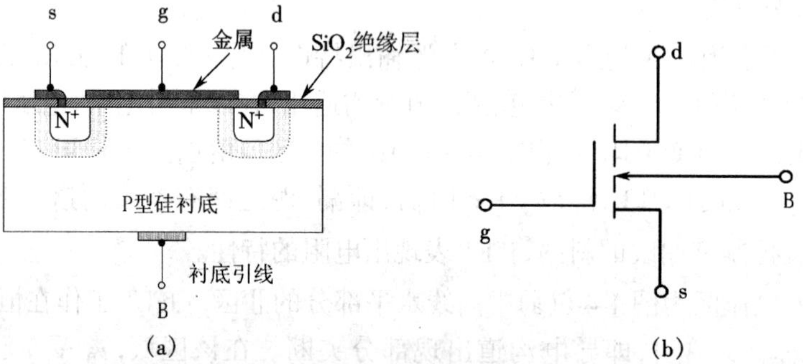

图 1-4-7 N 沟道增强型 MOSFET

(a)结构示意图;(b)符号

(2)工作原理

①当栅极不加电压($v_{GS}=0$)时,由于 P 型衬底与两个 N^+ 区形成两个背靠背的 PN 结,所以不管漏极与源极之间外加 v_{DS}的极性如何,总有一个 PN 结反偏,所以漏极与源极之间没有导电沟道,漏极电流 $i_D=0$,管子处于截止状态,如图 1-4-8(a)所示。

②当栅源之间加上正向电压($v_{GS}>0$)时,如图 1-4-8(b)所示,则栅极(铝层)和 P 型硅片相当于以 SiO_2 为介质的平板电容器,在正的栅压作用下,介质中便产生了一个由栅极指向衬底的垂直电场。该电场排斥栅极下方 P 型衬底中的空穴,留下不能移动的负离子形成耗尽层,同时吸引衬底中的少子电子和两 N^+ 区中的电子,使衬底表面层中的空穴浓度下降,电子浓度上升。

当 v_{GS}较小时,空穴浓度仍大于电子浓度,但由于空穴浓度的下降,使衬底表面层出现以负电荷为主的空间电荷区,并由它将两个 PN 结连通,如图 1-4-8(b)所示。v_{GS}越大,衬底表面电场越强,负电荷耗尽层越宽。

当 v_{GS}增大到某一值时,衬底表面一薄层中的电子浓度大于空穴浓度,变成了可导电的电子层,即 N 型层。该 N 型层是 P 型衬底表面出现的,故又称之为反型层。N 型层把两个 N^+ 区连通,形成了源极与漏极间的 N 型导电沟道,由于它是栅压感应产生的,所以也称感生沟道,如图 1-4-8(c)所示,并把开始形成导电沟道所需的最小栅源电压值,称为开启电压,用 V_T 表示。

图 1-4-7(b)所示符号中,漏极与源极之间的三条线段表示 $v_{GS}=0$ 时没有导电沟道,只有靠增强栅压才能形成导电沟道,是增强型管,衬底引线上的箭头指向沟道,表示 N 沟道。

③导电沟道形成后,若在漏极与源极间加上正向电压 $v_{DS}>0$,则将产生沿沟道从漏极端指向源极端的横向电场。在该电场作用下,源区的电子经沟道漂移到漏区,形成漏极电流 i_D。

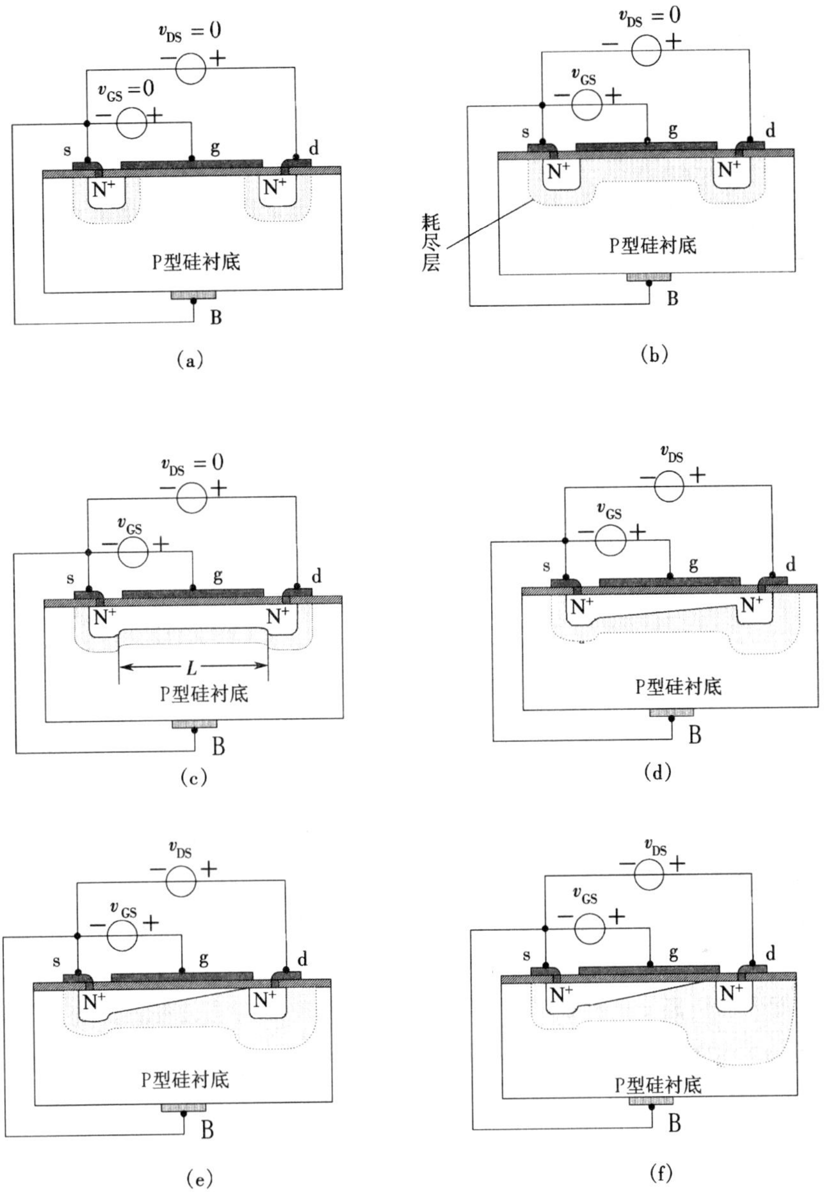

图 1-4-8 N 沟道增强型 MOSFET 工作原理示意图

(a) $v_{GS}=0$ 无导电沟道;(b) $0<v_{GS}<V_T$;(c) $v_{GS}>V_T$ 出现 N 型沟道

(d) $v_{GS}>V_T$, $0<v_{DS}<v_{GS}-V_T$;(e) $v_{GS}>V_T$, $v_{DS}=v_{GS}-V_T$;(f) $v_{GS}>V_T$, $v_{DS}>v_{GS}-V_T$

当 v_{DS}一定时,增大 v_{GS},将使沟道中感生电子的浓度增大,沟道电阻减小,i_D 增大;反之亦然。可见栅源电压 v_{GS}对漏极电流 i_D 有很强的控制作用。

④当 $v_{GS}>V_T$ 时,v_{DS}的变化也对导电沟道(即 i_D)产生影响。当 v_{DS}越小时,从漏到源电位相差不大,所以反型层的厚度基本是均匀的,i_D 随 v_{DS} 近似线性变化,沟道呈现线性电阻特性。当 v_{DS}较大时,电位从漏到源的变化不容忽视。其结果是越靠近漏极,产生沟道的电压越小,从而使沟道厚度不再是均匀的,越靠近源端,沟道越厚。但是,只要 $v_{GD}<V_T$,则漏端就有反型层存在,所以沟道仍呈现电阻特性,不过 i_D 与 v_{DS}偏离线性而已,如图 1-4-8(d)

所示。

随着 v_{DS}增大，使漏端感生沟道的电压 $v_{GD}=V_T$ 时，漏端的沟道消失，即出现预夹断，如图 1-4-8(e)所示。

再继续增大 v_{DS}，夹断点将向源延伸，有效沟道长度减小，如图 1-4-8(f)所示。与 JFET 相类似，沟道被夹断后，v_{DS}上升，i_D 趋于饱和。

N 沟道增强型 MOSFET 特性曲线如图 1-4-9 所示，可见同样分为四个不同的区域。在恒流区，N 沟道增强型 MOSFET 的 i_D 可近似表示为

$$i_D=I_{DO}\left(\frac{v_{GS}}{V_T}-1\right)^2 \quad (v_{GS}>V_T) \tag{1-4-4}$$

其中，I_{DO}是 $v_{GS}=2V_T$ 时的 i_D 值。

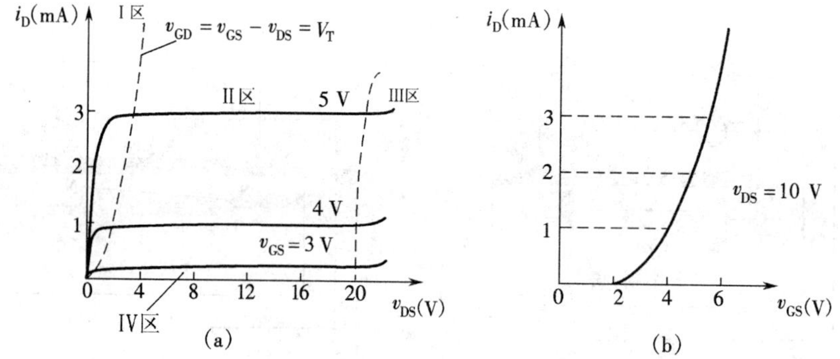

图 1-4-9　N 沟道增强型 MOSFET 特性曲线

(a)输出特性；(b)转移特性

2. N 沟道耗尽型 MOSFET

N 沟道耗尽型 MOSFET 的结构与符号如图 1-4-10 所示。与增强型的区别是，在制造管子时，用扩散或离子注入的方法预先在栅极下方的 SiO_2 绝缘层中掺入了大量的正离子，即使 $v_{GS}=0$，也能依靠正离子的作用，使 P 型衬底表面出现反型层，将漏、源连通，形成 N 型导电沟道，这样，N 沟道耗尽型 MOSFET 的栅源电压 v_{GS}可正、可负，给使用带来方便。

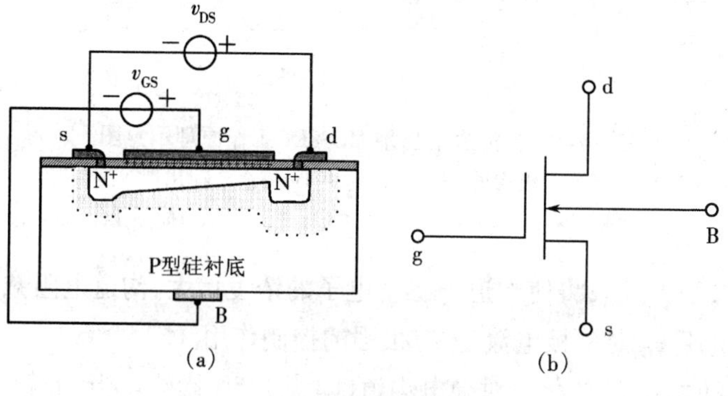

图 1-4-10　N 沟道耗尽型 MOSFET

(a)结构；(b)符号

为了便于比较，各种场效应管的电路符号及特性曲线，列于表 1-4-1 中。

表 1-4-1　各种场效应管的电路符号及特性曲线

FET的种类、符号	转移特性 $i_D=f(v_{GS})\|_{v_{DS}为常数}$	输出特性 $i_D=f(v_{DS})\|_{v_{GS}为常数}$
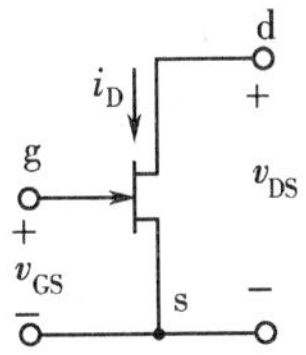 N沟道JFET	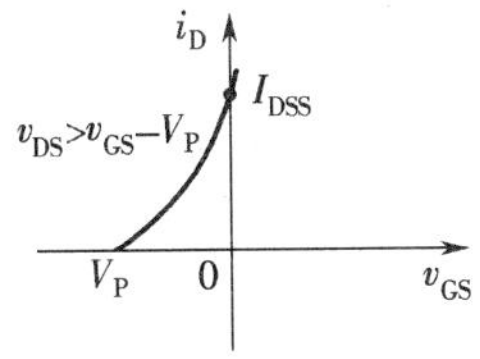	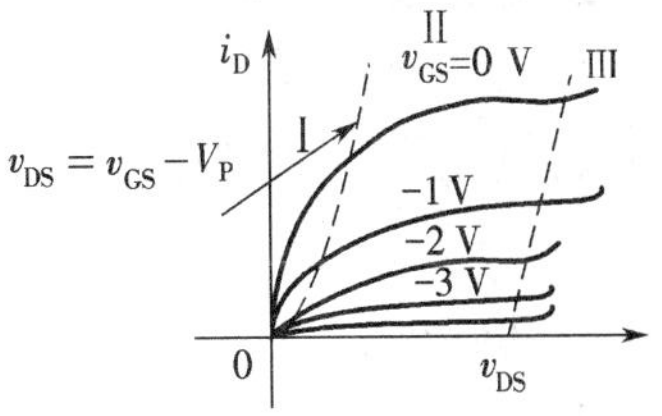
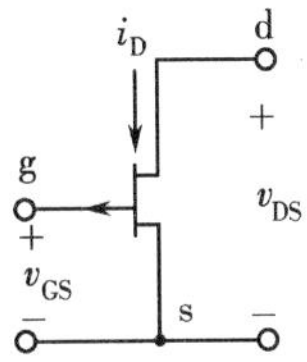 P沟道JFET	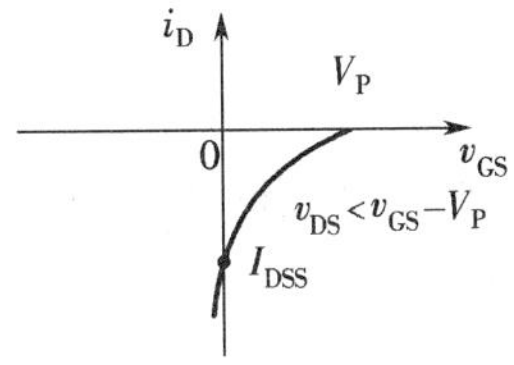	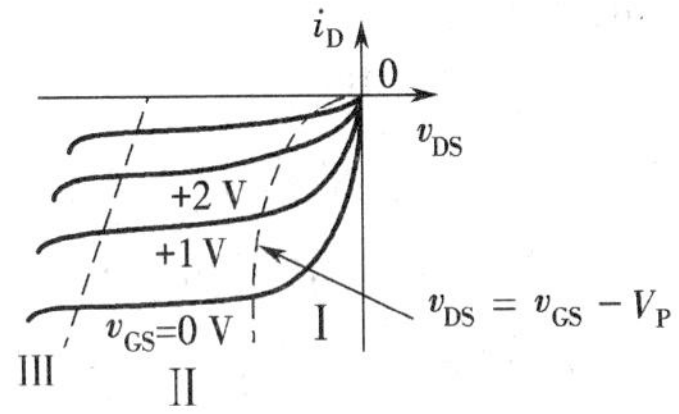
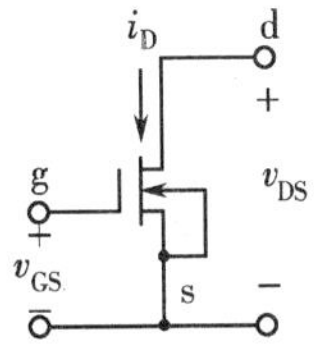 N沟道MOS耗尽型	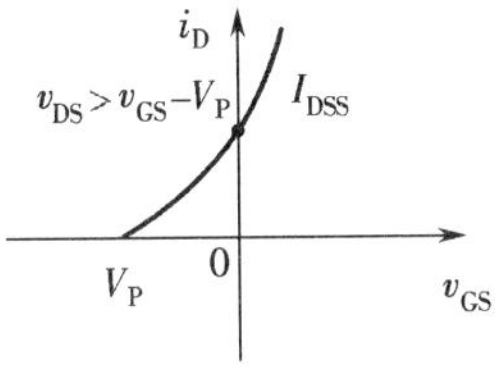	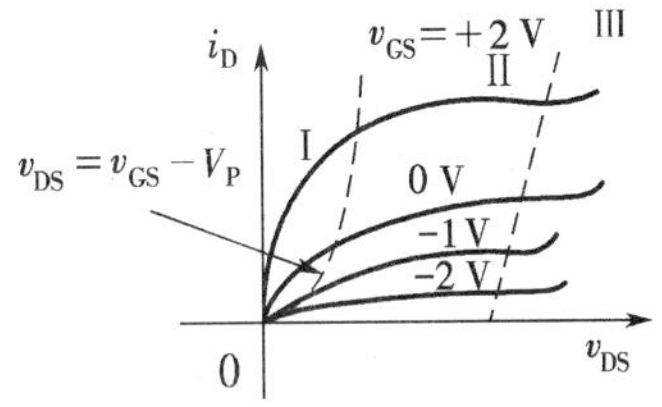
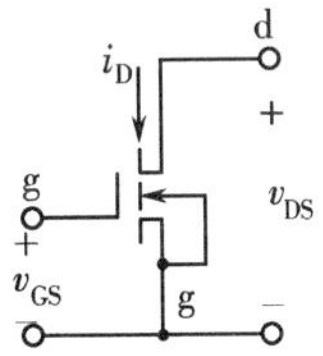 N沟道MOS增强型	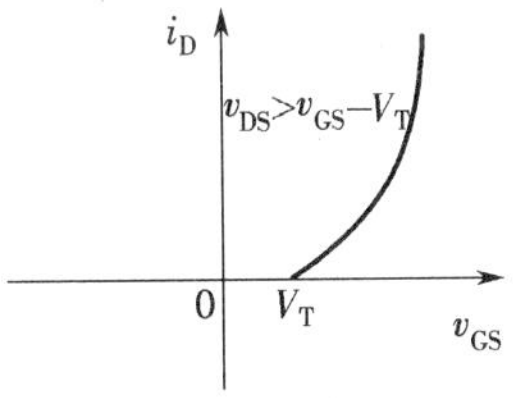	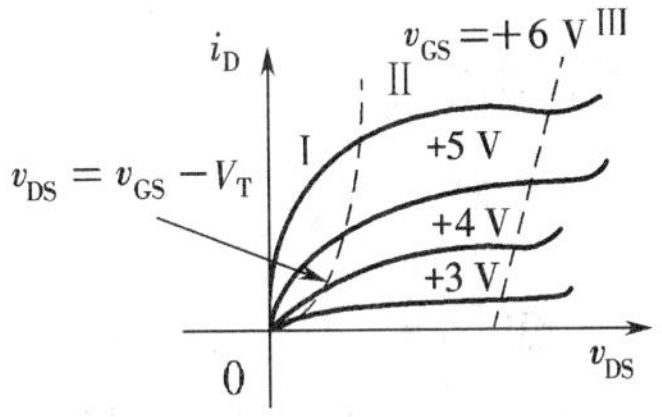
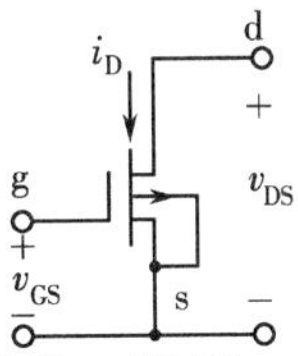 P沟道MOS耗尽型	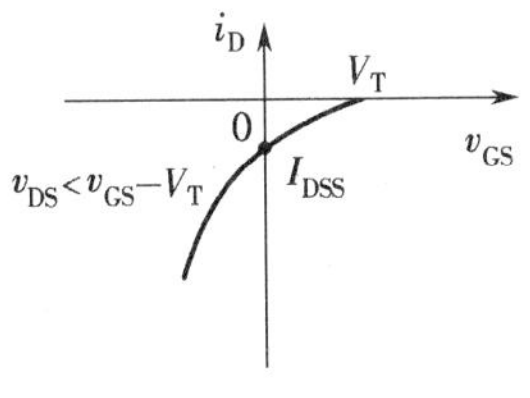	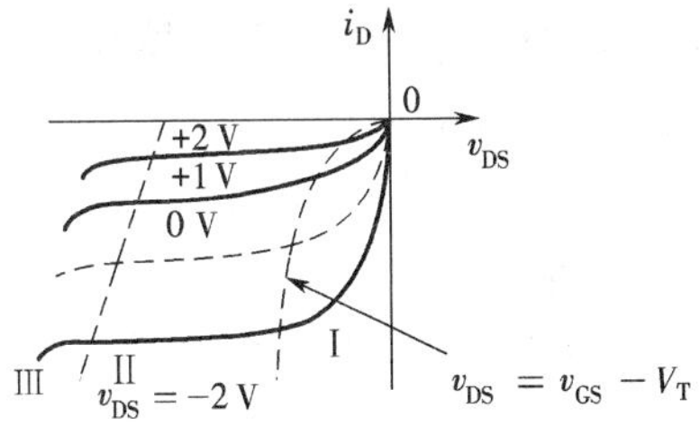
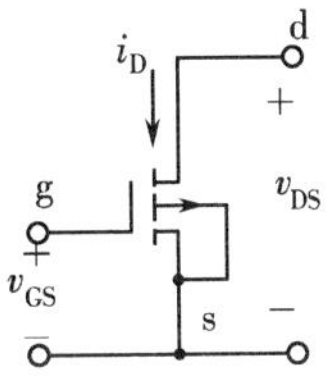 P沟道MOS增强型	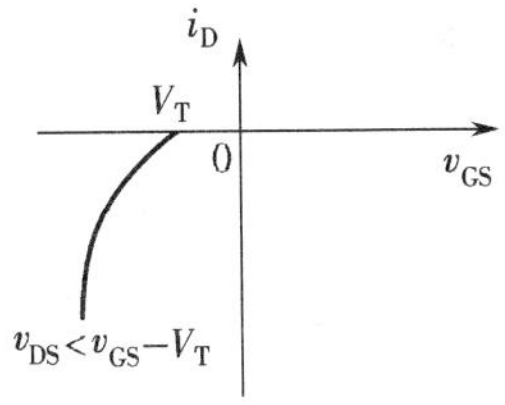	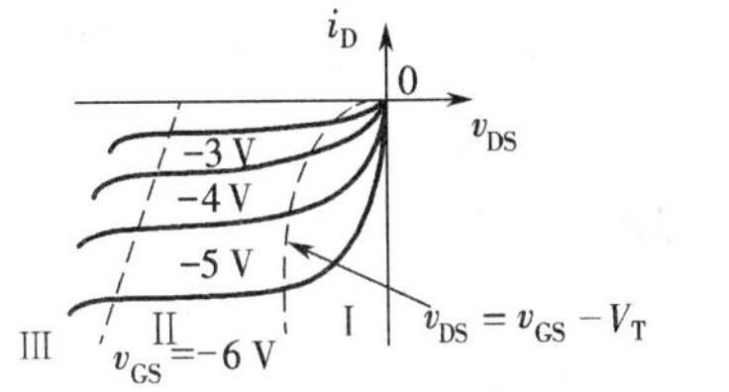

1.4.3 场效应管主要参数

1.直流参数

(1)开启电压 V_T

开启电压是指 v_{DS} 为某一固定值时,产生 i_D 需要的最小 $|v_{GS}|$ 值,V_T 是增强型 FET 的参数。

(2)夹断电压 V_P

夹断电压是指 v_{DS} 为某一固定值时,使 i_D 减小到某一微小值时的 v_{GS} 值,V_P 是耗尽型 FET 的参数。

(3)饱和漏电流 I_{DSS}

饱和漏电流是指 $v_{GS}=0$ 时,且管子处于预夹断时的 i_D 值。I_{DSS} 是耗尽型 FET 的参数。

(4)直流输入电阻 R_{gs}

直流输入电阻是指 $v_{DS}=0$ 时,栅源间直流电压与栅极直流电流的比值。一般 JFET 的 R_{gs} 大于 $10^7\ \Omega$,MOSFET 的 R_{gs} 大于 $10^9\ \Omega$。

2.交流参数

(1)低频跨导(互导)g_m

低频跨导是指 v_{DS} 等于常数时,i_D 的微变量与相应的 v_{GS} 微变量之比,即

$$g_m=\left.\frac{\partial i_D}{\partial v_{GS}}\right|_{v_{DS}=\text{常数}}$$

g_m 反映了 v_{GS} 对 i_D 的控制能力,它是转移特性曲线上工作点处的斜率。

(2)输出电阻 r_{ds}

输出电阻定义为

$$r_{ds}=\left.\frac{\partial v_{DS}}{\partial i_D}\right|_{v_{GS}=\text{常数}}$$

r_{ds} 表征 v_{DS} 对 i_D 的影响,它是输出特性曲线上工作点处斜率的倒数。在恒流区,i_D 随 v_{DS} 变化很小,故 r_{ds} 数值很大,一般在几十千欧姆到几百千欧姆之间。

(3)极间电容

极间电容是指 FET 的三个电极之间存在的极间电容,即栅源电容 C_{gs}、栅漏电容 C_{gd} 和漏源电容 C_{ds}。

(4)低频噪声系数 N_F

噪声是由管子内部载流子的不规则运动引起的。噪声产生的影响常用噪声系数 N_F(dB)表示,N_F 越小越好,一般 FET 的 N_F 约为几分贝。

3.极限参数

(1)最大漏极电流 I_{DM}

最大漏极电流是指 FET 在工作时允许通过的最大漏极电流。

(2)最大耗散功率 P_{DM}

最大耗散功率受管子最高工作温度的限制,FET 的实际耗散功率 $P_D=v_{DS}i_D$,当 $P_D>P_{DM}$ 时,管子性能变差,甚至烧毁。

(3)击穿电压

击穿电压包括漏源击穿电压 $V_{(BR)DS}$ 和栅源击穿电压 $V_{(BR)GS}$，使用管子时，工作电压不允许超过击穿电压。

1.4.4　场效应管与双极型三极管的比较及使用注意事项

1.FET 与 BJT 的比较

①FET 是电压控制器件，它的输入电阻很高；而 BJT 是电流控制器件，它的输入电阻较低。

②FET 仅利用多数载流子导电；而 BJT 既利用多子也利用少子，少子受温度影响。因此，FET 的热稳定性和抗辐射能力均优于 BJT。

③FET 制造工艺简单，便于集成，适合于制造大规模集成电路，而且 FET 可以在较低电压和很小电流下工作。

2.FET 使用注意事项

①MOSFET 的衬底 B 极，一般应与源极相连接。在特殊应用中，P 型衬底 B 极接整个电路的最低电位，N 型衬底 B 极接最高电位。

②FET 的管芯结构对称，若产品出厂时，源极与衬底没有连接在一起，则漏极与源极可以交换使用。

③MOS 管存放时，各电极要短接在一起，以防外界静电感应电压过高时击穿绝缘层损坏管子。

④FET 焊接时，电烙铁应有良好的接地线，以防感应电压对管子的损坏，最好电烙铁断电后再焊接。

[例 1-4-1]　设图 1-4-11 中 JFET 的 $V_P = -3\ \text{V}$，$I_{DSS} = 9\ \text{mA}$，$r_o = \infty$，$R_D = 10\ \text{k}\Omega$，$V_{DD} = 20\ \text{V}$，$V_{GG} = 2\ \text{V}$，晶体管工作在恒流区，求跨导。若栅压增大 0.1 V，问输出电压变化多少？

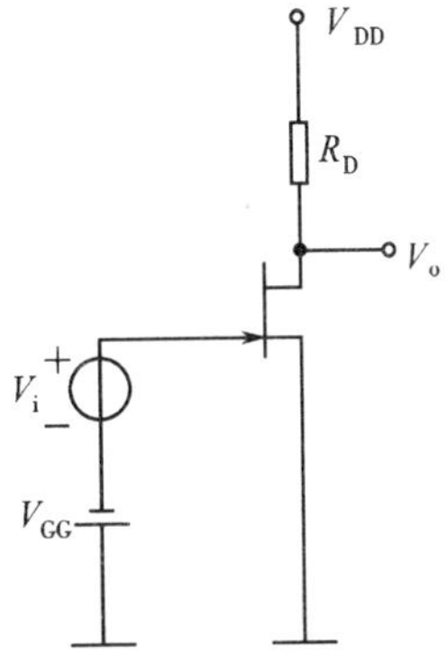

图 1-4-11　例 1-4-1 电路图

解：

$$g_m = -\frac{2I_{DSS}}{V_P}\left(1-\frac{V_{GS}}{V_P}\right)$$

$$=\frac{2\times 9}{3}\left(1-\frac{2}{3}\right) = 2\ \text{mA/V}$$

当栅压增大 0.1 V 时，漏极电流将增大 $g_m\Delta V_i = 0.2\ \text{mA}$，故输出电压将下降 $0.2\ \text{mA}\times 10\ \text{k}\Omega = 2\ \text{V}$。

习　　题

1-1-1　判断下列说法的正误。

(1)P 型半导体可以通过在纯净半导体中掺入五价磷元素而获得。

(2)在 N 型半导体中，掺入高浓度的三价硼元素可以改为 P 型半导体。

(3)P 型半导体是呈中性的，N 型半导体是带负电的。

1-1-2　判断下列说法的正误。

(1)N 型半导体可以通过在纯净半导体中掺入三价硼元素而获得。

(2)在 P 型半导体中，掺入高浓度的五价磷元素可以改为 N 型半导体。

(3)P 型半导体带正电,N 型半导体带负电。

1-1-3　判断下列说法的正误。

(1)在杂质半导体中,多数载流子的浓度主要取决于掺杂工艺。

(2)在杂质半导体中,少数载流子的浓度与温度关系十分密切。

1-2-1　二极管的伏安特性方程为 $i_D = I_S(e^{\frac{v_D}{V_T}} - 1)$,试推导二极管正向导通的交流电阻 $r_d = \frac{dv_D}{di_D} = \frac{V_T}{i_D}$,室温下 $V_T = 26$ mV,当正向电流分别为 1 mA、2 mA 时,估算其电阻 r_d 的值。

1-2-2　如何用万用表判别二极管的正、负极以及管子的好坏?

1-2-3　二极管电路如图题 1-2-3 所示,已知输入 $v_i = 10\sin\omega t$ V,二极管的正向压降和反向电流均可忽略不计,试画出输出电压的波形。

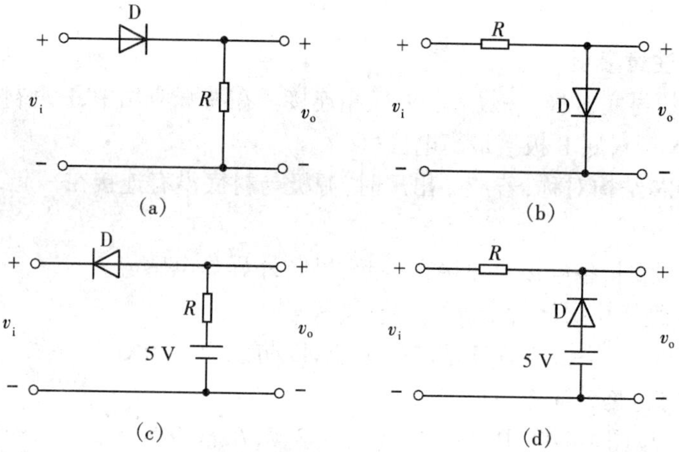

图题 1-2-3

1-2-4　二极管电路如图题 1-2-4 所示,试判断图中的二极管是导通还是截止,并求出 V_o两端电压。设二极管是理想的。

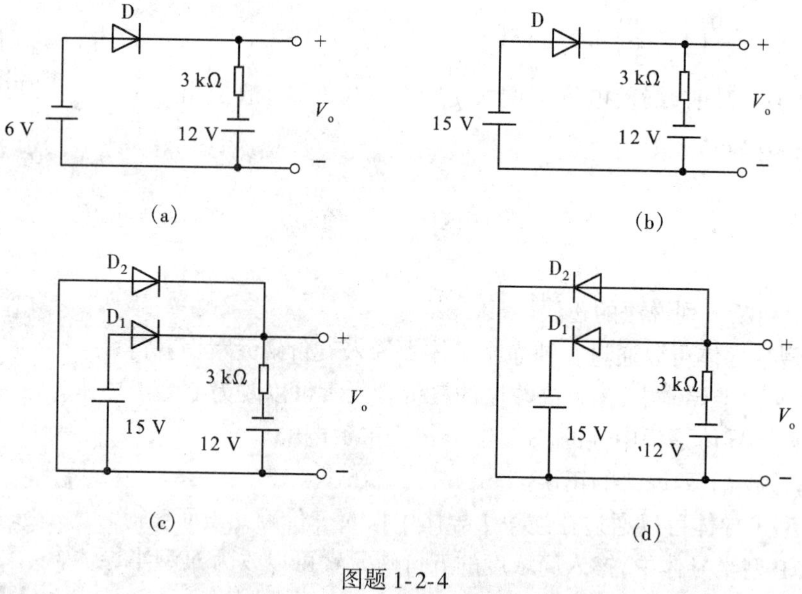

图题 1-2-4

1-2-5　试判断图题 1-2-5 所示电路中的二极管是导通还是截止,并简述理由。

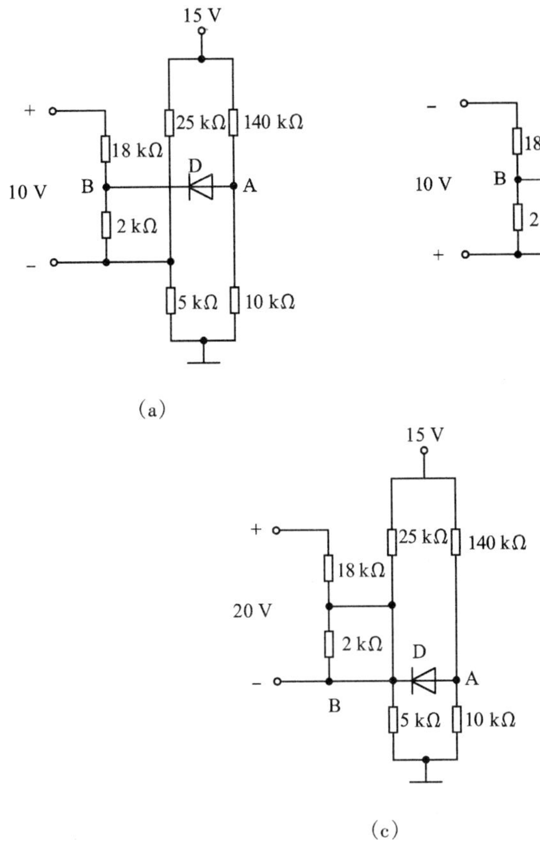

图题 1-2-5

1-2-6　电路如图题 1-2-6 所示,稳压管 D_Z的稳压电压 $V_Z = 8$ V,限流电阻 $R = 3$ kΩ,设 $v_i = 15\sin \omega t$ V,试画出 v_o的波形。

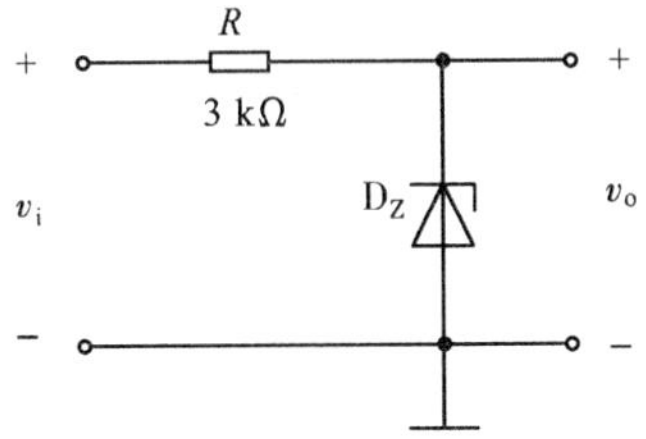

图题 1-2-6

1-2-7　设稳压管 D_{Z1}和 D_{Z2}的稳定电压分别为 5 V 和 10 V,求图题 1-2-7 各电路的输出电压 V_o,已知稳压管的正向压降为 0.7 V。

1-3-1　放大电路中两个三极管的两个电极电流如图题 1-3-1 所示,试:

(1)求出另一个电极电流,并在图中标出实际方向;

(2)判断它们是 NPN 型管还是 PNP 型管,并标出 e、b、c 极;

(3)估算它们的 β 和 α 值。

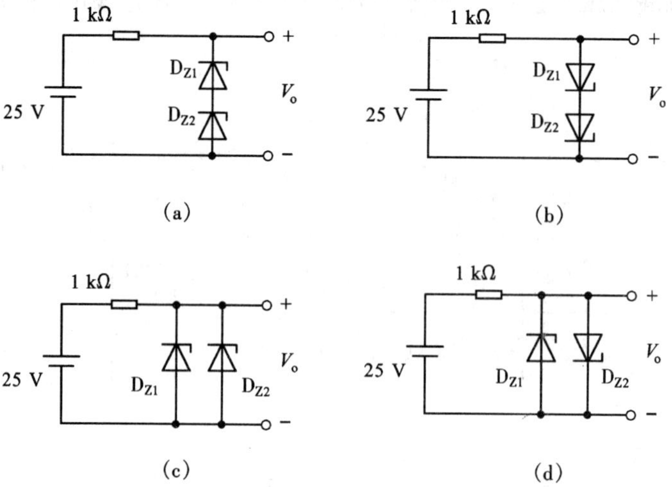

图题 1-2-7

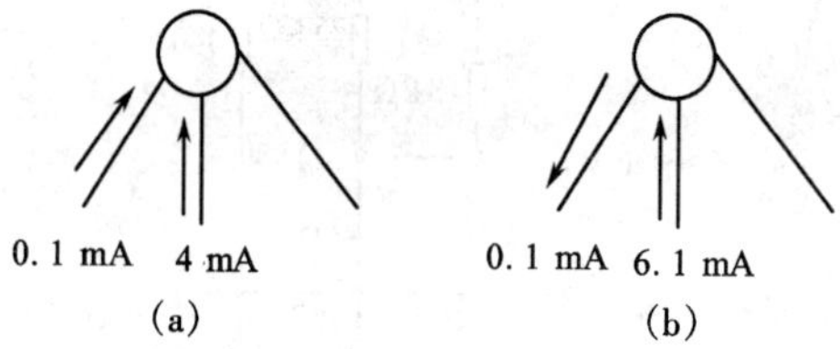

图题 1-3-1

1-3-2　放大电路中，测得几个三极管三个电极电位分别为下列各组数值，判断它们是 PNP 型还是 NPN 型？是硅管还是锗管？并确定 e、b、c 三个电极。

(1) $V_1 = 3.3$ V, $V_2 = 2.6$ V, $V_3 = 15$ V;

(2) $V_1 = 3.2$ V, $V_2 = 3$ V, $V_3 = 15$ V;

(3) $V_1 = 6.5$ V, $V_2 = 14.3$ V, $V_3 = 15$ V;

(4) $V_1 = 8$ V, $V_2 = 14.8$ V, $V_3 = 15$ V。

1-3-3　有 A、B 两只三极管，其中 A 管的 $\beta = 150$, $I_{CEO} = 200\ \mu A$, B 管的 $\beta = 30$, $I_{CEO} = 10\ \mu A$，其他参数均相同，你选择哪只管子，并说明理由。

1-3-4　某晶体管的极限参数 $P_{CM} = 150$ mW, $I_{CM} = 100$ mA, $V_{(BR)CEO} = 30$ V。

(1)若它的工作电压 $V_{CE} = 10$ V，则工作电流 I_C 不得超过多少？

(2)若工作电压 $V_{CE} = 1$ V，则工作电流 I_C 不得超过多少？

1-4-1　一个 JFET 的转移特性曲线如图题 1-4-1 所示。试问：

(1)它是 N 沟道还是 P 沟道的 FET？

(2)它的夹断电压 V_P 和饱和漏极电流 I_{DSS} 各是多少？

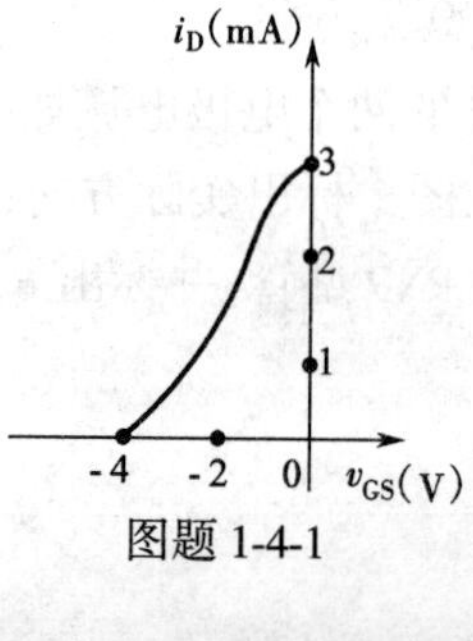

图题 1-4-1

1-4-2　MOSFET 的转移特性如图题 1-4-2 所示，请说明各属于何种沟道的管子。如是增强型，说明它的开启电压 $V_T=?$ 如是耗尽型，说明它的夹断电压 $V_P=?$（图中 i_D 的假定正向为流进漏极）

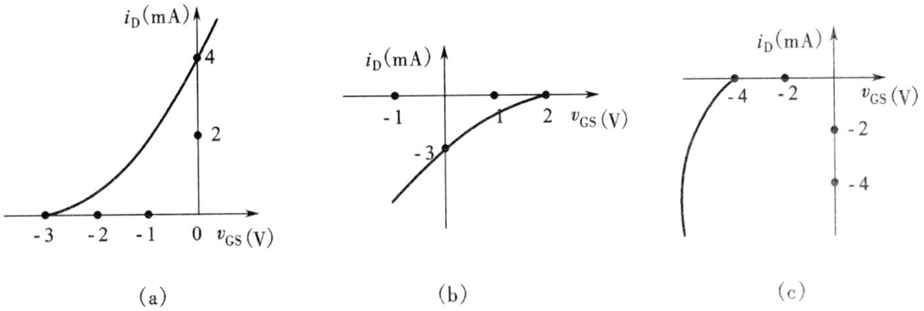

图题 1-4-2

1-4-3　四个 FET 的转移特性分别如图题 1-4-3 所示，其中漏极电流 i_D 的方向是它的实际方向。试问它们是哪种类型的 FET？

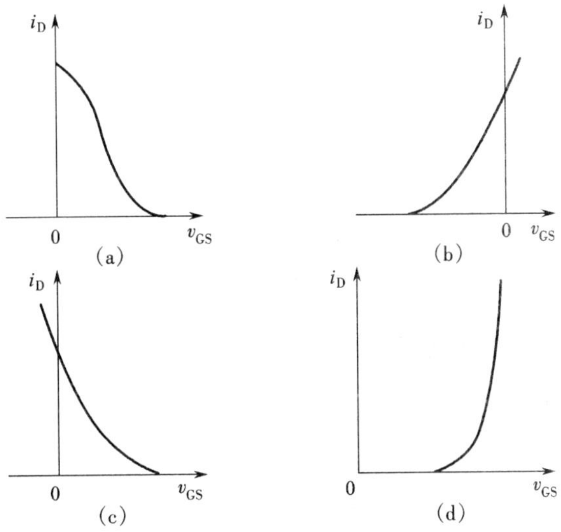

图题 1-4-3

第2章 放大电路基础

引言

放大电路在模拟电子技术中占有特别重要的地位。其原因是:在实际中,有许多微弱的信号需要放大;另一方面,放大电路又是滤波器、振荡器、运算放大器等多种模拟器件的关键组成部分。

本章首先介绍放大电路的构成及工作原理、放大电路的分析方法、放大电路的三种基本组态,然后介绍多级放大器及放大器的频率响应。

此外,读者注意阅读附录1——常用符号说明,以免混淆符号所代表的物理量。

2.1 基本放大电路

放大现象普遍存在于各种场合。电子技术中的放大是指把一微弱的电信号通过某种电路增大到足够的幅度,而且必须是不失真的,具有这种功能的电路被称为放大电路或放大器。

放大电路对信号的放大是通过 BJT 或 FET 的电流控制作用来实现的。由于 BJT 和 FET 都是三端器件,在构成电路时根据输入信号和输出信号公共端的不同,可有三种基本接法。本节以应用最广的 BJT 共射极放大电路为例,介绍放大电路的构成、工作原理和主要指标。

2.1.1 基本共射极放大电路的组成

基本共射极(简称共射)放大电路如图 2-1-1 所示。放大电路的核心元件是晶体管 BJT,用 T 来表示,它必须工作在放大区。电源 V_{BB}的作用是使 BJT 的发射结正向偏置,并与电阻 R_b 一起确定基极电流 I_B。V_{CC}的作用是使集电结反向偏置,并向输出回路提供所需的能量。

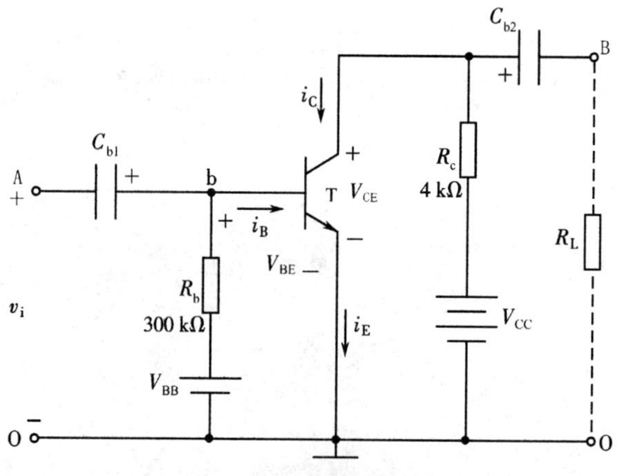

图 2-1-1 基本共射放大电路

集电极负载电阻 R_c(简称集电极电阻)的主要作用是将集电极电流的变化转换为电压变化,以实现电压放大。R_c 的阻值一般为几千欧姆到几十千欧姆。电容 C_{b1} 和 C_{b2} 的作用是隔直流通交流。C_{b1} 隔断放大电路与信号源之间的直流通路,C_{b2} 隔断放大电路与负载间的直流通路,使三者之间互不影响,同时又保证被放大的信号通过 C_{b1} 输入到放大电路中,通过 C_{b2} 输出到负载上。因此,C_{b1}、C_{b2} 又被称为耦合电容。它们的电容量一般为几微法到几十微法。该放大电路中输入信号 v_i 从 BJT 的基极和发射极之间输入,输出信号从 BJT 的集电极和发射极之间取出,故称这种接法为共发射极接法,这种电路为共射放大电路。

2.1.2　放大原理

由于非正弦信号可以分解为不同频率的正弦信号,因此在放大电路中为了便于讨论,常以正弦信号作为输入信号。当输入信号为零时,BJT 中各极电流和极间电压均为一定量的直流量,分别用 I_B、I_C、V_{BE}、V_{CE} 表示,在 BJT 的输入和输出特性上分别为 $Q(I_B, V_{BE})$、$Q(I_C、V_{CE})$点,如图 2-1-2 所示。通常称 v_i 等于零时的工作状态为"静态",Q(quiescent point,简记作 Q)点即为静态工作点,它由电路元件 V_{CC}、V_{BB}、R_c 和 R_b 决定。为了能正常放大,必须将 Q 点安排在合适的位置。

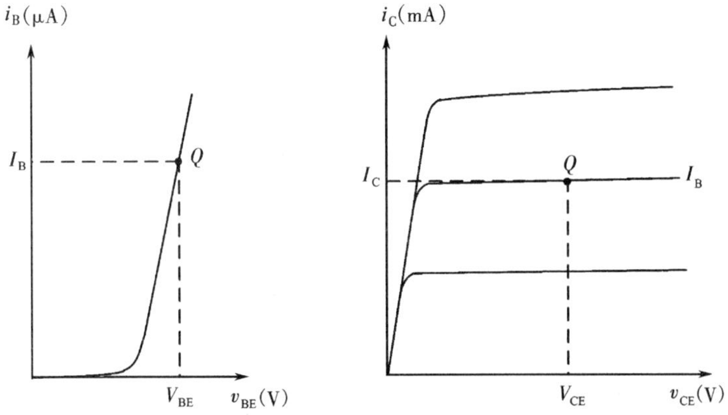

图 2-1-2　特性曲线与静态工作点

当输入信号 $v_i = \sqrt{2}V_i \sin \omega t$ 加入时,发射结上的电压 $v_{BE} = V_{BE} + v_i$。如果 v_i 幅值较小,BJT 的输入特性 Q 点附近小范围内可看作线性,此时

$$i_B = I_B + i_b = I_B + I_{bm} \sin \omega t$$

在输出回路中,工作点 $Q(I_C, V_{CE})$位于放大区内,则集电极电流

$$i_C = I_C + \beta i_b$$

R_c 上的压降也随之变为

$$i_C R_c = (I_C + \beta i_b) R_c$$

$$v_{CE} = V_{CC} - i_C R_c = V_{CC} - \beta i_b R_c$$

若在输出端口 BO 测量,由于 C_{b2} 的隔直作用,则

$$v_o = -\beta i_b R_c$$

图 2-1-1 电路各点的波形如图 2-1-3 所示,常称加入信号时的工作状态为"动态"。

由上面分析可知:

①为了正常放大,BJT 的工作点必须设置在放大区。J_e 正向偏置,J_c 反向偏置,不同类

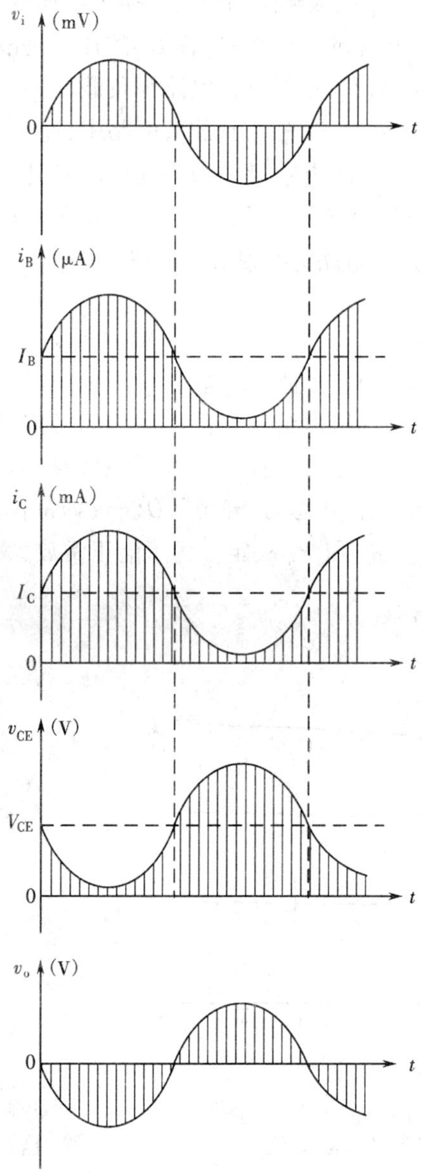

图 2-1-3　图 2-1-1 电路的波形

型的管子电源的极性不同。

②静态工作点是输入信号能够被不失真地加以放大的工作基础。放大是对变化量而言，如果输出回路的 $i_c > i_b$，则为电流放大，$v_{om} > v_{im}$，则为电压放大，输出信号的能量来源于直流电源 V_{CC}。

③信号放大的过程是在输入回路中通过 BJT 将 v_i 变为 i_b，小的 i_b 控制大的 i_c，在输出回路中通过 R_c 将 i_c 变为 v_{ce}，经过 C_{b2} 取出供给负载。

为使电路简化，图 2-1-1 电路中，可令 $V_{BB} = V_{CC}$，并用一个电源供电。将输入端口 AO 与输出端口 BO 的公共端 O 定作电位参考点，常称作"地"，用符号"⊥"表示。简化后，电路如图 2-1-4 所示。

为了分析方便，常规定：输入、输出信号电压正方向以及电流正方向如图 2-1-4 所示。

2.1.3　放大电路的主要性能指标

放大电路可用一般化模型表示，如图 2-1-5 中方框部分。

1. 电压增益

定义输出电压 $\dot{V}_o$ 与输入电压 $\dot{V}_i$ 的比 $\dot{A}_v$ 为电压增益，它是衡量放大电路放大能力的一项参数。

$$\dot{A}_v = \frac{\dot{V}_o}{\dot{V}_i} \text{或} A_v(\text{dB}) = 20\lg\left|\frac{\dot{V}_o}{\dot{V}_i}\right| \quad (2\text{-}1\text{-}1)$$

2. 输入电阻

定义 R_i 为放大电路的输入电阻，它是放大电路输入电压 $\dot{V}_i$ 与所产生的输入电流 $\dot{I}_i$ 之比。即

$$R_i = \frac{\dot{V}_i}{\dot{I}_i} \quad (2\text{-}1\text{-}2)$$

当信号源有内阻时，放大电路输入电阻的大小将影

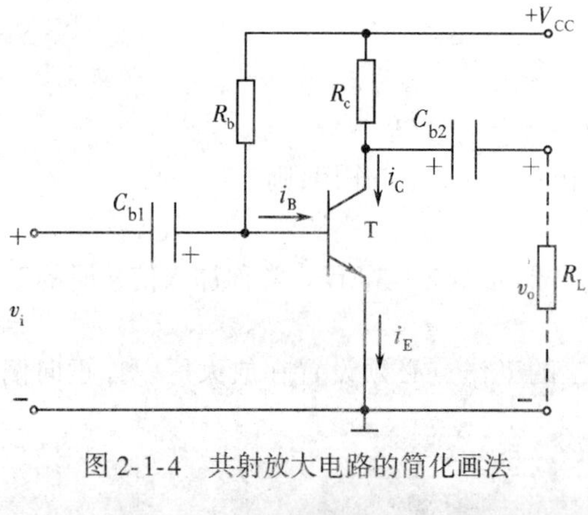

图 2-1-4　共射放大电路的简化画法

响真正加到放大电路上的信号。对输入信号为电压的放大电路而言，R_i 越大，真正加到放大电路的信号 $\dot{V}_i$ 越大，信号源内阻 R_s 上的损失越小。因此 R_i 也是放大电路的一项重要参数。

3.输出电阻

定义 R_o 为放大电路的输出电阻，它是决定放大电路带负载能力的一项重要参数。因为放大电路总是要带负载的，它对负载而言相当于信号源，输出电阻 R_o 就是信号源的内阻。若用 $\dot{V}'_o$ 表示放大电路空载时的输出电压，带负载 R_L 后，负载得到的电压 $\dot{V}_o=\dot{V}'_o\times\dfrac{R_L}{R_L+R_o}$。对于以电压为输出的放大器，$\dot{V}'_o$、$R_L$ 一定时，R_o 越小，$\dot{V}_o$ 越大。

在定量分析 R_o 时，可在负载 R_L 支路开路情况下，求放大电路输出端口的入端电阻，如图 2-1-6 所示。

$$R_o=\frac{\dot{V}_T}{\dot{I}_T}\bigg|_{\substack{\dot{V}_s=0\\ R_L=\infty}} \tag{2-1-3}$$

式中，$\dot{V}_T$ 为测试电压，$\dot{I}_T$ 为加测试电压产生的电流。

放大器除了这三项主要参数外，还有通频带、最大输出电压幅度、非线性失真、最大输出功率及效率等参数，将在后面章节中介绍。

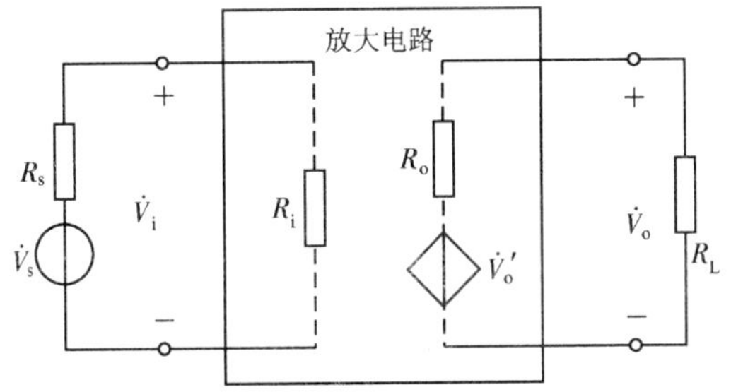

图 2-1-5 放大器的简单模型

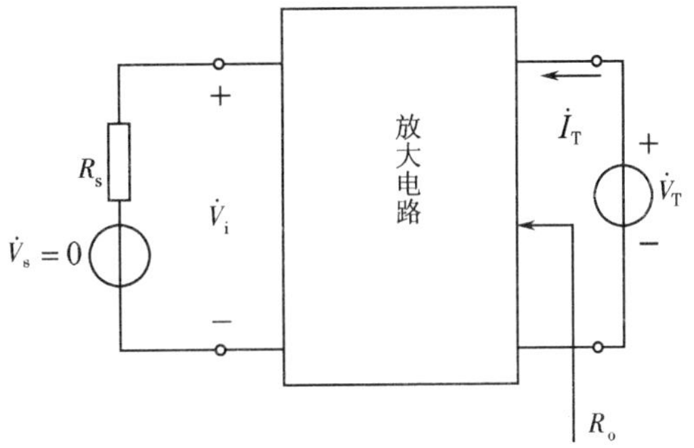

图 2-1-6 输出电阻计算

2.2 放大电路的分析方法

由于构成放大电路的关键元件 BJT 或 FET 都是非线性元件，致使放大电路为非线性电路。因此，对放大电路做定量分析时，主要问题是如何处理晶体管的非线性。解决办法有两种：一种是运用图解法，即在管子的特性曲线上用作图的方法求解；另一种是模型分析法，它的指导思想是在静态工作点附近一个较小范围内，将管子的特性曲线看作线性，用适当的线性元件建立起交流小信号模型，从而把非线性问题转化为线性问题，利用线性电路的各种规律求解电路。

对放大电路分析主要分两个方面：一是静态分析，即输入 $v_i=0$ 时电路所处的工作状态；二是动态分析，即外加输入信号后电路中各部分的电压、电流。由于放大电路中存在电抗元件，放大电路的直流通路与交流通路不同，分析静态工作情况时按直流通路考虑，而分析动态工作情况时，如求 $\dot{A}_v$、R_i 和 R_o 等交流参数要按交流通路分析。

直流通路是在直流电源作用下，直流电流流经的通路。对于直流通路，电容视为开路，电感线圈视为短路；信号源视为短路，但应保留其内阻。

交流通路是在输入信号作用下，交流信号流经的通路。对于交流通路，容量大的电容视为短路，内阻为零的直流电源视为短路。由此得到图 2-1-4 所示电路的直流通路和交流通路分别如图 2-2-1(a)和 2-2-2 所示。

2.2.1 图解分析法

1.静态分析

图 2-1-4 放大电路的直流通路如图 2-2-1(a)所示。设 BJT 的输入、输出特性如图 2-2-1(b)所示，可以用作图的方法求解静态工作点 Q。

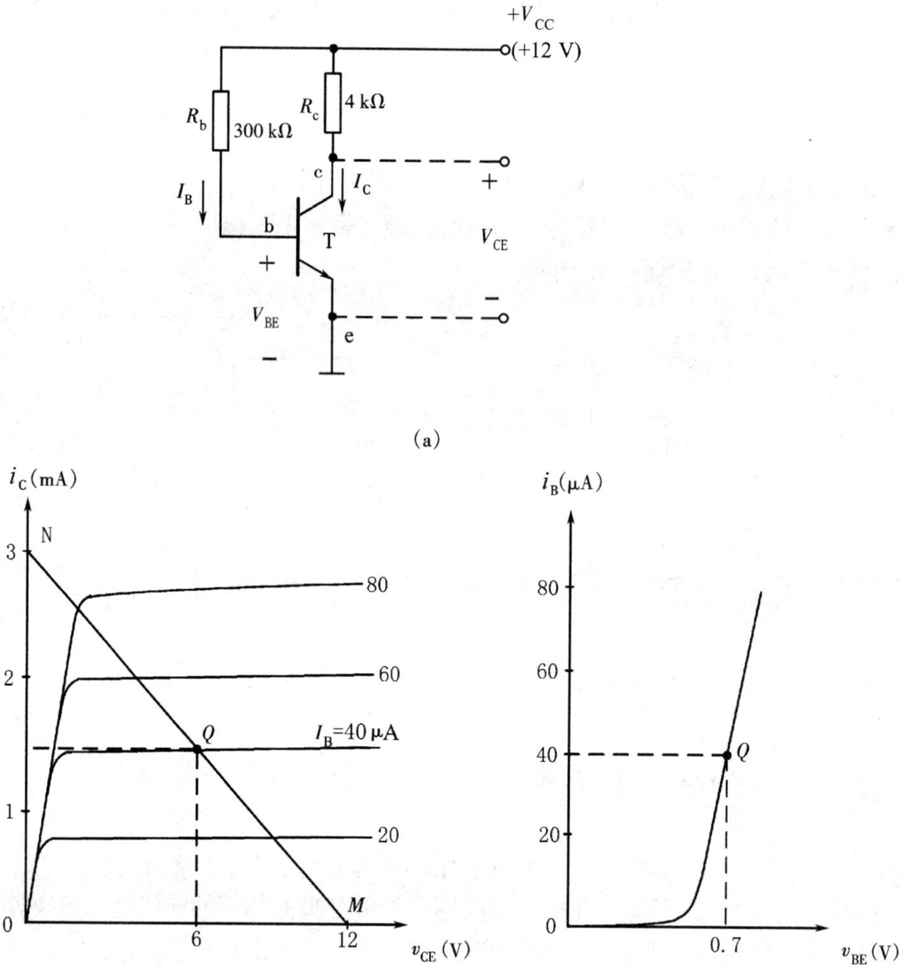

图 2-2-1 共射放大电路静态分析电路

(a)图 2-1-4 的直流通路；(b)静态工作情况图解

(1)估算静态 I_B

由于 BJT 发射结正向偏置，静态 $V_{BE}\approx 0.7$ V(硅管)或 0.2 V(锗管)，可认为已知。根据直流通路可得

$$V_{CC}=I_B R_b+V_{BE} \tag{2-2-1}$$

则

$$I_B=\frac{V_{CC}-V_{BE}}{R_b}\approx\frac{V_{CC}}{R_b}=40\ \mu A$$

(2)在输出特性上作直流负载线

由输出回路直流通路可写出如下线性方程

$$V_{CE}=V_{CC}-I_CR_c \tag{2-2-2}$$

常称该方程为集电极直流负载方程,它所确定的直线 MN 为直流负载线。MN 的斜率为 $-\frac{1}{R_c}$,与横坐标交点为 $M(V_{CC},0)$,与纵坐标交点为 $N(0,V_{CC}/R_c)$。直流负载线是 BJT 静态工作点的运动轨迹。

(3)确定静态工作点

由于 Q 点既要满足集电极直流负载方程,又要满足 BJT 的输出特性 $i_C=f(v_{CE})|_{I_B=40\ \mu A}$,因此它们的交点即为所求静态工作点 Q。读出 Q 点处:

$$\begin{cases}I_B=40\ \mu A\\ I_C=1.5\ mA\\ V_{CE}=6\ V\end{cases}$$

2.动态分析

(1)交流通路、交流负载及交流负载线

为了突出研究放大电路在输入信号作用下,电路中电流、电压的变化情况,画出该电路的交流通路如图 2-2-2 所示。由于电路中电容 C_{b1}、C_{b2}一般选择较大值,对交流信号呈现的容抗很低,可视为短路。电源 V_{CC}内阻为零,故交流短路。交流通路反映的是交流信号引起的变化量;在输入输出特性上,即把 Q 点看作坐标原点。观察交流通路发现集电极的交流负载为 R_c 与 R_L 的并联,用 R'_L 表示。$R'_L=R_c /\!/ R_L=\frac{R_cR_L}{R_c+R_L}$,交流量 v_{ce}与 i_c 关系可表示为

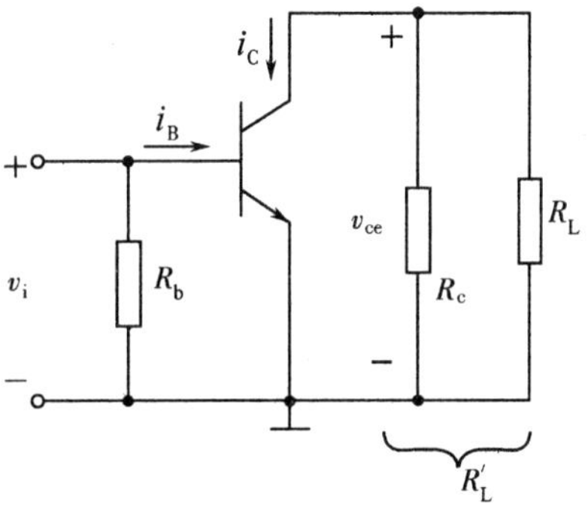

图 2-2-2　图 2-1-4 的交流通路

$$v_{ce}=-i_cR'_L \tag{2-2-3}$$

这个方程称作交流负载方程。过 Q 点,斜率为 $-\frac{1}{R'_L}$的直线称为交流负载线。它实际上是 v_i 加入后,动态工作点随 v_i 变化而移动的轨迹。

(2)用图解法求电压增益

①根据 v_i 及静态工作点 Q 在输入特性上求交流 i_b 和瞬时 i_B。

设 $v_i=0.02\sin\omega t$ V,当加到放大电路后,BJT 的 $v_{BE}=V_{BE}+v_i$,如图 2-2-3 中曲线①。对应的 i_b 及 i_B 波形如曲线②,由图可以读出,对应于峰值为 0.02 V 的输入信号,基极电流 i_B 将在 60 μA 与 20 μA 之间变动,$i_b=20\sin\omega t\ \mu A$。

②根据 i_B 在输出特性上求出瞬时值 i_C、v_{CE}及交流分量 i_c、v_{ce}。

当 $i_B=I_B+i_b$ 时,动态工作点将沿交流负载线在 Q'与 Q''之间移动,$i_C=I_C+i_c$,如图中曲线③所示,$v_{CE}=V_{CE}+v_{ce}=V_{CE}-i_cR'_L$,如图中曲线④所示。

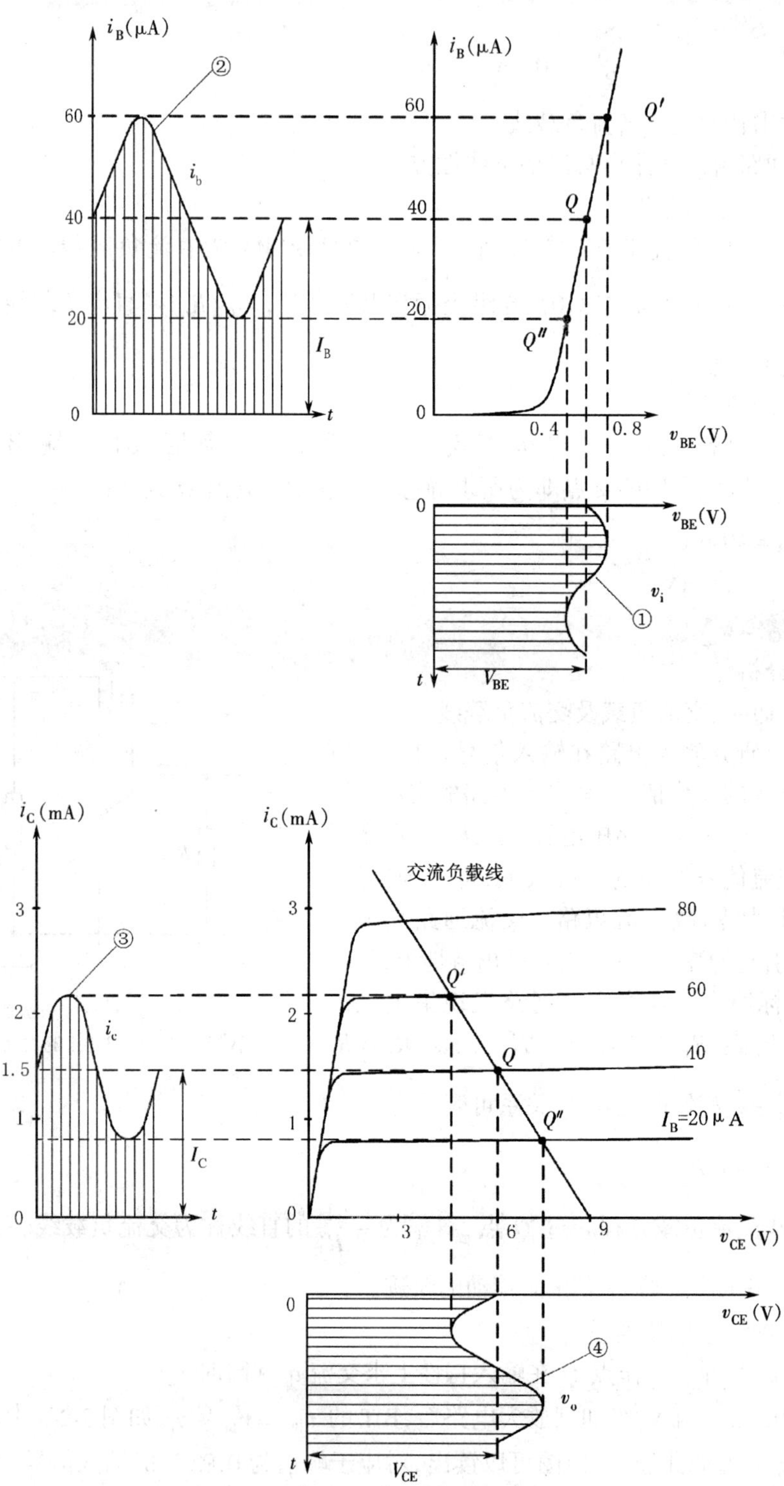

图 2-2-3　动态工作情况图解

综上分析,可以更直观地看到:

①加入 v_i 后,$i_B = I_B + i_b$,$i_C = I_C + i_c$,$v_{CE} = V_{CE} + v_{ce}$。放大电路中电压、电流包含两部

分:一部分是静态工作点决定的直流分量;另一部分是 v_i 引起的交流成分。由于 BJT 是单向导电元件,必须有合适的静态工作点,交流信号才得以传输。

②输出交流分量 v_{ce} 的幅值远大于输入信号 v_i 的幅值,同为正弦波,体现了电路的电压放大作用。电压增益为

$$|\dot{A}_v| = \frac{V_{om}}{V_{im}} = \frac{V_{cem}}{V_{im}} = \frac{1.5}{0.02} = 75$$

③$v_o(v_{ce})$与 v_i 相位相反,这是共射放大电路的一个重要特征。

(3) 非线性失真及最大不失真输出幅度

从前面的讨论可知,静态工作点是交流信号的工作基础,Q 点的位置将对输出信号波形产生直接影响。

设图 2-1-1 电路的静态工作点设置在图 2-2-4 中 Q_1 位置。由于 Q 点太低,I_B 很小,当输入信号较大时,在信号负半周,动态工作点进入截止区,基极电流 i_b 失真,输出波形 i_c、v_{ce} 失真,称其为截止失真,如图 2-2-4(a)所示。若工作点设置在图 2-2-4 中 Q_2 位置,由于静态 I_C 大,在输入信号正半周,动态工作点将进入饱和区,使输出波形 v_{ce} 失真,称其为饱和失

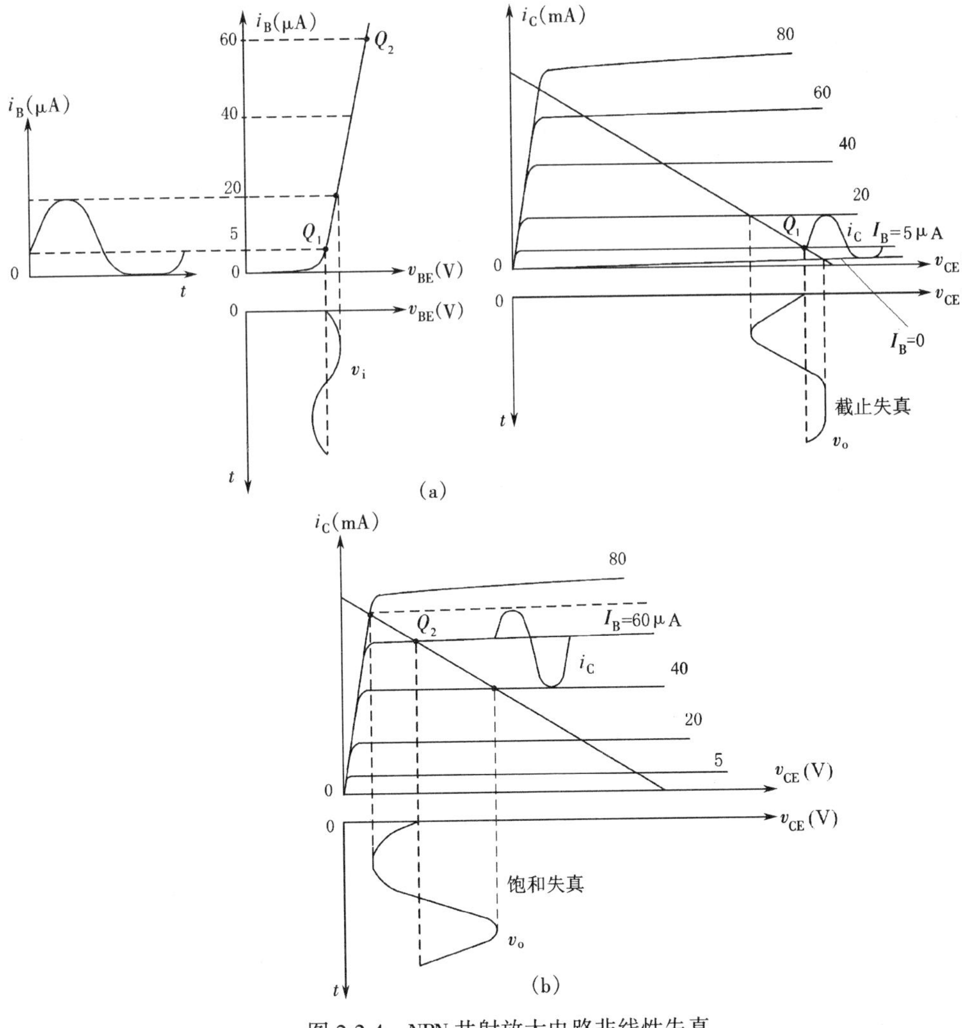

图 2-2-4 NPN 共射放大电路非线性失真

(a)截止失真;(b)饱和失真

真，如图 2-2-4(b)所示。截止失真和饱和失真都是由于 BJT 特性非线性引起的，故统称非线性失真。为使电路具有最大不失真输出幅度，静态工作点应设置在交流负载线的中点位置。当电路元件参数一定时，放大电路的最大不失真输出幅度由 $V_{CE}-V_{CES}$ 和 $i_C R'_L$ 中较小的一个确定。

3. 图解分析法的适用范围

由以上分析可知，虽然图解法能够直观地反映放大电路的工作情况，但是必须实测三极管的特性曲线，并且进行定量分析时误差较大。再者三极管的特性曲线并不反映极间电容产生的影响。因此，图解法多用于分析输出幅值较大而工作频率不太高时的情况。另外也常用于分析 Q 点位置、最大不失真输出电压和失真情况。

2.2.2 模型分析法

模型分析法是把放大电路中的非线性元件 BJT 或 FET 的特性曲线进行线性化处理，用适当的电路元件等效建立起相应的模型，从而把放大电路转变为线性电路，进而用线性电路的分析方法对放大电路进行分析。仍以 NPN 管共射放大电路为例进行介绍。

2.2.2.1 BJT 的折线化模型与静态工作点

1. BJT 的折线化模型

把 BJT 的输入输出特性近似看作折线，如图 2-2-5(a)所示。根据三个工作区(放大区、饱和区、截止区)的不同特点，可得到其折线化模型。

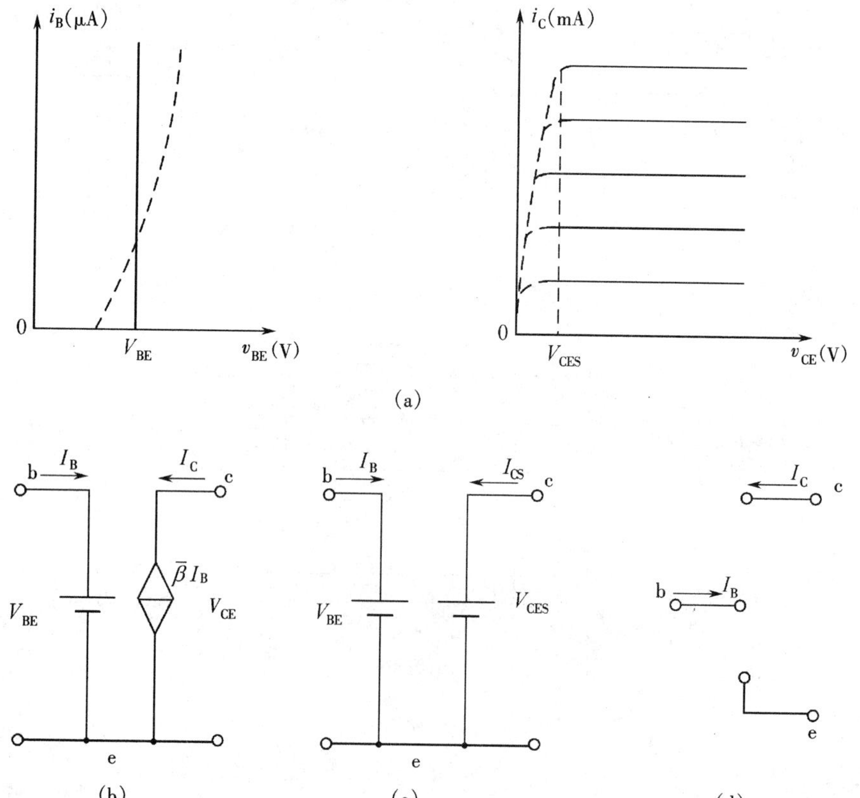

图 2-2-5 NPN 型 BJT 处于不同工作状态时的折线化模型

(a)BJT 的特性曲线；(b)处于放大状态时模型；(c)饱和时模型；(d)截止时模型

工作在放大区的 BJT,发射结处于正向偏置且导通状态,V_{BE}与二极管正向压降近似相同,硅管为 0.7 V 左右,锗管为 0.2 V 左右,I_B 由外电路参数决定,因此,b－e 之间可用正向电压源 V_{BE}代替,输出回路中 $I_C=\bar{\beta}I_B$与 V_{CE}近似无关,可看作一个受 I_B 控制的电流源。故工作在放大区的 BJT 的折线化模型如图 2-2-5(b)所示。

工作在饱和区的 BJT,发射结正偏导通,与工作在放大区时相同,用正向电压源 V_{BE}代替,而 $I_C\neq\bar{\beta}I_B$ 且 $I_C=I_{CS}$由外电路参数决定;$V_{CE}=V_{CES}$也用一个电压源表示。工作在饱和区的 BJT 模型如图 2-2-5(c)所示。

BJT 工作在截止区时,$I_B\approx0$,$I_C\approx0$,其模型如图 2-2-5(d)所示。

2.静态工作点估算

放大电路的静态工作点必须设置在放大区。根据放大电路的直流通路和 BJT 的折线化模型可画出图 2-1-1 电路的直流等效电路,如图 2-2-6 所示。依图可求得

$$I_B=\frac{V_{CC}-V_{BE}}{R_b}\approx\frac{V_{CC}}{R_b}\qquad(2\text{-}2\text{-}4)$$

$$I_C=\bar{\beta}I_B\qquad(2\text{-}2\text{-}5)$$

$$V_{CE}=V_{CC}-I_CR_c\qquad(2\text{-}2\text{-}6)$$

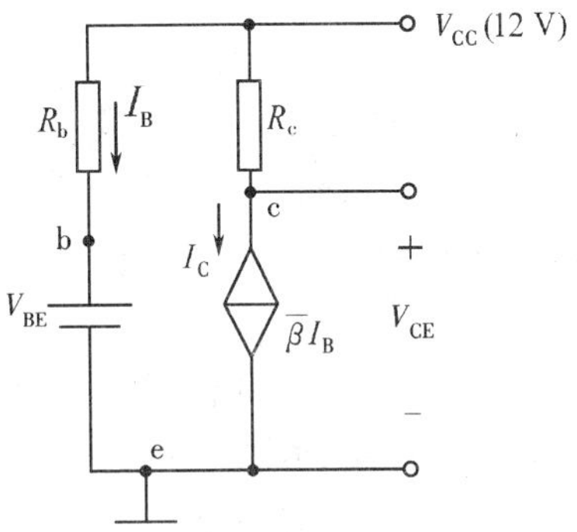

图 2-2-6　图 2-1-1 电路的直流等效电路

对于给定参数及 $\beta=40$,可得 $I_B=40\ \mu A$,$I_C=1.6\ mA$,$V_{CE}=5.6\ V$。

2.2.2.2 BJT 的交流小信号模型及放大电路的交流参数分析

1.BJT 的低频小信号模型

(1)h 参数的引出

BJT 有三个电极可看作一个四端网络:在共射接法时,b-e 为输入端口,c-e 为输出端口,如图 2-2-7(a)所示,i_B、v_{BE}、i_C、v_{CE}为两个端口的电流、电压变量。若令 i_B、v_{CE}为自变量,输入、输出端口的特性分别表示为

$$v_{BE}=f_1(i_B,v_{CE})\qquad(2\text{-}2\text{-}7)$$

$$i_C=f_2(i_B,v_{CE})\qquad(2\text{-}2\text{-}8)$$

假设 BJT 在 Q 点附近小信号下工作,为研究各变化量之间的微变关系,对式(2-2-7)、式(2-2-8)取全微分,得

$$dv_{BE}=\left.\frac{\partial v_{BE}}{\partial i_B}\right|_{V_{CE}}\cdot di_B+\left.\frac{\partial v_{BE}}{\partial v_{CE}}\right|_{I_B}\cdot dv_{CE}\qquad(2\text{-}2\text{-}9)$$

$$di_C=\left.\frac{\partial i_C}{\partial i_B}\right|_{V_{CE}}\cdot di_B+\left.\frac{\partial i_C}{\partial v_{CE}}\right|_{I_B}\cdot dv_{CE}\qquad(2\text{-}2\text{-}10)$$

式中 dv_{BE}、dv_{CE}、di_B、di_C 表示无限小的信号增量。假设在小信号作用下,将电流电压变化范围近似视为线性,则无限小的增量可以用有限的纯交流分量来代替(如 dv_{BE}用 v_{be}取代),则式(2-2-9)、式(2-2-10)可写成

$$v_{be}=h_{ie}i_b+h_{re}v_{ce}\qquad(2\text{-}2\text{-}11)$$

$$i_c = h_{fe} i_b + h_{oe} v_{ce} \tag{2-2-12}$$

以上两式下标 e 表示共射接法,其中:

$h_{ie} = \left.\frac{\partial v_{BE}}{\partial i_B}\right|_{V_{CE}}$,表示输出端交流短路时的输入电阻,其单位为欧姆(Ω);

$h_{re} = \left.\frac{\partial v_{BE}}{\partial v_{CE}}\right|_{I_B}$,表示输入交流开路时的反向电压传输比,无量纲;

$h_{fe} = \left.\frac{\partial i_C}{\partial i_B}\right|_{V_{CE}}$,表示输出端交流短路时的正向电流传输比,即电流放大系数,无量纲;

$h_{oe} = \left.\frac{\partial i_C}{\partial v_{CE}}\right|_{I_B}$,表示输入交流开路时的输出电导,其单位为西门子(S)。

h_{ie}、h_{re}、h_{fe}、h_{oe}为共射接法时的四个 h 参数,它们的量纲不同,故称混合参数。当 Q 点一定时这四个参数均为常数,并可以从输入、输出特性上求得,或用 h 参数测量仪测量出来。

(2)BJT 的低频小信号模型——h 参数模型

式(2-2-11)表示输入回路中,输入电压 v_{be}由两部分构成:一个是 $h_{ie} i_b$,即输入电流 i_b 在输入电阻 h_{ie}上的压降;另一个是 $h_{re} v_{ce}$,它表示输出电压 v_{ce}对输入回路的反作用,用受控电压源表示,因此,输入回路 b－e 间等效为电阻与受控电压源串联。

式(2-2-12)为输出回路方程,它表明输出电流 i_c 由两个分量构成:一个是由 i_b 引起的 $h_{fe} i_b$;另一个是由输出电压 v_{ce}在输出电阻$\frac{1}{h_{oe}} = r_{ce}$上引起的电流,即 $h_{oe} v_{ce}$。因此,输出回路 c－e 间可以用一个受控电流源与一个电阻并联表示。BJT 的低频小信号模型如图 2-2-7(b)所示。它没有考虑 BJT 结电容的影响,故这个模型只适用于低频情况。

四个 h 参数的数量级一般为

$$\boldsymbol{h} = \begin{bmatrix} h_{ie} & h_{re} \\ h_{fe} & h_{oe} \end{bmatrix} = \begin{bmatrix} 10^3\ \Omega & 10^{-3} \sim 10^{-4} \\ 10^2 & 10^{-5}\text{S} \end{bmatrix}$$

由此可见,$h_{re} v_{ce} \ll v_{be}$,而$\frac{1}{h_{oe}} = r_{ce}$与电路中 R_c 和 R_L 相比大得多,故可将 h_{re}、h_{oe}略去,得到简化的低频小信号模型,如图 2-2-7(c)所示。

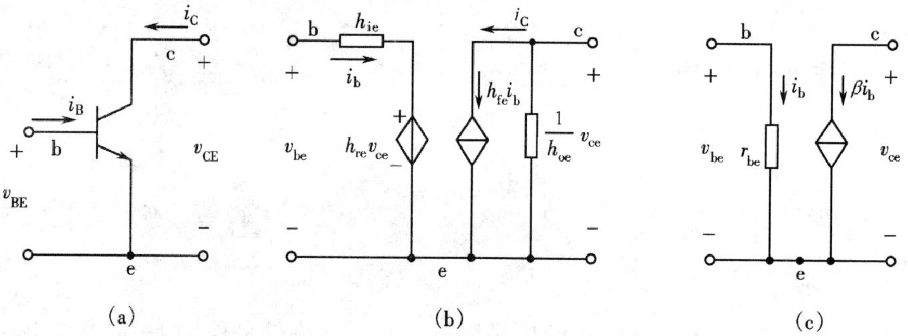

图 2-2-7　BJT 的 h 参数小信号模型

(a)共射接法;(b)小信号模型;(c)简化小信号模型

两个 h 参数h_{ie}和 h_{fe},即前述的 r_{be}和 β,且这两个参数可以用测试仪测出,它们与静态工作点有关。r_{be}也可以借助下式估算：

$$r_{be} = r_{bb'} + (1+\beta) r_e \tag{2-2-13}$$

式中，$r_{bb'}$为 BJT 基区体电阻，低频小功率管 $r_{bb'}$ 约为 200 Ω；r_e 为发射结的动态电阻，通过发射结的电流 $i_e = (1+\beta) i_b$，因此，将 r_e 折算到输入回路时等效电阻应扩大$(1+\beta)$倍。根据 PN 结 V-I 特性方程可推导出 r_e 的值为 $V_T(\text{mV})/I_E(\text{mA})$，式(2-2-13)可写为

$$r_{be} = 200\ \Omega + (1+\beta)\frac{V_T(\text{mV})}{I_E(\text{mA})} \tag{2-2-14}$$

常温 $T = 300$ K 时，$V_T = 26$ mV。式(2-2-14)的适用范围为 $0.1\ \text{mA} < I_E < 5\ \text{mA}$。超出该范围将有较大误差。

2.用模型分析法求放大电路的动态参数

下面以图 2-2-8(a)所示基本共射放大电路为例进行电路分析计算。

(1)画放大电路的小信号(或微变)等效电路

首先将 BJT 用 h 参数模型表示，然后按交流通路画电路中的其他部分，即可得到放大电路的小信号等效电路，如图 2-2-8(b)所示。

由于在分析和测试中常用正弦信号，故在等效电路中电压、电流常用向量表示。

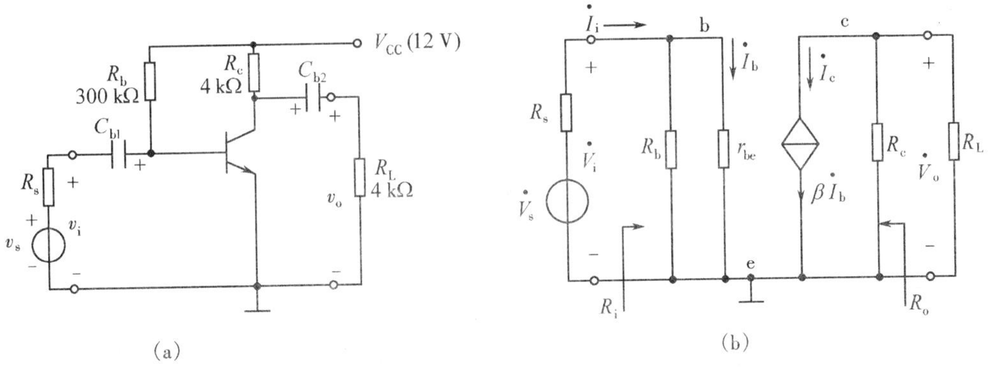

图 2-2-8 共射放大电路及小信号等效电路

(a)共射放大电路；(b)小信号等效电路

(2)求电压增益 $\dot{A}_v$

由于等效电路为一含受控源的线性电路，故可用求解线性电路的方法计算。

$$\dot{I}_b = \dot{V}_i / r_{be}$$

$$\dot{I}_C = \beta \dot{I}_b$$

$$\dot{V}_o = -\dot{I}_C R_L'$$

因此

$$\dot{A}_v = \frac{\dot{V}_o}{\dot{V}_i} = -\frac{\dot{I}_C R_L'}{\dot{I}_b r_{be}} = -\frac{\beta R_L'}{r_{be}} \tag{2-2-15}$$

式中，R_L' 为交流负载 $R_c /\!/ R_L$，负号表示输出电压与输入电压相位相反。

可见，利用模型分析法可以方便地求得电压增益，但计算时必须注意，β、r_{be} 均为 Q 点处的参数，工作点 Q 不同，$\dot{A}_v$ 的值不等。

3.求放大电路的输入电阻 R_i

根据输入电阻的定义,有

$$R_i=\frac{\dot{V}_i}{\dot{I}_i}$$

$$\dot{I}_i=\frac{\dot{V}_i}{R_b}+\frac{\dot{V}_i}{r_{be}}$$

所以

$$R_i=R_b /\!/ r_{be} \tag{2-2-16}$$

一般 $R_b \gg r_{be}$,所以 $R_i \approx r_{be}$。但需注意 r_{be}是 BJT 的共射输入电阻,而 R_i 是共射放大电路的输入电阻,其概念不同。

4.求放大电路的输出电阻 R_o

根据放大电路输出电阻的定义,R_o 为负载 R_L 开路情况下小信号等效电路输出端口的入端电阻。求 R_o 时,令外加激励源 $\dot{V}_s=0$,在输出端加电压 $\dot{V}_T$,产生电流 $\dot{I}_T$,如图 2-2-9 所示。由于 $\dot{V}_s=0,\dot{V}_i=0,\dot{I}_b=0,\beta\dot{I}_b=0$,因此有

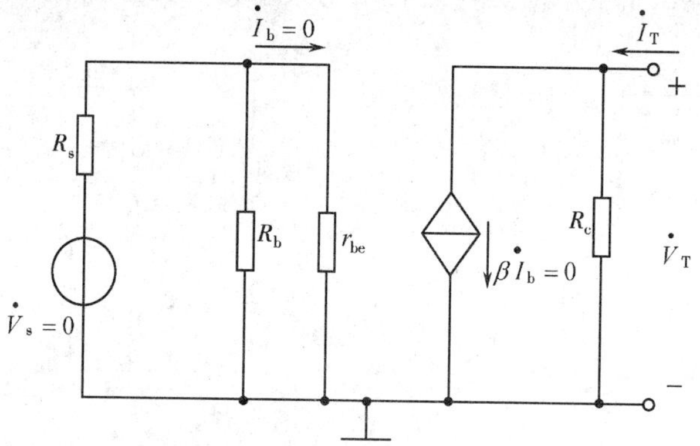

图 2-2-9　求输出电阻的等效电路

$$R_o=\left.\frac{\dot{V}_T}{\dot{I}_T}\right|_{\substack{R_L=\infty\\ \dot{V}_s=0}}\approx R_c$$

若考虑 BJT 的输出电阻 r_{ce},则

$$R_o=r_{ce} /\!/ R_c \tag{2-2-17}$$

[例 2-2-1]　图 2-2-8 中,BJT 的型号为 3DG6,其电流放大系数 $\beta=40$,电路的其他参数如图中标示,求:

①放大电路的电压增益 $\dot{A}_v$;

②电路的输入电阻 R_i 及输出电阻 R_o;

③若放大电路的信号源内阻 $R_s=500\ \Omega$,求当 $v_s=10$ mV 时,电路输出电压 v_o 的值。

解:①为了估算 r_{be},首先求出静态电流 I_E 为

$$I_E \approx I_C=\beta I_B=\beta\times\frac{V_{CC}}{R_b}=1.6\ \text{mA}$$

$$r_{be}=r_{bb'}+(1+\beta)\frac{V_T}{I_E}=200+(1+40)\frac{26}{1.6}\approx 866\ \Omega$$

$$\dot{A}_v = \frac{\dot{V}_o}{\dot{V}_i} = -\frac{\beta R'_L}{r_{be}} = -\frac{40 \times 2}{0.866} \approx -92$$

② $R_i = R_b /\!/ r_{be} \approx r_{be} = 0.866\ \text{k}\Omega$

$R_o \approx R_c = 4\ \text{k}\Omega$

③定义 $\dot{A}_{vs} = \dfrac{\dot{V}_o}{\dot{V}_s}$为源电压增益，则可推导出 $\dot{A}_{vs}$与 $\dot{A}_v$ 的关系为

$$\dot{A}_{vs} = \frac{\dot{V}_o}{\dot{V}_s} = \frac{R_i}{R_s + R_i}\dot{A}_v \tag{2-2-18}$$

根据电路参数可求出

$$\dot{A}_{vs} = \frac{0.866}{0.5 + 0.866} \times (-92) = -58.3$$

所以

$$v_o = v_s \dot{A}_{vs} = -10 \times 58.3 = -583\ \text{mV}$$

图解分析法和小信号模型分析法是分析放大电路的两种基本方法，它为讨论各种具体电路奠定了基础。两种分析方法相互联系，相互补充。图解法可以用来求解静态工作点、分析静态工作点对放大器性能的影响及最大不失真输出幅度等，它能直观地揭示信号被放大的过程，对加深理解放大器的工作原理十分有益；但它的分析依据的是管子的特性曲线，由于管子参数分散性，同一型号管子特性也有很大区别，而且在放大电路比较复杂的情况下进行图解是非常困难的。利用小信号模型分析法能很方便地求解放大器的电压增益、输入和输出电阻、通频带等动态参数，一般情况下，当输入信号较小，管子基本工作在线性范围时，应采用小信号模型分析法，只有在大信号下工作时才用图解法进行分析。

2.3　放大电路的静态偏置及工作点的稳定

由上节分析可知，静态工作点是信号放大的基础。如果静态工作点设置不当，输出波形将产生严重畸变，致使放大器不能正常工作，正确设置静态工作点十分重要。然而工作点能否稳定在我们设计的位置上同样是非常重要的问题。

2.3.1　温度对静态工作点的影响

影响放大电路静态工作点的因素很多，例如电源电压波动、管子老化等，但最主要的是温度对 BJT 内部载流子运动的影响，使 BJT 的特性参数 I_{CBO}、I_{CEO}、β 及发射结的直流压降 V_{BE} 随温度变化而变化。

工程上温度对 BJT 的反向饱和电流 I_{CBO}的影响一般可由下式描述：

$$I_{CBO}(T) \approx I_{CBO}(T_0) \times 2^{(T-T_0)/10}$$

可见温度升高，I_{CBO}增大，$I_{CEO} = (1+\beta) I_{CBO}$也增大，输出特性曲线向上移动，如图 2-3-1(a)所示。对硅管而言，由于本身的 I_{CBO}很小，因而与锗管相比它对工作点的影响较小。

大多数 BJT 的发射结正向压降的温度系数约为 −2.2 mV/℃。在任意温度 T 时的 V_{BE}为

$$V_{BE} = V_{BE}(T_0) - (T - T_0) \times 2.2 \times 10^{-3}\ \text{V}$$

它将通过 I_B 的变化影响 Q 点，如图 2-3-1(b)所示。$T = 25$ ℃时，工作点在 Q_1 位置，当 $T = 50$ ℃时移至 Q_2 位置。

β 值与温度的关系如图 2-3-1(c)所示,温度升高,β 值增大。实验证明,β 的温度系数分散性很大,通常温度每升高 1 ℃,β 要增加 0.5% ~ 1%。当温度升高时,输出特性的间隔变宽,工作点由 Q_1 位置移动到 Q_2 位置。

综上所述,可得到如下结论:

①$I_{CBO}(I_{CEO})$、β、V_{BE}随温度升高,集中表现为静态 I_C 的增大;

②硅管 I_{CBO}小,温度对管子的影响主要反映在 V_{BE}和 β 的变化使 Q 点移动;

③对于锗管,由于 I_{CBO}大,I_{CBO}受温度影响是 Q 点不稳定的主要因素。

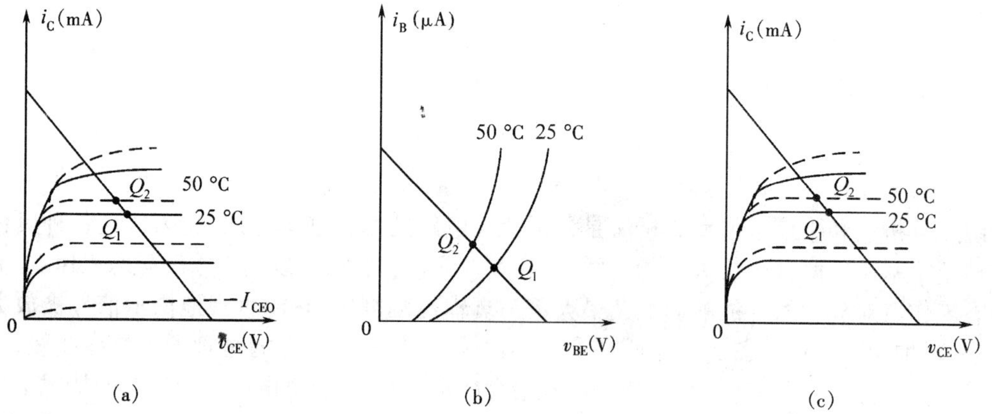

图 2-3-1 温度对静态工作点的影响

(a)I_{CEO}变化的影响;(b)V_{BE}变化的影响;(c)β 变化的影响

2.3.2 射极偏置电路

在上节讨论的共射基本放大电路中,静态时 $I_B \approx V_{CC}/R_b$,当 V_{CC}、R_b 一定时,I_B 固定,常称这种电路为固定偏置电路。这种电路的静态工作点不能自动稳定,温度变化,则 I_C 变化。设想如果把 I_C 的变化通过某些电路元件引回到输入回路,使 I_B 得以调整,就能抑制 I_C 的变化。为此,在电路中增加了射极电阻 R_e,并将 BJT 的基极电位 V_B 固定在某一定值,构成如图 2-3-2 所示电路。

该电路在静态时,$v_i = 0$,$i_B = I_B$,$i_C = I_C$,$i_E = I_E$ 均为直流,设计时使 R_{b1} 中的电流 $I_1 \gg I_B$,则 $V_B \approx [R_{b2}/(R_{b1}+R_{b2})] \times V_{CC}$。当 T 升高时,I_C 增加,将发生如下过程:

$$T\uparrow \rightarrow I_C\uparrow \rightarrow I_E\uparrow \rightarrow V_{R_e}\uparrow \rightarrow V_E\uparrow \rightarrow V_{BE}(=V_B-V_E)\downarrow$$
$$I_C\downarrow \longleftarrow I_B\downarrow \longleftarrow$$

从而牵制了 I_C 的增大,使之基本不变。

为使 Q 点稳定,I_1 越大于 I_B、V_B 越大于 V_{BE}越好,但要兼顾其他指标,对于硅管一般取

$$I_1 = (5 \sim 10) I_B \tag{2-3-1}$$

$$V_B = (3 \sim 5)\text{V} \tag{2-3-2}$$

锗管一般取

$$I_1 = (10 \sim 20) I_B \tag{2-3-3}$$

$$|V_B| = (2 \sim 3)\text{V} \tag{2-3-4}$$

在图 2-3-2 所示电路中,偏置电流 I_B 不仅与 R_{b1}、R_{b2}有关,而且与 R_e 有关,因此称这种

偏置方式为射极—基极偏置电路，简称射极偏置电路。

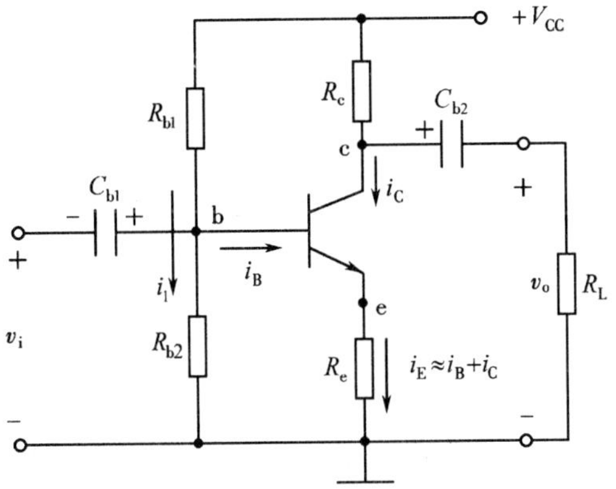

图 2-3-2　射极偏置电路

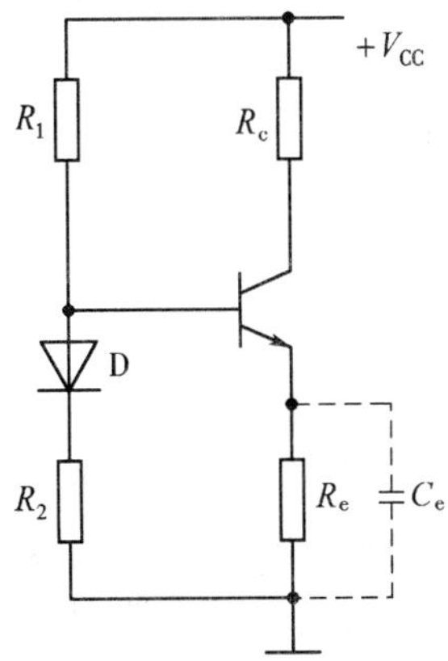

图 2-3-3　温度补偿偏置电路

为了进一步提高静态工作点的温度稳定性，可在基极回路中接入二极管 D，用以补偿 BJT 的 V_{BE}随温度的变化，如图 2-3-3 所示。

另外，R_e 的接入将影响放大电路的电压增益，为了解决这个问题，可在 R_e 上并联一个电容器 C_e，一般取几十微法，在被放大的信号频率范围内，C_e 的容抗很小，可视为短路，从而消除了 R_e 对交流分量的影响，使 $\dot{A}_v$ 与基本共射放大电路相同。

除射极偏置电路外，能自动稳定静态工作点的还有集电极—基极偏置电路等，将在反馈放大电路一章介绍。

[例 2-3-1]　估算图 2-3-2 所示电路的静态工作点，并推导电压增益表达式。

解：①Q 点的估算。

$$V_B \approx \frac{R_{b2}}{R_{b1}+R_{b2}} \times V_{CC}$$

$$I_C \approx I_E = \frac{V_B - V_{BE}}{R_e}$$

$$V_{CE} = V_{CC} - I_C R_c - I_E R_e \approx V_{CC} - I_C(R_c + R_e)$$

$$I_B = I_C/\beta$$

②求电压增益。

画图 2-3-2 电路的 h 参数等效电路如图 2-3-4 所示。

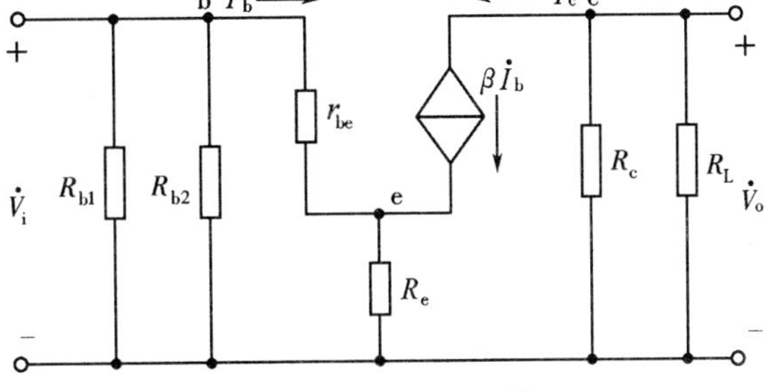

图 2-3-4　图 2-3-2 的等效电路

由图可得：

$$\dot{V}_o = -\beta\dot{I}_b(R_c /\!/ R_L) = -\beta\dot{I}_b R'_L$$

$$\dot{V}_i = \dot{I}_b r_{be} + (\dot{I}_b + \beta\dot{I}_b)R_e = \dot{I}_b[r_{be} + (1+\beta)R_e]$$

所以

$$\dot{A}_v = \frac{\dot{V}_o}{\dot{V}_i} = -\frac{\beta R'_L}{r_{be} + (1+\beta)R_e}$$

2.4 BJT 放大电路的三种基本组态

前面以共射放大电路为例介绍了放大电路的工作原理、分析方法及使 Q 点稳定的偏置方式。BJT 有三个极，根据输入和输出回路公共端的不同，除共射接法外还有另外两种基本组态，即共集电极和共基极组态。

2.4.1 共集电极放大电路

1. 电路的组成特点

共集电极电路如图 2-4-1 所示，欲放大的信号从基极输入，负载 R_L 接在发射极上，即从发射极取输出信号，对交流信号而言集电极为公共端，故为共集电极组态。由于从射极取输出，所以又称它为射极输出器。

2. 静态分析

图 2-4-1 电路的直流通路如图中虚线框内部分，由直流通路可列出基极回路方程

$$I_B R_b + V_{BE} + (I_B + \beta I_B)R_e = V_{CC}$$

则求得

$$I_B = \frac{V_{CC} - V_{BE}}{R_b + (1+\beta)R_e} \approx \frac{V_{CC}}{R_b + (1+\beta)R_e} \tag{2-4-1}$$

$$I_C = \beta I_B \tag{2-4-2}$$

$$V_{CE} = V_{CC} - (I_B + I_C)R_e \approx V_{CC} - I_C R_e \tag{2-4-3}$$

3. 动态参数分析

(1) 电压增益 $\dot{A}_v$

首先根据交流通路，画出射极输出器的 h 参数等效电路，如图 2-4-2 所示。根据 KVL 可列出输入回路方程

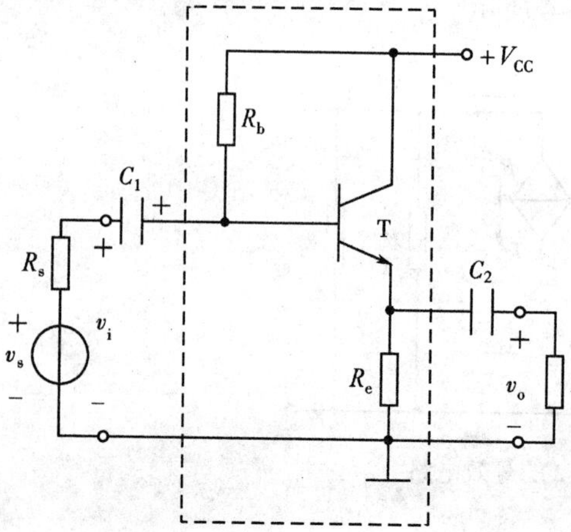

图 2-4-1　共集电极电路

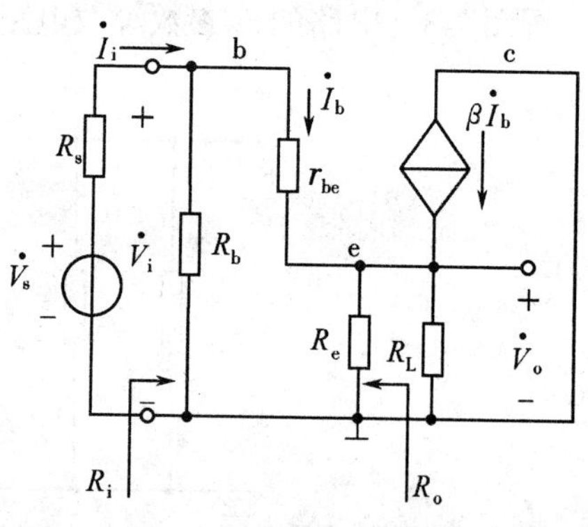

图 2-4-2　射极输出器的 h 参数等效电路

$$\dot{V}_i = \dot{I}_b r_{be} + (\dot{I}_b + \beta \dot{I}_b) R'_L$$

式中

$$R'_L = R_e // R_L$$

$$\dot{V}_o = (\dot{I}_b + \beta \dot{I}_b) R'_L$$

根据 $\dot{A}_v$ 定义可得

$$\dot{A}_v = \frac{\dot{V}_o}{\dot{V}_i} = \frac{(1+\beta) R'_L}{r_{be} + (1+\beta) R'_L} \tag{2-4-4}$$

一般情况下，$r_{be} \ll (1+\beta) R'_L$，因此，射极输出器的增益小于并近似等于1，即输出电压与输入电压近似相等，故又称该电路为射极跟随器。

(2)输入电阻 R_i 的计算

根据输入电阻的定义，有

$$R_i = \frac{\dot{V}_i}{\dot{I}_i}$$

$$\dot{I}_i = \dot{I}_{R_b} + \dot{I}_b = \frac{\dot{V}_i}{R_b} + \frac{\dot{V}_i}{r_{be} + (1+\beta) R'_L}$$

因此

$$R_i = \frac{\dot{V}_i}{\dot{I}_i} = \frac{1}{\dfrac{1}{R_b} + \dfrac{1}{(1+\beta) R'_L}} = R_b // [r_{be} + (1+\beta) R'_L] \tag{2-4-5}$$

由此可见，射极输出器的输入电阻比基本共射放大电路的输入电阻 $R_b // r_{be}$ 高得多。

(3)输出电阻 R_o 的计算

输出电阻的计算方法与共射放大电路相同。令 $\dot{V}_s = 0, R_L = \infty$，在输出端加测试电压 $\dot{V}_T$，如图2-4-3所示，所产生的输入电流

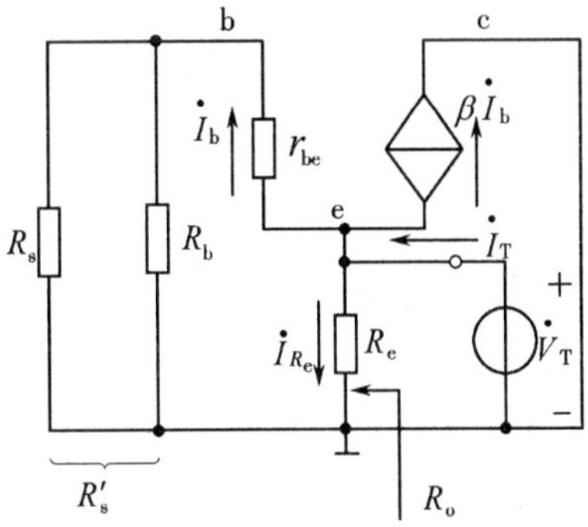

图2-4-3　计算输出电阻 R_o 的电路

$$\dot{I}_T = \dot{I}_b + \beta \dot{I}_b + \dot{I}_{R_e} = \dot{I}_b (1+\beta) + \dot{I}_{R_e}$$

式中

$$\dot{I}_b = \frac{\dot{V}_T}{R'_S + r_{be}}$$

$$\dot{I}_{R_e} = \frac{\dot{V}_T}{R_e}$$

因此，输出电导

$$G_o = \frac{\dot{I}_T}{\dot{V}_T} = \frac{1}{R'_s + r_{be}}(1+\beta) + \frac{1}{R_e}$$

故

$$R_o = \frac{\dot{V}_T}{\dot{I}_T} = R_e // \frac{R'_s + r_{be}}{1+\beta} \tag{2-4-6}$$

式中

$$R'_s = R_s // R_b$$

由于 $\dfrac{R'_s + r_{be}}{1+\beta}$ 远小于 R_e，因此射极输出器的输出电阻很小，通常为几十欧姆或者更低。

由上述分析可知射极输出器有以下特点：

①电压增益小于近似等于1，输出电压与输入电压相位相同；

②输入电阻高，输出电阻低。

虽然它不具有电压放大能力，但由于输入电阻高，减小了从信号源获取的电流，同时它的输出电阻低，具有很强的带负载能力，而且该电路具有电流放大作用，因此获得了广泛的应用。

2.4.2 共基极放大电路

1.电路组成特点

共基极基本放大电路如图2-4-4所示。图中 R_{b1}、R_{b2} 与 R_e 配合构成偏置电路，使BJT有合适的静态工作点，R_c 为集电极负载电阻，输入信号由发射极输入，输出信号从集电极取出。基极为输入、输出回路的公共端，故称为共基极电路。

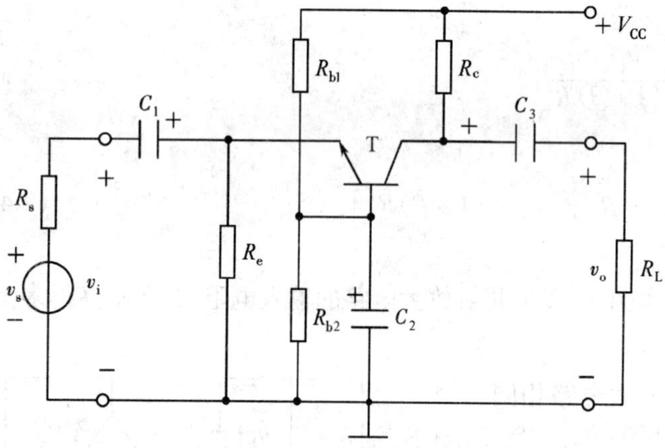

图2-4-4 共基极放大电路

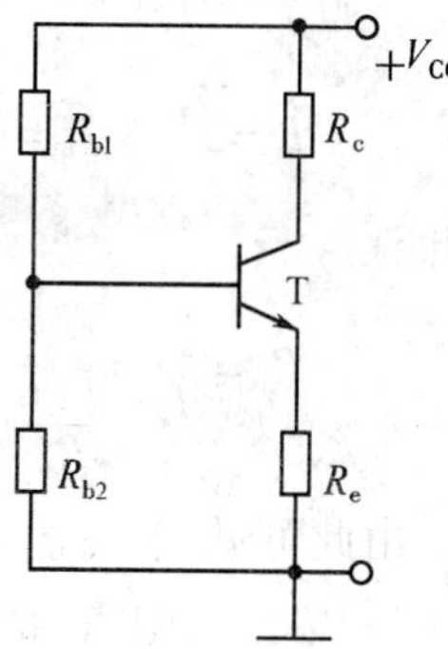

图2-4-5 共基放大电路的直流通路

2.电路分析

(1)静态工作点

共基极电路的直流通路如图2-4-5所示，由图可知，它与射极偏置电路的直流通路完全相同，静态工作点的计算同例2-3-1，这里不再赘述。

(2)动态参数 $\dot{A}_v$、R_i 及 R_o

首先按交流通路画出图2-4-4的 h 参数等效电路，如图2-4-6所示。

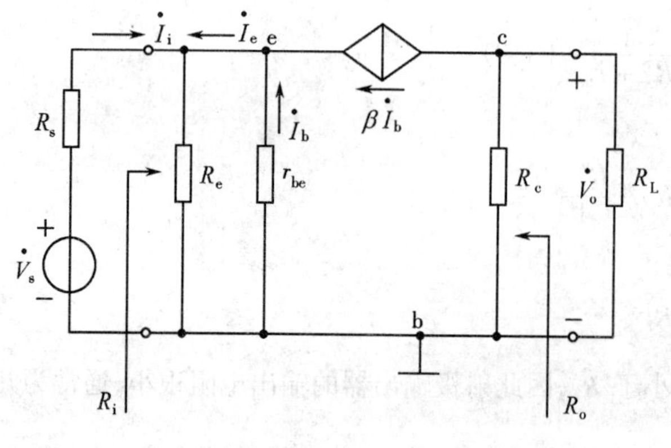

图2-4-6 共基极电路 h 参数等效电路

由图可得

$$\dot{V}_o = -\beta \dot{I}_b (R_c // R_L) = -\beta \dot{I}_b R'_L$$

$$\dot{V}_i = -\dot{I}_b r_{be}$$

因此

$$\dot{A}_v = \frac{\dot{V}_o}{\dot{V}_i} = \frac{\beta R'_L}{r_{be}} \tag{2-4-7}$$

共基接法时 BJT 的输入电阻

$$r_{eb} = \frac{\dot{V}_{eb}}{\dot{I}_e} = \frac{\dot{I}_b r_{be}}{(1+\beta)\dot{I}_b} = \frac{r_{be}}{1+\beta} \tag{2-4-8}$$

共基放大电路的输入电阻

$$R_i = \frac{\dot{V}_i}{\dot{I}_i} = \frac{\dot{V}_i}{R_e} + \frac{\dot{V}_i}{r_{eb}} = R_e // \frac{r_{be}}{1+\beta} \tag{2-4-9}$$

由于 $R_e \gg \frac{r_{be}}{1+\beta}$,因此,$R_i \approx r_{be}/(1+\beta)$

由此可见,共基极放大电路的输入电阻很低。

共基极放大电路的输出电阻

$$R_o = R_c // r_{cb} \approx R_c \tag{2-4-10}$$

共基输出特性比共射输出特性更平坦,BJT 的共基输出电阻 r_{cb} 远大于共射输出电阻 r_{ce}。

另外,在共基极电路中,发射极输入,集电极输出,电流放大系数 $\alpha = \dot{I}_c/\dot{I}_e$ 小于 1 且近似等于 1,从这一角度出发,共基极电路又称为电流跟随器。

为了便于掌握共射、共集、共基三种基本组态放大电路的特点,将它们的主要性能指标列于表 2-4-1 中。共射放大电路的电压、电流增益都比较大,因此应用广泛;在宽频带或高频应用情况下,要求稳定性较好时,共基极电路比较适合;共集电极电路的突出优点是输入电阻高、输出电阻低,可用于多级放大电路的输入级、输出级和缓冲级。

2.5 场效应管放大电路

如前所述,场效应管是电压控制器件,具有电流控制作用,因此也可以用来构成放大电路。由于场效应管特性的非线性,它所构成的放大电路也是非线性电路,必须用图解法或模型分析法进行分析。本节介绍场效应管放大电路的模型分析法。

2.5.1 FET 的交流小信号模型

场效应管是一种电压控制器件,栅极几乎没有电流,漏极电流 i_D 是栅源电压 v_{GS} 和漏源电压 v_{DS} 的函数,即

$$i_D = f(v_{GS}, v_{DS}) \tag{2-5-1}$$

对上式取全微分

$$di_D = \left.\frac{\partial i_D}{\partial v_{GS}}\right|_{v_{DS}} \cdot dv_{GS} + \left.\frac{\partial i_D}{\partial v_{DS}}\right|_{v_{GS}} \cdot dv_{DS} \tag{2-5-2}$$

表2-4-1 放大电路三种基本组态的比较

	共射极电路	共集电极电路	共基极电路
电路组态	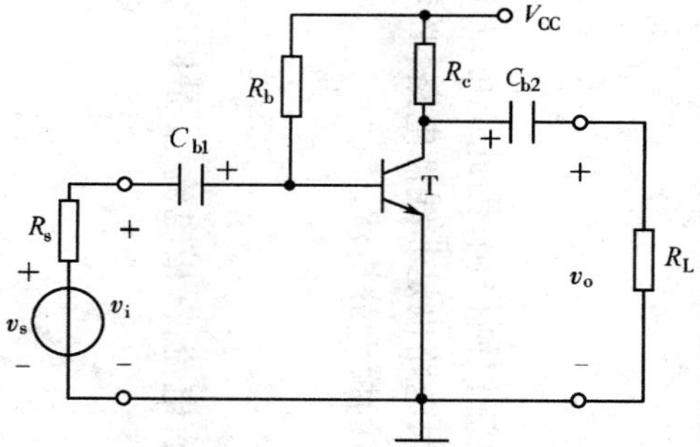	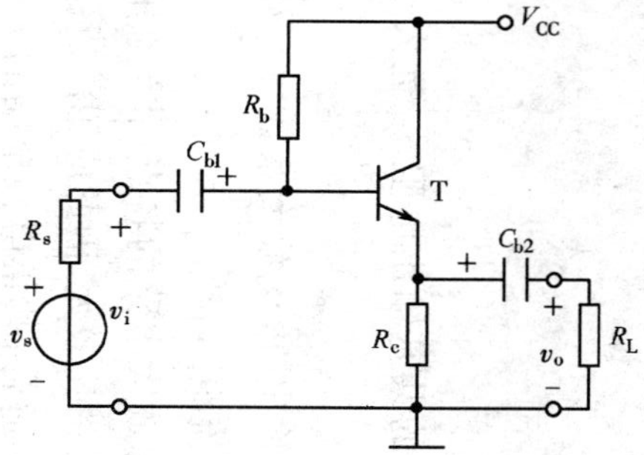	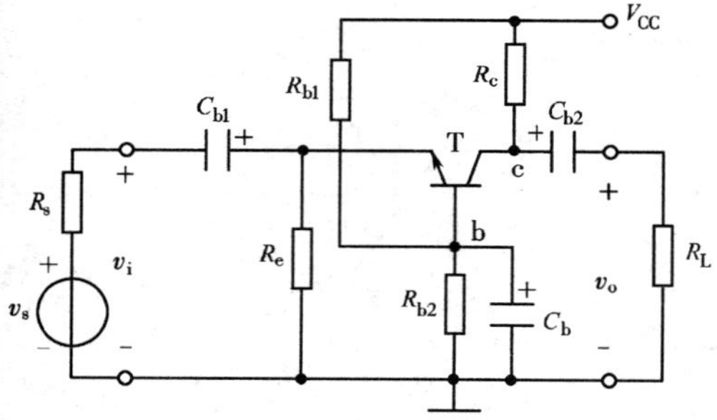
$\dot{A}_v$	$-\dfrac{\beta R_L'^{*}}{r_{be}}$ (高)	$\dfrac{(1+\beta)R_L'^{**}}{r_{be}+(1+\beta)R_L'}$ (≈ 1)	$\dfrac{\beta R_L'}{r_{be}}$ (高)
R_i	$R_b // r_{be}$ (低)	$R_b // [r_{be}+(1+\beta)R_L']$ (高)	$R_e // \dfrac{r_{be}}{1+\beta}$ (最低)
R_o	R_c (高)	$R_e // \dfrac{r_{be}+R_s'}{1+\beta}, R_s' = R_b // R_s$ (低)	R_c (高)
用途	多级放大电路的中间极	输入极、输出极或缓冲级	高频或宽频带电路及恒流源电路

注：$^{*}R_L'=R_c // R_L$；$^{**}R_L'=R_e // R_L$

当静态工作点合适，在低频小信号情况下无限小的增量（di_D、dv_{GS}和 dv_{DS}）用有限交流量 i_d、v_{gs}和 v_{ds}代替，得

$$i_d = g_m v_{gs} + \frac{1}{r_{ds}} v_{ds} \tag{2-5-3}$$

式中，$g_m = \left.\frac{\partial i_D}{\partial v_{GS}}\right|_{v_{DS}}$ 定义为 FET 的跨导，量纲是西门子；

$\frac{1}{r_{ds}} = \left.\frac{\partial i_D}{\partial v_{GS}}\right|_{v_{GS}}$，$r_{ds}$为场效应管的输出电阻。

根据式（2-5-3）及输入端口的特性，可得到 FET 的低频小信号模型，如图 2-5-1（a）所示。图中 r_{gs}为 FET 的输入电阻，一般认为 $r_{gs} \approx \infty$。当 FET 工作在高频情况时，极间电容的影响不可忽视，其高频小信号模型如图 2-5-1（b）所示。C_{gs}是栅源之间的等效电容，C_{gd}为栅漏之间的等效电容，C_{ds}是漏源之间的等效电容。

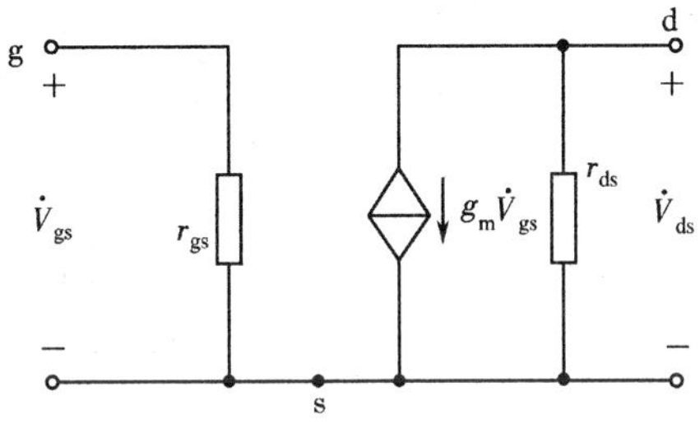

(a)

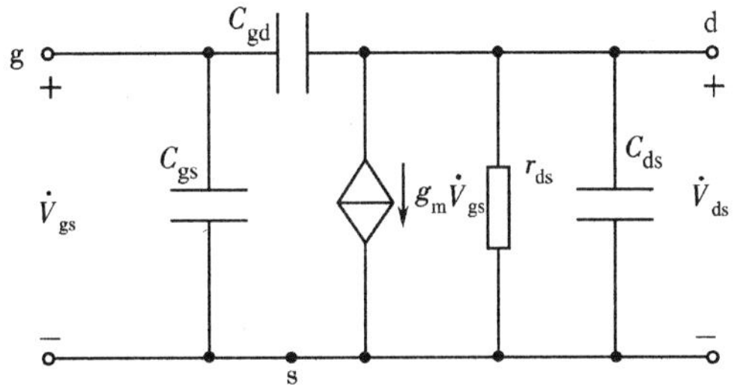

(b)

图 2-5-1　FET 的小信号模型

（a）低频小信号模型；（b）高频小信号模型

2.5.2　共源极放大电路

1. 电路的组成

由于 FET 与 BJT 一样，也是一种单向导电元件，为了放大输入信号，必须建立合适的静态工作点，通常有两种偏置方式。

（1）自给栅偏压电路

由结型 FET 构成的自给栅压共源极放大电路如图 2-5-2（a）所示。由于 JFET 是耗尽型的管子，当 $v_{GS} = 0$ 时，有漏极电流通过 R，其压降通过栅极电阻 R_g 加于栅源之间，静态 $V_{GS} = -I_D R$，电容 C_1、C_2 为耦合电容，由于 r_{gs}很大，C_1 可以较小；C_3 为 R 的旁路电容，常称为源极旁路电容。这种偏置方式只适用于耗尽型 FET。

（2）分压式栅偏压电路

分压式栅偏压电路如图 2-5-2（b）所示。直流电源电压 V_{DD}经 R_{g1}、R_{g2}分压后通过 R_{g3}供给栅极，因此栅极电位

$$V_G = V_{DD} \times \frac{R_{g2}}{R_{g1} + R_{g2}}$$

源极电位

$$V_S = I_D R$$

静态时

$$V_{GS} = -\left(I_D R - \frac{R_{g2}}{R_{g1} + R_{g2}} V_{DD} \right)$$

这种偏置方式既适合耗尽型 FET,也适合增强型 FET。

图 2-5-2 所示电路中,输入信号从栅极引入,输出信号从漏极输出,源极为公共端,故称为共源接法,这类电路为共源放大电路。

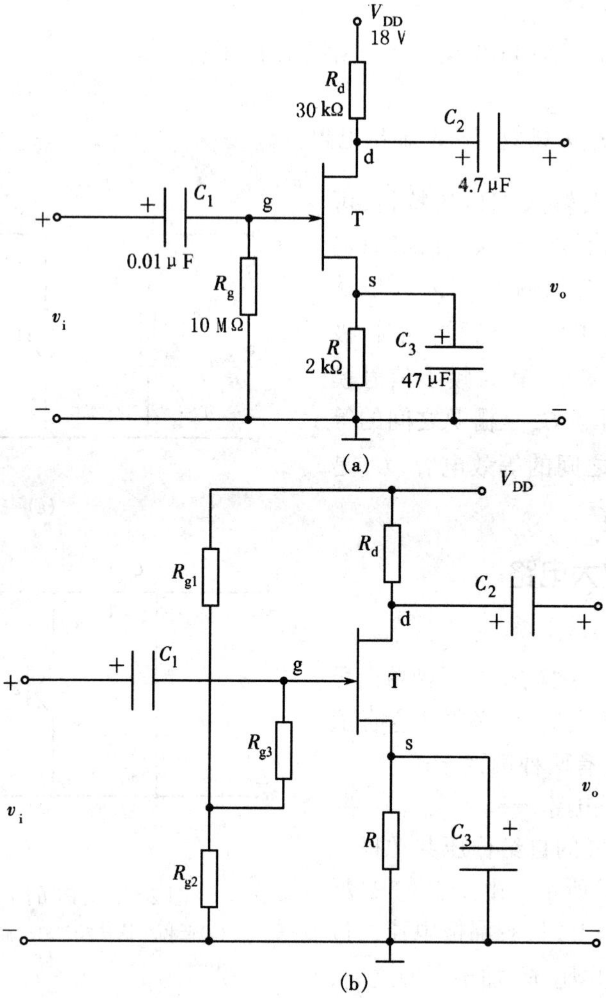

图 2-5-2　共源放大电路

(a)自给栅偏压电路;(b)分压式栅偏压电路

2.静态工作点的确定

FET 放大电路的静态分析可采用图解法或公式法。图解法的原理与 BJT 放大电路相似,这里不再赘述,现以图 2-5-2(b)为例说明如何用公式法确定静态工作点。

在恒流区内,FET 的漏极电流 i_D 与栅源电压 v_{GS} 有下述关系:

$$i_D = I_{DSS}\left(1-\frac{v_{GS}}{V_P}\right)^2 \quad (V_P \leqslant v_{GS} \leqslant 0) \tag{2-5-4}$$

而

$$v_{GS} = V_{DD}\frac{R_{g2}}{R_{g1}+R_{g2}} - i_D R \tag{2-5-5}$$

解式(2-5-4)与式(2-5-5)可求出 Q 点处的 I_D、V_{GS}。而

$$V_{DS} = V_{DD} - I_D(R_d + R) \tag{2-5-6}$$

3. 动态参数分析

以图 2-5-2(b)为例。首先根据交流通路画小信号等效电路，如图 2-5-3 所示。由此可求出电压增益

$$\dot{A}_v=\frac{\dot{V}_o}{\dot{V}_i}=\frac{-g_m\dot{V}_{gs}(r_{ds}//R_d)}{\dot{V}_{gs}}\approx -g_mR_d \tag{2-5-7}$$

输入电阻

$$R_i=\frac{\dot{V}_i}{\dot{I}_i}=R_{g3}+R_{g1}//R_{g2} \tag{2-5-8}$$

输出电阻

$$R_o=R_d//r_{ds}\approx R_d \tag{2-5-9}$$

FET 共源极放大电路与 BJT 共射极放大电路类似，电压增益表达式中的负号表明输出信号与输入信号相位相反，$|\dot{A}_v|\gg 1$。输出电阻 R_o 由漏极负载 R_d 决定。

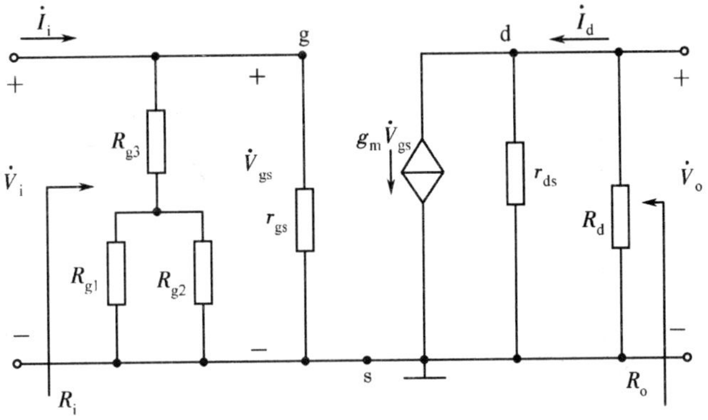

图 2-5-3　图 2-5-2(b)的小信号等效电路

2.5.3　共漏极放大电路

图 2-5-4(a)为 N 沟道增强型 FET 构成的共漏极放大电路。由于信号从栅极输入、源极输出，所以又称源极输出电路，其低频等效电路如图 2-5-4(b)所示，由图可求出动态参数。

(1)电压增益 $\dot{A}_v$

$$\dot{A}_v=\frac{\dot{V}_o}{\dot{V}_i}=\frac{g_m\dot{V}_{gs}(R//R_L)}{\dot{V}_{gs}+g_m\dot{V}_{gs}(R//R_L)}=\frac{g_mR'_L}{1+g_mR'_L} \tag{2-5-10}$$

一般情况下，$g_mR'_L\gg 1$，因此 $\dot{A}_v\approx 1$，故也称该电路为源极跟随器。

(2)输入电阻 R_i

$$R_i=R_{g3}+R_{g1}//R_{g2} \tag{2-5-11}$$

(3)输出电阻 R_o

按照输出电阻的定义得到求输出电阻的等效电路如图 2-5-5 所示，由此可知：

$$\dot{V}_{gs}\approx -\dot{V}_T$$

$$\dot{I}_T=\dot{I}_R-(-g_m\dot{V}_T)=\frac{\dot{V}_T}{R}+g_m\dot{V}_T$$

故

$$R_o=\frac{\dot{V}_T}{\dot{I}_T}=\frac{1}{\frac{1}{R}+g_m}=R//\frac{1}{g_m} \tag{2-5-12}$$

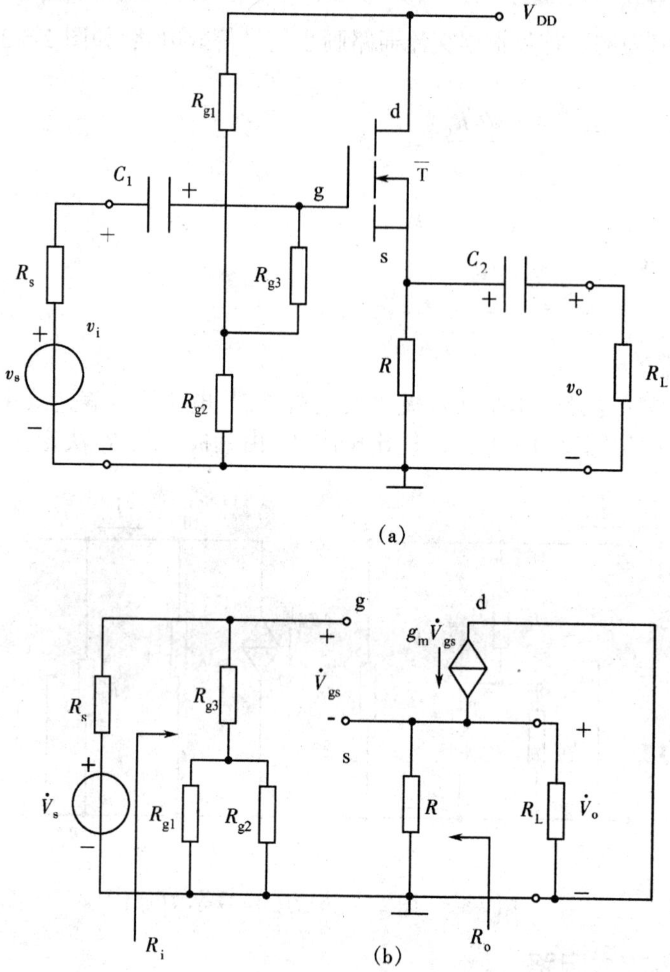

图 2-5-4　共漏极放大电路

(a)共漏极放大电路;(b)小信号等效电路

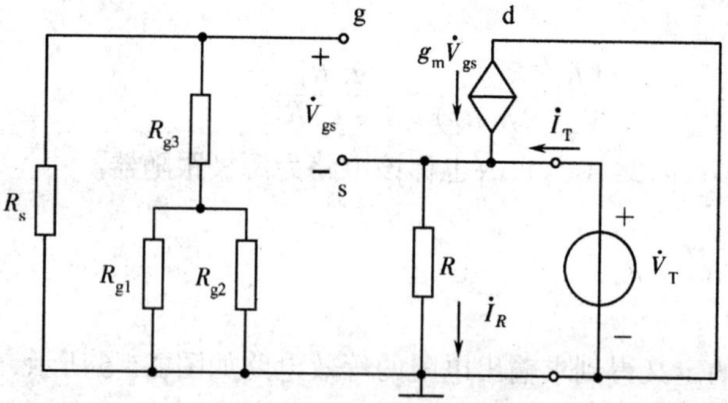

图 2-5-5　求 R_o 的等效电路

与共集电极电路类似,源极输出器的输出电阻较小,电压增益小于近似等于 1。

FET 除了这两种接法外还有共栅接法。共栅极放大电路的特点与共基极放大电路类似,电压增益为正值并远大于 1,输入电阻较小,高频特性较好,请读者自行分析。为了便于比较,将 FET 三种基本组态放大电路的性能列于表 2-5-1 中。

表2-5-1 FET三种基本组态放大电路的比较

	共源极电路	共漏极电路（源极输出器）	共栅极电路 *
电路形式	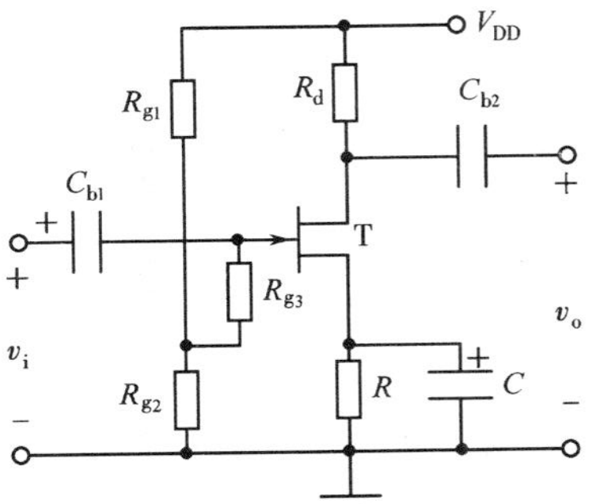	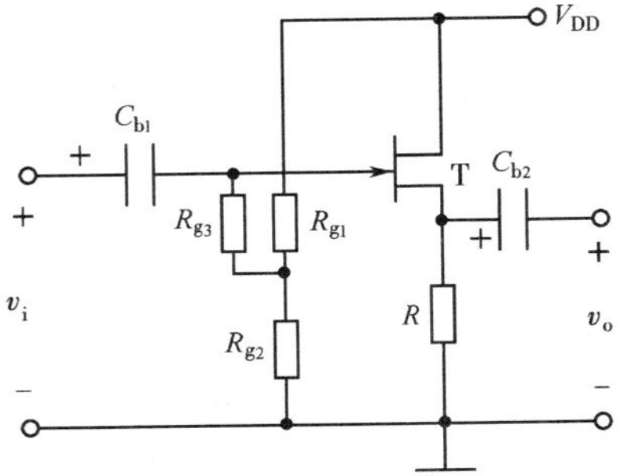	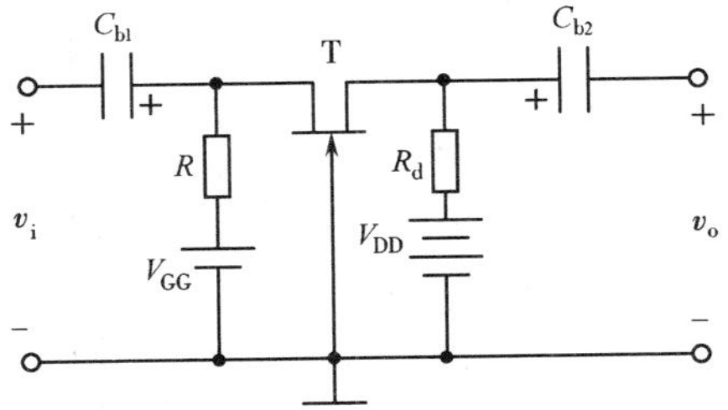
电压增益 $\dot{A}_v$（未考虑极间电容时）	$\dot{A}_v=-g_m(R_d // r_{ds})\approx -g_m R_d$（当$r_{ds}>>R_d$时）	$\dot{A}_v=\dfrac{g_m R}{1+g_m R+\dfrac{R}{r_d}}\approx\dfrac{g_m R}{1+g_m R}$	$\dot{A}_v=\dfrac{(g_m+\frac{1}{r_d})R_d}{1+(R_d/r_d)}\approx g_m R_d$（当$r_d>>R_d$时）
输入电阻R_i	$R_{g3}+(R_{g1}//R_{g2})$	$R_{g3}+(R_{g1}//R_{g2})$	$\dfrac{1}{g_m}//R$
输出电阻R_o	$R_d // r_{ds}$	$\dfrac{1}{g_m}//R$	$R_{ds}//r_d[1+g_m(R_s//R)]$（$R_s$为信号源内阻）
特点	1.电压增益大 2.输入电压与输出电压反相 3.输入电阻高，输入电容大 4.输出电阻主要由负载电阻R_d决定	1.电压增益小于1，但接近1 2.输入电压与输出电压同相 3.输入电阻高而输入电容小 4.输出电阻小，可作阻抗变换用	1.电压增益大 2.输入电压与输出电压同相 3.输入电阻小，输入电容小 4.输出电阻大

* 共栅接法因栅极与沟道之间的高阻未发生作用，故少用

2.6　多级放大电路

单级放大电路的性能指标往往不能满足实际需要,因此,常把几个单级放大电路通过合理连接构成多级放大电路。多级放大电路一般由输入级、中间放大级、前置级(推动级)和输出级组成,如图 2-6-1 所示。本节只讨论小信号放大,关于大信号放大器的问题将在功率放大器一章讨论。

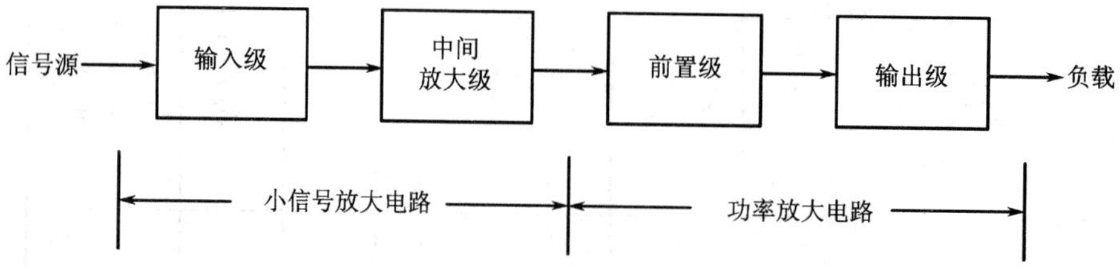

图 2-6-1　多级放大电路的组成

2.6.1　多级放大电路构成的几个问题

1.级间耦合方式的选择

多级放大电路级间耦合方式有三种类型。

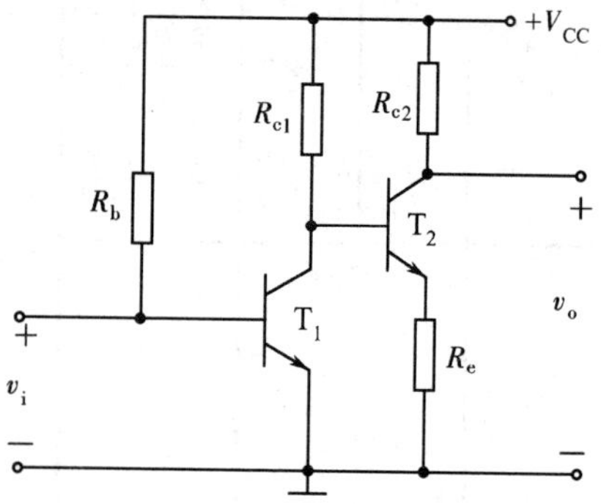

图 2-6-2　直接耦合的两级放大电路

(1)直接耦合方式

直接耦合是指把前级放大电路的输出端与后级放大电路的输入端直接连接的方式。图 2-6-2 为两级直接耦合放大电路,这种电路中各级放大电路的静态工作点相互影响和牵制,在设计或分析时必须一起考虑。对信号而言,无论是交流还是直流都能顺利地传输,因此它既可以放大交流信号,也可以放大直流信号。

(2)阻容耦合方式

图 2-6-3 为两级阻容耦合放大电路。第一级为共源极放大电路,信号由漏极 d 输出经电容 C_2 传输到 BJT 的基极,经第二级共射放大电路放大,输出经电容 C_3 加于负载 R_L 上,故为阻容耦合放大器。由于电容的隔直作用,各级的静态工作点互不影响,可以单独设计和分析,但它不能传输直流信号,只适用于交流放大。

(3)变压器耦合方式

图 2-6-4 为变压器耦合的两级放大电路。第一级的输出通过变压器接到后级的输入端,并且第二级的输出也是通过变压器接到负载上。由于变压器耦合电路的前后级靠磁路耦合,所以与阻容耦合放大电路一样,它不能传输直流信号,各级静态工作点独立。它的优点是可以通过改变变压器的变比使前后级之间获得最佳匹配,从而得到最大功率传输。这种耦合方式的缺点是变压器工艺复杂,体积大,不便于电路集成化。

2.电路类型选择

FET 放大电路与 BJT 放大电路相比,最显著的特点是有高的输入阻抗,它主要用于要求

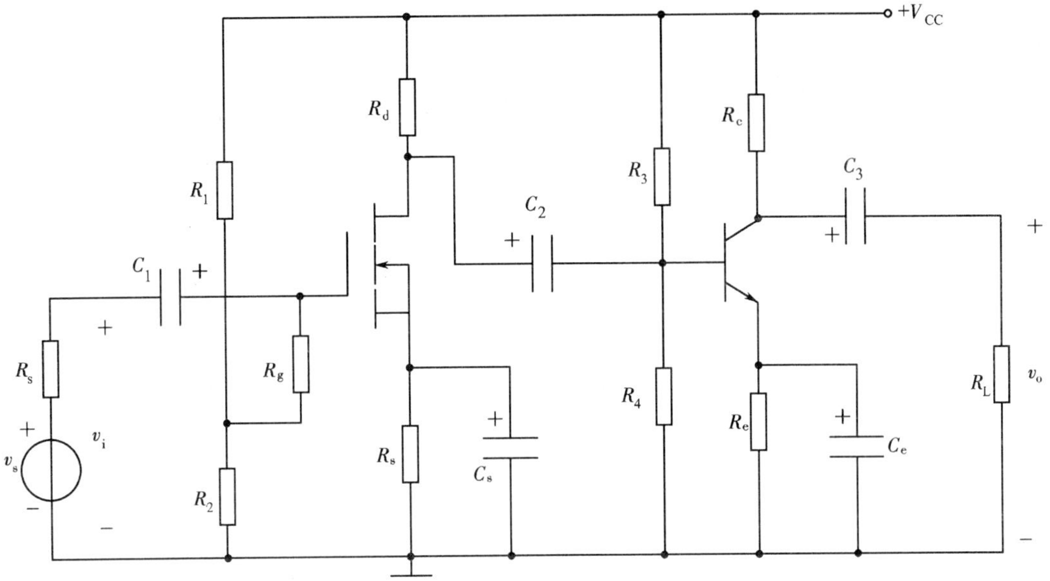

图 2-6-3 阻容耦合的两级放大电路

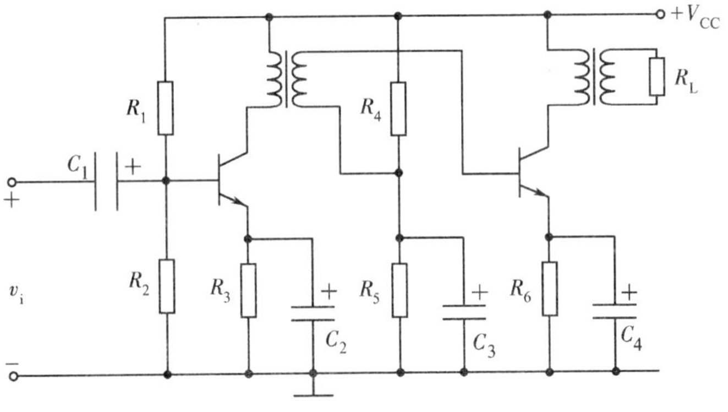

图 2-6-4 变压器耦合的两极放大电路

高输入阻抗的小信号放大。

电路组态的选择应依据该级电路在多级放大电路中的地位来考虑。对于电压信号输入的电路，如果希望输入级具有高输入阻抗，以便减小信号源内阻的损失，使放大电路获得尽可能大的输入信号电压，应选择源极输出器或射极输出器；如果输入信号为电流信号，则希望输入级的输入阻抗低，以便减小信号源内阻分流，应选共基放大电路。中间级主要提供高电压增益，可选共射组态放大电路。输出级主要考虑与负载的配合，一般要求较强的带负载能力，通常选用共集电极组态放大电路或源极输出器。

2.6.2 多级放大电路的动态参数分析

图 2-6-5 为多级放大电路的一般框图。输入信号经过几级放大电路放大后的输出 v_o 加于负载两端。

1. **电压增益** $\dot{A}_v$

根据电压增益的定义及多级放大电路的方框图可得

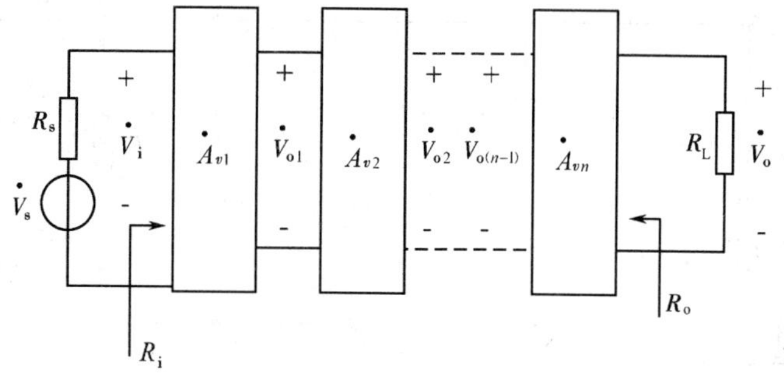

图 2-6-5　多级放大电路的一般框图

$$\begin{aligned}\dot{A}_v &= \frac{\dot{V}_o}{\dot{V}_i} = \frac{\dot{V}_{o1}}{\dot{V}_i} \times \frac{\dot{V}_{o2}}{\dot{V}_{o1}} \times \cdots \times \frac{\dot{V}_o}{\dot{V}_{o(n-1)}} \\ &= \dot{A}_{v1} \times \dot{A}_{v2} \times \cdots \times \dot{A}_{vn} \\ &= \prod_{i=1}^{n} \dot{A}_{vi} \end{aligned} \tag{2-6-1}$$

式中，$\dot{A}_{vi}$ 为第 i 级放大电路的电压增益，可见多级放大电路的增益等于各级放大电路增益的乘积。需要注意地是在计算各级电压增益时要考虑后级对前级的负载作用，也就是后级的输入电阻应为前级的负载，表示为 $R_{L(i)} = R_{i(i+1)}$。

2. 输入电阻 R_i

根据放大电路输入电阻的定义，一般多级放大电路的输入电阻就是第一级的输入电阻，即

$$R_i = R_{i1} \tag{2-6-2}$$

3. 输出电阻 R_o

多级放大电路的输出电阻一般为最后一级的输出电阻，即

$$R_o = R_{o(n)} \tag{2-6-3}$$

但需要注意，当第一级或最后一级为共集（或共漏）放大电路时，式(2-6-2)和式(2-6-3)并不成立。

[例 2-6-1]　在图 2-6-3 所示两级放大电路中，已知 $R_1 = 100\ \text{k}\Omega$，$R_2 = 20\ \text{k}\Omega$，$R_g = 2\ \text{M}\Omega$，$R_d = 3.3\ \text{k}\Omega$，$R_3 = 47\ \text{k}\Omega$，$R_4 = 13\ \text{k}\Omega$，$R_c = 3.3\ \text{k}\Omega$，$R_L = 5.1\ \text{k}\Omega$，场效应管的 $g_m = 5\ \text{mA/V}$，BJT 的 $\beta = 60$，$r_{be} = 1\ \text{k}\Omega$，求放大电路的电压增益 $\dot{A}_v$、输入电阻 R_i 及输出电阻 R_o。

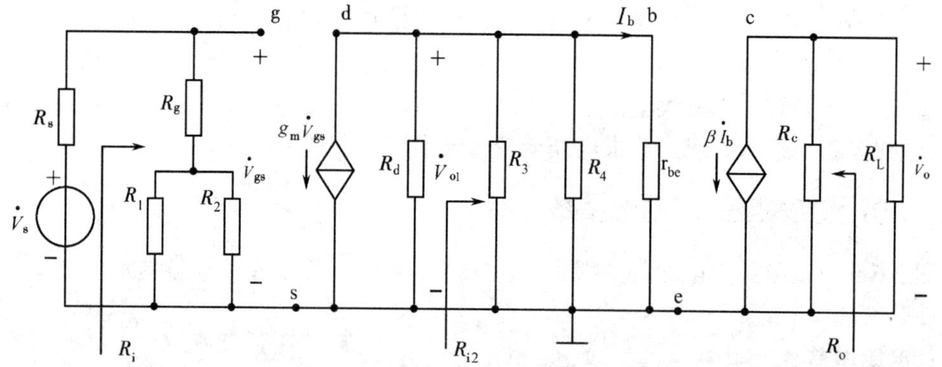

图 2-6-6　图 2-6-3 放大电路的等效电路

解:图2-6-3所示放大电路的交流小信号等效电路如图2-6-6所示。由图可得

$$\dot{A}_{v1}=\frac{\dot{V}_{o1}}{\dot{V}_i}=-g_m(R_d/\!/R_{i2})$$

$$R_{i2}=R_3/\!/R_4/\!/r_{be}\approx 1\ \text{k}\Omega$$

因此

$$\dot{A}_{v1}=-5\times\frac{3.3\times 1}{3.3+1}\approx -3.8$$

$$\dot{A}_{v2}=\frac{\dot{V}_o}{\dot{V}_{o1}}=-\frac{\beta(R_c/\!/R_L)}{r_{be}}=-\frac{60\times(3.3/\!/5.1)}{1}\approx -120$$

总电压增益

$$\dot{A}_v=\dot{A}_{v1}\times\dot{A}_{v2}=(-3.8)\times(-120)=456$$

放大器的输入电阻

$$R_i=R_g+R_1/\!/R_2\approx 2\times 10^3\ \text{k}\Omega$$

放大器的输出电阻 R_o

$$R_o=R_{o(2)}=R_c=3.3\ \text{k}\Omega$$

2.7 放大电路的频率响应

在前几节对放大电路的讨论中,为了使问题简化,均以正弦波信号作为输入信号,但在实际中,被放大的信号如人体心电信号、广播中的语言信号、音乐信号、电视图像信号等往往都有一定的频谱,而不是单一频率的正弦波。因此,还必须研究放大电路对不同频率信号的响应情况,即频率响应。

2.7.1 关于频率响应的几个基本概念

1.频率响应与通频带

所谓频率响应是指在输入正弦信号幅值固定的情况下,放大电路的输出信号幅值与相位角随频率的变化关系,可以用增益与频率的关系来表示。即

$$\dot{A}_v(f)=\frac{\dot{V}_o}{\dot{V}_i}=A_v(f)\angle\phi(f) \tag{2-7-1}$$

式中,$A_v(f)$表示电压增益的模(幅值)与频率之间的关系,称为幅频响应。$\phi(f)$表示放大电路输出信号与输入信号的相位差与频率之间的关系,称作相频特性。

阻容耦合放大电路的幅频特性如图2-7-1(a)所示。它可分为中频区、低频区和高频区三个区域。中频区内电路中的耦合电容、射极旁路电容的容抗很小,可认为短路,管子的极间电容的容抗足够大,可认为开路,因此增益几乎与频率无关。离开中频区,随着信号频率的降低或升高,电路中电容的影响开始显现。在低频区,耦合电容、旁路电容的容抗随频率降低而增大,信号传输受阻使电压增益下降。在高频区管子的极间电容的容抗随频率升高而减小,使它的分流作用增大导致增益降低。把增益随频率升高或降低下降到中频区增益的$1/\sqrt{2}$时所对应的频率定义为下限频率f_L(在低频区)和上限频率f_H(在高频区),f_H与f_L之间的频率范围称为通频带,用BW表示。

$$BW=f_H-f_L \tag{2-7-2}$$

通频带 BW 是放大电路的一项重要性能指标。音频放大电路带宽通常为 20 Hz ~ 20 kHz,视频放大电路的带宽约为 6 MHz。如果被放大信号的变化速度很快,则要求放大电路有更宽的通频带。

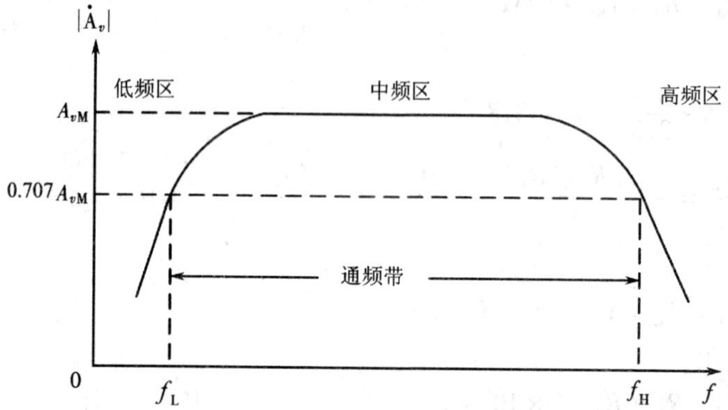

(a)

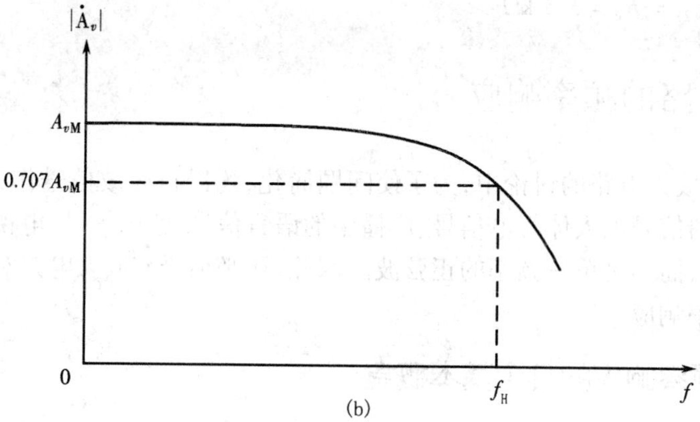

(b)

图 2-7-1　放大器的幅频响应

(a)阻容耦合时;(b)直接耦合时

直接耦合的放大电路,由于没有耦合电容可以认为它的下限频率为零。带宽 $BW = f_H$,幅频响应如图 2-7-1(b)所示。

2.频率失真

由于放大电路的通频带是有限值,当某些谐波超出通频带范围时,输出波形将出现失真,常称它为频率失真。

为了更直观地说明频率失真的概念,以图 2-7-2 为例做进一步解释。图 2-7-2(a)表示由于放大电路对基波的增益大、对二次谐波的增益小而使输出波形产生了失真(称为幅频失真)。图 2-7-2(b)则表示由于电路对基波没产生相位移,而对二次谐波产生了相位移,致使输出波形失真(称它为相频失真)。实际上这两种失真是同时出现的,共同构成了波形失真,即频率失真。

频率失真产生的原因是由于电路中含有电抗元件,而电抗元件是线性元件,因此频率失真属于线性失真。在设计放大电路时应正确估计信号的有效带宽,使放大电路的带宽与信号带宽匹配。

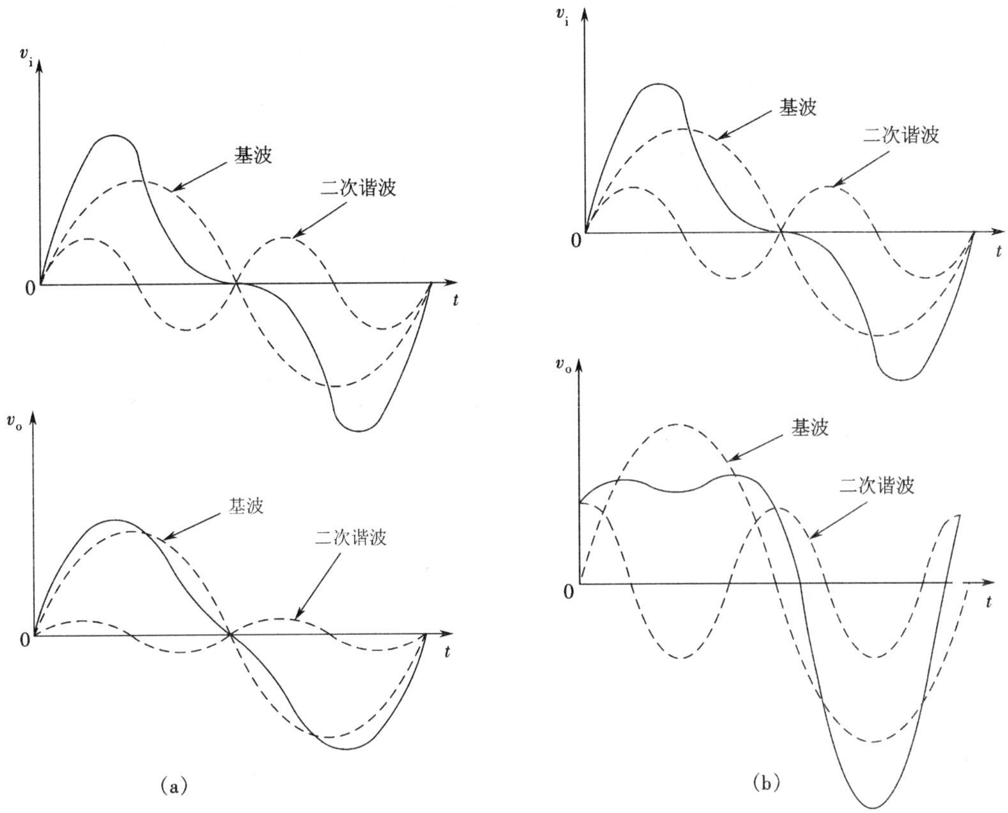

图 2-7-2 频率失真

(a)幅频失真;(b)相频失真

3.增益带宽积

对于一个放大电路,希望增益高,通频带宽。但是,在进行电路设计时,这两项要求是相互制约的。因此,把放大电路的中频增益和带宽的乘积作为表征放大电路性能的一项指标,称为增益—带宽积,用符号 *BGP* 表示,即 $BGP = |f_H \cdot A_{vM}|$。

2.7.2 BJT的高频小信号模型

在2.2节中,根据BJT的特性方程导出了 h 参数小信号模型,由于没有考虑结电容的影响,它只适用于频率较低的情况。在研究放大电路频率响应时,首先要建立BJT的高频小信号模型。

BJT的高频小信号模型如图2-7-3(a)所示,它是根据BJT工作在高频区域时的物理过程得出的。由于参数量纲不同,而结构形状像 π,所以也称它为混合参数 π 模型。

BJT的高频小信号模型中,$r_{bb'}$ 为基区体电阻,对低频小功率管一般为200 ~ 300 Ω,高频小功率管一般只有几十 Ω 到100 Ω。

$r_{b'e}$是正向偏置的发射结等效到基极回路的动态电阻。它与静态工作点有关,即

$$r_{b'e} = (1+\beta)\frac{V_T}{I_E} \tag{2-7-3}$$

g_m 为BJT的跨导,它包含在受控源中,表征BJT发射结电压 $\dot{V}_{b'e}$对集电极电流的控制作用。

$$g_m = \frac{\partial i_C}{\partial v_{B'E}}\bigg|_{V_{CE}} = \frac{\Delta i_C}{\Delta v_{B'E}}\bigg|_{V_{CE}} \tag{2-7-4}$$

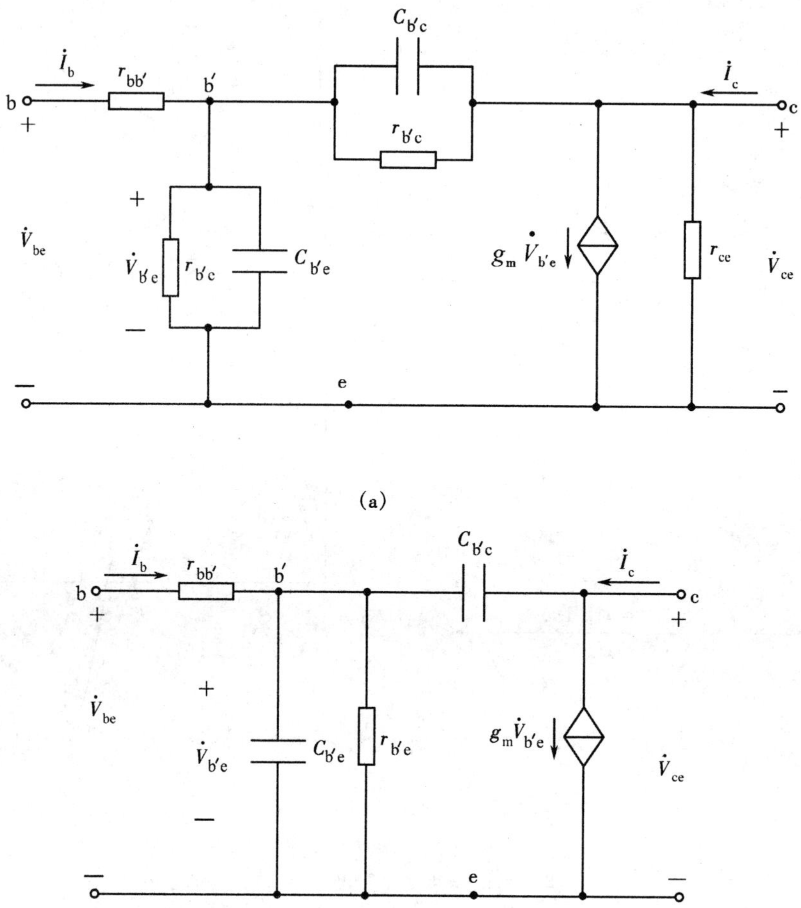

(a)

(b)

图 2-7-3　BJT 的高频小信号模型

(a)高频小信号模型；(b)简化模型

g_m 具有电导的量纲，对高频小功率管其值约为几十 mS。

r_{ce}已在前面定义，其值为受控电流源的内阻，一般大于几百 kΩ。

$r_{b'c}$为反向偏置的集电结的电阻，通常大于几百 kΩ。

$C_{b'c}$为集电结的等效电容，一般在 2 ~ 10 pF 的范围内，可在手册中查到(即手册中的 C_{ob})。

$C_{b'e}$为发射结的等效电容，可由下式求出，即

$$C_{b'e}=\frac{g_m}{2\pi f_T} \tag{2-7-5}$$

式中，f_T 为 BJT 的特征频率，即 β 下降到 1 时的频率，可在手册中查找。

由上述元件参数可知，在高频情况下，由于 $r_{b'c}$数值很大，且与 $C_{b'c}$并联，所以 $r_{b'c}$可以忽略不计；而 r_{ce}与负载 R'_L 并联，一般 $r_{ce}\gg R'_L$，因此也可以略去，这样可得到图 2-7-3(b)所示的简化模型。

BJT 在中、低频工作时，$C_{b'c}$、$C_{b'e}$的容抗很大，相当于开路，混合 π 参数模型与 h 参数模型形式相同，两种参数之间有如下关系：

$$r_{bb'} + r_{b'e} = r_{be} \tag{2-7-6}$$

$$g_m \dot{V}_{b'e} = g_m \dot{I}_b r_{b'e} = \beta \dot{I}_b$$

因此

$$g_m r_{b'e} = \beta \tag{2-7-7}$$

或

$$g_m = \frac{\beta}{r_{b'e}} = \frac{I_C}{V_T} \tag{2-7-8}$$

2.7.3 单级放大电路的频率响应

1.频率响应的分析方法

以图 2-7-4(a)所示射极偏置共射放大电路为例,介绍频率响应的分析方法。首先画出该电路的混合 π 模型全频区交流小信号等效电路,如图 2-7-4(b)所示,其中 $R_b = R_{b1} // R_{b2}$。

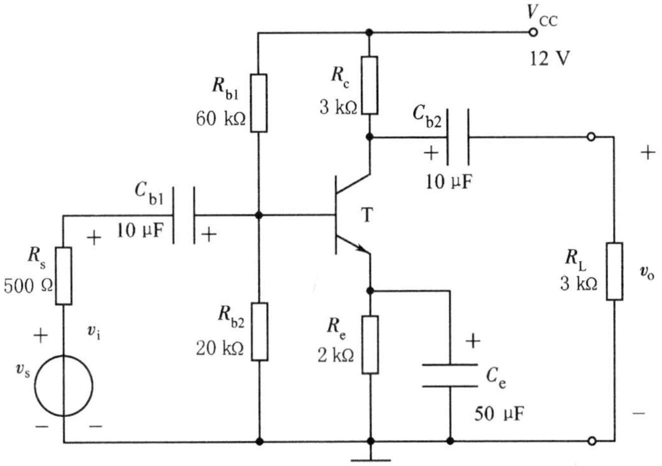

(a)

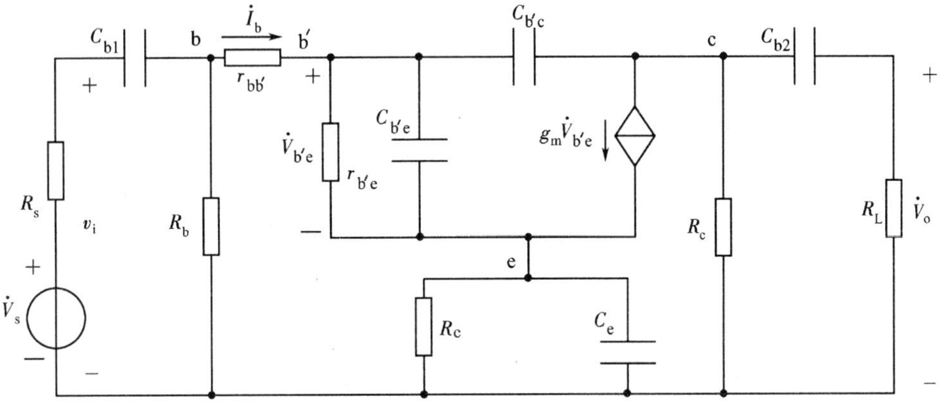

(b)

图 2-7-4 共射放大电路及全频区等效电路

(a)共射放大电路;(b)全频区等效电路

依据该等效电路可以求出电压增益 $\dot{A}_v(f)$，但分析将十分复杂。通常可以利用电路参数的某些特征，对中频区、高频区、低频区分别考虑，然后再加以综合，这种方法称为分频区分析法。

(1)中频区

中频区是指 C_{b1}、C_{b2}、C_e 的容抗远小于串联回路中的电阻值，可看作交流短路；而 BJT 的结电容 $C_{b'e}$、$C_{b'c}$ 的容抗远大于并联支路电阻值，可看作交流开路的频率范围。图 2-7-4(a)电路的中频区等效电路如图 2-7-5 所示。由于 $R_b \gg r_{be}$，略去其影响可求出中频电压增益

$$\dot{A}_{vsM} = \frac{\dot{V}_o}{\dot{V}_s} = \frac{\dot{V}_o}{\dot{V}_{b'e}} \times \frac{\dot{V}_{b'e}}{\dot{V}_s} = -\frac{g_m r_{b'e} R'_L}{R_s + r_{bb'} + r_{b'e}}$$
$$= -\frac{\beta R'_L}{R_s + r_{be}} \tag{2-7-9}$$

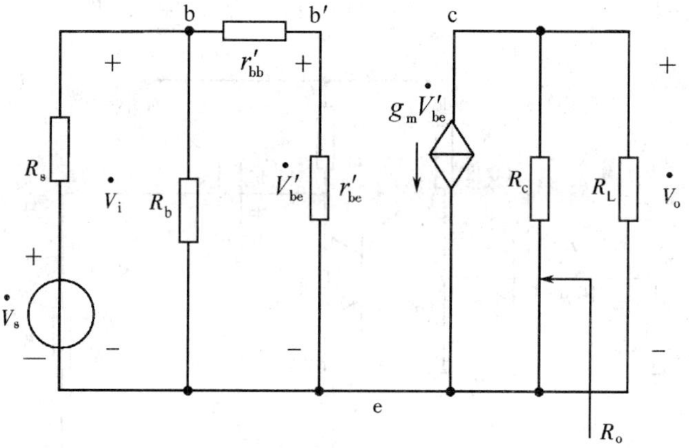

图 2-7-5　中频区等效电路

(2)高频区

高频区是指电容的容抗随频率升高而减小，致使其分流作用不可忽视的频率范围。由图 2-7-4(b)可知，在高频区 $C_{b'c}$、$C_{b'e}$ 的影响不可忽略，图 2-7-4(b)可简化为图 2-7-6(a)所示电路。为了便于分析，根据密勒定理可将 $C_{b'c}$ 等效到输入回路b′e和输出回路 ce 之间。由于 $C_{b'c}$ 中的电流远小于 $g_m\dot{V}_{b'e}$，因此 $\frac{\dot{V}_o}{\dot{V}_{b'e}} \approx -g_m R'_L$，故等效到输入回路的电容

$$C'_{b'c} = \left(1 - \frac{\dot{V}_o}{\dot{V}_{b'e}}\right) C_{b'c} = (1 + g_m R'_L) C_{b'c} \tag{2-7-10}$$

可见，$C'_{b'c} \gg C_{b'c}$，并常称它为密勒电容，并用 C_M 表示。在共射电路中存在的这一现象称为密勒效应。这样等效到输入回路的等效电容为

$$C_1 = C_M + C_{b'e} \tag{2-7-11}$$

由于等效到输出回路的电容 $C''_{b'c}$ 的值很小(近似为 $C_{b'c}$)，故可略去其影响，由此得到图 2-7-6(b)所示电路。

根据图 2-7-6(b)可求得高频区电压增益

$$\dot{A}_{v_sH} = \frac{\dot{V}_o}{\dot{V}_s} = \frac{\dot{V}_o}{\dot{V}_{b'e}} \times \frac{\dot{V}_{b'e}}{\dot{V}_s} = -g_m R'_L \times \frac{r_{b'e} /\!/ \frac{1}{j\omega C_1}}{R_s + r_{bb'} + r_{b'e} /\!/ \frac{1}{j\omega C_1}}$$

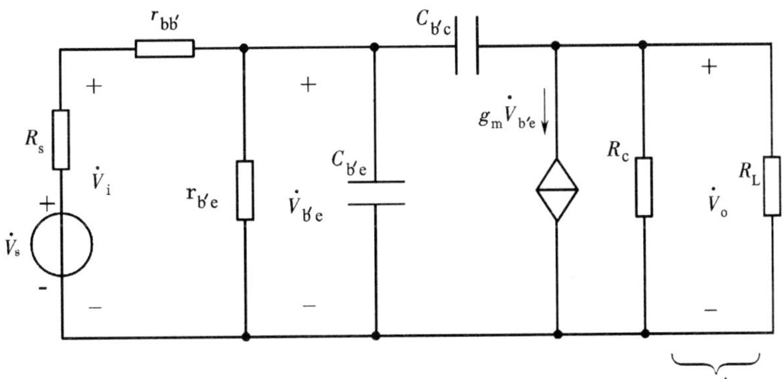

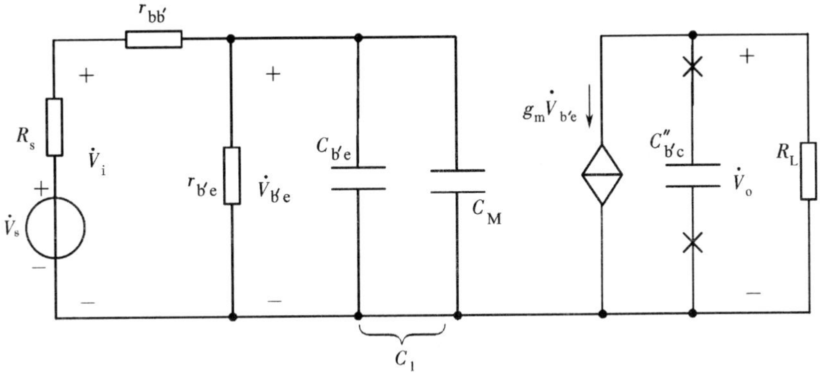

图 2-7-6　高频区等效电路

(a)等效电路；(b)考虑密勒效应后的等效电路

$$= \dot{A}_{v_sM}\frac{1}{1+j\dfrac{f}{f_H}} \tag{2-7-12}$$

式中

$$\dot{A}_{v_sM} = -g_m R'_L\frac{r_{b'e}}{R_s + r_{bb'} + r_{b'e}}\text{（中频增益）} \tag{2-7-13}$$

$$f_H = \frac{1}{2\pi C_1[r_{b'e}//(R_s + r_{bb'})]} \tag{2-7-14}$$

f_H 为该电路的上限频率，它由输入回路的时间常数 τ 决定，$C_{b'e}$、$C_{b'c}$越小，f_H 越高。

(3)低频区

低频区是指电路中 C_{b1}、C_{b2}、C_e 的容抗随频率的降低而增大，致使其分压等作用不可忽视的频率范围。设 C_e 足够大，并能满足$\dfrac{1}{\omega C_e} \ll R_e$，则可将 R_e 开路，低频区的等效电路如图 2-7-7(a)所示。

为了便于分析，将 C_e 折合到基极回路，并与 C_{b1} 合并为 C_2。则

$$C_2 = C_{b1}//\frac{C_e}{1+\beta} \tag{2-7-15}$$

而 C_e 对输出回路基本上不存在折算问题，且一般 $C_e \gg C_{b2}$，因而 C_e 的作用可以忽略。由此得到图 2-7-7(b)所示电路。根据图 2-7-7(b)便可求出低频区电压增益

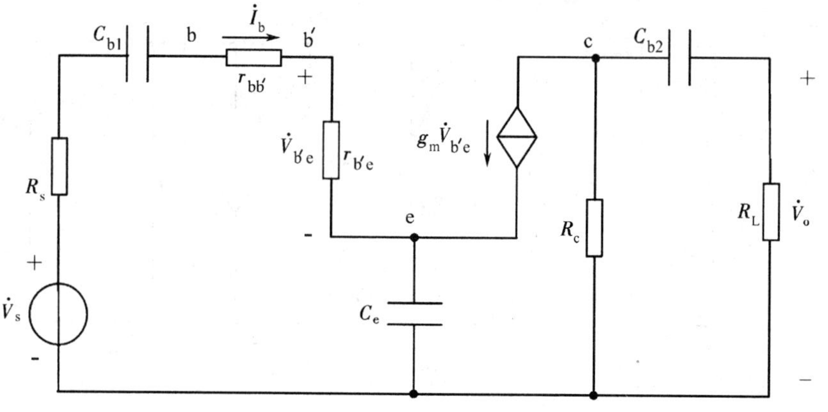

(a)

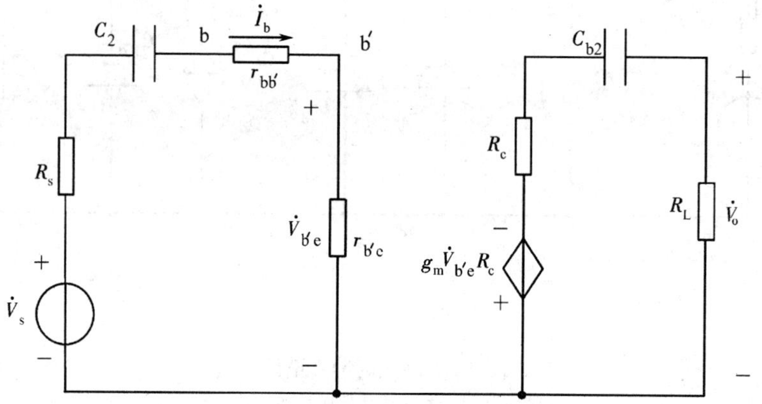

(b)

图 2-7-7 低频区等效电路

(a)等效电路;(b)简化电路

$$\dot{A}_{vsL}=\frac{\dot{V}_o}{\dot{V}_s}=\frac{\dot{V}_{b'e}}{\dot{V}_s}\times\frac{\dot{V}_o}{\dot{V}_{b'e}}=\frac{r_{be}}{R_s+r_{bb'}+r_{b'e}+\dfrac{1}{j\omega C_2}}\times\frac{-g_mR_cR_L}{R_c+R_L+\dfrac{1}{j\omega C_{b2}}}$$

$$=\dot{A}_{vsM}\times\frac{1}{1-j\dfrac{f_{L1}}{f}}\times\frac{1}{1-j\dfrac{f_{L2}}{f}} \tag{2-7-16}$$

式中

$$f_{L1}=\frac{1}{2\pi(R_s+r_{be})C_2} \tag{2-7-17}$$

$$f_{L2}=\frac{1}{2\pi(R_c+R_L)C_{b2}} \tag{2-7-18}$$

f_{L1}由输入回路时间常数 τ_1 来决定,f_{L2}由输出回路时间常数 τ_2 决定。它们是低频区两个转折频率,一般 τ_1、τ_2 相差很大(大于 4 倍以上),导致 f_{L1}、f_{L2}相差也很大。当 $f=f_{L大}$时,$\dot{A}_{vsL}\approx\frac{1}{\sqrt{2}}\dot{A}_{vsM}$,因此 $f_L\approx f_{L大}$,即为下限频率。

综上所述,放大电路全频区电压增益表达式为

$$\dot{A}_{v_s}(f)=\dot{A}_{v_s\mathrm{M}}\cdot\frac{1}{1+\mathrm{j}\dfrac{f}{f_\mathrm{H}}}\cdot\frac{1}{1-\mathrm{j}\dfrac{f_{\mathrm{L1}}}{f}}\cdot\frac{1}{1-\mathrm{j}\dfrac{f_{\mathrm{L2}}}{f}}$$

$$\approx\dot{A}_{v_s\mathrm{M}}\frac{1}{1+\mathrm{j}\dfrac{f}{f_\mathrm{H}}}\cdot\frac{1}{1-\mathrm{j}\dfrac{f_\mathrm{L}}{f}}\tag{2-7-19}$$

可见,表征一个放大电路频率响应的三个要素是中频电压增益 $\dot{A}_{v\mathrm{sM}}$、上限频率 f_H 和下限频率 f_L。中频电压增益 $\dot{A}_{v\mathrm{sM}}$可从 h 参数等效电路求出,也可用 π 参数等效电路求出;上限频率与 $C_{\mathrm{b'c}}$、$C_{\mathrm{b'e}}$有关,由高频等效电路的时间常数决定;下限频率与 C_{b1}、C_{b2}、C_e 有关,由低频等效电路的时间常数决定。只要求出这三个要素即可写出电压增益表达式;反之,只要有全频区增益表达式就能确定这三个要素。

2. 对数频率响应

根据放大电路全频区电压增益表达式可绘出幅频特性和相频特性。为了方便简洁,工程上常采用半对数坐标来描述放大电路的频率响应特性,这种频率响应特性图称作波特图。

(1)坐标设置

幅频特性和相频特性的横坐标表示频率,采用对数(以 10 为底)分度。其优点是可将很宽的频率范围压缩。

纵坐标采用线性分度。在绘制幅频响应曲线时,纵坐标是用增益的幅值$|\dot{A}_{v_s}|$的分贝数进行分度的。所谓$|\dot{A}_{v_s}|$的分贝值就是 $20\lg A_{v_s}$,单位为分贝(dB)。之所以用分贝来表示信号的幅值,一是因为人对声音信号强弱的感觉是以其分贝的大小来区别的;二是对多级放大电路的增益而言,可由各级增益相乘变为相加,既简便又符合人们的习惯。而相频特性纵坐标表示相位移 $\phi=\phi_\mathrm{o}-\phi_\mathrm{i}$。对数频率特性如图 2-7-8 所示。这种设置方法更大的优点是使特性曲线的绘制可用折线近似,十分方便且要点突出。

(2)对数频率特性的绘制

根据电压增益表达式(2-7-19)可得幅频响应表达式

$$|\dot{A}_{v_s}(f)|=A_{v_s}=\frac{A_{v_s\mathrm{M}}}{\sqrt{1+\left(\dfrac{f}{f_\mathrm{H}}\right)^2}\sqrt{1+\left(\dfrac{f_\mathrm{L}}{f}\right)^2}}$$

即

$$20\lg A_{v_s}=20\lg A_{v_s\mathrm{M}}-20\lg\sqrt{1+\left(\frac{f}{f_\mathrm{H}}\right)^2}-20\lg\sqrt{1+\left(\frac{f_\mathrm{L}}{f}\right)^2}\tag{2-7-20}$$

①当 $f_\mathrm{L}\ll f\ll f_\mathrm{H}$ 时,由上式可得

$$20\lg A_{v_s}\approx 20\lg A_{v_s\mathrm{M}}$$

它是一条与横轴平行的增益为 $20\lg A_{v_s\mathrm{M}}$(dB)的直线。

②当 $f\gg f_\mathrm{H}$ 时,式(2-7-20)可写为

$$20\lg A_{v_s}=20\lg A_{v_s\mathrm{M}}-20\lg\frac{f}{f_\mathrm{H}}$$

表示频率每升高 10 倍,增益降低 20 dB,因此它是一条斜率为 −20 dB/十倍频程的斜线,并与 $20\lg A_{v_s\mathrm{M}}$线交于 $f=f_\mathrm{H}$ 处。

③当 $f\ll f_\mathrm{L}$ 时,式(2-7-20)可写为

$$20\lg A_{v_s} = 20\lg A_{v_sM} - 20\lg\frac{f_L}{f}$$

它表明频率每降低 10 倍，增益减小 20 dB，因此可用一条斜率为 20 dB/十倍频程的斜线表示，它与 $20\lg A_{v_sM}$ 直线交于 $f=f_L$ 处。

以上三条直线构成的折线部分即为近似的幅频特性曲线，如图 2-7-8(a)所示。与实际特性相比，最大误差出现在 $f=f_L$ 和 $f=f_H$ 处，其误差为 −3 dB，这在工程上是允许的。

由式(2-7-19)得到相频响应表达式

$$\phi = \phi_m - \arctan\frac{f}{f_H} + \arctan\frac{f_L}{f} \tag{2-7-21}$$

式中，ϕ_m 为中频区输出电压与输入电压的相位差。若用 $\Delta\phi$ 表示频率偏离中频区而产生的附加相移，则有下面三种情况。

①中频区中，当 $f_L \ll f \ll f_H$ 时，$\Delta\phi=0$，它表明相频特性是一条与横轴平行的直线段。

②高频区中，当 $f \gg f_H$ 时，$\Delta\phi = -\arctan\frac{f}{f_H} \to -90°$，可用一条平行横轴的直线表示。当 $f=f_H$ 时，$\Delta\phi=-45°$，f 在 $0.1f_H \sim 10f_H$ 之间的频率范围内，可用一条 −45°/十倍频程的斜线段表示。

③低频区，当 $f \ll f_L$ 时，$\Delta\phi = \arctan\frac{f_L}{f} \to +90°$，因此相频特性可用一条平行横轴的直线

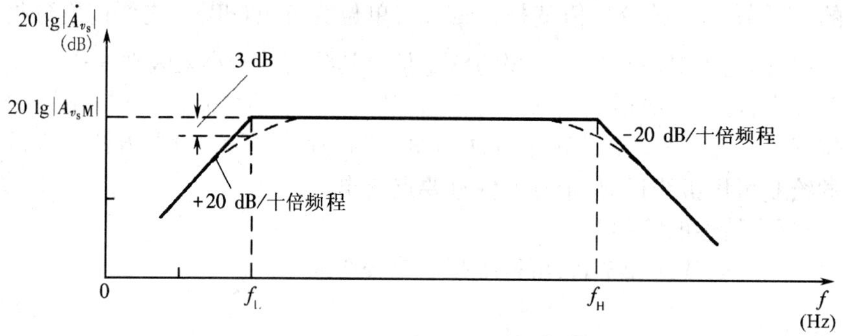

(a)

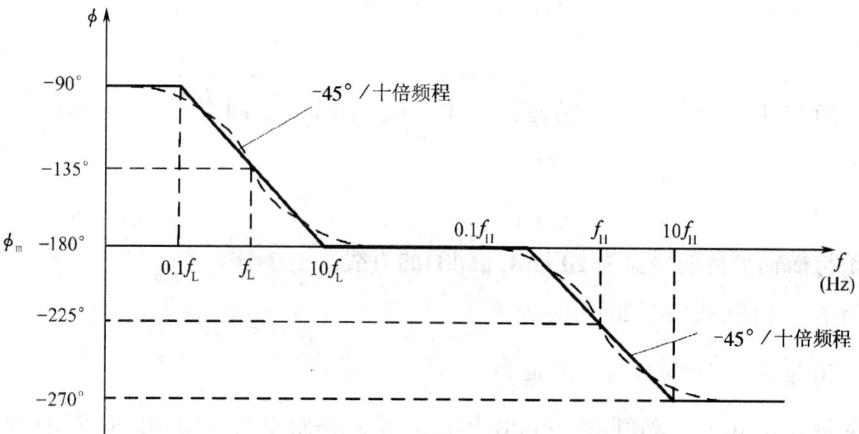

(b)

图 2-7-8　对数频率特性

(a)幅频特性；(b)相频特性

表示。当 $f=f_L$ 时，$\Delta\phi=45°$，f 在 $0.1\,f_L\sim10\,f_L$ 频率范围内，相频特性可用一条 $-45°$/十倍频程的斜线段表示。整个相频特性可用5条直线段构成的折线近似描绘，如图2-7-8(b)所示。图中虚线为实际的频率特性。对共射放大电路来说，$\phi_m=-180°$，对共集或共基极放大器，$\phi_m=0°$。

3.增益—带宽积

由于通频带 $BW=f_H-f_L$，而 $f_H\gg f_L$，因此 $BW\approx f_H$。由式(2-7-14)和式(2-7-9)可求得共射放大电路的增益—带宽积为

$$BGP=|f_H\cdot A_{vM}|=\frac{g_m R'_L}{2\pi[C_{b'e}+(1+g_m R'_L)C_{b'c}](R_s+r_{bb'})}$$

由于 $(1+g_m R'_L)\gg1$，密勒电容 $C_M\gg C_{b'e}$，则有

$$BGP\approx\frac{1}{2\pi C_{b'c}(R_s+r_{bb'})}\tag{2-7-22}$$

由此可以看出，共射放大电路的增益—带宽积基本上是一个常数，要想提高 f_H，应选用 $C_{b'c}$、$C_{b'e}$、$r_{bb'}$ 小的管子，或选用电流模式的电路，这部分内容请参阅第9章或相关文献。

另外共基接法时 $C_{b'c}$ 存在密勒效应，输入电容小，所以同一只晶体管组成共基电路时具有较高的上限频率。此外，负载等效电容及输出端杂散电容也将影响上限频率。

[例2-7-1] 放大电路如图2-7-4(a)所示，其中BJT的参数：$\beta=50$、$C_{b'c}=3$ pF，$f_T=100$ Hz，$r_{bb'}=150\ \Omega$，其他元件参数如图中标注，求放大器的上、下限频率。

解：(1)静态

$$I_E=\frac{V_B-V_{BE}}{R_e}=\left(V_{CC}\times\frac{R_{b2}}{R_{b1}+R_{b2}}-V_{BE}\right)/R_e=1.15\text{ mA}$$

由式(2-7-2)有

$$r_{b'e}=(1+\beta)\frac{26}{I_E}=1.15\text{ k}\Omega$$

由式(2-7-7)有

$$g_m=\frac{\beta}{r_{b'e}}=\frac{50}{1.15}=57.5\text{ mS}$$

由式(2-7-4)得

$$C_{b'e}=\frac{g_m}{2\pi f_T}-C_{ob}\approx88\text{ pF}$$

(2)f_H 计算

输入回路的等效电容

$$C_1=C_{b'e}+(1+g_m R'_L)C_{b'c}=88+(1+57.5\times3/\!/3)\times3=350\text{ pF}$$

输入回路的等效电阻

$$R_1=r_{b'e}/\!/[R_s/\!/R_b+r_{bb'}]=1.15/\!/0.65=0.415\text{ k}\Omega$$

$$f_H=\frac{1}{2\pi R_1C_1}=\frac{1}{2\pi\times0.415\times10^3\times350\times10^{-12}}\approx1.096\text{ MHz}$$

(3)f_L 计算

根据放大电路低频等效电路，求得输入回路等效电容

$$C_2=C_{b1}/\!/\frac{C_e}{1+\beta}=\frac{C_{b1}C_e}{C_{b1}(1+\beta)+C_e}=\frac{10\times50}{10\times51+50}\approx0.9\ \mu\text{F}$$

$$f_{L1}=\frac{1}{2\pi(R_s+r_{bb'}+r_{b'e})C_2}\approx 98\ \text{Hz}$$

$$f_{L2}=\frac{1}{2\pi C_{b2}(R_c+R_L)}\approx 3\ \text{Hz}$$

由于

$$f_{L1}\gg f_{L2}$$

所以

$$f_L\approx f_{L1}=98\ \text{Hz}$$

2.7.4 多级放大电路的频率响应

由 2.6 节可知，多级放大电路的电压增益等于各级放大器增益的乘积，即

$$\dot{A}_v=\dot{A}_{v1}\cdot\dot{A}_{v2}\cdot\cdots\cdot\dot{A}_{vn}=\prod_{i=1}^{n}\dot{A}_{vi}\quad(i=1,2,3,\cdots,n)$$

幅频响应用分贝表示，则为

$$\begin{aligned}20\lg A_v&=20\lg A_{v1}+20\lg A_{v2}+\cdots+20\lg A_{vn}\\&=\sum_{i=1}^{n}20\lg A_{vi}\end{aligned}\tag{2-7-23}$$

相频特性

$$\phi=\phi_1+\phi_2+\cdots+\phi_n=\sum_{i=1}^{n}\phi_i\quad(i=1,2,3,\cdots,n)\tag{2-7-24}$$

式(2-7-23)和式(2-7-24)表明，多级放大电路的对数频率特性等于各级放大电路对数频率特性在同一横坐标上纵坐标值的叠加。

例如，两级阻容耦合共射放大电路，每级的参数 $A_{vM1}=A_{vM2}$，$f_{L1}=f_{L2}$，$f_{H1}=f_{H2}$，放大器的幅频特性曲线就是单级幅频特性曲线上各点纵坐标值的 2 倍，如图 2-7-9 所示。对应于 $f=f_{L1}$ 和 $f=f_{H1}$ 点的电压增益 $|\dot{A}_v|$ 与中频 $|\dot{A}_{vM}|$ 相比下降了 6 dB，而不是 3 dB。根据上、下限频率的定义，显然，$f_L>f_{L1}$，$f_H<f_{H1}$，即多级放大器的通频带比构成它的任何一个单级都要窄。

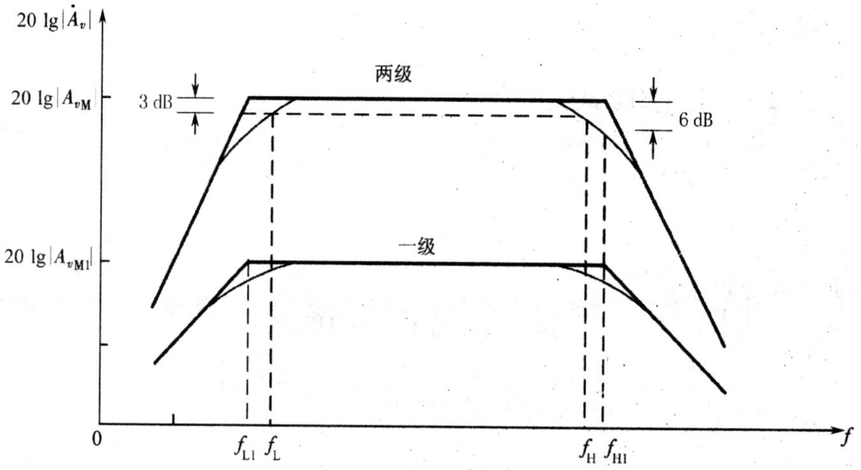

图 2-7-9 两级放大器的幅频响应

放大电路的上限频率 f_H 与各单级上限频率 f_{H1}、f_{H2}、……、f_{Hn} 的关系可用高频特性表达式求解，即

$$|\dot{A}_{vH}| = \prod_{i=1}^{n} \frac{A_{vMi}}{\sqrt{1+\left(\frac{f}{f_{Hi}}\right)^2}}$$

令

$$A_{vM} = \prod_{i=1}^{n} A_{vMi}$$

则

$$\frac{A_{vH}}{A_{vM}} = \prod_{i=1}^{n} \frac{1}{\sqrt{1+\left(\frac{f}{f_{Hi}}\right)^2}}$$

当 $f = f_H$ 时，有

$$\frac{A_{vH}}{A_{vM}} = \prod_{i=1}^{n} \frac{1}{\sqrt{1+\left(\frac{f_H}{f_{Hi}}\right)^2}} = \frac{1}{\sqrt{2}}$$

即

$$\prod_{i=1}^{n}\left[1+\left(\frac{f_H}{f_{Hi}}\right)^2\right] = 2$$

$$\left(\frac{f_H}{f_{H1}}\right)^2 + \left(\frac{f_H}{f_{H2}}\right)^2 + \cdots + \left(\frac{f_H}{f_{Hn}}\right)^2 \approx 1$$

则

$$\frac{1}{f_H} \approx \sqrt{\frac{1}{f_{H1}^2} + \frac{1}{f_{H2}^2} + \cdots + \frac{1}{f_{Hn}^2}} \tag{2-7-25}$$

同理可推导出

$$f_L \approx \sqrt{f_{L1}^2 + f_{L2}^2 + \cdots + f_{Ln}^2} \tag{2-7-26}$$

这说明多级放大电路的上限频率比构成它的任何一个单级的上限频率都低，即 $f_H < f_{Hi}$；而下限频率比构成它的任何一个单级的下限频率都高，即 $f_L > f_{Li}$。级数越多，通频带越窄。

习　题

2-1-1　电路如图题 2-1-1 所示，试分析图中各电路能否正常放大。

2-2-1　在图题 2-2-1 所示电路中，假设 $I_{CEO} = 0$，$V_{CES} = 0$，$V_{CC} = 15$ V。试判断：当开关 S 分别接通 A、B、C 三点时，晶体管工作在什么状态？求出相应的集电极电流 I_C。设晶体管 $\beta = 100$，导通时 $V_{BE} = 0.7$ V。

2-2-2　测量某硅 BJT 各电极对地的电压值如下，试判别各三极管工作在什么区域？

(1) $V_C = 6$ V　　$V_B = 0.7$ V　　$V_E = 0$ V

(2) $V_C = 6$ V　　$V_B = 2$ V　　$V_E = 1.3$ V

(3) $V_C = 6$ V　　$V_B = 6$ V　　$V_E = 5.4$ V

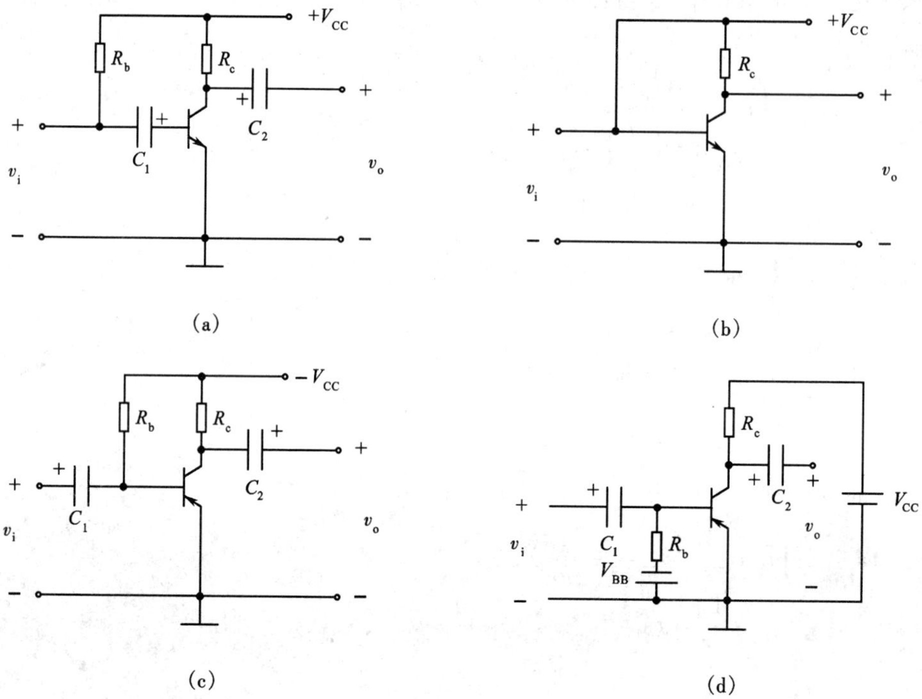

图题 2-1-1

(4) $V_C = 6$ V　　$V_B = 4$ V　　$V_E = 3.6$ V

(5) $V_C = 3.6$ V　　$V_B = 4$ V　　$V_E = 3.4$ V

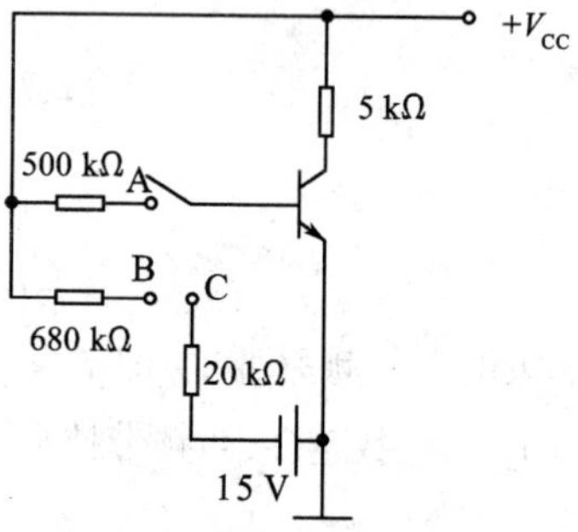

图题 2-2-1

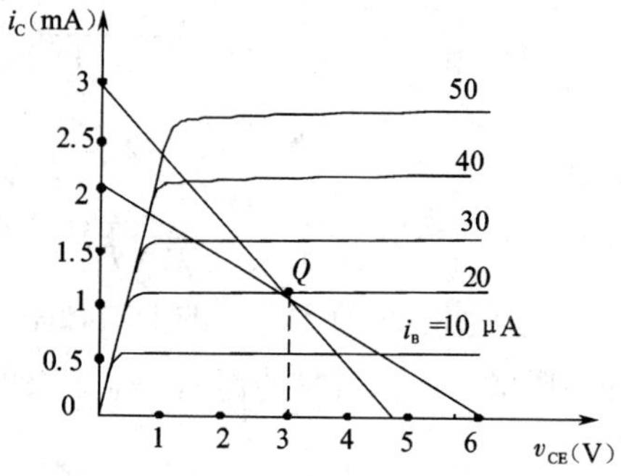

图题 2-2-3

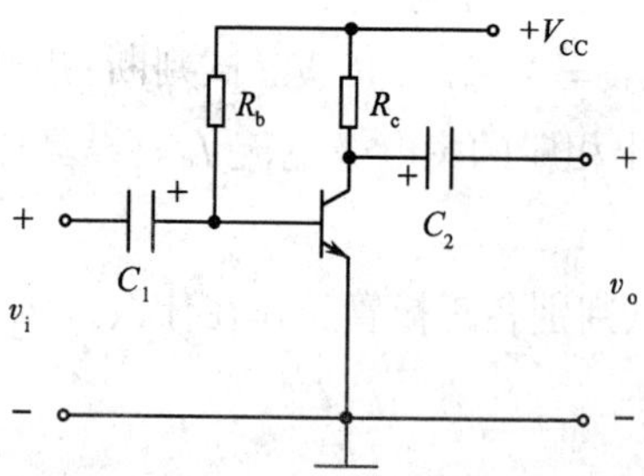

图题 2-2-4

2-2-3　图题 2-2-3 所示为一固定偏置放大电路中 BJT 的输出特性及交、直流负载线，试求：

(1) 电源电压 V_{CC}，静态电流 I_B、I_C 和管压降 V_{CE} 的值；

(2) 电阻 R_b、R_c 的值；

(3) 输出电压的最大不失真幅度；

(4) 要使该电路能不失真地放大，基极正弦电流的最大幅值是多少？

2-2-4　在图题 2-2-4 中，设 $V_{CC}=12$ V，$R_b=45$ kΩ，$R_c=3$ kΩ，$\beta=50$，管子导通时 $V_{BE}=0.7$ V。

(1)判断该电路的静态工作点位于哪个区域；

(2)若要使 Q 不在饱和区，而 R_b 又要求不变，则 R_c 的数值最大不能超过多少？

(3)若 $R_c=3$ kΩ，为使电路正常放大，R_b 至多应选多大？

2-2-5　画出图题 2-2-5 所示电路的小信号等效电路，设电路中各电容容抗均可忽略，并注意标出电压、电流的正方向。

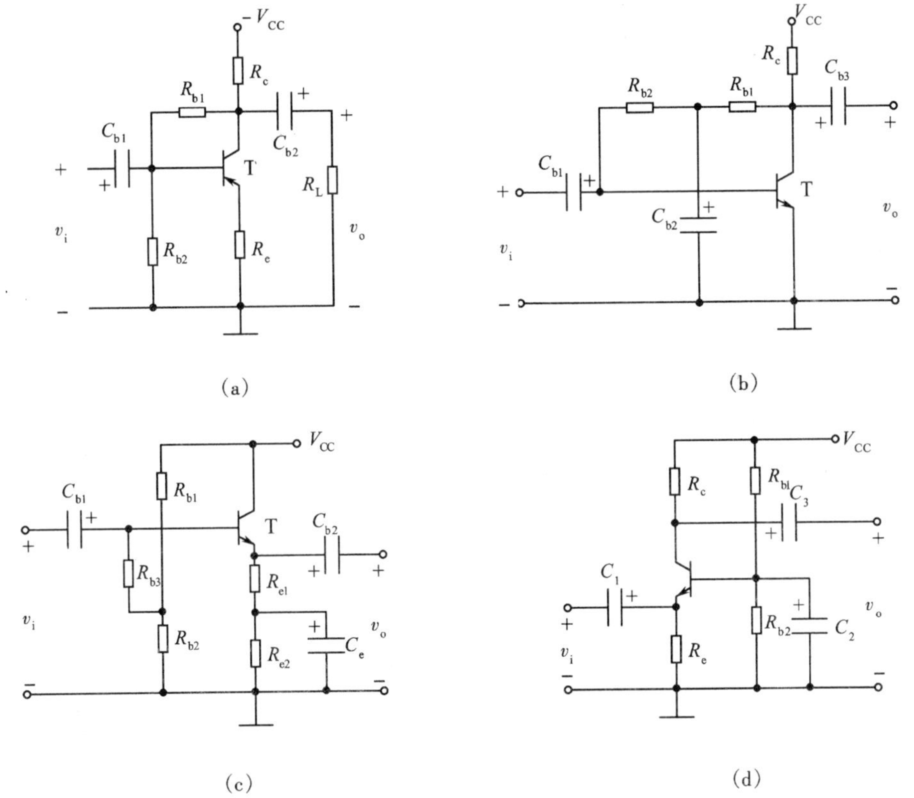

图题 2-2-5

2-2-6　单管放大电路如图题 2-2-6 所示，已知 BJT 的电流放大系数 $\beta=50$。

(1)估算 Q 点；

(2)画出简化 h 参数小信号等效电路；

(3)估算 BJT 的输入电阻 r_{be}；

(4)如输出端接入 4 kΩ 的电阻负载，计算 $A_v=v_o/v_i$ 及 $A_{vs}=v_o/v_s$。

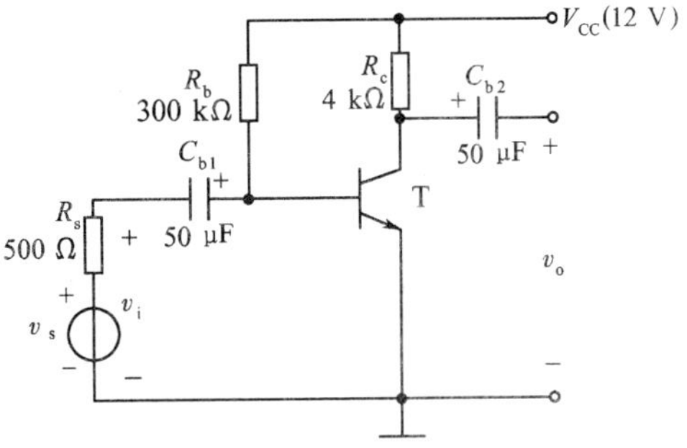

图题 2-2-6

2-2-7　已知某共射极放大电路中，$v_{BE}=0.7+0.02\sin\omega t$ V，$i_B=40+20\sin\omega t$ μA，求 r_{be}。

2-2-8　电路如图题 2-2-8(a)所示，已知 BJT 的 $\beta=100$，$V_{BE}=-0.7$ V。

(1)试估算电路的 Q 点；

(2)画出简化的 h 参数小信号等效电路；

(3)求该电路的电压增益 $\dot{A}_v$、输入电阻 R_i、输出电阻 R_o；

(4)若 v_o中的交流成分出现图题 2-2-8(b)所示的失真，问是截止失真还是饱和失真？为消除此失真，应调整电路中的哪个元件？如何调整？

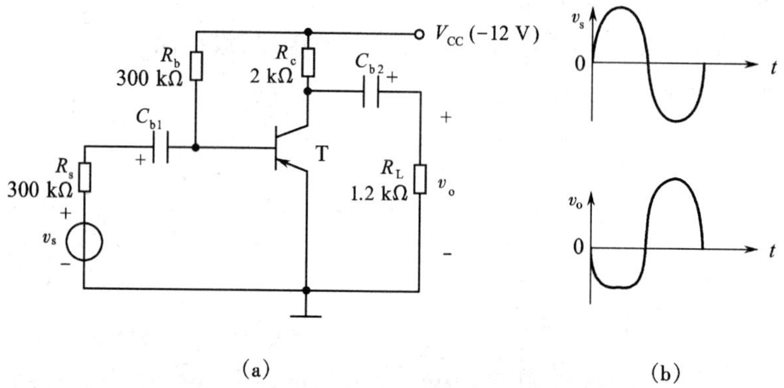

图题 2-2-8

2-2-9　在图题 2-2-9 所示电路中，晶体管发射极接有一个电位器，电位器滑动端的下部阻值为 αR_e，滑动端的上部则为 $(1-\alpha)R_e$。

(1)画出放大电路的小信号等效电路；

(2)写出 $\dot{A}_{vs}$、R_i。

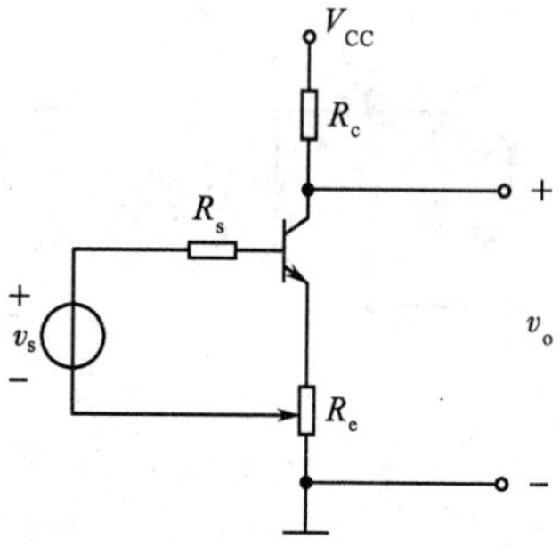

图题 2-2-9

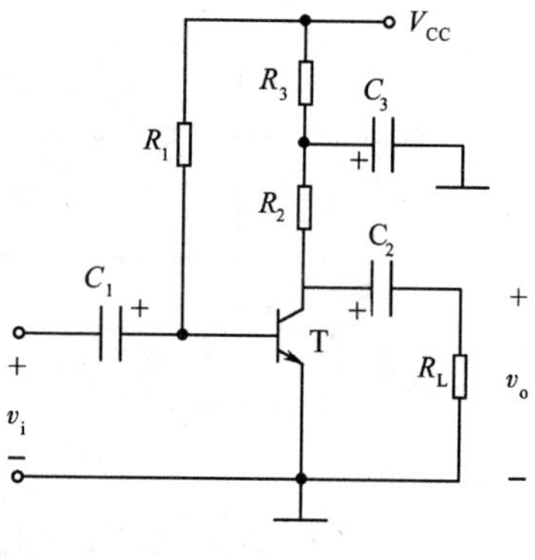

图题 2-2-10

2-2-10　在图题 2-2-10 所示电路中，设电容 C_1、C_2、C_3对交流信号短路。

(1)写出静态电流 I_C及电压 V_{CE}的表达式；

(2)写出电压增益 $\dot{A}_v$、输入电阻 R_i和输出电阻 R_o的表达式；

(3)若将电容 C_3开路，对电路将会产生什么影响？

2-3-1　基本共射极放大电路如图题 2-2-4 所示，其中 $V_{CC}=10$ V，$R_b=470$ kΩ，$R_c=3$ kΩ，晶体管的 $\beta=100$，$V_{BE}=0.6$ V，求静态集电极电位 V_C及当温度升高 10 ℃时的 V_C值，设 $\frac{\Delta V_{BE}}{\Delta T}=-2$ mV/℃，I_{CBO}及 β 的温度系数可忽略。

2-3-2　放大电路如图题 2-3-2 所示，对于发射极电阻 R_e的变化是否会影响电压放大

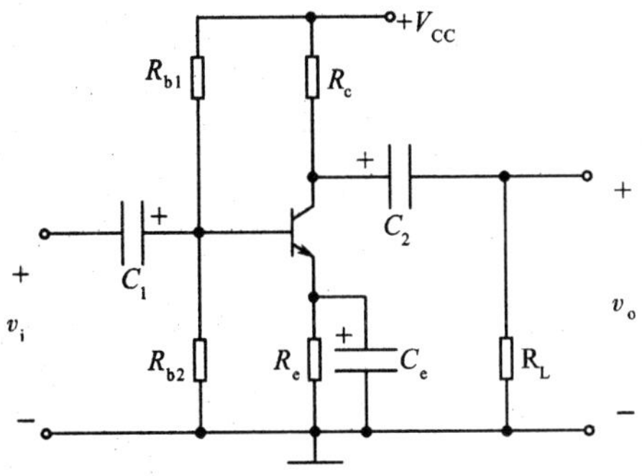

图题 2-3-2

倍数和输入电阻 R_i的问题,下列说法哪个正确。

(1)当 R_e增大时,负反馈增强,因此 $|\dot{A}_v|$减小,R_i增大;

(2)当 R_e增大时,静态电流 I_C减小,因此 $|\dot{A}_v|$减小,R_i增大;

(3)因电容 C_e对 R_e有交流旁路作用,所以 R_e的变化丝毫不会影响交流量,因此当 R_e增大时,$\dot{A}_v$和 R_i均无变化。

2-3-3　电路如图题 2-3-3 所示,设 $\beta = 100$。试求:

(1) Q 点;

(2)电压增益 $\dot{A}_{v1} = V_{o1}/V_s$ 和 $\dot{A}_{v2} = V_{o2}/V_s$;

(3)输入电阻 R_i;

(4)输出电阻 R_{o1}和 R_{o2}。

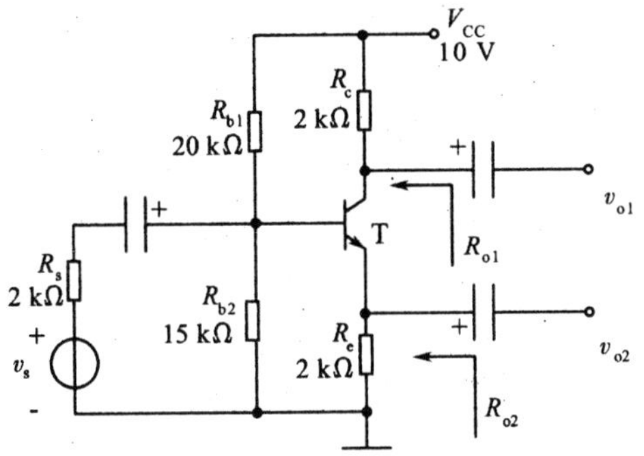

图题 2-3-3

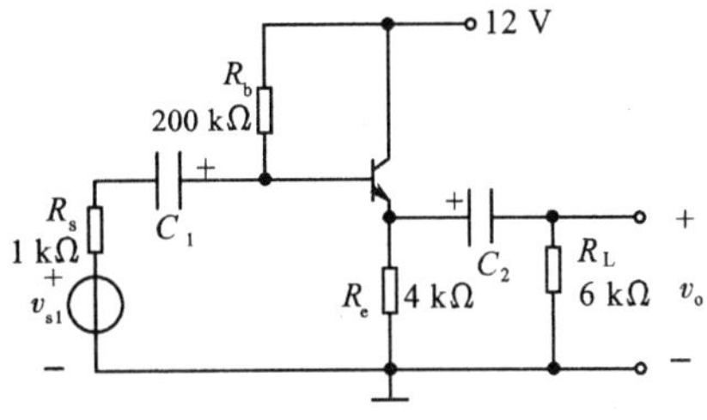

图题 2-4-1

2-4-1　共集放大电路如图题 2-4-1 所示。已知 $V_{BE} = 0.7$ V,$\beta = 50$,$r_{bb'} = 300$ Ω。

(1)试估算 Q 点;

(2)试计算 R_i、R_o;

(3)试计算 $\dot{A}_v$,$\dot{A}_{vs}$;

(4)当 R_L为何值时 V_o 降至开路时的一半。

2-4-2　在图题 2-4-2 所示的电路中,已知 $R_b = 260$ kΩ,$R_e = R_L = 5.1$ kΩ,$R_s = 500$ Ω,$V_{EE} = 12$ V,$\beta = 50$,试求:

(1)电路的 Q 点;

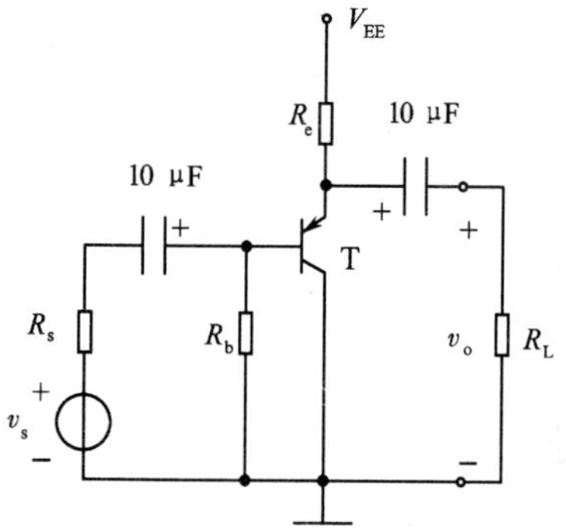

图题 2-4-2

(2)电压增益 $\dot{A}_v$、输入电阻 R_i 及输出电阻 R_o；

(3)若 $\dot{V}_s = 200$ mV，求 $\dot{V}_o$。

2-4-3 共基极电路如图题 2-4-3 所示。射极电路里接入一恒流源，设 $\beta = 100$，$R_s = 0$，$R_L = \infty$。试确定电路的电压增益、输入电阻和输出电阻。

2-4-4 画出图题 2-4-4 所示电路的中频小信号等效电路，并计算当 $v_{i1} = v_{i2} = 100\sin\omega t$ mV 时的 v_o。

2-5-1 为图题 2-5-1 中所示的三个电路选择合适的 MOS 场效应管。

2-5-2 在图题 2-5-2 中，场效应管的 $r_{ds} >> R_d$。

(1)画出该放大电路的微变等效电路；

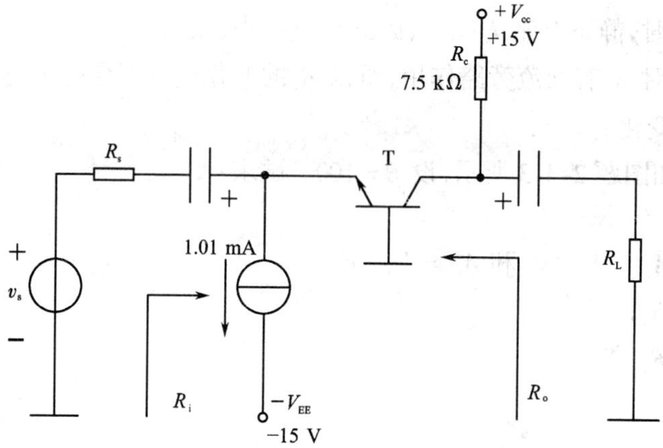

图题 2-4-3

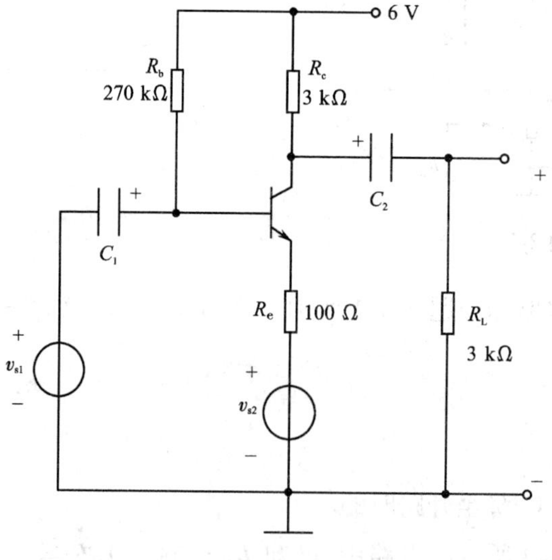

图题 2-4-4

(2)写出 $\dot{A}_v$、R_i、R_o 的表达式；

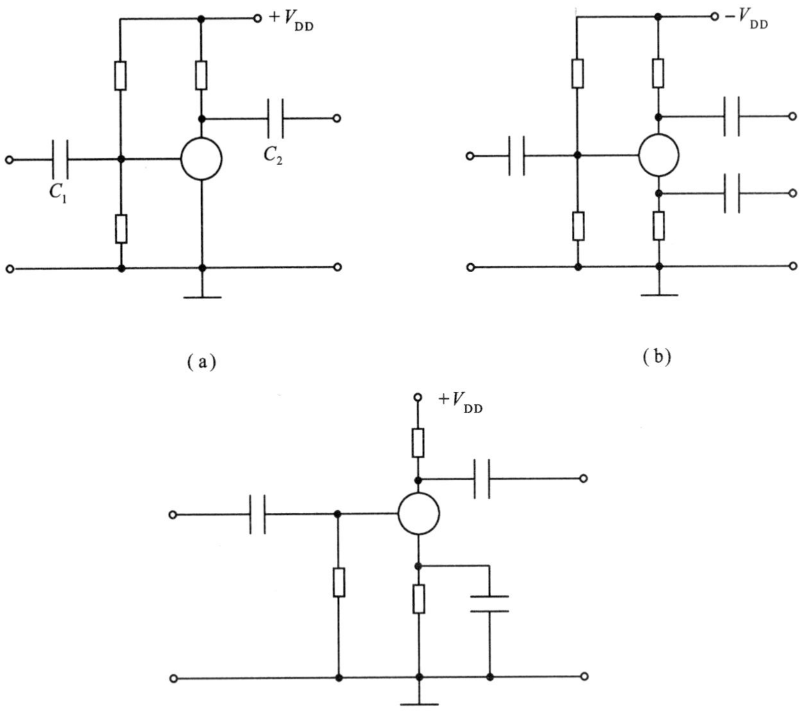

图题 2-5-1

(3)定性说明当 R_s 增大时，$\dot{A}_v$、R_i、R_o 是否变化？如何变化？

(4)若 C_s 开路 $\dot{A}_v$、R_i、R_o 如何变化？写出表达式。

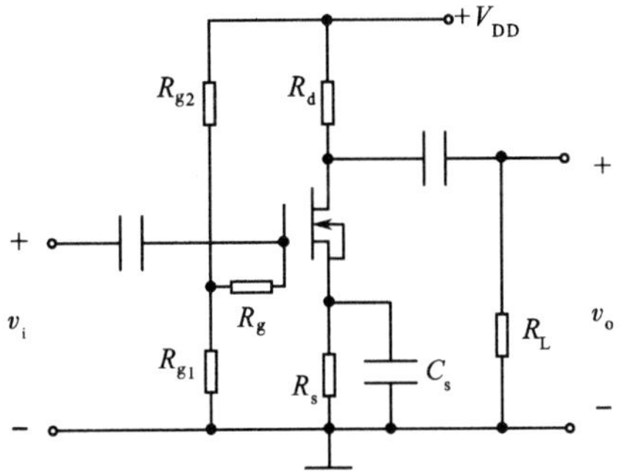

图题 2-5-2

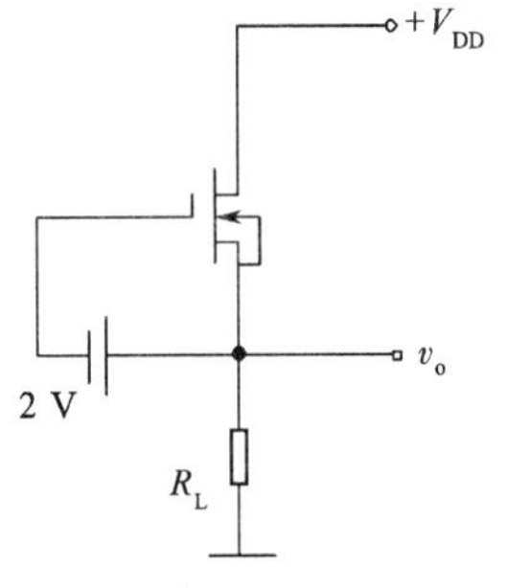

图题 2-5-3

2-5-3　图题 2-5-3 所示为一个耗尽型 MOS 场效应管恒流源电路。已知场效应管参数 $I_{DSS}=4\ \mathrm{mA}$，$V_P=-4\ \mathrm{V}$，问负载电阻 R_L 在什么数值范围内变化，MOS 管都能向负载提供一个几乎恒定的电流？这个电流有多大？

2-5-4　电路如图题 2-5-4 所示，$V_{DD}=40\ \mathrm{V}$，$R_g=1\ \mathrm{M\Omega}$，$R_d=12\ \mathrm{k\Omega}$，$R_{s1}=R_{s2}=500\ \Omega$，场效应管的 $V_P=-6\ \mathrm{V}$，$I_{DSS}=6\ \mathrm{mA}$，$r_{ds}>>R_d$，各电容都是足够大。求电路的静态值 V_{GS}、I_D、V_D，并求 $\dfrac{\dot{V}_{o1}}{\dot{V}_i}$、$\dfrac{\dot{V}_{o2}}{\dot{V}_i}$ 和输出电阻 R_{o1}、R_{o2}。

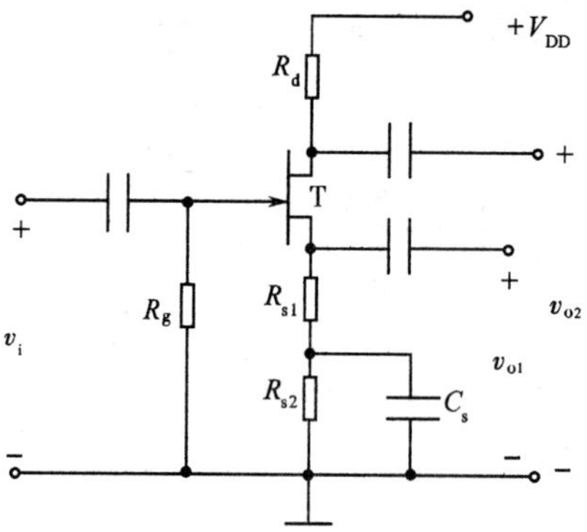

图题 2-5-4

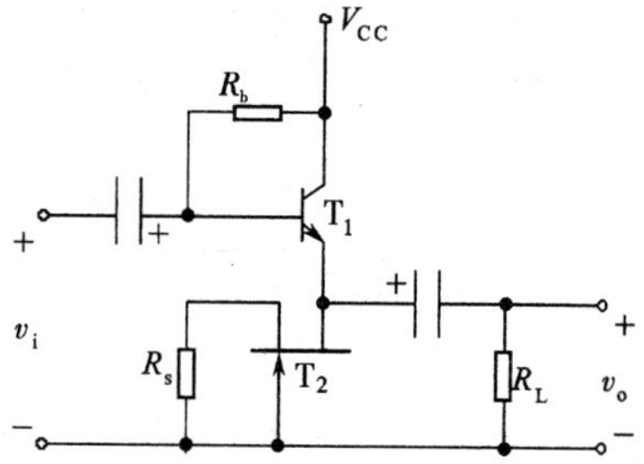

图题 2-5-5

2-5-5　在图题 2-5-5 所示的放大电路中，已知 T_1 管的 β、r_{be} 和 T_2 管的 g_m、r_{ds}，试写出电路的电压放大倍数、输入电阻和输出电阻的表达式，设电容的容量很大。（提示：$R'_e = r_{ds} + (1 + g_m r_{ds}) R_s$）

2-7-1　某放大电路的对数幅频特性如图题 2-7-1 所示。

(1)求该电路的 $|A_{vM}|$、上限频率 f_H 和下限频率 f_L；

(2)当输入信号的频率 $f = f_H$ 或 $f = f_L$ 时，该电路实际的电压增益是多少分贝？

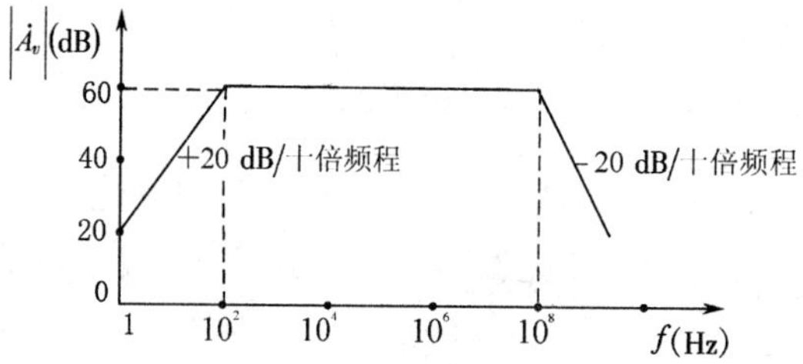

图题 2-7-1

2-7-2　某单级 RC 耦合放大器的频率响应可用式 $|\dot{A}_{vH}| = \dfrac{|\dot{A}_{vM}|}{\sqrt{1 + (f/f_H)^2}}$，$|\dot{A}_{vL}| = \dfrac{|\dot{A}_{vM}|}{\sqrt{1 + (f_L/f)^2}}$ 表示，而且放大器的通频带为 30 Hz ~ 15 kHz，求增益由中频值下降 0.5 dB 时所对应的高频 f_2 及低频 f_1。

2-7-3　一高频 BJT，在 $I_c = 1.5$ mA 时，测出其低频 h 参数为：$r_{be} = 1.1$ kΩ，$\beta_0 = 50$，特征频率 $f_T = 100$ MHz，$C_{b'c} = 3$ pF，试求混合 π 型参数 g_m、$r_{b'e}$、$r_{b'b}$、$C_{b'e}$。

2-7-4　电路如图题 2-7-4 所示，三极管的 $\beta = 40$，$C_{b'c} = 3$ pF，$C_{b'e} = 100$ pF，$r_{b'b} = 100$ Ω，$r_{b'e} = 1$ kΩ。

(1)画出高频小信号等效电路，求上限频率 f_H；

(2)如 R_L 提高 10 倍，问中频区电压增益、上限频率及增益带宽积各变化多少倍？

2-7-5　放大电路如图题 2-7-5 所示。已知 $R_b = 470$ kΩ，$R_c = 6$ kΩ，$R_s = 1$ kΩ，$R_L = \infty$，$C_1 = C_2 = 5$ μF，晶体管参数 $\beta = 49$，$r_{b'b} = 500$ Ω，$r_{be} = 2$ kΩ，$f_T = 70$ MHz，$C_{b'c} = 5$ pF，求下限频率 f_L 和上限 f_H。

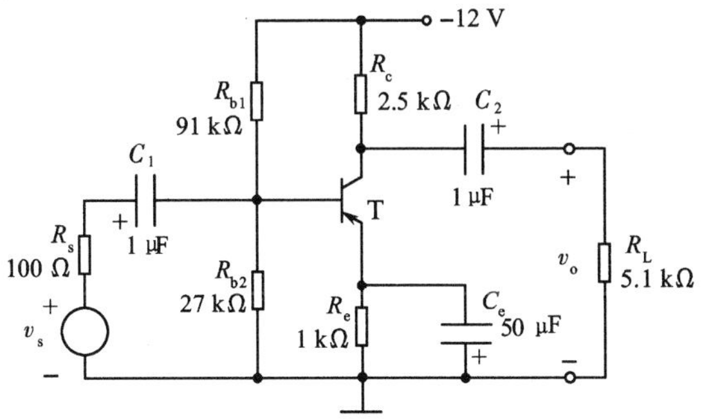
-12 V
R_c
2.5 kΩ
C_2
R_{b1}
91 kΩ
C_1
1 μF
T
R_s
100 Ω
1 μF
R_{b2}
27 kΩ
v_o
R_L
5.1 kΩ
v_s
R_e
1 kΩ
C_e
50 μF

图题 2-7-4

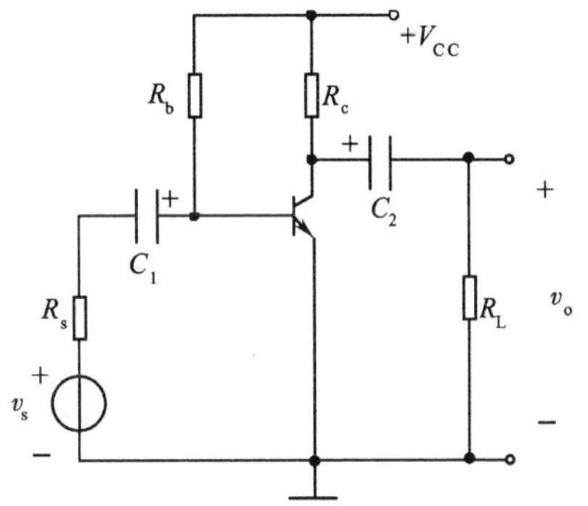
$+V_{CC}$
R_b
R_c
C_2
C_1
R_s
R_L
v_o
v_s

图题 2-7-5

第3章　功率放大电路

引言

在实用的多级放大电路中，通常要求放大电路的输出级具有一定功率输出以便驱动负载(如扬声器、电动机线圈等)。这就要求输出级不仅有较大幅度的信号电压或信号电流，还必须有足够的信号功率输出。把这类主要用来向负载提供足够信号功率的放大电路称作功率放大电路。

本章首先介绍功率放大电路的特点及分类。然后以互补对称功率放大电路为重点，介绍输出功率、效率等指标的计算，功率器件的选择，解决效率与失真矛盾的措施。最后介绍集成功率放大电路和功率器件的安全使用。

3.1　功率放大电路的特点及分类

3.1.1　功率放大电路的特点

由于功率放大电路的主要作用是向负载提供足够的功率输出，与小信号放大电路相比有许多不同的特点，分析方法也不尽相同。因而在功率放大电路中，要关注一些特殊问题。

1.输出功率要尽可能大

输出功率是指功率放大电路提供给负载的信号功率，即信号电压与信号电流有效值的乘积，是交流功率。为了获得大的输出功率，要求功放管的电压和电流都有尽可能大的幅值，管子往往在接近极限的状态下工作。

2.效率要高

放大电路的输出功率是由直流电源供给的。在输入信号作用下，直流电源供出的功率 P_E 一部分转换成交流信号功率 P_o 供给负载；另一部分消耗在电路内部，使管子、元件等温度升高。P_o 与 P_E 之比称为转换效率，用 η 表示，$\eta = P_o/P_E$。由于输出功率大，电路消耗的直流功率也多，因而必须考虑效率问题。

3.非线性失真要小

功率放大电路是在大信号情况下工作的，管子的动态范围大，因而由功率管特性的非线性引起的非线性失真也大。这使输出功率与非线性失真成为一对主要矛盾，这要根据负载的具体要求合理解决。

4.应注意合理选择和正确使用功率管

功率放大电路中，晶体管常工作在极限状态，必须合理选择功率管，而且要严格按照要求配置散热片和保护措施。

5.采用图解分析法

由于器件在大信号情况下工作，电路分析不能采用小信号模型分析法，常采用图解分析法。

3.1.2　功率放大电路的分类

功率放大电路按其静态工作点的设置可分为甲类(A类)、乙类(B类)、甲乙类(AB类)和丙类(C)类,如图3-1-1所示。

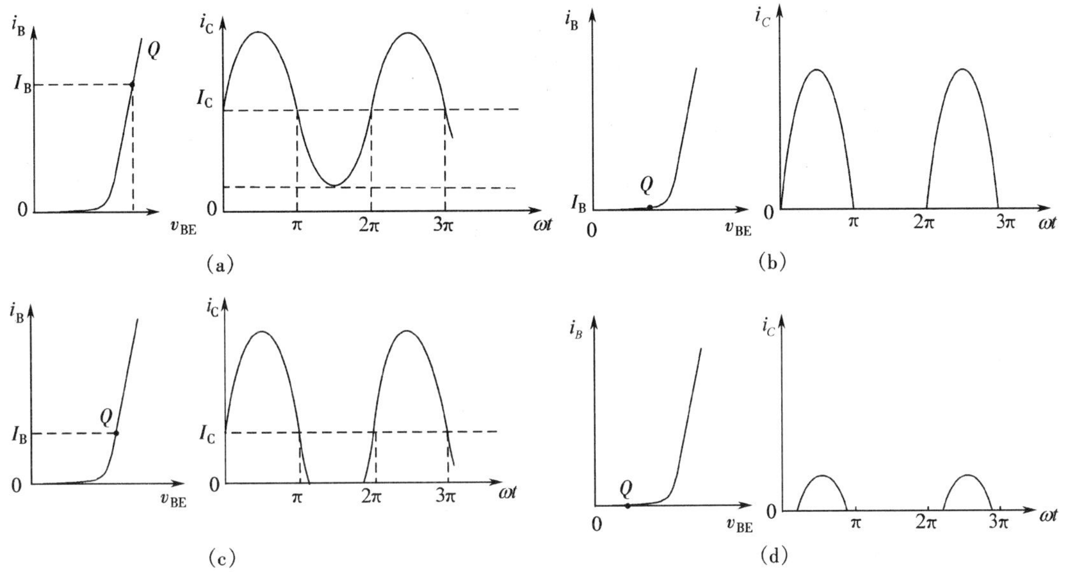

图3-1-1　各类功放静态工作点及电流波形

(a)甲类;(b)乙类;(c)甲乙类;(d)丙类

1.甲类(A类)

在负载要求功率小的情况下,常用共发射极或共集电极电路作功率放大电路。这种电路,在输入信号的整个周期内都有电流流过功率管,将这类工作方式称为甲类。甲类功放的静态 $I_C > I_{om}$,管子的导通角 $\theta = 2\pi$(见图3-1-1(a))。

由于静态工作点高,在无信号输入时,集电极电阻或射极电阻及晶体管的集电结功耗都较大,故效率低,只能达到25%~50%。

2.乙类(B类)

乙类功率放大电路的静态工作点设置在截止点上,即零偏置。由于 $V_{BE} = 0$,在输入信号作用下管子半周导通,半周截止,理想情况下导通角 $\theta = \pi$(见图3-1-1(b)),将这类工作方式称作乙类。由于功率管处于零偏置,静态时管子截止,$I_C \approx 0$,因此效率高,理想情况下可达78.5%。但它的缺点是需要信号给功率管提供开启电压,对信号电压有小的损耗而造成失真。

3.甲乙类(AB类)

甲乙类功放的静态工作点设置在略高于开启偏置电压的位置。在信号的整个周期内,导通角:$\pi < \theta < 2\pi$,如图3-1-1(c)所示。

4.丙类(C类)

丙类功率放大电路的静态工作点设置在截止区。即使在正半周理想情况下也不完全导通,导通角 $\theta < \pi$,如图3-1-1(d)所示。丙类功率放大电路多用于高频发射电路。

另外还有使功率管工作在开关状态的功率放大电路,被称作D类功率放大器。D类功放将音频信号转为宽度随信号幅度变化的高频脉冲,以控制功率管的饱和和截止。功放管的输出信号经低通滤波器驱动负载，由于功放管处于开关状态，因此它的功耗小，效率可达90%以上，是一种新型的高效率功率放大电路。

3.2 互补对称功率放大电路

3.2.1 乙类互补对称功率放大电路的结构及工作原理

乙类互补对称功率放大电路是由两个特性完全一致的不同类型的功率管构成的，如图3-2-1所示。T_2 为 NPN 型 BJT，T_1 为 PNP 型 BJT，将它们的基极连在一起作为信号输入端，两发射极连在一起接负载电阻 R_L，由正、负两个等值电源供电。在这种连接方式下对输入信号而言，每管都为共集电极组态，也即射极输出器。静态时，$v_i=0$，$V_B=0$，$I_B=0$，由于 T_1、T_2 及电源的对称性，使 $V_E=0$，T_1、T_2 的发射结零偏置，故处于乙类工作状态。

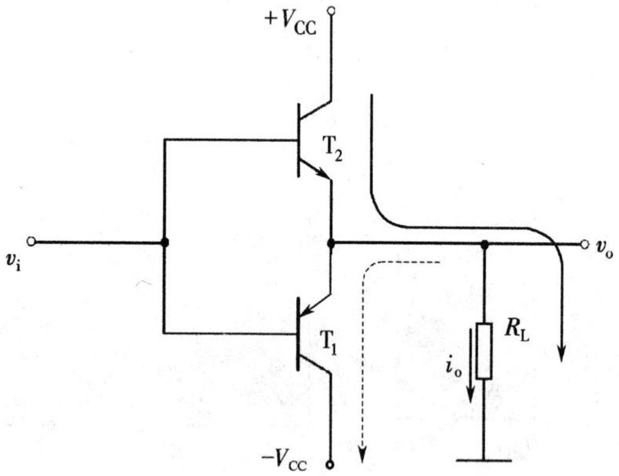

图 3-2-1 乙类互补对称功率放大电路

当加入输入信号 v_i 时，在 v_i 的正半周，T_2 导通，T_1 截止，i_{c2} 流过 R_L，如图中实线所示，由于电路为一射极输出器，所以 $v_o=v_i$；在 v_i 的负半周，T_1 导通，T_2 截止，电流如图中虚线所示，i_{c1} 流过 R_L，T_1 也为射极输出器，故 $v_o=v_i$。可见，电路中两管交替工作，各导通半个周期，而在负载上得到完整的一个信号周期。根据它的结构特点及工作特点，常称其为乙类互补对称功放电路或乙类推挽电路。

3.2.2 输出功率及效率的分析计算

图3-2-2为乙类互补对称功放电路的图解分析。为了便于观察，将 T_1 的特性曲线倒置，与 T_2 的特性曲线在 Q 点重合，得到横轴重合的合成特性。

由于两管特性完全一致，且电路对称，故负载线通过 Q 点形成一条斜率为 $-1/R_L$ 的直线。当输入信号足够大时，管子工作在极限状态，输出电压的最大幅值为 $V_{om}=V_{CC}-V_{CES}$；当输入信号较小时，由于射极跟随作用，使 $V_{om}\approx V_{im}$。下面计算它的输出功率和效率。

1. 输出功率 P_o

设输入信号为正弦信号 v_i，即

$$v_i=V_{im}\sin\omega t \tag{3-2-1}$$

理想情况下输出电压

$$v_o=V_{om}\sin\omega t \tag{3-2-2}$$

负载上的电流

$$i_o=\frac{V_{om}}{R_L}\sin\omega t \tag{3-2-3}$$

故

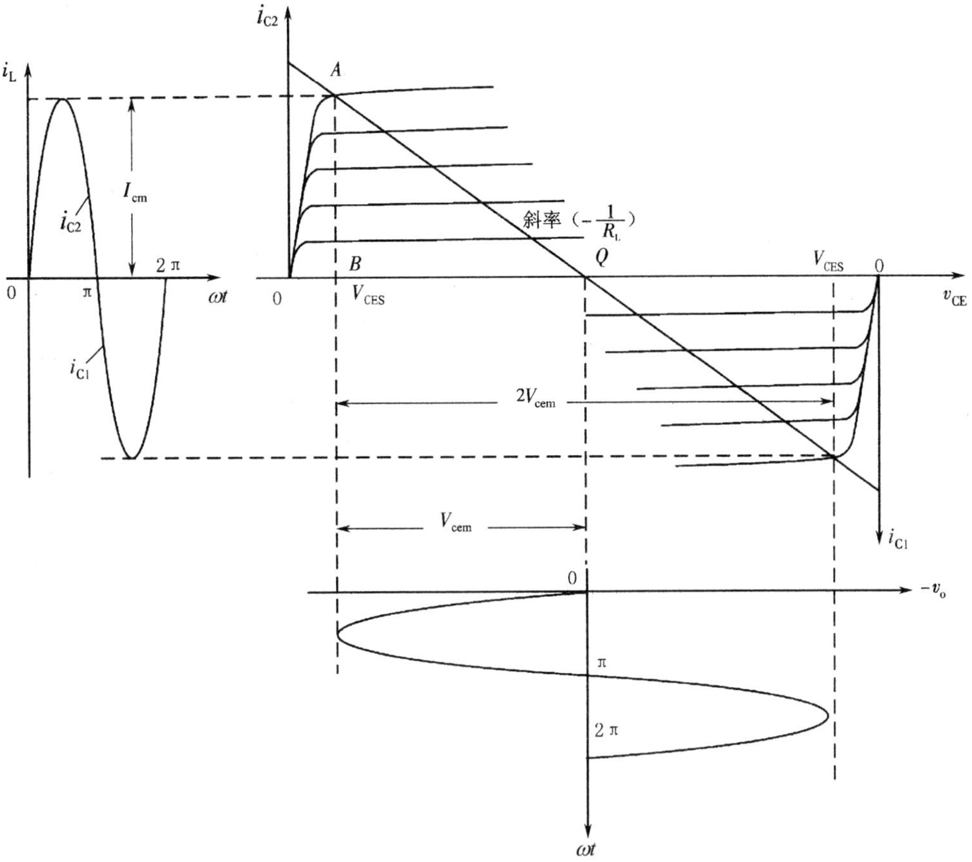

图 3-2-2　乙类互补对称功放电路的图解分析

$$P_o = V_o I_o = \frac{V_{om}}{\sqrt{2}} \cdot \frac{I_{om}}{\sqrt{2}} = \frac{1}{2}\frac{V_{om}^2}{R_L} \tag{3-2-4}$$

2.电源供出的功率 P_E

由于电路结构对称,两电源相等,两电源供出的平均功率之和

$$\begin{aligned} P_E &= 2 \times V_{CC} \times \frac{1}{2\pi}\int_0^{\pi} I_{om}\sin \omega t\ d(\omega t) \\ &= \frac{V_{CC}}{\pi}\int_0^{\pi}\frac{V_{om}}{R_L}\sin \omega t d(\omega t) \\ &= \frac{2}{\pi}\frac{V_{CC}V_{om}}{R_L} \end{aligned} \tag{3-2-5}$$

3.效率 η

根据效率的定义,电路能量转换效率

$$\eta = \frac{P_o}{P_E} = \frac{\pi}{4}\frac{V_{om}}{V_{CC}} \tag{3-2-6}$$

当输入信号足够大,使输出信号电压幅值 $V_{om} \approx V_{CC}$时,有

$$P_o = P_{om} \approx \frac{1}{2}\frac{V_{CC}^2}{R_L}$$

此时

$$P_E = \frac{2}{\pi} \cdot \frac{V_{CC}^2}{R_L}$$

则

$$\eta = \eta_{max} = \frac{\pi}{4} = 78.5\% \tag{3-2-7}$$

3.2.3 功率管的选择

1.功率管管耗计算

从前面分析可知，直流电源供出的功率大部分转换为输出功率 P_o，其余部分主要消耗在功率管上，T_1、T_2 两管的总损耗为

$$P_T = P_E - P_o = \frac{2V_{CC}V_{om}}{\pi R_L} - \frac{V_{om}^2}{2R_L} \tag{3-2-8}$$

由式(3-2-8)可以看出，管耗与输出电压幅值呈非线性关系。为了求出最大管耗 P_{Tm}，对式(3-2-8)求导数，并令导数 $dP_T/dV_{om}=0$，即

$$\frac{dP_T}{dV_{om}} = \frac{2V_{CC}}{\pi R_L} - \frac{V_{om}}{R_L} = 0$$

解得

$$V_{om} = \frac{2V_{CC}}{\pi} \tag{3-2-9}$$

上式表明，当 $V_{om} = \frac{2V_{CC}}{\pi}$时，$P_T$ 达到最大值 P_{Tm}。将式(3-2-9)代入式(3-2-8)中，求得最大管耗

$$P_{Tm} = \frac{2V_{CC}}{\pi^2 R_L} \tag{3-2-10}$$

考虑到最大功率输出 $P_{om} = V_{CC}^2/2R_L$，则每管的最大管耗和电路的最大输出功率具有如下关系：

$$P_{Tm1} = P_{Tm2} = \frac{1}{2}P_{Tm} = \frac{2}{\pi^2}P_{om} \approx 0.2P_{om} \tag{3-2-11}$$

2.功率管的选择

在功率放大电路中，为了确保功率管的安全工作，晶体管的极限参数必须满足下列三个条件：

①$P_{cm} > P_{Tm1} \approx 0.2P_{om}$；

②$|V_{(BR)CEO}| > 2V_{CC}$，这是因为当 T_1 接近饱和时，T_2 截止，截止管承受的反向电压接近 $2V_{CC}$；

③$I_{cm} > \frac{V_{CC}}{R_L}$。

特别需要强调的是：在选择功率管时，其极限参数应留有一定余量，并严格按手册要求安装散热片。

3.2.4 甲乙类互补对称功率放大电路

前面讨论了乙类互补对称功率放大电路理想情况下的工作情况。实际上,由于晶体管处于零偏置状态,在输入信号 $|v_i|$ 低于管子的开启电压(即门限电压 V_{th})时,两只管子均不导通,负载上没有电流流过,致使输出电压波形在 v_i 过零附近产生失真,如图 3-2-3 所示。这种失真被称为交越失真。

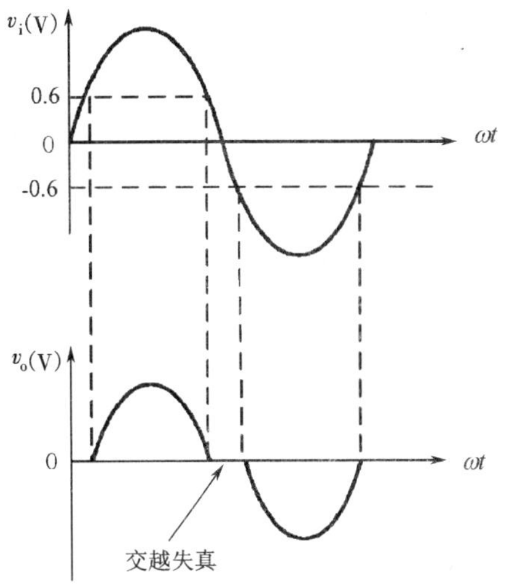

图 3-2-3 乙类工作时的实际波形

为了克服交越失真,可在两个互补管的基极之间接入某些电路元件,利用元件上的直流压降给两个互补管一个较低的直流偏置,使其静态时处于微导通状态,进而使 v_i 过零后 T_1 或 T_2 立即导通,从而消除交越失真。常用的偏置方式如图 3-2-4 所示。

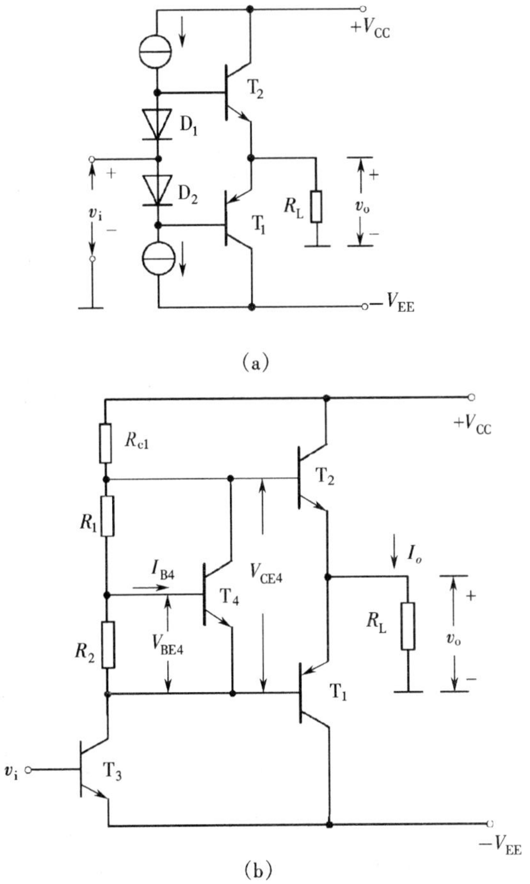

图 3-2-4 甲乙类功放偏置方式

(a)偏置方式 1;(b)偏置方式 2

在图 3-2-4(a)中,利用 D_1、D_2 的正向压降给 T_1、T_2 以直流偏置。在图 3-2-4(b)中,T_3 管作前置放大级,调整 R_1、R_2 的阻值即可改变 T_4 的压降 V_{CE4}($V_{CE4}=V_{BE4}(R_1+R_2)/R_2$),利用 V_{CE4} 给 T_1、T_2 提供偏置。该电路在调试中必须注意静态时 I_{C1}、I_{C2} 不能太大,否则会引起功率管功耗增加,并导致转换效率明显下降。

由于甲乙类互补功放都是工作在甲乙类接近乙类的状态,前面推导的公式仍然适用。

3.2.5 单电源互补功率放大电路

1.基本电路

前面介绍的互补对称功率放大电路均采用正负两个电源供电,在信号的正负半周两管交替工作,每个电源给一个管子提供电流。能否采用一个电源供电呢?只要我们在功率放大器的输出端串入一个大电容 C,利用电容储存的电能给 T_1 供电即可实现。单电源互补功放基本电路如图 3-2-5 所示。

当输入信号 $v_i=0$ 时,调整 R_1(或 R_2)使 V_{B1}、V_{B2}、I_{C3} 大小合适,K 点电位

$V_K = \frac{1}{2}V_{CC}$。

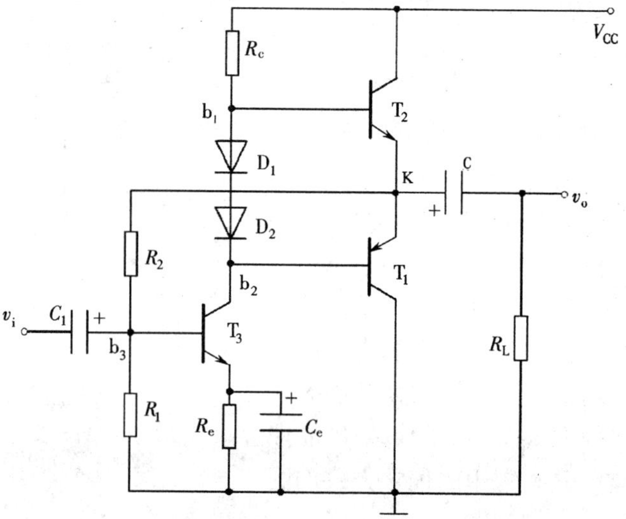

图 3-2-5　单电源互补功放基本电路

当有输入信号 v_i 时，信号负半周 T_2 导通，T_1 截止，V_{CC}供电，电流 i_{c2}流过 R_L，同时给电容 C 充电；在信号 v_i的正半周，T_1 导通，T_2 截止，电容 C 通过 T_1 对 R_L 放电，电流 i_{c1}通过 R_L。只要选择时间常数 $R_L C$ 足够大(远大于信号最大周期)，就可以认为电容上的电压基本不变，由电容 C 和一个电源 V_{CC}起到正、负两个电源的作用。但是，由于这种电路中每个管子的工作电压是$\frac{1}{2}V_{CC}$，输出电压的最大幅值只能接近$\frac{1}{2}V_{CC}$，在计算 P_o，P_E、η、P_{Tm}的公式中，应以$\frac{1}{2}V_{CC}$代替原来的 V_{CC}。

图 3-2-5 中，T_3 的偏置电阻 R_2 不是接在电源 V_{CC}上，而是接在 K 点，其优点是使静态工作点更稳定。例如，若因温度影响使 V_K 升高，则

$$V_K\uparrow \rightarrow V_{B3}\uparrow \rightarrow I_{B3}\uparrow \rightarrow I_{C3}\uparrow \rightarrow V_{C3}\downarrow$$
$$V_K\downarrow \leftarrow\!\!\!-\!\!\!-\!\!\!-\!\!\!-\!\!\!-\!\!\!-\!\!\!-\!\!\!-\!\!\!-\!\!\!-\!\!\!-\!\!\!-\!\!\!\rfloor$$

最后使 V_K 趋于稳定，这是因为这种连接引入了直流负反馈。该连接方式也引入了交流负反馈，能使放大器的动态性能得到改善。

2.带自举环节的单电源互补功放电路

图 3-2-5 所示单电源互补功放电路具有稳定的静态工作点，输出电压的最大幅值理论上可达到 $\frac{1}{2}V_{CC}$，但实际上是不可能的，其原因是：当 v_i 为负半周时，T_2 导通，随着 $|v_i|\uparrow \rightarrow v_{C3}\uparrow \rightarrow i_{B2}\uparrow \rightarrow i_{C2}\uparrow \rightarrow v_{CE2}\downarrow \rightarrow v_K\uparrow$，由于 v_K 的升高使 T_2 的 i_{B2}受到限制，不能随 v_i 减小而很快增加，也限制了流向负载的电流 i_C 的增加，R_L 两端得不到足够的电压变化量，致使 V_{om}明显小于$\frac{1}{2}V_{CC}$。

为了解决这一问题，通常接入 C_3、R_3，构成如图 3-2-6 所示电路。在该电路中，当 $v_i = 0$

时，C_3 上的电压 $V_{C3}=V_{CC}-V_{R3}-V_K=\frac{1}{2}V_{CC}-V_{R3}$；当有信号输入时，且为信号负半周时，$T_2$ 导通，V_K 随 $|v_i|\uparrow$ 而升高，由于 C_3 的耦合作用 $v_K\uparrow\to V_D\uparrow$，既使当 $v_K\approx V_{CC}-V_{CES}$ 时，D 点电位 $V_D=V_K+V_{C3}=V_{CC}-V_{CES}+\left(\frac{1}{2}V_{CC}-V_{R3}\right)$ 也能给 T_2 提供足够的基极电流，使输出信号幅度接近 $\frac{1}{2}V_{CC}$。

值得注意的是，该电路中要求 C_3 值足够大，在信号的半个周期内，电容 C_3 两端的电压基本不变，而 R_3 起隔离作用。正是由于 R_3 的存在，D 点电位 V_D 才有可能高于 V_{CC}。由于信号加入时，D 点电位随 $V_K\uparrow$ 而升高，好像自己把自己的电位抬举起来了，因此，常称它为自举电路。

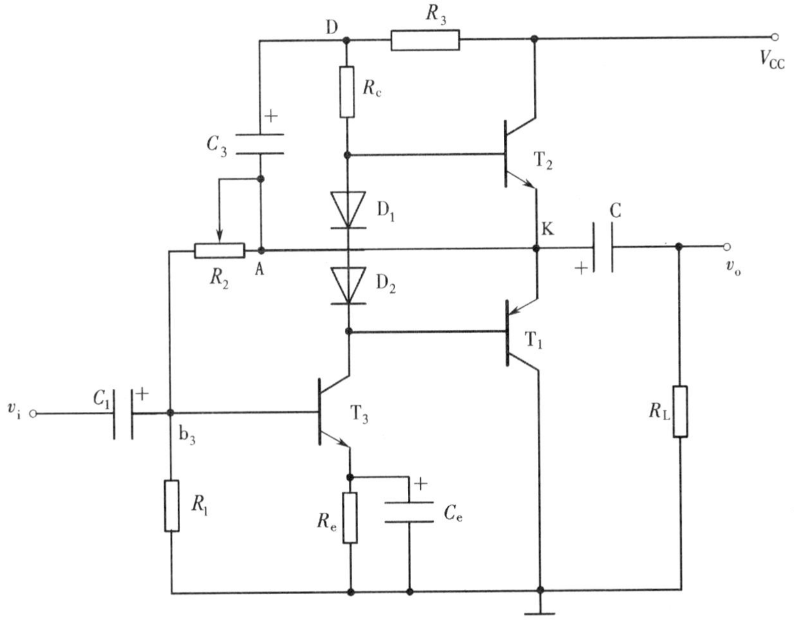

图 3-2-6 带自举的单电源互补功放电路

3.3 集成功率放大器

随着线性集成电路的发展，功率放大电路也做成集成器件，称作集成功率放大器。它与一般运算放大器的主要区别是对输出级的功率要求不同。功率放大器输出功率小则几瓦，大则达到几百瓦，为此输出级多采用复合管以增大输出电流；同时要求较高的供电电压，外壳需要加散热器。由于集成工艺的限制，集成功率放大器的某些元件有可能留待外接。

3.3.1 复合管的连接方式及特点

互补功率放大电路中，由于输出功率大，所以需要大功率管。一般来说，功率越大的管子，其电流放大系数 β 值越低，需要的基极推动电流越大；另外，互补的两功放管必须一个是 NPN 型，另一个是 PNP 型，要寻找特性一致的异类大功率管是比较困难的（随着集成工艺的进步,此问题已不断获得改善)。由于以上两种原因,常用两个或三个管子构成复合管组成功率放大级。复合管的连接方式如图 3-3-1 所示。

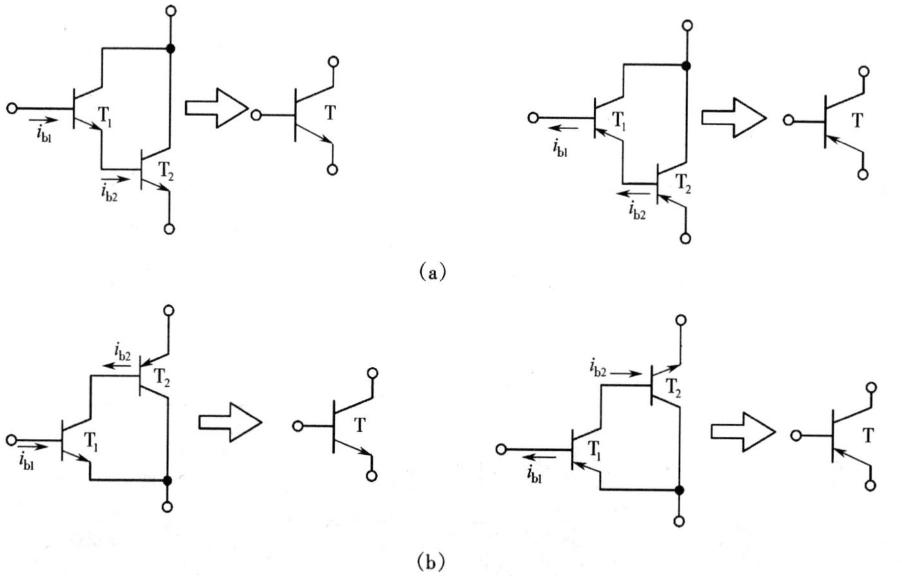

图 3-3-1 复合管的连接方式

(a)同极型复合;(b)互补型复合

图 3-3-1(a)为两种同类型管构成复合管的连接方式。图中 T_1 的 $i_{b1}=i_b$,T_2 的 $i_{b2}=i_{e1}=(1+\beta_1)i_{b1}$,$i_{c2}=\beta_2 i_{b2}=\beta_2(1+\beta_1)i_{b1}$,因此,等效管 $i_c=i_{c1}+i_{c2}=\beta_1 i_{b1}+\beta_2(1+\beta_1)i_{b1}$,等效管的 $\beta=\beta_1+(1+\beta_1)\beta_2\approx\beta_1\beta_2$,而等效管的 $r_{be}=v_{be1}/i_b=r_{be1}+(1+\beta_1)r_{be2}\approx r_{be1}+\beta_1 r_{be2}$,由此可见,两个同类管构成复合管,其主要参数为

$$\begin{aligned}&\beta\approx\beta_1\beta_2\\&r_{be}\approx r_{be1}+\beta_1 r_{be2}\end{aligned}\tag{3-3-1}$$

图 3-3-1(b)为两种不同类型管子复合,其特点是:复合后的等效管的类型同 T_1 管,其主要参数为

$$\begin{aligned}&\beta\approx\beta_1\beta_2\\&r_{be}\approx r_{be1}\end{aligned}\tag{3-3-2}$$

读者可自行分析。

总之,复合管的 β 值大大提高了,电流放大系数 β 近似等于两管电流放大系数的乘积。

3.3.2 集成功率放大器举例

图 3-3-2 实线部分为集成功率放大器 5G31 的内部电路。T_1、T_2 组成输入级(实际为单端输入双端输出的差分放大电路,在第 4 章中介绍),其中 T_1 为共射组态,集电极输出 v_{c1} 与 v_i 相位相反,而从发射极取输出 v_{e1} 与 v_i 相位相同;T_2 组成共基组态,它的集电极输出信号 v_{c2} 与 v_{e1} 同相,因此 v_{c1} 与 v_{c2} 信号相位相反,T_4 的发射结的输入信号 $v_{be4}=v_{c2}-v_{c1}=2v_{c1}$,从 T_4 集电极取输出,完成将双端输出变为单端输出的转换。T_3 接成二极管形式,利用其正向压降(约 0.6 V)使 T_1、T_2 的两集电极之间有直流电位差,从而保证 T_4 发射结处于正向偏置。

T_5 接成共射放大电路,用作输出前置级;T_9 和 T_{10} 及 T_{11}、T_{12} 和 T_{13} 分别组成复合管,构成互补功放输出级,$T_6 \sim T_8$ 的直流压降向互补输出级提供合适的静态偏置,使之工作在甲乙类接近乙类,以克服交越失真。

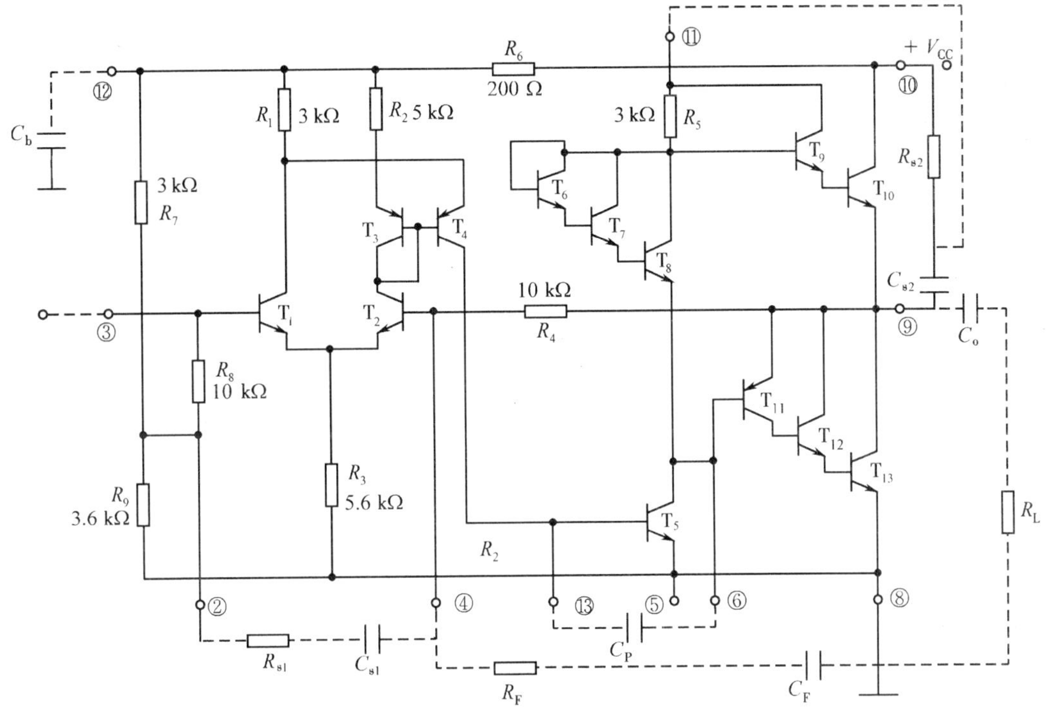

图 3-3-2　集成功率放大器 5G31 的内部电路(实验部分)

5G31 留有多个外接线端,以便根据实际需要连接外部元件。例如在图 3-3-2 的接线端子接上虚线部分画出的元件,可构成性能良好的单电源供电的功率放大电路。图中端子⑧接地,⑨与⑧之间接电容 C_o、R_L,其中 C_o 的充电电压起负电源的作用;端子⑩接电源 V_{CC};端子⑨、⑩之间接 C_{s2}、R_{s2} 构成自举电路;端子⑫与地之间接 C_b,它与 R_6 一起起到去耦滤波作用。R_F、C_F 与内部电阻 R_4 结合引入电压串联负反馈,以改善功率放大器的性能;端子②与④之间接入 C_{s1}、R_{s1} 向 T_1 引入正反馈,其作用是当 v_i 增大时,②端电位升高,削弱 R_8 对输入电阻的影响;C_P 接在⑬与⑥之间,作频率补偿;端子③为信号输入端,这样构成了性能优良的单电源功率放大器(也称 OTL 电路)。

3.4　功率半导体器件及其安全使用

3.4.1　功率 BJT

功率 BJT 通常是指用于功率输出级的大功率管,它们都有一个大面积的集电结,集电极衬底与金属外壳保持良好接触。

1.功率 BJT 参数的特点

① 大电流情况,PN 结方程中 V_T 的系数变为 2,即

$i_c = I_s e^{v_{BE}/2V_T}$

② 大功率管的 β 值较低,一般只有几倍到几十倍。

③ 大电流下发射结的动态电阻 r_e 很小,例如 $I_E = 20$ A 时,$r_e = 26$ mV/20 A = 1.3 mΩ,因此,基区体电阻 $r_{bb'}$ 和引线电阻成为主要矛盾。

④大功率管结面积大,极间电容也大,特征频率 f_T 不易做高,而且结的漏电流 I_{CBO}、I_{CEO} 均较大。

2.功率 BJT 的散热问题

功率管是电路中最易受到损坏的器件。损坏的大部分原因是管子实际功耗超过了额定值,由于结温升高(硅管 150 °C,锗管 90 °C)而导致管子损坏,因此必须研究 BJT 的散热问题。

(1)热阻的概念

为了描述散热问题,首先引入热阻的概念。热的传导路径常称为热路,阻碍热传导的阻力称为热阻。热阻的大小通常用℃/W(或℃/mW)表示,它的物理意义是每瓦(或毫瓦)集电极耗散功率使管子温度升高的度数。例如,3AD6 的热阻为 2 ℃/W,即表示功耗每增加 1 W 结温升高 2 ℃。管子的热阻越小,则表明散热能力强,在环境温度相同的情况下,允许的集电极耗散功率 P_{cm} 就越大。手册中给出的最大功耗 P_{cm} 是表示环境温度 25 ℃时的数值。

(2)功率 BJT 的散热系统及散热计算

未加散热片的管子散热系统如图 3-4-1(a)所示,管芯发热传到管壳,再从管壳传到周围空间。管子的总热阻 R_T 分两部分,一部分是集电结管壳热阻 R_{Tj},另一部分是周围空气的热阻 R_{Ta},则

$$R_T = R_{Tj} + R_{Ta} \tag{3-4-1}$$

由于管子结面积小,向周围空气热传导能力差,因此 R_T 很大,所以不加散热片时晶体管最大允许集电极耗散功率很小。加散热片后,BJT 的散热系统如图 3-4-1(b)所示,其散热过程是管芯内部发热,热量传到管壳,管壳上的热量分两条途径向外传送:一条是管壳直接外散,与未加散热片时一样;另一条是经过散热片发散,管壳到散热片的热阻用 R_{Tc} 表示,散热片与空气热阻用 R_{Tf} 表示,则

$$R_T = R_{Tj} + R_{Ta} // (R_{Tc} + R_{Tf}) \approx R_{Tj} + R_{Tc} + R_{Tf} \tag{3-4-2}$$

加散热片后的热阻大大减小,允许的耗散功率大大提高。

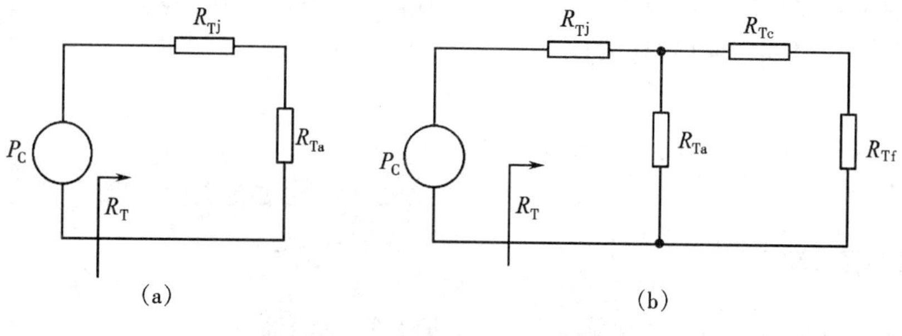

图 3-4-1　BJT 散热情况的等效电路

(a)未加散热片情况;(b)加散热片情况

功率 BJT 的最大允许耗散功率 P_{CM} 取决于总的热阻 R_T、最高允许结温 T_j 和环境温度

T_a,它们之间的关系为

$$T_j - T_a = R_T \cdot P_{CM} \tag{3-4-3}$$

式(3-4-3)表明:在一定温升情况下,总热阻 R_T 越小,允许功耗 P_{CM}越大;在一定的允许结温 T_j 和热阻 R_T 条件下,环境温度 T_a 越低,允许的 P_{CM}越大。

[例 3-4-1] 查得某功率管在 25 ℃时所允许的 $P_{CM}=50$ W,最高工作结温为 150 ℃,试求:

(1)热阻 R_T;

(2)当环境温度 $T_a=50$ ℃时,允许的最大管耗 P_{CM};

(3)环境温度为 40 ℃、$P_C=20$ W 时的结温。

解:(1)根据式(3-4-3),$T_j - T_a = R_T \cdot P_{CM}$

$$R_T=(T_j-T_a)/P_{CM}=(150-25)/50=2.5\ ℃/\mathrm{W}$$

(2)$T_a=50$ ℃时

$$P_{CM}=(T_j-T_a)/R_T=(150-50)/2.5=40\ \mathrm{W}$$

(3)$T_j=T_a+R_TP_C=40+2.5\times20=90$ ℃

3.功率 BJT 的二次击穿与安全工作区

在第 1 章中介绍的 BJT 的极限参数 $V_{(BR)CBO}$都是一次击穿电压,小功率 BJT 在不超过此值时可安全工作。大功率管不但要考虑一次击穿,还需要考虑二次击穿。所谓二次击穿是指在一次击穿后,电流继续增大而达到某一电压—电流点时,发生迅速(以 ms 甚至 μs 速度)向低阻抗点移动,局部流过很大电流造成晶体管永久性损坏的情况,二次击穿现象如图 3-4-2 所示。

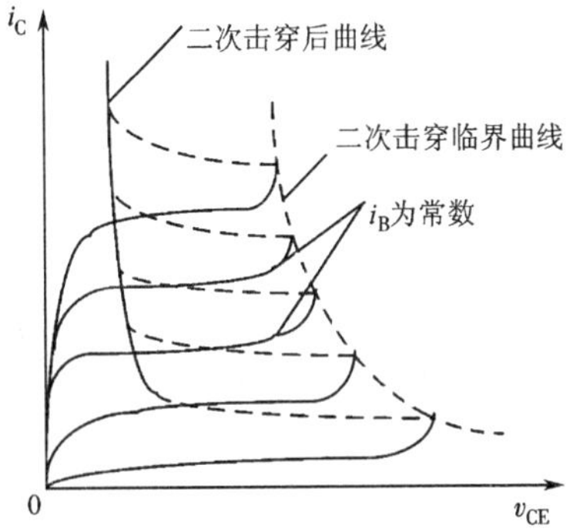

图 3-4-2 二次击穿示意图

一次击穿一般是雪崩击穿,二次击穿的机理比较一致的理解是:流过 BJT 结面的电流不是均匀分布的,结的边缘处电流密度大使结温升高,出现热斑,结温过高又使电流更大,最终损坏。二次击穿与 BJT 的制造工艺有关。

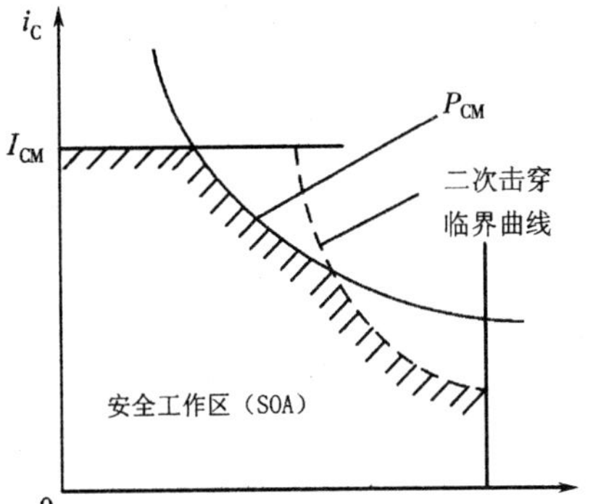

图 3-4-3 功率 BJT 的安全工作区

功率 BJT 的安全工作区(SOA)如图 3-4-3 所示,是 I_{CM}、P_{CM}、$V_{(BR)CEO}$和二次击穿临界线以内的区域。

4.提高 BJT 可靠性的主要途径

为了使功率 BJT 使用安全可靠,可采用两种措施。

(1)使用时适当降低额定值

①在最坏的条件下(包括冲击电压在内),工作电压不超过极限值的 80%。

②在最坏条件下(包括冲击电流在内),工作电流不超过极限值的 80%。

③在最坏条件下(包括冲击功耗在内),功耗不超过器件最大工作环境温度下的最大允许功耗的 50%。

④在器件工作时,器件结温不超过器件允许最高结温的 70%~80%。

⑤在开关状态下工作的功率 BJT,其工作电压、电流、功耗、结温都不得超过极限值。

(2)采取适当的保护措施

例如负载为感性时,可在负载两端并二极管(或二极管和电容);在 BJT 的 c、e 两端并稳压值适当的稳压管,以吸收瞬时过电压等。

3.4.2 功率 MOSFET

1. VMOSFET

VMOSFET 是近年来发展起来的一种大功率管。

(1)结构及工作原理

VMOSFET 的结构剖面如图 3-4-4 所示。它以高掺杂 N 型半导体 N^+ 衬底做漏极,在 N^+ 上生长一层 N^- 外延层,在外延层上掺杂形成一个 P 型层和一个 N^+ 层源极区,最后用光刻方法沿垂直方向刻出一 V 形槽,生长 SiO_2 表层并覆盖金属铝作为栅极。当栅源加正向电压时,P 型半导体靠近 V 形槽的地方产生反型层,将两个 N^+ 区连起即为导电沟道。由于它是纵向的,故称该器件为 VMOSFET(简称 VMOS)。

VMOS 的漏区面积大,有利于散热,而沟道短且呈并联型,所以允许的电流大。由于 N^- 层离子浓度低、电场强度低,故有较高的击穿电压。目前制成的 VMOS 产品耐压达 1 000 V 以上,电流达 200 A。

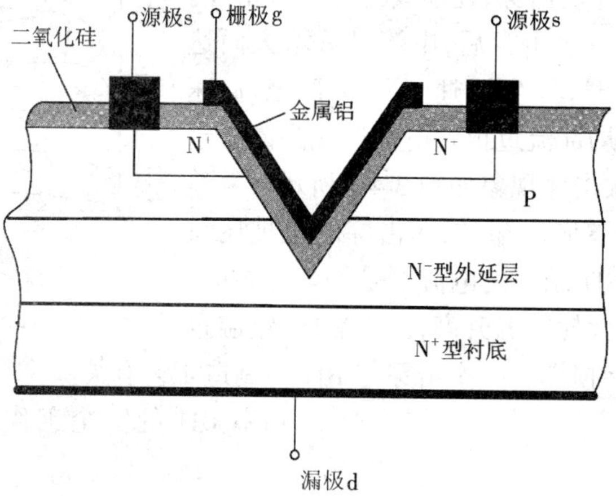

图 3-4-4　VMOSFET 结构示意图

(2)VMOS 的主要优点

①与 MOS 器件一样,它是电压控制电流型器件,输入电阻高,因此所需要的驱动电流小,功率增益高。

②漏极电流具有负温度系数,在高电压、大电流工作时,不易产生热击穿,温度稳定性高。

③依靠多数载流子导电,不存在少子存储效应,工作速度快,可用于高频或开关式稳压电源等。

VMOS 器件的缺点是:栅极易击穿,饱和压降大。

2. DMOSFET

VMOSFET 占芯片面积较大,目前功率 MOS 器件更多的是双扩散(Double-diffused)功率

MOS 管,简称 DMOSFET。

(1)结构及工作原理

DMOSFET 的结构示意图如图 3-4-5 所示。其基片的底部为重掺杂 N^+ 层,上面是轻掺杂 N^- 层,在 N^- 层用负离子注入或扩散法制作一个 P^+ 区,然后在 P^+ 区内做 N^+ 区,再做上氧化层及金属栅极,两个 N^+ 区引出 MOS 管的源极,基底 N^+ 区引出漏极。当栅源间加正向电压 $V_{GS} > V_T$(开启电压)时,在 P^+ 区表层产生 N 型反型层,沟通两 N^+ 区,在漏源之间加电压,电子将从 S 区横穿沟道,垂直流向衬底,电流流通路径恰似 T 字,因此也称其为 TMOSFET。

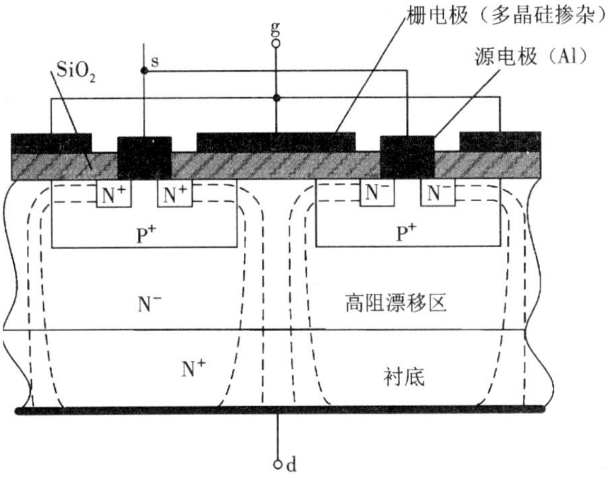

图 3-4-5 DMOSFET 结构示意图

(2)DMOSFET 的优点

①工作电压可以很高(可达 600 V 以上),这一方面是因为漏区是 N^-,其掺杂浓度很低,雪崩击穿电压很高;另一方面,加 V_{DS}后漏结耗尽区主要向 N^- 区扩展,而不像传统 MOS 管向沟道扩展,因此,两个 P^+ 区之间的距离足够远,V_{DS}可大大提高。

②沟道长度可以很短,同样的 V_{GS}和 V_T 能得到更大的漏极电流。大功率管是将图 3-4-5 结构作为一个元胞,多个元胞连成管子,可得到数十安培以上的输出能力。

③不存在二次击穿,不需要大的推动电流。

④占用芯片面积小,可制成分离元件,也广泛用于单片集成电路和集成系统中。

习　题

3-1-1　在甲类、乙类和甲乙类放大电路中,放大管的导通角分别等于多少?它们中哪一类放大电路效率最高?

3-2-1　在如图题 3-2-1 所示电路中,已知 v_i 为正弦电压,$R_L = 16\ \Omega$,要求最大输出功率为 10 W,假设晶体管的饱和管压降为 0 V,求出下列各值:

(1)正、负电源 V_{CC}的最小值(取整数);

(2)根据 V_{CC}最小值,求出晶体管 I_{CM}、$|V_{(BR)CEO}|$的最小值;

(3)当输出功率最大(10 W)时,电源供给的功率;

(4)每个管子允许的管耗 P_{CM}的最小值;

(5)当输出功率最大时的输入电压有效值。

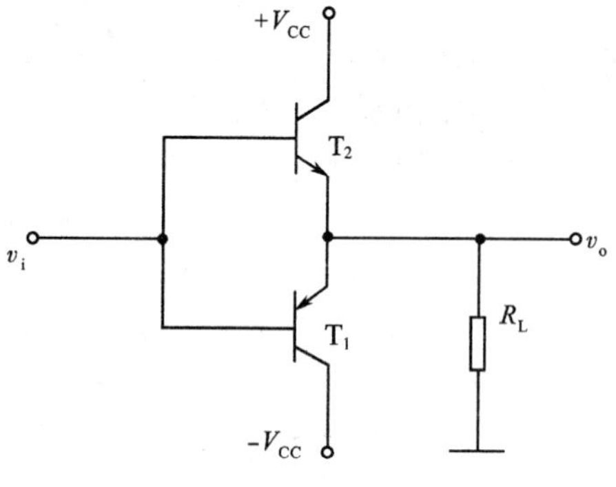

图题 3-2-1

3-2-2　在图题 3-2-1 所示电路中，管子在输入信号 v_i 作用下，在一个周期内 T_1 和 T_2 轮流导电约 180°，电源电压 $V_{CC}=20$ V，负载 $R_L=8\ \Omega$，试计算：

(1)在输入信号 $v_i=10$ V(有效值)时，电路的输出功率、管耗、直流电源供给的功率和效率；

(2)当输入信号 v_i 的幅值 $V_{im}=V_{CC}=20$ V 时，电路的输出功率、管耗、直流电源供给的功率和效率。

3-3-1　如图题 3-3-1 所示电路，输入信号足够大，晶体管 P_{CM}、$V_{(BR)CEO}$和 I_{CM}足够大。

(1)v_s 极性如图所示，i_{B1}是增加还是减小？

(2)若晶体管 T_1 和 T_2 的 $|V_{CES}|=3$ V，计算此时的 P_{om}和 η；

(3)在上述情况下每只晶体管的最大管耗各是多少？

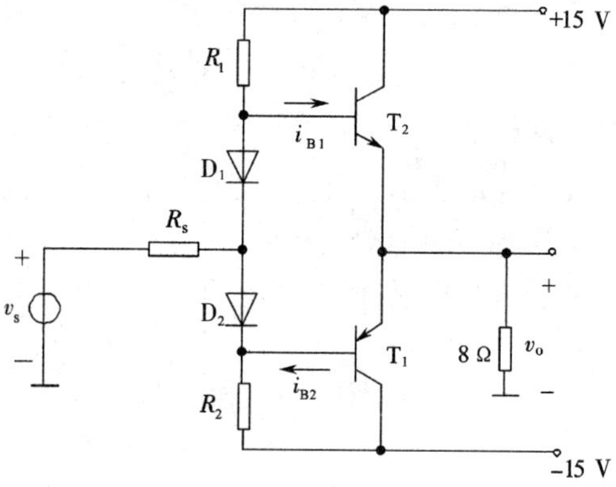

图题 3-3-1

3-3-2　功率放大电路如图题 3-3-2 所示，T_1 和 T_2 互补对称，请回答下列问题：

(1)静态时，流过负载电阻 R_L 的电流有多大？

(2)R_1、R_2、R_3、D_1 和 D_2 各起什么作用？

(3)若 D_1、D_2 中有一个接反，会出现什么后果？

3-3-3　在图题 3-3-3 所示单电源互补对称电路中，设 $V_{CC}=12$ V，$R_L=8\ \Omega$，电容 C 足够大，v_i 为正弦波，在忽略管子饱和压降 V_{CES}情况下，试求该电路的最大输出功率 P_{om}。

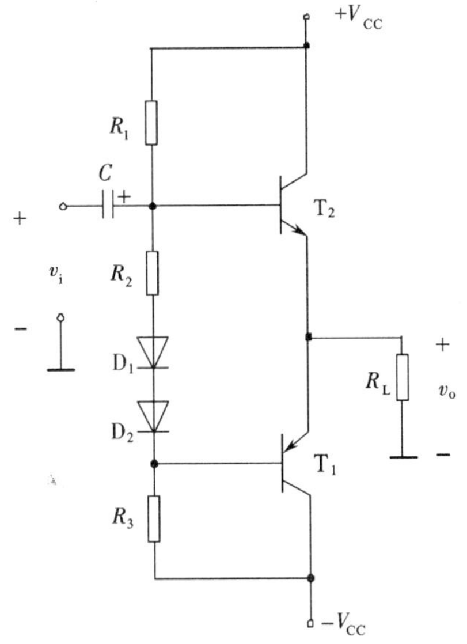

图题 3-3-2

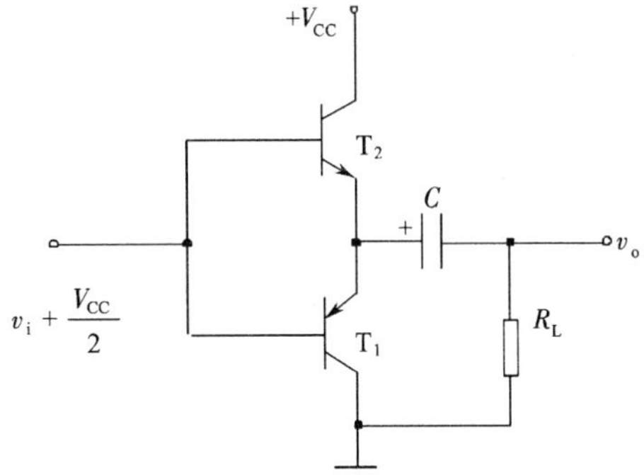

图题 3-3-3

3-3-4 一单电源互补对称电路如图题 3-3-4 所示,设 T_1、T_2 的特性完全对称,v_i 为正弦波,$V_{CC}=12\ V$,$R_L=8\ \Omega$。试回答下列问题:

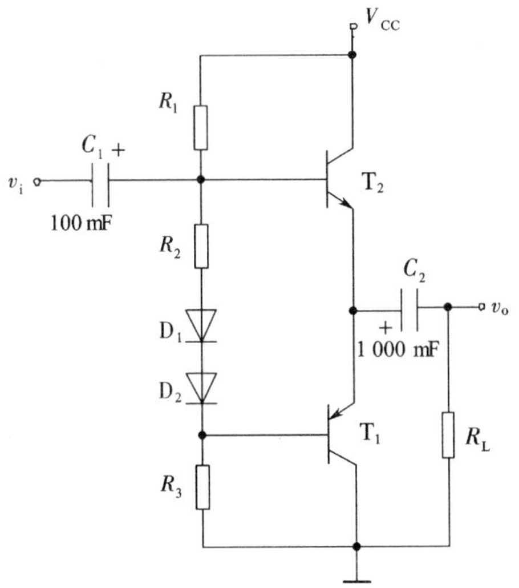

图题 3-3-4

(1)静态时,电容 C_2 两端电压应是多少?调整哪个电阻能满足这一要求?

(2)动态时,若输出电压 v_o 出现交越失真,应调整哪个电阻?如何调整?

(3)若 $R_1=R_3=1.1\ k\Omega$,T_1 和 T_2 的 $\beta=40$,$|V_{BE}|=0.7\ V$,$P_{CM}=400\ mW$,假设 D_1、D_2、R_2 中任意一个开路,将会产生什么后果?

3-3-5 一双电源互补对称电路如图题 3-3-5 所示(图中未画出 T_3 的偏置电路),设输入电压 v_i 为正弦波,电源电压 $V_{CC}=24\ V$,$R_L=16\ \Omega$,由 T_3 管组成的放大电路的增益 $\Delta v_{C3}/\Delta v_{B3}=-16$,射极输出器的电压增益为 1,试计算当输入电压有效值 $V_i=1\ V$ 时,电路的输出

功率 P_o、电源供给的功率 P_E、两管的管耗 P_T 以及效率 η。

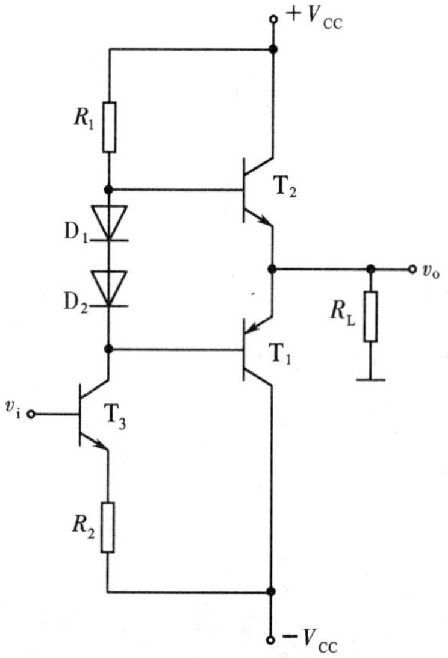

图题 3-3-5

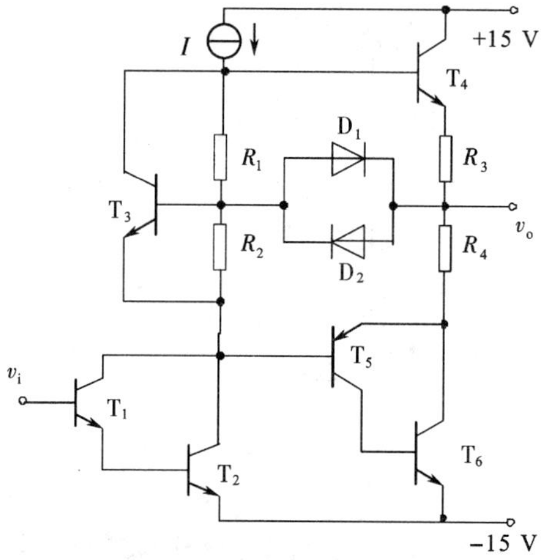

图题 3-3-6

3-3-6　某集成电路的输出级如图题 3-3-6 所示。试说明：

(1)R_1、R_2 和 T_3 组成什么电路？在电路中起何作用？

(2)恒流源 I 在电路中起什么作用？

(3)电路中引入 D_1、D_2 作为过载保护，说明其理由。

第4章 模拟集成电路

引言

所谓集成电路，就是通过半导体集成工艺把构成一个电路的所有元器件及连接线一次制作在一块很小的硅基片上，形成一个具有一定功能的电子部件、子系统或系统。第一块集成电路始于1958年，随后得到迅速发展，特别是70年代后期，VLSI(Vary Large Scale Integrated Circuits，超大规模集成电路)的出现，更为科学技术的发展带来革命性的变化，可以说，集成电路已经渗透到人类生活的方方面面。

集成电路分成两大类，一类是处理数字信号的数字集成电路，另一类是处理模拟信号的模拟集成电路。除此之外，还有一类集成电路作为模拟与数字信号之间转换的桥梁，它可以把模拟信号转换成数字信号或把数字信号转换成模拟信号。

就模拟集成电路而言种类已很繁多，有集成运算放大器、集成电压比较器、集成乘法器、集成功率放大器、集成稳压器、集成锁相环等。其中集成运算放大器最早应用于模拟运算，因而得名并沿用至今，并且成为现代电子电路中最基本的组成单元。

本章首先介绍模拟集成电路中的基本单元电路——电流镜电路、差动放大电路；然后介绍模拟集成电路中应用极为广泛的代表作品——集成运算放大器。

4.1 集成电路特点和集成运算放大器的发展

4.1.1 集成电路特点

①尽量用有源器件代替无源器件。原因是电路中有源器件的成本比无源器件的成本低得多，一般为几十欧姆到20 kΩ左右的电阻元件由硅半导体的体电阻构成，高阻值的电阻多由BJT或FET等有源器件组成的恒流源电路代替，即所谓的有源负载。

②集成工艺难以制作电感和较大容量的电容。一般不超过数十 pF的电容，常用PN结结电容构成，但误差较大。

③电阻和电容的绝对误差较大，但两个电容或两个电阻之比相当精确，所以在设计集成电路时，应尽量使其性能与元件的比值(而不是与元件的绝对值)有关。

④集成电路中的元件通过相同的工艺一次集成在一个小的衬底上，同种元器件的一致性和温度均一性好。利用这些特性，可以得到温度漂移很低的差动放大电路。

⑤集成电路设计是电路设计、版图设计和工艺设计的系统工程。设计电路的工程师必须了解版图和工艺，这加大了设计的难度，也增加了设计的自由度。

4.1.2 集成运算放大器的发展

目前,集成运算放大器的性能各异,更新换代迅速。自 1965 年第一种模拟集成电路(即集成运算放大器 μA702)问世至今,已先后更迭五代。第一代的代表是 μA709、5G23,它建立了标准的电源电压(±15 V);第二代的代表是 μA741、5G24,其主要标志是采用了有源负载;第三代的代表作是 AD508L,其主要指标是使用了超 β(β 可高达 1 000 ~ 5 000)晶体管。前三代产品的共同点是采用参数补偿法来遏制零点漂移。第四代产品突破了这个框框,在过去传统的斩波式双通道放大器的基础上,利用现代集成电路工艺的最新成果,将输入失调、共模抑制比、开环增益等重要性能参数都推进到了近于理想的数值。而 CMOS 工艺的介入,充分发挥了它易于将数字与模拟两种技术结合起来的优点,更是把第四代产品的性能推上了新台阶,ICL7650 便是第四代 CMOS 运放的典型代表。第五代的代表产品是 AD844、AD811 等,其电路设计普遍采用电流模式电路设计技术,具有超高速、超高频、超低噪声等特征。

4.2 集成运算放大器的基本结构

集成运算放大器是一种高增益、高品质、直接耦合的多级电压放大器,外接少数几个元件,便可对模拟信号作各种运算和处理。尽管它的品种繁多,电路千差万别,但基本结构十分相似,通常可用图 4-2-1 的框图表示。

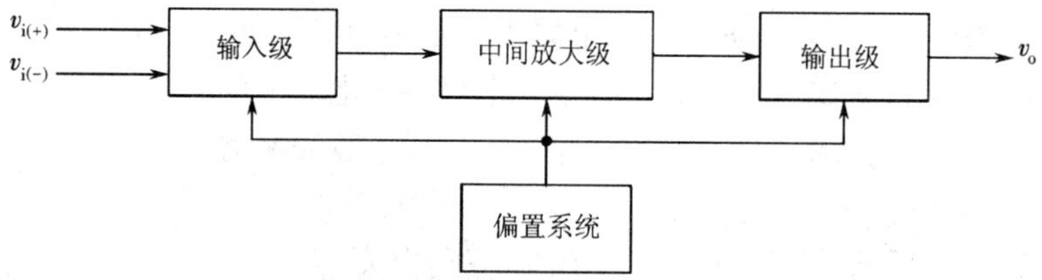

图 4-2-1 集成运放的结构框图

输入级通常采用差动放大电路,以提供与输出端成同相和反相关系的两个输入端,并利用它的对称性提高整个电路的共模抑制比;中间放大级多由具有有源负载的共射电路组成(一级或多级),主要作用是提供足够高的电压增益;输出级一般由互补推挽电路组成,以降低输出电阻,提高带负载能力;偏置电路是为各级提供合适的静态工作点,常采用恒流源电路。除此之外,还有一些辅助环节,如电平移动电路、过载保护电路以及高频补偿环节等。

4.3 和 4.4 两节将重点介绍集成运放各组成部分常用的单元电路,特别是差分放大电路和电流源电路。鉴于中间级和输出级电路已在前面章节介绍,这里只作一些补充。

4.3 电流源电路

在模拟集成电路中,广泛采用电流源作偏置电路或作放大电路的有源负载。用电流源作偏置电路的优点是:静态偏置电流对电源电压不敏感,与电阻相比占用芯片面积小;用电流源作有源负载,其交流电阻很大,因而放大级的电压增益很高,且能在较低的电源电压下正常工作。

4.3.1　镜像电流源

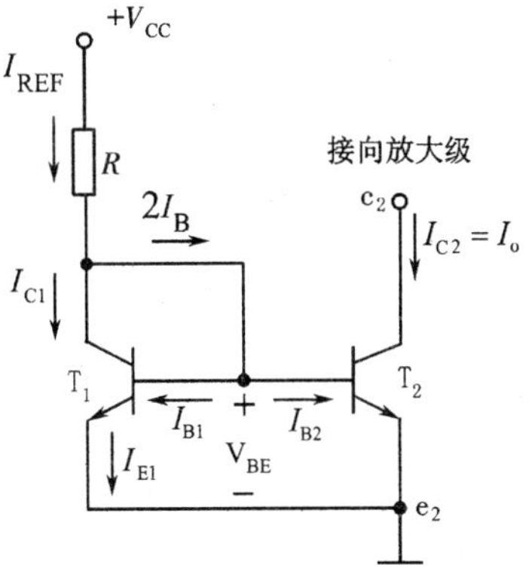

图 4-3-1　镜像电流源（Ⅰ）

图 4-3-1 是由两个 NPN 型三极管组成的基本镜像电流源。T_1 是输入管，它的 b、c 极短接作为输入端。T_2 是输出管，它的集电极是输出端，集电极电流 I_{C2} 是输出电流并且有恒流特性，因此具有较高的交流输出电阻。

下面分析图 4-3-1 所示电路的电流传输特性。设 T_1 和 T_2 匹配，且考虑到 T_1 和 T_2 的发射结并联，$V_{BE1}=V_{BE2}=V_{BE}$，所以

$$I_{C1}=I_{C2}=I_o \tag{4-3-1}$$

电阻 R 上的电流

$$I_{REF}=\frac{V_{CC}-V_{BE}}{R}=I_{C1}+2I_B=I_{C1}+\frac{I_{C1}}{\beta_1}+\frac{I_{C2}}{\beta_2}$$
$$=I_{C2}\left(1+\frac{2}{\beta}\right)=I_o\left(1+\frac{2}{\beta}\right) \tag{4-3-2}$$

当 $\beta\gg1$ 时，可得

$$I_o=\frac{I_{REF}}{1+\dfrac{2}{\beta}}\approx I_{REF} \tag{4-3-3}$$

由上式可以看出，当 R 确定后，I_{REF} 也就确定了，I_o 也随之而定。I_o 与 I_{REF} 存在近似的镜像关系，所以该电路称为镜像电流源（或称为电流镜）。

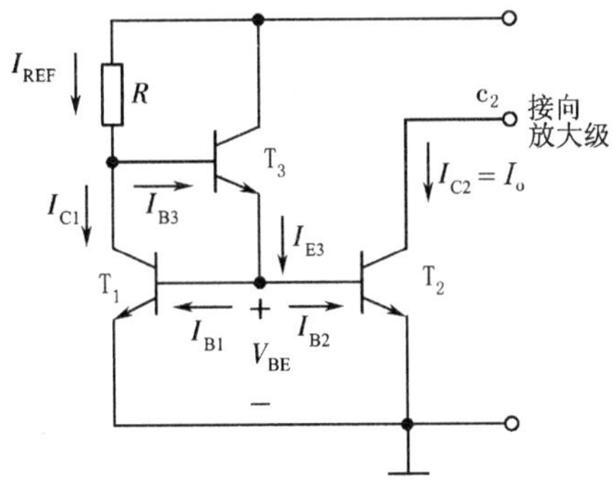

图 4-3-2　镜像电流源（Ⅱ）

在图 4-3-1 所示电路中，当两个三极管参数不完全匹配，特别是 β 不够大时，I_o 与 I_{REF} 存在一定的跟随误差，为了提高镜像电流源的传输精度，可在图 4-3-1 电路的基础上再加上一个晶体管 T_3，如图 4-3-2 所示。

设三个三极管的 β 相同，则有

$$I_{E3}=\frac{I_{C1}}{\beta}+\frac{I_o}{\beta}=\frac{2I_o}{\beta} \tag{4-3-4}$$

$$I_{B3}=\frac{I_{E3}}{1+\beta}=\frac{2}{\beta(1+\beta)}I_o \tag{4-3-5}$$

于是可得

$$I_o=I_{C2}=I_{C1}=\frac{I_{REF}}{1+\dfrac{2}{\beta^2+\beta}}\approx\frac{I_{REF}}{1+\dfrac{2}{\beta^2}} \tag{4-3-6}$$

与式(4-3-3)比较可知，图 4-3-2 镜像电流源的精度受 β 的影响要小得多，其动态输出电阻与图 4-3-1 所示的电路基本相同，即 $r_o=r_{ce2}$。

4.3.2　微电流源

在集成电路中，经常要用到微安级的小电流，例如运放输入级的工作电流 I_C 经常要偏置到 5～10 μA，微电流源最适合这种 μA 量级的偏置需要。其电路如图 4-3-3 所示。

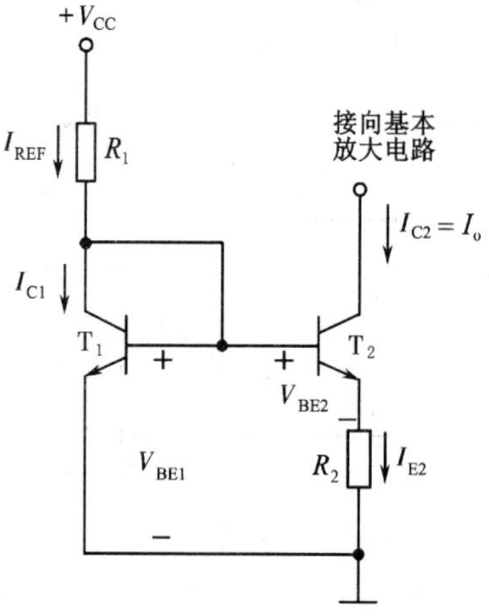

图 4-3-3　微电流源

在 T_2 的发射极上串入小电阻 R_2，使 T_2 的 V_{BE2} 小于 T_1 的 V_{BE1}。通过改变 R_2 的电阻值，可以改变 I_o 与 I_{REF} 之比，并获得小电流输出。由半导体物理性质可知

$$V_{BE}=V_T\ln\frac{I_C}{I_S} \tag{4-3-7}$$

所以，即使 $I_{C1}=10I_{C2}$，在 $I_{S1}=I_{S2}=I_S$ 时，T_1、T_2 两管 V_{BE} 之差也只有

$$\Delta V_{BE}=V_{BE1}-V_{BE2}=V_T\left(\ln\frac{10I_{C2}}{I_S}-\ln\frac{I_{C2}}{I_S}\right)=$$

$$V_T\ln 10\approx 60\ \text{mV}$$

显然，ΔV_{BE} 的数值很小，故用阻值不大的电阻 R_2 即可获得微小的工作电流，即

$$I_o=I_{C2}\approx I_{E2}=\frac{V_{BE1}-V_{BE2}}{R_2} \tag{4-3-8}$$

R_2 的作用与典型工作点稳定电路中的 R_e 相同，可提高 I_o 的稳定性，提高电流源的输出电阻。

下面讨论怎样计算 R_2 的电阻值（假设 T_1、T_2 特性完全相同）。则由图 4-3-3 可知

$$I_{C1}\approx I_S e^{V_{BE1}/V_T} \tag{4-3-9}$$

$$I_o\approx I_S e^{\frac{V_{BE1}-I_oR_2}{V_T}} \tag{4-3-10}$$

所以

$$I_o=\frac{V_T}{R_2}\ln\frac{I_{C1}}{I_o}\approx\frac{V_T}{R_2}\ln\frac{I_{REF}}{I_o} \tag{4-3-11}$$

在实际设计电路时，往往是给定 I_{REF} 和 I_o，然后求出 R_1 和 R_2 的数值。

例如，$V_{CC}=15$ V，$I_{REF}=1$ mA，$I_o=10\ \mu$A，则由式(4-3-11)得到

$$R_2=\frac{V_T}{I_o}\ln\frac{I_{REF}}{I_o}=\frac{26}{10}\times\ln 100\approx 11.97\ \text{k}\Omega$$

$$R_1=\frac{V_{CC}-V_{BE}}{I_{C1}}=\frac{15-0.6}{1}=14.7\ \text{k}\Omega$$

4.3.3　威尔逊电流源

威尔逊电流源电路如图 4-3-4 所示。

由于 T_2 管串接在 T_3 的发射极，而在放大区 c ~ e 间等效电阻非常大，所以可使 I_o 高度稳定。假设基准电流 I_{REF} 是恒定的，若 I_o 有所增加，引起 I_{C2}、I_{C1} 也有所增加，则 $I_{B3}=I_{REF}-I_{C1}$ 相应减小，从而引起 I_{C3} 即 I_o 相应减小，这种自动调整的结果使 I_o 的变化量减小，更加趋于稳定，电流源的输出电阻进一步提高。下面计算该电路的电流传输比。假设 T_1 ~ T_3 特性完全相同，可以写出

$$I_{E3}=I_{C2}+I_{B1}+I_{B2}=I_{C2}\left(1+\frac{1}{\beta}\right)+\frac{I_{C1}}{\beta}=I_{C2}\left(1+\frac{2}{\beta}\right) \tag{4-3-12}$$

$$I_o=I_{C3}\approx I_{E3}\frac{\beta}{1+\beta}=I_{C2}\left(1+\frac{2}{\beta}\right)\frac{\beta}{1+\beta} \tag{4-3-13}$$

因为

$$I_{C1}=I_{C2}=I_{REF}-\frac{I_o}{\beta} \tag{4-3-14}$$

所以将式(4-3-14)代入式(4-3-13)得

$$I_o=\frac{\beta^2+2\beta}{\beta^2+2\beta+2}I_{REF}=\left(1-\frac{2}{\beta^2+2\beta+2}\right)I_{REF}\approx\left(1-\frac{2}{\beta^2}\right)I_{REF} \tag{4-3-15}$$

可见，β 值对电流传输比的影响远小于前述电流源的影响，即使不大的 β 值，也可认为 $I_o \approx I_{REF}$。

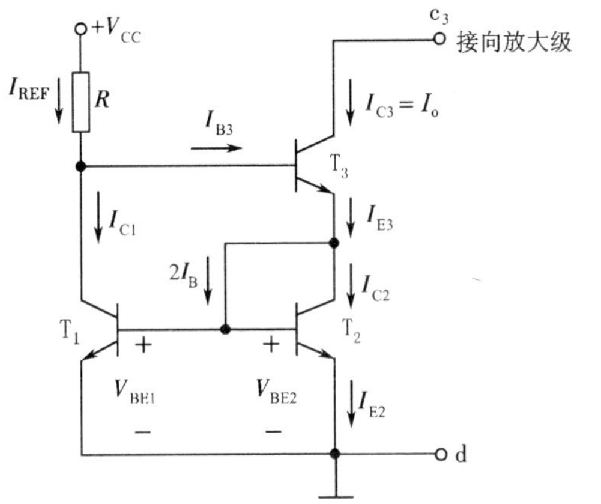

图 4-3-4　威尔逊电流源

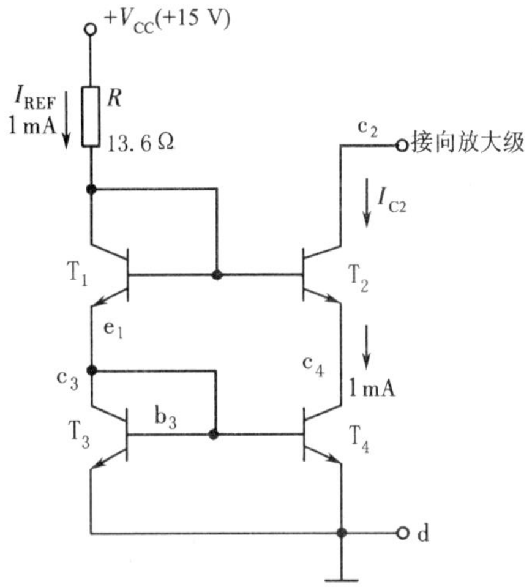

图 4-3-5　级联电流源

4.3.4　级联电流源

双极型级联电流源如图 4-3-5 所示。它的输入端一侧为 T_1、T_3 串联，输出端一侧为 T_2、T_4 串联。T_1、T_3 均是 b、c 极短接，使得 I_{REF} 输入端呈现低输入电阻。T_2、T_4 的 b、c 极都不短接，使 I_o 输出端具有高输出电阻。

图 4-3-5 所示电路可以看作是图 4-3-3 电路的改进，即采用 T_4 管的输出电阻 $r_{o4}=r_{ce4}$ 代替了无源电阻 R_2，因为 r_{o4} 比 R_2 大，所以可进一步提高电流源的输出电阻，使 $I_o \approx I_{REF}$ 趋于更加稳定。

此外，在多级放大电路中，可以利用一个基准电流去获取不同的输出电流，以便为各级提供合适的静态电流，这样就有多路电流源的出现。

4.3.5　MOS 型电流源

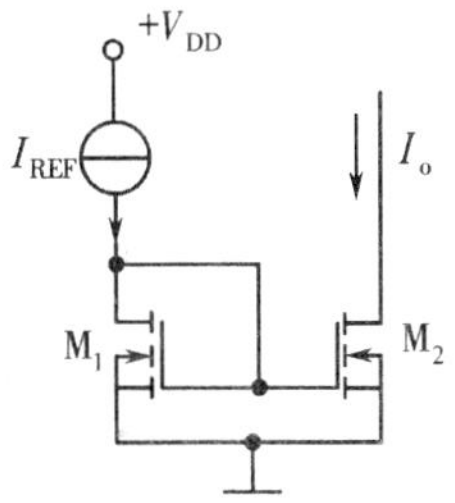

图 4-3-6　MOS 型基本电流源

由 N 沟道增强型 MOS 管组成的基本镜像电流源如图 4-3-6 所示。

M_1 与 M_2 两管的衬底与源极短接，所以不存在体效应。M_1 作输入管，其栅、漏极短接，$V_{DS1}=V_{GS1}>V_{GS1}-V_{T1}$，所以 T_1 管总是工作在饱和区。M_2 作输出管，只要 $V_{DS2}>V_{DS1}-V_{T2}$，T_2 也工作在饱和区，漏极的交流输出电阻很高。

假设 M_1 与 M_2 完全匹配，即除沟道宽长比外的其他参数相同，则有

$$\frac{I_o}{I_{REF}}=\frac{W_2L_1(1+\lambda V_{DS2})}{W_1L_2(1+\lambda V_{DS1})} \tag{4-3-16}$$

式中，λ 为沟道长度调制效应参数。

由式(4-3-16)可知，若在制造过程中，控制沟道的宽长比，使 $W_2/L_2=W_1/L_1$，且 $V_{DS2}=V_{DS1}$，则 $I_o=I_{REF}$，即成为镜像电流源，其输出电阻 $r_o\approx r_{ds2}$。

为了获得更好的恒流特性和更大的输出电阻，可采用 MOS 型威尔逊电流源和级联电流源，分别如图 4-3-7 和图 4-3-8 所示。它们的工作原理与 BJT 的基本相同，这里不再赘述。图 4-3-9 是 MOS 型多路输出电流源。

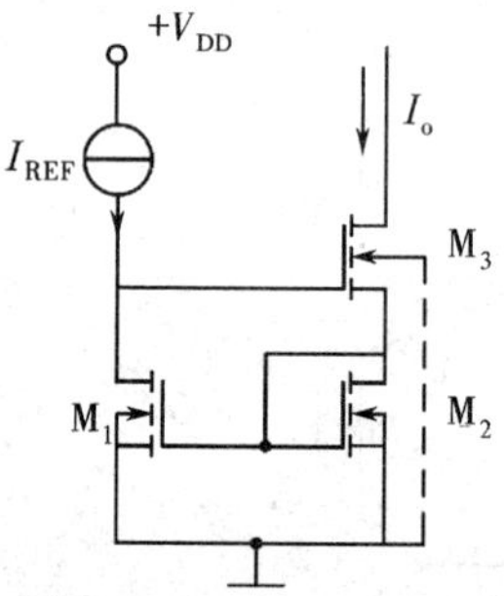

图 4-3-7　MOS 型威尔逊电流源

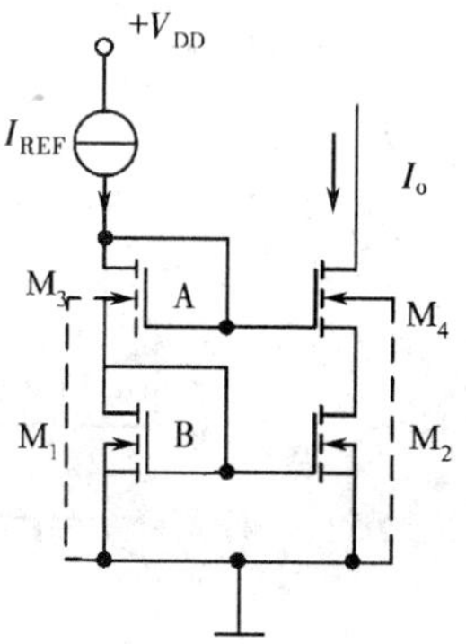

图 4-3-8　MOS 型级联电流源

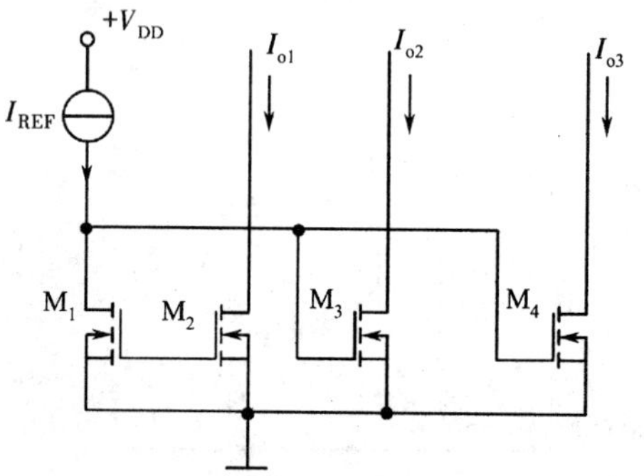

图 4-3-9　MOS 型多路输出电流源

由于电流源电路除具有输出电流稳定的特性外，还具有直流电阻小而动态电阻大的特点，因此，在模拟集成电路中广泛地把它用作负载。鉴于 BTJ 和 FET 是有源器件，故称为有源负载。该内容将在 4.4 节中结合具体电路讨论。

4.4　差动放大电路

差动放大电路是模拟集成电路的重要组成部分，也是直流放大器不可缺少的单元电路。

由于运算放大器采用直接耦合，各级的直流工作点必将相互影响，前一级的漂移（例如温度漂移）是后一级输入信号的一部分，致使在输入接地时，输出也随时间而变，出现零点漂移。把输出漂移折合到输入端所得的输入漂移是输入误差，它限定了直接耦合放大器的最小输入信号。因为在折合到输入端时，第一级的输出漂移要除以第一级的增益，第二级的输出漂移要除以第一级和第二级增益之积，依次类推。所以，要降低整个放大器的漂移，关键是降低第一级的漂移。降低零点漂移的方法很多，但常用的方法是采用差动放大电路（运算放大器输入级电路）。

4.4.1　几个基本概念

1. 电路功能

差动放大电路的功能是放大两输入信号之差，由于它具有两个输入端和两个输出端，使用起来更加灵活方便。图 4-4-1 为它的框图表示。

其中，v_{s1}、v_{s2}、v_{o1} 和 v_{o2} 都是对地的信号，电压传输特性表示为

$$v_o=v_{o1}-v_{o2}=A_{vd}(v_{s1}-v_{s2})=A_{vd}v_i \tag{4-4-1}$$

式中，A_{vd}是电压增益。

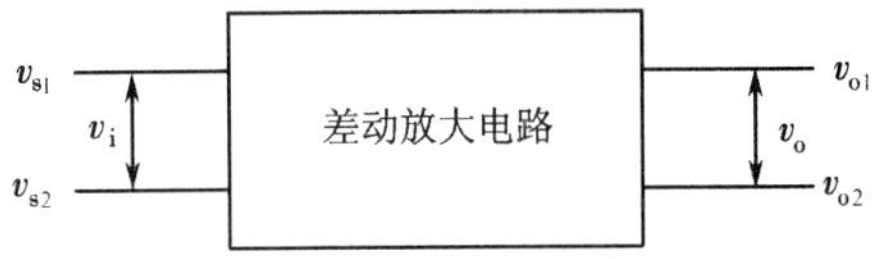

图 4-4-1　差动放大电路端口框图

2.信号的两种分量

差动放大电路就一般的输入信号电压而言，可被分解为两个独立的信号分量：一个是对放大电路的输入端提供电位差（称为差模信号，用 v_{sd}表示），而另一个是使两个输入端电位同时提高或降低（称为共模信号，用 v_{sc}表示）。

下面就 v_{s1}、v_{s2}为任意值的普遍情况，分别对差模信号 v_{sd}和共模信号 v_{sc}定义如下。

$$v_{sd} = v_{s1} - v_{s2} \tag{4-4-2}$$

$$v_{sc} = \frac{v_{s1} + v_{s2}}{2} \tag{4-4-3}$$

当用差模信号和共模信号表示两个输入信号时，有

$$v_{s1} = v_{sc} + \frac{1}{2} v_{sd} \tag{4-4-4}$$

$$v_{s2} = v_{sc} - \frac{1}{2} v_{sd} \tag{4-4-5}$$

例如，设 $v_{s1} = 1\,050$ mV，$v_{s2} = 950$ mV，则 $v_{sd} = 100$ mV，$v_{sc} = 1\,000$ mV。等效关系如图 4-4-2 所示。

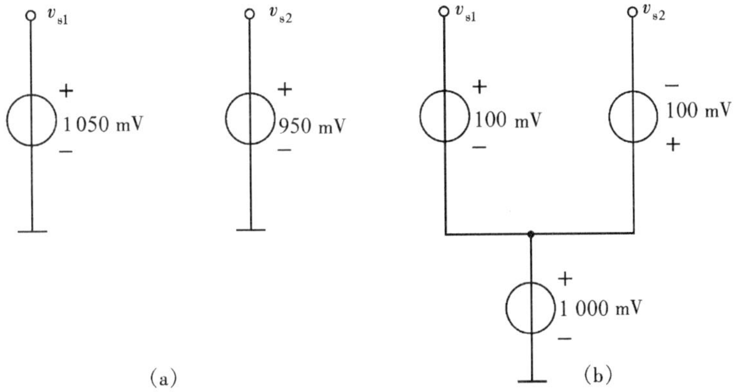

图 4-4-2　差模与共模信号

(a)原信号；(b)分解成差模与共模信号

与差模信号和共模信号相对应，差动放大电路的输出信号和电压增益也各有两个分量，可描述为

$$v_o = v_{od} + v_{oc} = A_{vd} v_{sd} + A_{vc} v_{sc} \tag{4-4-6}$$

其中，$A_{vd} = \dfrac{v_{od}}{v_{sd}}$为差模电压增益；$A_{vc} = \dfrac{v_{oc}}{v_{sc}}$为共模电压增益。

差模部分是有用的信号，共模部分是造成误差的信号（一般为干扰信号）。因此，从差动放大电路的功能出发，可以得出对差动放大电路的基本要求，即 A_{vd}要足够高，A_{vc}要尽量小。理想情况下，$A_{vd} \to \infty$，而 $A_{vc} \to 0$，可见式(4-4-1)是差动放大电路的理想描述，式(4-4-6)则是实际情况下的描述。

由以上讨论可知，差动放大电路与第 2 章所介绍的共射、共集、共基电路的主要区别在于被放大的信号不同。前面章节介绍的放大电路，v_i、v_o 都是对地的信号，一旦信号对地的

数值有变化,则输出随之改变。而差动放大电路,不关心某一信号对地是否有变化,而是关心两信号是否有差别,有差别,输出才会有变动。所谓“差动”之意正在于此。

4.4.2 基本差动放大电路

4.4.2.1 电路结构

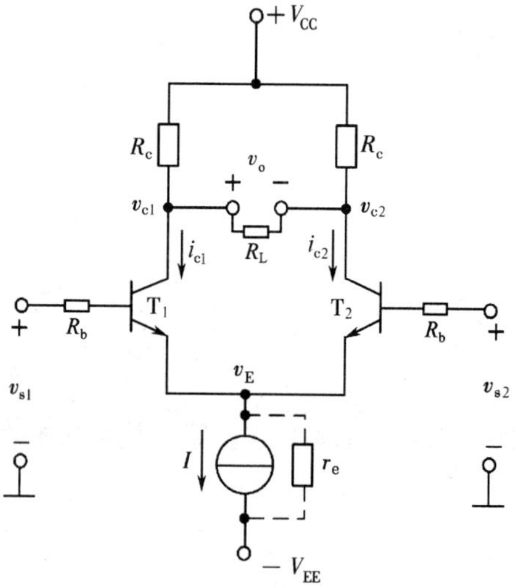

图 4-4-3 基本差动放大电路的简化表示

基本差动放大电路如图 4-4-3 所示。电路左、右两侧由特性相同的管子 T_1、T_2 组成对称电路,且电路参数也对称。就每侧而言是共射放大电路,两管的发射极接在一起,通过恒流源接到负电源($-V_{EE}$)。R_b 既可能是偏置电阻,也可能是信号源内阻,或是两者之和。

恒流源作用有两个:一是为 T_1、T_2 提供静态电流;二是提供交流大电阻,压低共模电压增益 A_{vc},抑制共模干扰;三是提供直流小电阻,降低其上直流压降,进而降低直流电源电压值。

在图 4-4-3 所示基本电路中,T_1、T_2 分别用一组对管或场效应管取代,R_c 用各种有源电阻取代,恒流源用上节讲的电流源等形式取代,就可以演变出各种形式的差动放大电路。

当信号从两个输入端给入时,叫双端输入;当一个输入端接地,从另一个输入端输入信号时,叫单端输入。当输出取自两个输出端之间(图 4-4-3 情况)时,叫双端输出;当输出只取自一个输出端与地之间时,叫单端输出。因此,差动放大电路有双端输入双端输出、单端输入双端输出、双端输入单端输出和单端输入单端输出四种应用方式。

4.4.2.2 静态分析

在静态,即 $v_{s1}=v_{s2}=0$ 时,恒流源的直流电阻对工作电流 I_{C1}、I_{C2}具有负反馈作用,能稳定静态电流 I_C。

对于差动放大电路,静态工作点的估算通常从两管射极电流之和(即恒流源静态电流)入手。因为电路左右完全对称,当 $v_{s1}=v_{s2}=0$ 时为了保证加到两发射结上的静态电压等于管子的导通电压,发射极静态电位 V_E 被箝位在 -0.7 V 左右。静态工作点为

$$I_{C1}=I_{C2}=I_C=\frac{I}{2}$$

$$V_{CE1}=V_{CE2}=V_{CC}-I_CR_C+0.7$$

显然,输入信号电压为零时,双端输出时的电压 $v_o=v_{c1}-v_{c2}$也为零。

4.4.2.3 动态分析

1.差模性能分析

图 4-4-3 所示电路,在差模输入信号作用下,即 $v_{s1}=-v_{s2}=\frac{v_{id}}{2}$,两管电流产生等值反相

的增量电流，即 $i_{b1}=-i_{b2}$，$i_{c1}=-i_{c2}$，$i_{e1}=-i_{e2}$，所以流过恒流源（r_e）的电流 I 不变，仍等于原静态电流，并不存在由差模输入信号产生的电流，$v_e=i_e r_e=0$，e 点为交流地，故得到图 4-4-3 的交流通路，如图 4-4-4 所示。可见，它由两个相同的共射放大电路组成。因此，只需对其中一个进行分析，便可得到差动放大电路的差模性能，并将这种简化分析法称为半电路分析法。

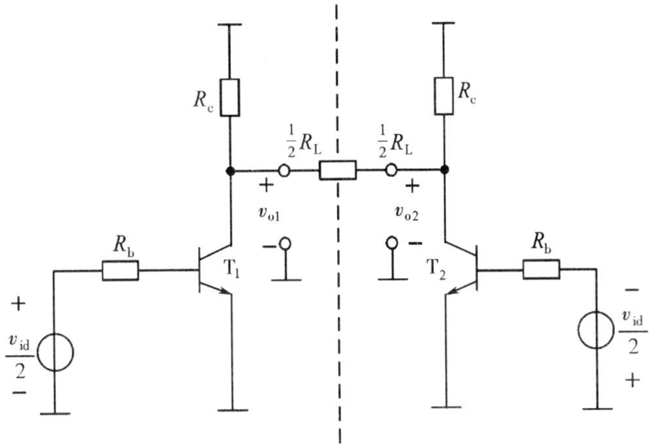

图 4-4-4 差模输入时，差动放大电路的交流通路

（1）差模输入电阻

差模输入电阻 R_{id} 定义为差模输入电压 v_{id} 与差模输入电流 i_{id} 之比，即从两输入端看进去的电阻。由图 4-4-4 可知，R_{id} 为两共射放大电路输入电阻之和，即

$$R_{id}=2(R_b+r_{be}) \tag{4-4-7}$$

（2）差模输出电阻

差模输出电阻 R_{od} 是从差动放大电路输出端看进去的动态电阻。

双端输出时，差模输出电阻即为两共射放大电路输出电阻之和，即

$$R_{od}=2R_o\approx 2R_c \tag{4-4-8}$$

单端输出时，任一端的差模输出电阻即为共射放大电路的输出电阻，即

$$R_{od1}=R_{od2}\approx R_c \tag{4-4-9}$$

（3）差模电压增益

差模电压增益是指差模输出电压与差模输入电压之比。

双端输出时，差模电压增益与单管共射电路的电压增益相同，即

$$A_{vd}=\frac{v_{od}}{v_{id}}=\frac{v_{o1}-v_{o2}}{v_{i1}-v_{i2}}=\frac{2v_{o1}}{2v_{i1}}=-\frac{\beta R_L'}{r_{be}+R_b} \tag{4-4-10}$$

其中 $R_L'=R_c /\!/ \frac{R_L}{2}$。这是因为在差模信号作用下，$v_{c1}$、$v_{c2}$ 作等值方向相反的变化，负载电阻 R_L 的中点电位不变，即被视为交流地电位，所以在差动输入的半边等效电路中，负载电阻是 $R_L/2$。

单端输出时，两输出端的差模电压分别为 $\frac{v_{od}}{2}$ 和 $-\frac{v_{od}}{2}$，这时的差模电压增益只有双端输出时的一半。因而，自 T_1 管的集电极输出时，差模电压增益

$$A_{vd1}=\frac{\frac{v_{od}}{2}}{v_{id}}\approx\frac{1}{2}A_{vd}=-\frac{1}{2}\frac{\beta R'_L}{r_{be}+R_b} \tag{4-4-11}$$

自 T_2 管的集电极输出时，差模电压增益

$$A_{vd2}=\frac{-\frac{v_{od}}{2}}{v_{id}}\approx-\frac{1}{2}A_{vd}=\frac{1}{2}\frac{\beta R'_L}{r_{be}+R_b} \tag{4-4-12}$$

可见，差动放大电路的两输出端对 v_{id} 而言，T_1 管的集电极为反相输出端，T_2 管的集电极为同相输出端。

特别需要注意的是，单端输出时，实际负载 R_L 是接在一个输出端与地之间的，所以式(4-4-11)和式(4-4-12)中的 $R'_L=R_c/\!/R_L$，这也是这两式中出现"≈"符号的原因所在。

以上分析完全适用于单端输入方式。

2.共模性能分析

在共模信号(即 $v_{s1}=v_{s2}=v_{ic}$)作用下，两管产生相同的增量电流(同增或同减)，于是 e 点不再为交流地，$v_e=i_e r_e=(i_{e1}+i_{e2})r_e$。从等效观点来看，对每管而言，相当于发射极接了 $2r_e$ 的电阻。

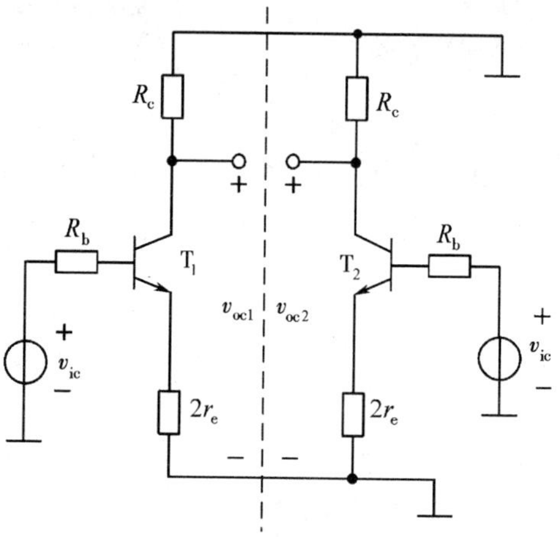

图 4-4-5　单纯共模输入时差动放大电路的交流通路

图 4-4-3 电路的共模交流通路如图 4-4-5 所示。按照半边等效电路分析法，可求出差动放大电路的共模性能指标。

(1)共模输入电阻

共模输入电阻 R_{ic} 为从任一输入端看进去的电阻，即共模输入电压 v_{ic} 与一个输入端的共模输入电流 i_{ic} 之比，即

$$R_{ic}=R_b+r_{be}+(1+\beta)2r_e \tag{4-4-13}$$

可见，R_{ic} 比 R_{id} 要大得多。

严格地讲，由于偏置电流源的动态电阻很大，在计算共模输入电阻 R_{ic} 时，集电结反偏电阻和 r_{ce} 均不可忽略。考虑一些充分近似条件后，有

$$R_{ic}\approx R_b+r_{be}+(1+\beta)\left[2r_e/\!/\frac{r_{ce}}{2}\right] \tag{4-4-14}$$

(2)共模电压增益

实际上，电路很难达到完全一致，但双端输出时，由于电路的对称性，其输出电压 $v_{oc1}=v_{oc2}$，所以共模电压增益

$$A_{vc}=\frac{v_{oc}}{v_{ic}}=\frac{v_{oc1}-v_{oc2}}{v_{ic}}=0 \tag{4-4-15}$$

注意式 4-4-15 是在电路完全对称的情况下得到的结论。实际上即使电路存在很小的不对称，这种电路抑制共模信号的能力也很强。

单端输出时，共模电压增益是任一单端输出电压 v_{oc1} 或 v_{oc2} 与共模信号 v_{ic} 之比，即

$$A_{vc1}=\frac{v_{oc1}}{v_{ic}}=\frac{v_{oc2}}{v_{ic}}=\frac{-\beta R'_L}{R_b+r_{be}+(1+\beta)2r_e} \tag{4-4-16}$$

其中，$R'_L = R_c // R_L$。通常，$(1+\beta)2r_e \gg (R_b + r_{be})$，$\beta \gg 1$，故

$$A_{vc1} \approx -\frac{R'_L}{2r_e} \tag{4-4-17}$$

由以上分析看出，动态电阻 r_e 对共模信号具有很强的抑制能力（有负反馈作用，该内容在第5章介绍），对差模信号不起作用。r_e 越大，恒流源越接近理想情况，共模电压增益越小，对共模干扰的抑制能力也就越强。

(3)共模抑制比

为了衡量差动放大电路的优劣，引出共模抑制比 K_{CMRR} 这个参数。其定义为差模电压增益与共模电压增益之比的绝对值。

单端输出时，有

$$K_{CMRR} = \left|\frac{A_{vd1}}{A_{vc1}}\right| \approx \frac{\beta r_e}{r_{be}} \tag{4-4-18}$$

双端输出时，由于共模增益 $A_{vc} \approx 0$，其共模抑制比 K_{CMRR} 将是一个很大的数值，理想情况下为无穷大。

对于差动放大电路，总是希望它的差模放大能力越大越好，共模抑制能力越强越好。K_{CMRR} 同时反映了差模电压增益和共模电压增益，所以它是衡量差动放大电路性能的综合指标。工程上，K_{CMRR} 一般用分贝数表示，即

$$K_{CMRR}(\text{dB}) = 20\lg K_{CMRR} \tag{4-4-19}$$

4.4.3　FET 差动放大电路

通过上节分析可知，由 BJT 组成的差动式放大电路的差模输入电阻较低，因此，在高输入阻抗模拟集成电路中，常采用 FET 差动放大电路。如图 4-4-6 所示。若由它构成运算放大器的差动输入级，可提供极小偏置电流和很高输入阻抗。

类似上节分析可知，差模电压增益

$$A_{vd} = \frac{v_{od}}{v_{id}} = -g_m\left(R_d // \frac{R_L}{2}\right) \tag{4-4-20}$$

式中，g_m 为 T_1、T_2 的跨导。双端输出时的差模电压增益等于单管共源电路的电压增益；单端输出时，增益近似为双端输出时的一半，交流等效负载为 $R_d // R_L$。

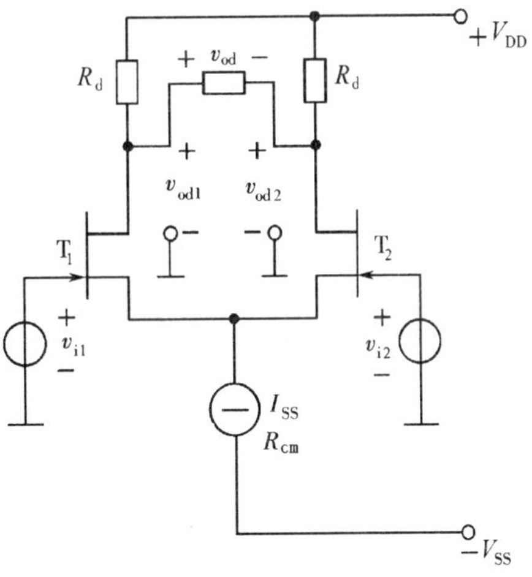

图 4-4-6　JFET 基本差动放大电路

FET 差动放大电路的电路结构、性能特点及分析方法与 BTJ 差动放大电路基本相同，这里不再仔细讨论。由 JFET 构成的差动放大电路的输入电阻可达 10^{12} Ω，输入偏置电流约为 100 pA 数量级；而 MOSFET 差动放大电路的输入阻抗则可高达 10^{15} Ω，而输入偏置电流在 10 pA 以下。

*4.4.4　基本差动放大电路大信号传输特性

4.4.2 和 4.4.3 两节讨论的是差动放大电路的小信号特性。下面讨论差动放大电路的

输出电流(或电压)随输入信号在大范围内变化的规律。仍以图 4-4-3 所示电路为例,并设 $R_b=0$,以简化分析过程。

大信号作用时,须利用基本关系式 $i'_E = I_s(e^{\frac{v_{BE}}{V_T}}-1)\approx I_s e^{\frac{v_{BE}}{V_T}}$,即

$$i_{E1}=I_s e^{\frac{v_{BE1}}{V_T}} \tag{4-4-21}$$

$$i_{E2}=I_s e^{\frac{v_{BE2}}{V_T}} \tag{4-4-22}$$

公共射极电流

$$i_E=i_{E1}+i_{E2}=I_s e^{\frac{v_{BE2}}{V_T}}(1+e^{\frac{v_{BE1}-v_{BE2}}{V_T}}) \tag{4-4-23}$$

将差模电压 $v_{id}=v_{BE1}-v_{BE2}$ 代入上式并整理得到

$$i_{C1}=\alpha i_{E1}=\frac{\alpha I}{1+e^{-\frac{v_{id}}{V_T}}}\approx\frac{I}{1+e^{-\frac{v_{id}}{V_T}}} \tag{4-4-24}$$

$$i_{C2}=\alpha i_{E2}=\frac{\alpha I}{1+e^{\frac{v_{od}}{V_T}}}\approx\frac{I}{1+e^{\frac{v_{od}}{V_T}}} \tag{4-4-25}$$

由式(4-4-24)和式(4-4-25)可画出大信号差模传输特性,如图 4-4-7 中实线所示。由传输特性可看出:

①当 $v_{i1}=v_{i2}=0$ 时(静态),$i_{C1}=i_{C2}=I_{C1}=I_{C2}\approx\frac{I}{2}$,即曲线的 Q 点。

②线性差模输入动态范围为 $-V_T\sim+V_T$(52 mV)。本章所讨论的放大电路工作状态即局限于这个线性范围。需要注意,严格地讲,只有在 Q 点附近的一小段区间内,传输特性才可近似视为直线。

③曲线斜率(传输跨导)$g_m=\frac{di_C}{dv_{id}}$ 在 Q 点处最大,为差动放大电路的小信号跨导,即单端输出时,有

$$g_{mA\,max}=\frac{\alpha I}{4V_T}\approx\frac{I}{4V_T} \tag{4-4-26}$$

双端输出时,有

$$g_{mB\,max}=\frac{I}{2V_T} \tag{4-4-27}$$

④曲线 $i_{C1}=f(v_{id})$ 和 $i_{C2}=f(v_{id})$ 以纵轴对称,在任何时刻,i_{C1} 与 i_{C2} 之和恒等于 αI。

⑤当 v_{id} 为大信号,即 $v_{id}\geq 4V_T\approx\pm 100$ mV 以后,曲线趋于平坦,差动放大电路呈现良好限幅特性。此特性在非线性电子电路中获得了广泛应用。

⑥为扩大传输特性的线性工作范围,可在两管发射极上分别串接电阻 $R_{e1}=R_{e2}=R_e$ 来改善。接入 R_e 后,差动放大电路的传输特性曲线如图 4-4-7 中虚线所示。

4.5 集成运算放大器举例

集成运算放大器(以下简称运放)有着极为广泛的应用。依不同使用场合的要求可分为通用型和特殊型两类。

通用型运放的各项性能指标均较好,且价格较为低廉。

特殊型运放是指在某一项(或几项)性能指标方面有所侧重,适用于对这些特殊性能有

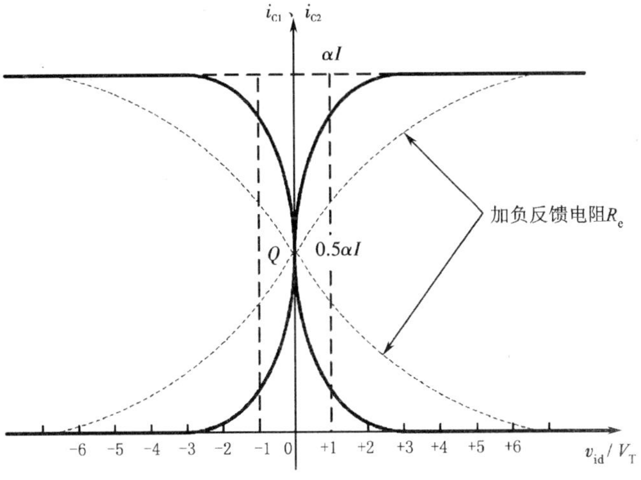

(a)

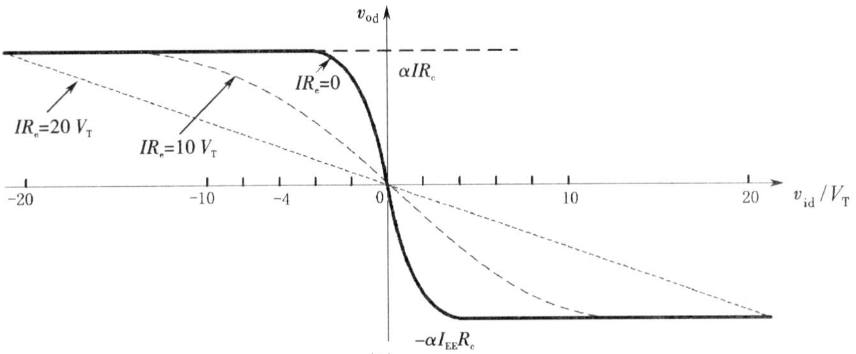

(b)

图 4-4-7　大信号传输特性曲线

(a) $i_{C1,2}=f\left(\frac{v_{id}}{V_T}\right)$；(b) $v_{od}=f\left(\frac{v_{id}}{V_T}\right)$

特殊要求的场合。例如，高速型、高阻型、高压型、高精度低漂移型、低功耗型等等。

4.5.1　通用型集成运算放大器

图 4-5-1 所示为通用型运放 741 型(国内外型号为 CF741、μA741、CA741、LM741 等)的原理电路。它全部采用 BJT，其中 NPN 型管为纵向结构，β 较大(约为 150)；PNP 型管为横向结构，β 很小(约 2～4)，并在电路中采用了众多的电流源作为偏置电流源和有源负载。

1. 偏置电路

偏置电路由 T_8 和 T_9、T_{10}和 T_{11}、T_{12}和 T_{13}构成的电流源电路构成。通过 T_{12}、R_5、T_{11}与正、负电源一起提供一个公共的基准电流 I_{REF}。T_{11}和 T_{10}组成微电流源($I_{REF}\approx I_{C11}$)，经 I_{C10}为输入级中的 T_3、T_4 提供偏置电流。

若取 $V_{CC}=V_{EE}=15$ V，$|V_{BE}|=0.7$ V，忽略基极电流，则由图可得基准电流

$$I_{REF}=\frac{V_{CC}+V_{EE}-V_{BE12}-V_{BE11}}{R_5}$$

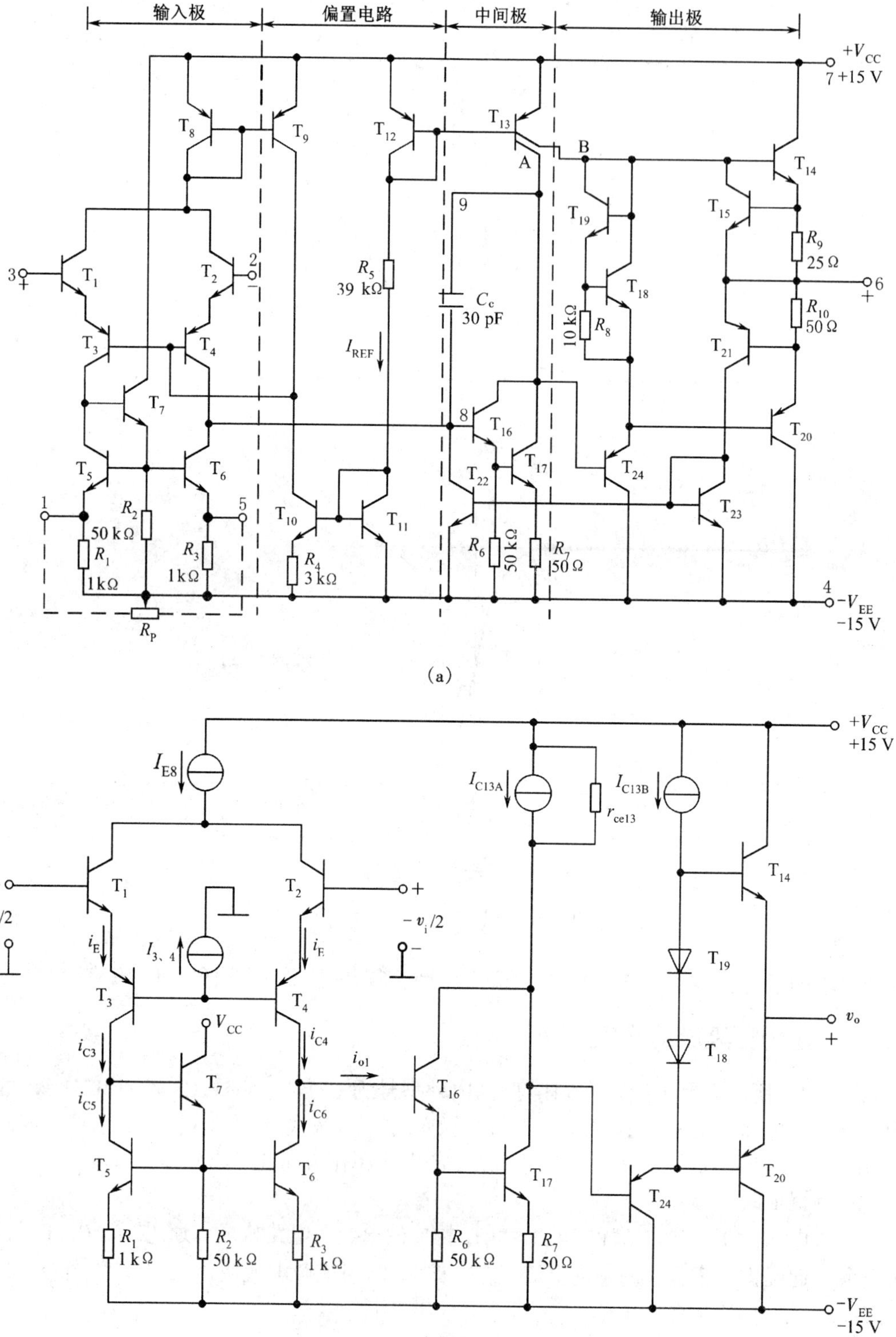

图 4-5-1 741 型运算放大器

(a)原理电路;(b)简化电路

T_8 和 T_9 组成镜像电流源，提供输入级 T_1、T_2 的工作电流（$I_{E8} \approx I_{C10}$），I_{E9} 为 I_{E8} 的基准电流。于是

$$I_{C1} = I_{C2} = \left(1 + \frac{2}{\beta}\right)\frac{I_{C8}}{2}$$

$$I_{C1} \approx I_{C3} = I_{C4} \approx I_{C5} = I_{C6}$$

并且，利用这些相互关联的恒流偏置系统，使电路具有稳定的静态电流。

例如，当温度升高，引起 I_{C3}、I_{C4} 的增加，则产生如下的自动调整过程：

$$T(℃)\uparrow \longrightarrow (I_{C3} + I_{C4})\uparrow \longrightarrow I_{E8}\uparrow \longrightarrow I_{E9}\uparrow \longrightarrow I_{C9}\uparrow \longrightarrow (I_{B3} + I_{B4})\downarrow$$

$$(I_{C3} + I_{C4})\downarrow \longleftarrow \text{由于 } I_{C9} + I_{B3} + I_{B4} = I_{C10} \approx \text{常数}$$

可见，由于 I_{C10} 恒定，上述一系列连锁反应保证了 I_{C3} 和 I_{C4} 十分稳定，从而起到了稳定工作点的作用。

T_{12} 和 T_{13} 构成双端输出的镜像电流源，T_{13} 是一个双集电极（C_{13A}、C_{13B}）管，可视为两个 BJT，它们的两个基—集结彼此并联。其中 $I_{C13B} = I_{C16} + I_{C17}$，作中间放大级的有源负载；$I_{C13B}$ 为输出级提供偏置电流，使 T_{14}、T_{20} 工作在甲乙类放大状态。

2. 输入级

输入级由 $T_1 \sim T_8$ 组成，其中 T_1、T_3 和 T_2、T_4 组成共集—共基复合型差动电路，$T_5 \sim T_7$ 组成的电流源作为 T_3、T_4 的集电极负载，信号经 T_4 的集电极输出，输入级负载为中间放大级的输入电阻。不难分析，这样的电路结构对提高共模抑制比十分有利。当有共模信号出现时，T_1、T_2 和 T_3、T_4 中的电流变化基本对称，$i_{c1} = i_{c2}$，$i_{c3} = i_{c4}$，由电流源特性有 $i_{c3} \approx i_{c5} \approx i_{c6}$，于是输入级共模输出电流 $i_{o1} = i_{c4} - i_{c6} \approx 0$，从而使共模抑制能力大为提高。

3. 中间级

由 T_{16}、T_{17} 和 T_{13A} 组成运放中间放大级。其中 T_{16} 为共集电路组态，利用它进行阻抗变换，以提高本级输入阻抗，进而提高输入级的电压增益；T_{17} 为共射组态，T_{13A} 为它的集电极负载，其交流电阻很大，所以本级的电压增益很高。

4. 输出级

输出级是以 T_{14}、T_{20} 为核心构成的互补对称输出电路，其驱动信号来自 T_{24} 构成的射极输出器的输出，其中电流源管 T_{13B} 构成有源负载（代替无源电阻 R_e）。T_{18}、T_{19}、R_8 构成偏置电路，使 T_{14}、T_{20} 工作于甲乙类状态。

5. 保护电路

保护电路的功能是在负载电阻过小或输出短路时，将输出电流限定于某一值，以免造成输出晶体管的损坏。

T_{15} 和 R_9 负责正向保护，即当正向输出电流过大，在 R_9 上的压降增大到足以使 T_{15} 导通时，I_{C14} 的基极电流被 T_{15} 分流，从而限制了 T_{14} 的输出电流。T_{21}、T_{23}、T_{22} 和 R_{10} 负责负向保护，当负向电流过大时，T_{21} 导通，并启动 T_{22}、T_{23} 电流源工作，对 T_{16} 的基极电流进行分流，抑制 T_{16} 的发射极电位继续升高和 T_{18} 基极电位继续下降，从而限制了 T_{20} 的输出电流，达到保护的目的。电路中的 C_c 为相位补偿电容，防止 741 自激振荡。

741 的主要参数见表 4-5-1 所示。

表 4-5-1　典型集成运放参数表

参数名称 （符号）	单位	型号													
		741C	OP-27	OP-07A	LF356	LFT356	μA253	μA715	LH0032	HA2645	LH0021	ICL7650	LM146	CA3080	AD522
总电源电压 （V_{CC}或 V_{EE}）	min V max V	10 36	8 44	6 44	 ±15	10 44	±3 ±18	 ±15	10 36	20 80	 +12　−10	±3 ±18	 ±15	 ±15	±10 ±36
电源电流（I_{OC}）	mA	2.8		4		7			22	4.5					
最大输出 电压（V_{omax}）	V		±3～±40		±13		±13.5	±13			±12 V I_o<1.2 A				
最大差模输入 电压（V_{idmax}）	V	±30		30	±30	30	±30			37					
最大共模输入 电压（V_{icmax}）	V	±12			+15、−12		±15	±12							
最大输出电流 （I_{omax}）	mA														
输入电阻（r_{id}）	kΩ	1 000			109		6×103	103			103	108	103	26	109
输出电阻（r_o）	Ω	200						75						15×106	70～100
开环差模电压 增益（A_{vo}）	min dB Typ dB	86 106	110 120	110 114	 106	50 200	90 110	 90	1 2.5	100 200	 106	120 143	 120	g_m = 9 600 μs	0～60
共模抑制比 （K_{CMRR}）	min dB Typ dB	≥70 90	 <126	110 126	 100	95 	 100	 ≤92	50 60	74 10	 90	 120	 100	 110	
电源电压抑制 比（K_{SVR}）	min dB Typ dB	76 90		100 110			1～8		50 60	74 90					

4.5.2 超高精度型集成运算放大器

超高精度型集成运放有 OP-177A/E，OPA177E、OP-77A/E、OPA77E，OP-50、AD707（单）、AD708（双）和 LH0044 等。其中 OP-177 和 OPA177 是 1992 年问世的。它们被广泛应用于精密仪器仪表、精密数据采集系统等高技术领域，它们的主要技术参数详见表 4-6-2。

图 4-5-2 所示为 OP-177 的简化原理电路。由图可知，它由第一差动输入级、第二差动放大级、第三共射放大级、互补输出级、偏置电路、保护电路、相位补偿网络等部分组成。

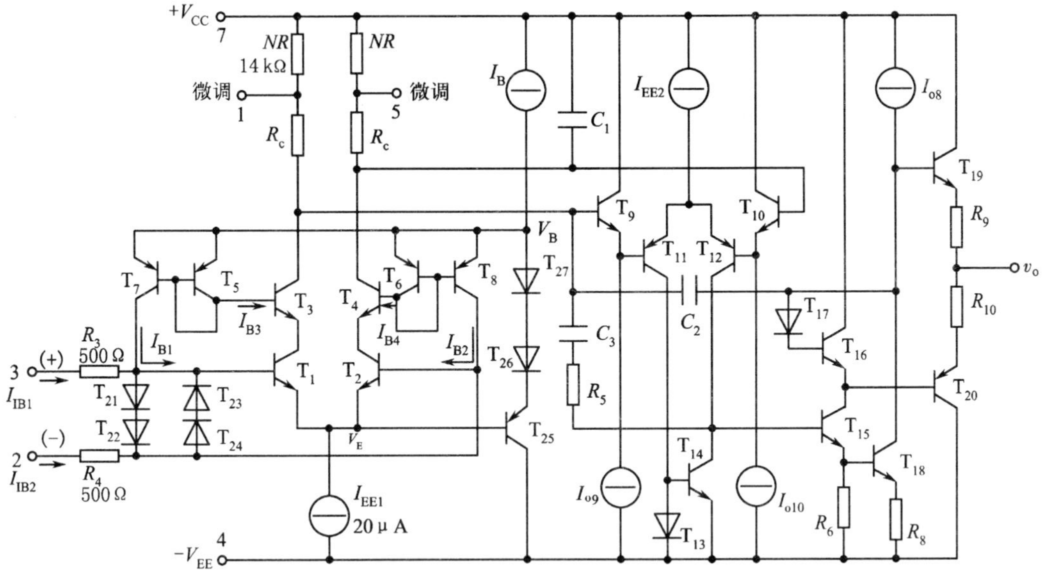

图 4-5-2　OP-177 简化原理电路

第一差动输入级由 $T_1 \sim T_4$ 及 $T_5 \sim T_8$、$T_{25} \sim T_{27}$ 和电流源 I_{EE1}、I_B 构成。其中 $T_1 \sim T_4$ 构成共射—共基串接差动放大电路，内设动态调零集电极负载网络和外调零低漂移网络。$T_1 \sim T_4$ 为次超 β 管，在 $I_C = 10\ \mu A$ 时，具有 $\beta \approx 550$，$V_{(BR)CEO} = 40$ V 的超级匹配对管。$T_5 \sim T_8$ 构成偏流抵消电路，因为 $I_{B1} = I_{B2}$，$I_{B3} = I_{B4}$，PNP 管（$\beta_p = 50 \sim 80$）电流源电流将同步跟踪 $T_1 \sim T_4$ 所需基极电流，即 $T_1 \sim T_4$ 所需基极电流无需外电路提供，$I_{IB1} \approx I_{IB2} \approx 0$，称之为被“抵消”。由于输入偏置电流 I_{IB} 几乎为零，因此输入失调电流 I_{IO} 很小。$T_{25} \sim T_{27}$ 和电流源 I_B 构成偏置和共模自举电路，使 $V_B - V_E = 3V_{BE}$，确保 T_1 和 T_2 的 $V_{CB1、2} \approx 0$ V，以消除基区宽度调制效应的影响和消除漏电流，进一步减小失调电压 V_{IO}。$T_{21} \sim T_{24}$ 和 R_3、R_4 是输入级过压保护电路。

第二差动放大级由 $T_9 \sim T_{14}$ 和电流源 I_{o9}、I_{o10}、I_{EE2} 构成。其中 T_9、T_{10} 及电流源负载构成差动射极输出隔离级，T_{11}、T_{12} 横向 PNP 对管（$\beta_p \approx 80$）与其有源负载 T_{13}、T_{14} 构成第二差动输入级，并完成电平移动及单端—双端输出转换电路。

第三共射放大级由 $T_{15} \sim T_{18}$ 构成。其中 T_{15} 构成第二级和第三级之间的缓冲器，T_{16} 是 T_{15} 的有源负载。T_{15} 集电极输出信号直接驱动输出管 T_{20}，而射极输出信号送到 T_{18} 输入端。T_{18} 与电流源 I_{o8} 构成有源负载共射电路，其输出信号用于驱动输出管 T_{19}。同时，T_{16} 串入 T_{15} 集电极，而 T_{17} 串入 T_{16} 基极回路，它们又构成对 T_{15} 的保护电路。T_{17}、T_{16} 为互补输出管 T_{19}、T_{20} 提供静态偏置,以消除交越失真。

输出级为由 T_{19}、T_{20} 构成的互补输出电路。

相位补偿网络有三个:C_1 构成主极点补偿;C_2 构成跨于第三级输出与第二级输入端之间(反相)的密勒补偿;C_3、R_5 构成第二级输出与输入端(同相)之间的前馈补偿。

AD707 和 OP-177 的电路结构基本相同。它们是当代最高精度的电压模式单片双极型集成运放之一,也是增益线性度最高的运放之一,其主要参数参见表 4-5-2。

表 4-5-2 超高精度集成运放主要参数表

型号		OP-177A/E OPA177E	AD707C/T	OP-50A/E	OP-77A/E OPA77E	LH0044
输入失调电压(V_{IO})	μV	4	5	10	10	8
V_{IO}的温漂(αV_{IO})	/℃	0.03	0.03	0.15	0.1	0.1
V_{IO}的时漂$\left(\frac{\partial V_{IO}}{\partial t}\right)$	μV/月	0.2	0.2		0.2	0.2
输入失调电流(I_{IO})	nA	0.3	0.1	±0.1	0.3	1.0
I_{IO}的温漂(αI_{IO})	pA/℃	1.5	1	3	1.5	5
开环差模电压增益(A_{vd})	dB	142	142			
共模抑制比(K_{CMRR})	dB	140	140			
电源电压抑制比(K_{SVR})	dB	125	130			
等效输入噪声电压密度(e_n)	nV/$\sqrt{Hz}$		10.3 10.0 9.6	5.5 4.5	8.5 7.5 7.5	
等效输入噪声电压($e_{np\text{-}p}$)	nV	85 nV (1~100 Hz)	350	120	350	350
等效输入噪声电流密度(i_n)	pA/$\sqrt{Hz}$		0.32 0.14 0.12	 0.3 0.23	0.73 0.26 0.22	
等效输入噪声电流($i_{np\text{-}p}$)	pA	4.5 nA (1~100 Hz)	14	2	35	
差模输入电阻(R_{id})	MΩ	45	200	2	45	10
共模输入电阻(R_{ic})	GΩ	200	400	20	200	200
输入偏流(I_{IB})	nA	0.5	0.5	±1	1.2	8.5
共模输入电压(V_{icm})	V	±13	±13	±13	±13	±13.8
输出峰—峰电压($V_{op\text{-}p}$)	V	±13	±13	±13.4	±13	±13
最大输出电流(I_{om})	mA	±10	±10	−85~+95	±10	
静态电流(I_{oc})	mA	1.6	2.5	2.8	1.6	0.9
电源电压范围(V_{CC})	V	±3~±22	±3~±22	±5~±18	±3~±22	±2~±20
单位增益带宽(BW_G)	MHz	0.6	0.9	$BW_G=25(A_{vf}=50)$	0.6	0.4
转换速率(S_R)	V/μs	0.3	0.3	3.0	0.3	0.06

4.6　集成运算放大器的宏模型

4.6.1　集成运算放大器的封装与符号

集成运放是一种集器件与电路于一体的组件，其集成芯片的封装方式通常有金属圆壳式、双列直插式和扁平式三种，外形如图 4-6-1 所示。从成本来说，塑料外壳双列直插式最便宜，陶瓷外壳双列直插式和扁平式最贵；从可靠性来说，陶瓷双列直插式和扁平式最好，塑料双列直插式最差；从体积上来说，扁平式最小。

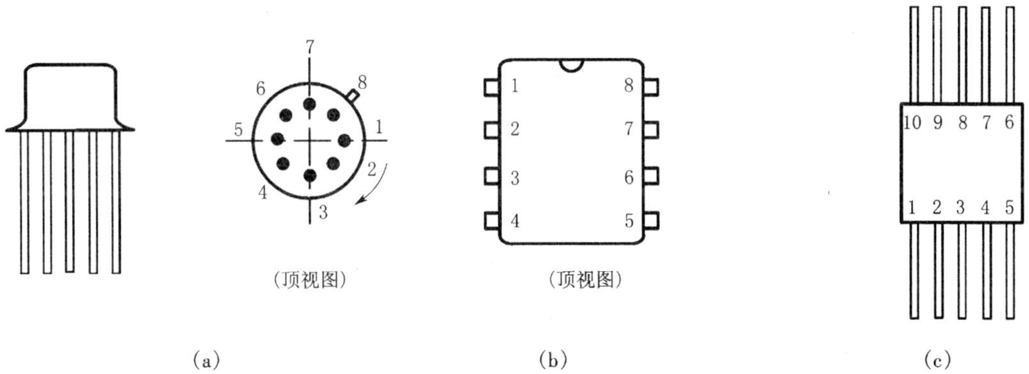

图 4-6-1　集成运放的封装形式

（a）金属圆壳式；（b）双列直插式；（c）扁平式

集成运放的电路符号如图 4-6-2 所示，图 4-6-2（a）为我国国家标准符号，图 4-6-2（b）为简化符号；图 4-6-2（c）为惯用符号，至今仍被国内外许多教材、文献所采用，本书仍将使用此符号。

集成运放有两个输入端子，分别称为反相输入端（图 4-6-2 中以“－”作为标志）和同相输入端（图 4-6-2 中以“＋”作为标志）。当信号从“－”端输入时，v_o 与 v_N 反相；当信号从“＋”端输入时，v_o 与 v_P 同相。除输入及输出端子外，集成运放还有正、负电源端子，调零端子等其他端子，是一种多引脚（端子）的器件，但在简化符号中略去。

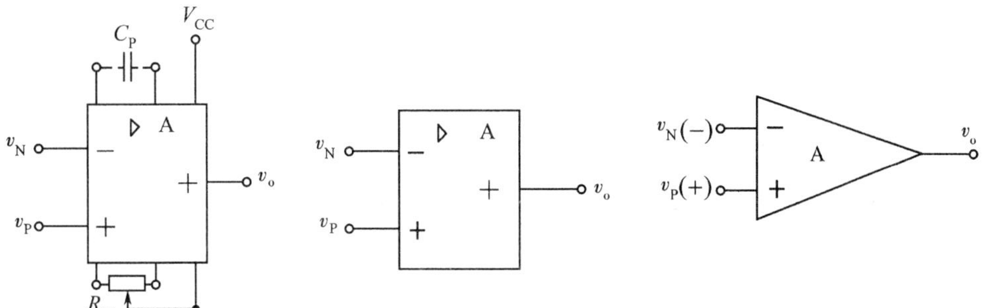

图 4-6-2　集成运放的电路符号

（a）国标符号；（b）简化符号；（c）习惯画法

4.6.2 集成运算放大器的电压传输特性和主要参数

1. 集成运放的电压传输特性

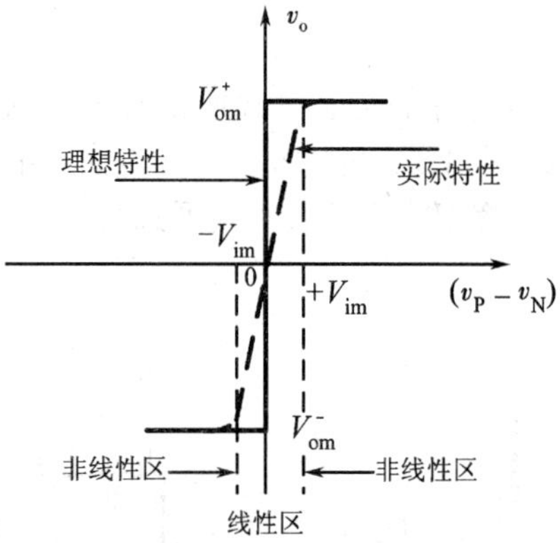

图 4-6-3 集成运放的电压传输特性

集成运放的电压传输特性如图 4-6-3 虚线所示，它反映了在直流或低频条件下运放的输入、输出关系。由电压传输特性可以看出，当差模输入电压 $v_{id} = v_P - v_N$ 在 $-V_{im} \sim +V_{im}$ 范围内变化时，输出电压与输入电压近似呈线性关系，集成运放工作在线性状态。超出这个范围，集成运放工作于非线性状态（也称饱和状态），其输出电压 v_o 只有两种可能，即

$$v_o = \begin{cases} V_{om}^{+} & (v_P > v_N) \\ V_{om}^{-} & (v_P < v_N) \end{cases} \tag{4-6-1}$$

V_{om}^{+}和 V_{om}^{-}分别称为正饱和值和负饱和值，并且它们的大小与电源电压 $+V_{CC}$和 $-V_{EE}$有关。

2. 集成运放的主要参数

集成运放参数可分为性能参数和极限参数两类。极限参数是生产厂家规定的最大允许使用条件，若超过它，轻则使器件性能变差，重则烧毁器件。性能参数是在典型工作条件下器件的各种电气性能。下面对其中部分参数予以介绍。

（1）最大差模输入电压 V_{idmax}

V_{idmax}是指运放两输入端所允许加的最大差模电压值，超过该值，运放输入级差分对管将被反向击穿，使运放的性能变差，甚至损坏。

（2）最大共模输入电压 V_{icmax}

V_{icmax}是指运放所能承受的最大共模电压，若超过该值，共模抑制能力明显下降。通常定义为，在标准电源电压条件下，将运放接成电压跟随器，使其输出电压产生 1% 跟随误差的输入电压值，即为 V_{icmax}。

（3）输入失调电压 V_{IO}。

理想的集成运放，当输入电压为零时，输出电压也应为零。但实际上，这种情况是不存在的。为使集成运放的输出直流电压为零，两输入端之间加的补偿电压称为输入失调电压 V_{IO}。V_{IO}的大小反应了差动输入级的对称程度和各级电位配合情况。一般其量级在 1 μV ~ 20 mV 之间，超低失调、低温漂运放的 V_{IO}在 1 ~ 20 μV 之间，而有的 MOSFET 输入级运放的 V_{IO}可大至 10 ~ 20 mV。

（4）输入失调电压温漂 αV_{IO}

输入失调电压的大小随温度变化的现象称为温漂。输入失调电压温漂 αV_{IO}的定义是指在规定温度范围内，V_{IO}的变化与相应的温度变化的比值，它也是衡量电路温漂的重要指标，一般约为 ±(10 ~ 20) μV/℃。

（5）输入失调电流 I_{IO}和输入偏置电流 I_{IB}

实际运放两个输入端的静态直流输入电流不可能相等，定义两输入端电流（I_{BN}、I_{BP}）之差为输入失调电流 I_{IO}；I_{BN}、I_{BP}的平均值为输入偏置电流 I_{IB}，即

$$I_{IO} = I_{BN} - I_{BP} \tag{4-6-2}$$

$$I_{IB} = \frac{I_{BN} + I_{BP}}{2} \tag{4-6-3}$$

(6)输入失调电流温漂 αI_{IO}

αI_{IO}的定义类似于输入失调电压温漂，αI_{IO}的量级一般为几个 pA/℃。I_{IO}的量级一般为 1 nA ~ 0.1 μA。

(7)开环差模电压增益 A_{vd}

A_{vd}(也表示为 A_{vo})是指运放工作在线性区时，其输出电压变化与输入电压变化之比，不同功能的运放其值相差悬殊，一般 A_{vo}在 60 ~ 180 dB 之间。

(8)开环带宽和单位增益带宽 BW_G

开环带宽 BW 又称为 – 3 dB 带宽，是指在正弦小信号激励下，运放开环电压增益随频率升高从直流增益下降 3 dB 所对应的信号频率；而增益下降至 1，即 0 dB 时的频率定义为单位增益带宽 BW_G。

(9)转换速率 S_R(也称压摆率)

转换速率 S_R 定义为运放在额定负载及输入阶跃大信号时运放输出电压的最大变化率，即 $S_R = \left.\frac{dv_o(t)}{dt}\right|_{max}$，如图 4-6-4 所示。转换速率 S_R 反映了运放对快速输入信号的瞬态响应。

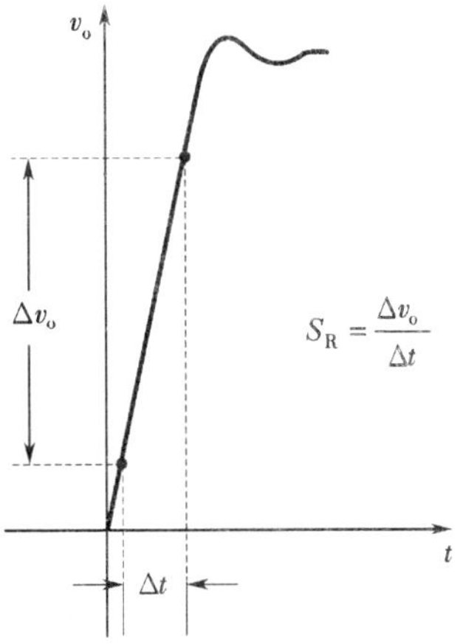

图 4-6-4　S_R 的定义

除上述参数外，还有差模输入电阻 R_{id}、共模输入电阻 R_{ic}、输出电阻 R_o、共模抑制比 K_{CMRR}、电源参数、功耗等，这些参数的含义在前面已经介绍过，这里不再赘述。几种运放的典型参数值可以参见表 4-5-1 和表 4-5-2。

需注意，表 4-5-1 和表 4-5-2 中的参数，在不同测试条件和不同温度下，其值会有差异，使用时必须注意。有关各项参数更详细的内容，可查阅集成运放手册。

4.6.3　集成运算放大器的宏模型

1.理想集成运放的基本特性

理想集成运放就是把运放各项参数都向优化的方向推向极限，即认为

差模开环电压增益 $A_{vd} \to \infty$；

差模输入电阻 $R_{id} \to \infty$；

共模输入电阻 $R_{ic} \to \infty$；

输出电阻 $R_o \to 0$；

输入偏置电流 $I_{IB} \to 0$；

输入失调电压 $V_{IO} \to 0$；

共模抑制比 $K_{CMRR} \to \infty$；

单位增益带宽 $BW_G \to \infty$；

转换速率 $S_R \to \infty$。

理想运放的电压传输特性如图 4-6-3 中实线所示。当理想运放工作在线性状态时，具有

如下两个基本特征。

①因为 $R_{id}\to\infty$，I_{BN}、I_{BP}、$\alpha I_{IO}\to 0$，所以运放两输入端的电流近似为零，即

$$i_N = i_P = 0 \tag{4-6-4}$$

并把它称为运放的“虚断”特性。

②因为 $A_{vd}\to\infty$，而运放的输出电压 V_o 为一个有限值（$V_{om}^- < V_o < V_{om}^+$），所以 $|v_{id}| = |v_P - v_N| = \frac{|v_o|}{A_{vd}} \approx 0$，即运放的两个输入端的电位近似相等，即

$$v_N = v_P \tag{4-6-5}$$

并称之为运放的“虚短”特性。

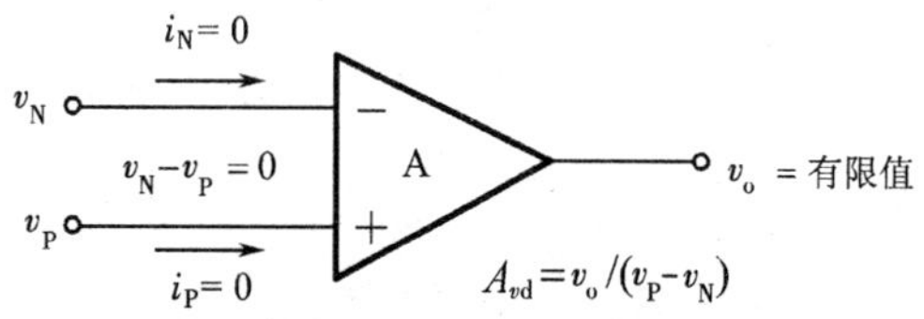

图 4-6-5　理想运放的基本特性

“虚短”和“虚断”是理想运放线性工作状态的两个重要特性，并用图 4-6-5 表示。根据这两个特性，对运放应用电路进行分析，将会非常简捷。

值得一提的是，实际的集成运放不可能达到上述理想条件，因此在分析估算集成运放应用电路时，将实际运放视为理想运放时，必然会产生一些误差，由于这种误差比较小，通常在工程上是允许的。

2. 非理想集成运放的宏模型

任何实际集成运放都是非理想的，实际工作情况必然与理想化分析的结论存在一定程度的误差。在需要进行较为严密的分析时，必须按照实际的应用场合和所选运放的性能状况考虑一些客观存在的若干重要误差因素，建立一些简化的模型，这些模型只从宏观上与运放的某些性能等效，故称之为“宏模型”。例如，在图 4-6-6 所示的等效模型中，主要考虑实际集成运放有限的 A_{vd}、K_{CMRR}、R_{id}、f_{-3dB} 及非零的 V_{IO}、I_{IB}、I_{IO} 等误差因素的影响。其中 R_{id} 是差模输入电阻，C_{id} 是两个输入端之间的电容，R_{ic} 是共模输入电阻，C_{ic} 是两输入端对地的电容，R_o 是输出电阻，A_{vd} 是差模电压增益，I_{BP}、I_{BN} 是输入电流，它们的差是输入失调电流，平均值是输入偏置电流，V_{IO} 是输入失调电压，$\frac{v_{ic}}{K_{CMRR}}$ 是共模抑制比引入的误差。图中 V_{IO} 的极性及 I_{B1}、I_{B2} 的方向是任意假定的。该模型表明，实际运放在开环时的误差来源，这时分析闭环运用时的误差非常有用。

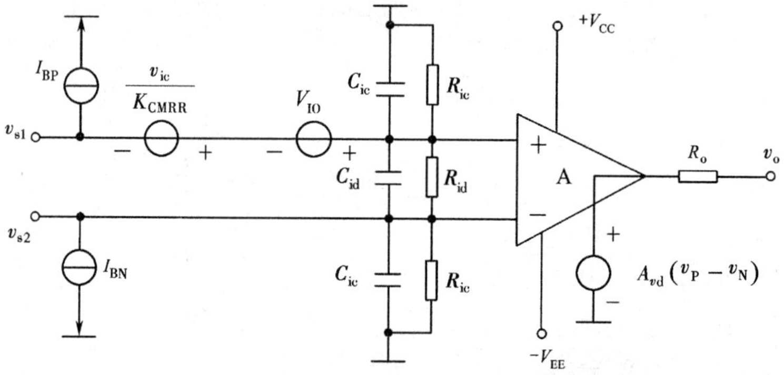

图 4-6-6　集成运放的宏模型

需要注意的是，当电源电压出现波动时，实际运放的输出将随之而变，折合到输入端，也是一个误差信号。

4.7 集成运算放大器的选用原则及使用中应注意的问题

4.7.1 器件的选用

集成运放品种繁多，性能不一。在选用器件时，应根据系统对电路的功能和性能要求来确定集成运放的种类。除有特殊要求需选用专用的集成运放外，一般应选用售价较低，性能稳定，又容易购买到的通用型集成运放，不宜盲目追求指标先进。事实上，一个尽善尽美的运放是不存在的。其原因在于集成电路的某些指标是互相矛盾而又互相制约的。例如，要求高速度，就要有一定的电流，这与要求低功耗必然有矛盾。在选用器件时，还应注意手册中给定指标所附加的条件，并且在容量方面要留有余地。

4.7.2 器件的参数测量

虽然集成运放的主要参数一般可在厂家提供的资料或手册中查到，但是实际用的器件参数往往与手册上的典型值有一定的差异。因此，当器件选定后，应按照实际使用条件，对其重要参数进行检测，以便得到较准确的参数值，使电路设计更趋合理，并缩短电路的调试周期和保证电路的质量。测试时可使用专用的集成运放测试仪，或按照资料中介绍的方法进行。

4.7.3 器件的调零

由于实际集成运放失调电压及失调电流的存在，输入为零时，往往输出不为零。因此，通过外加调零电路，使之在零输入时达到零输出。图4-7-1所示为一种简单的辅助调零电路。

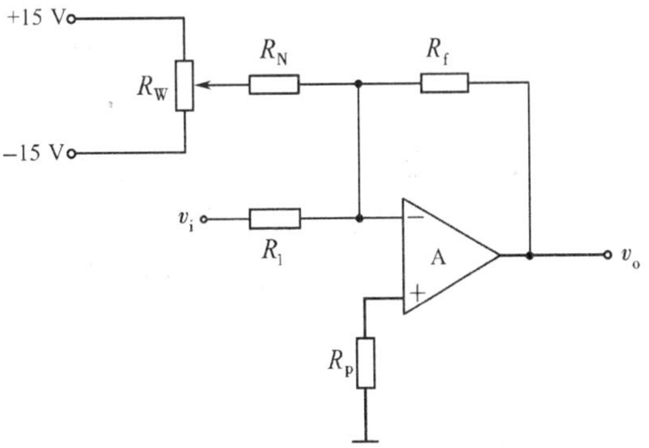

图4-7-1 辅助调零电路

4.7.4 器件的保护

集成运放在使用中，如果电源电压过高或极性接反、输入电压过大、输出端负载短路或过载等均可造成器件的损坏。因此，为使运放安全运行，可外接相应的保护电路。

1.电源端保护

为防止电源极性接反，可以利用二极管的单向导电性来实现保护，如图4-7-2所示电路。

2.输入保护

为防止集成运放输入的差模电压或共模电压超过规定值，造成器件内部输入级工作不正常，甚至造成器件损坏，可利用图4-7-3所示保护电路来进行输入保护。

3.输出保护

多数集成运放器件内部均设有限流或限压保护电路。对于没有内部保护电路或保护不够的器件，可外接输出保护电路。在图4-7-4所示的保护电路中，稳压管D_{Z1}和D_{Z2}构成限幅保护电路。

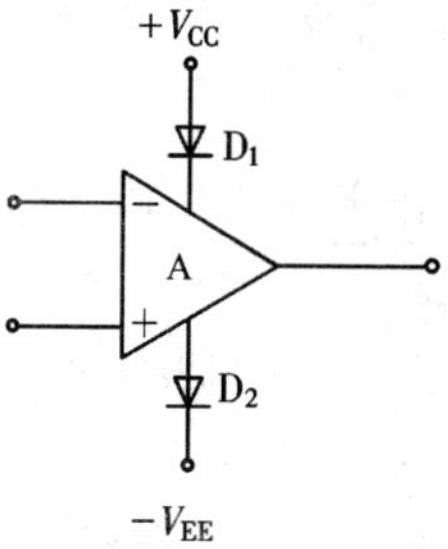

图 4-7-2 电源端保护电路

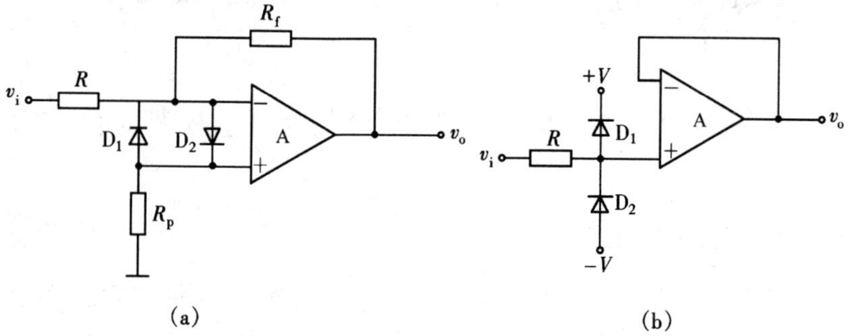

图 4-7-3 输入保护电路

(a)防止差模输入信号幅值过大;(b)防止共模输入信号幅值过大

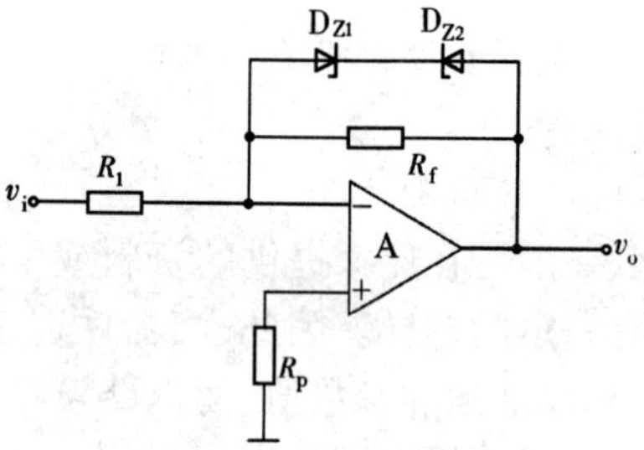

图 4-7-4 输出保护电路

习 题

4-3-1 某集成运放的一单元电路如图题 4-3-1 所示,T_1、T_2的特性相同,且 β 足够大,问:

(1)T_1、T_2和 R 组成什么电路?在电路中起什么作用?

(2)写出 I_{REF}和 I_{C2}的表达式。设 $V_{BE}=0.7$ V,V_{CC}和 R 均为已知。

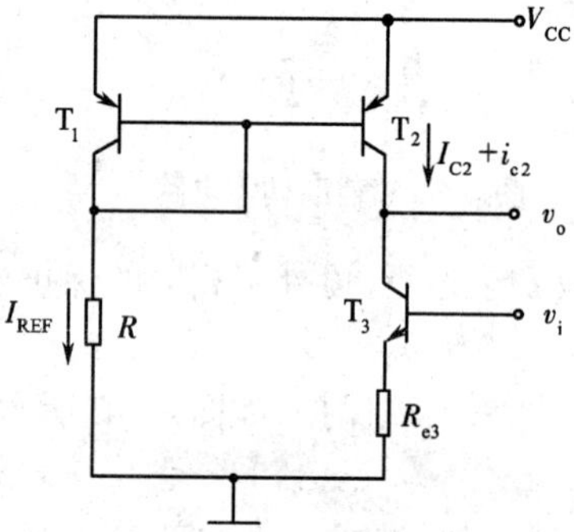

图题 4-3-1

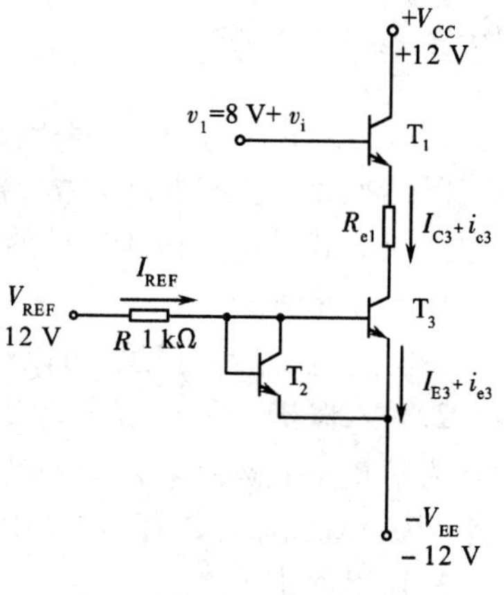

图题 4-3-2

4-3-2 电路如图题 4-3-2 所示,所有 BJT 的 β 均很大,$V_{BE}=0.7$ V,且 T_2、T_3的特性相同,电路参数如图,问:

(1)T_2、T_3和 R 组成什么电路？在电路中起什么作用？

(2)电路中 T_1、R_{e1}起电平移动作用，保证 $v_i = 0$ 时，$v_o = 0$。求 I_{REF}、I_{C3}和 R_{e1}的值。

4-4-1 双端输入、双端输出差动式放大电路如图题 4-4-1 所示，已知静态时 $V_{C1} = V_{C2} = 10$ V，$v_o = v_{C1} - v_{C2} = 0$。

(1)设 $|A_{vd}| = 100$，$A_{vc} = 0$，$v_{i1} = 10$ mV，$v_{i2} = 5$ mV，则输出电压 v_o为多大？

(2)设 $A_{vd} = -10$，$A_{vc1} = A_{vc2} = -0.1$(对半边而言)，$v_{i1} = 0.99$ V，$v_{i2} = 1.01$ V，则集电极 c_1、c_2对地的电位为多大？

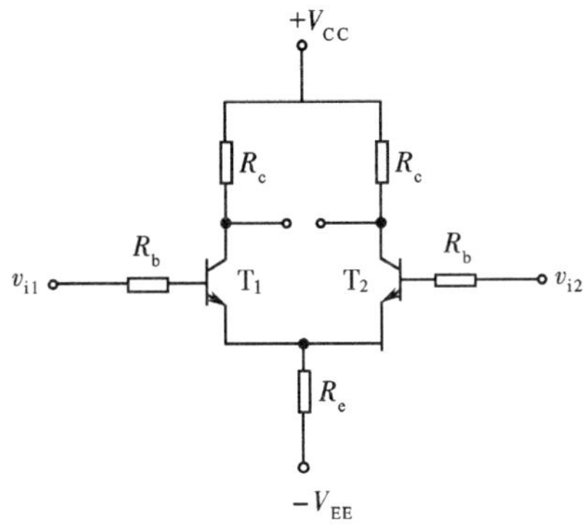

图题 4-4-1

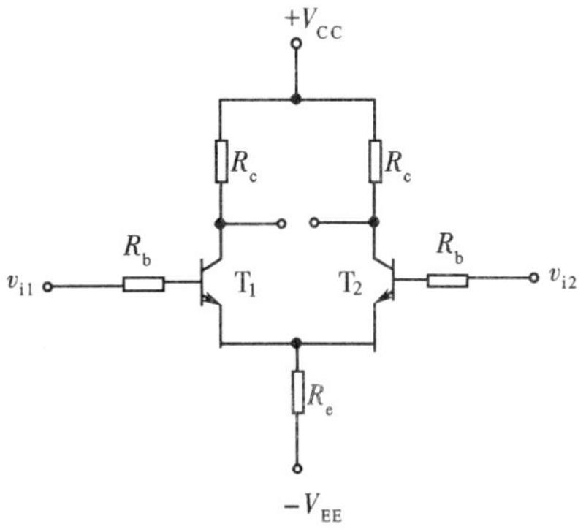

图题 4-4-2

4-4-2 在图题 4-4-2 所示的电路中，设 $V_{CC} = V_{EE} = 12$ V，晶体管 T_1和 T_2具有相同的特性，且工作在线性区域，$\beta = 30$，$r_{bb'} = 200\ \Omega$，$V_{BE} = 0.6$ V，电阻 $R_c = 5$ kΩ，$R_b = 0$，在输入电压 $v_{i1} = -v_{i2}$时测得集电极对地电位 $v_{C1} = 5$ V，$v_{C2} = 9$ V，求：

(1)射极电阻 R_e 的值；

(2)输入电压 v_{i1}和 v_{i2}的大小。

4-4-3 一差动放大电路如图题 4-4-3 所示，其中 $V_{CC} = V_{EE} = 12$ V，$R_c = R_b = R_e = 10$ kΩ，$R_W = 200\ \Omega$，且设其滑动端位于中点，$R_L = \infty$，两个对称管的 $\beta = 50$，$V_{BE} = 0.7$ V，$r_{be} = 2.5$ kΩ。

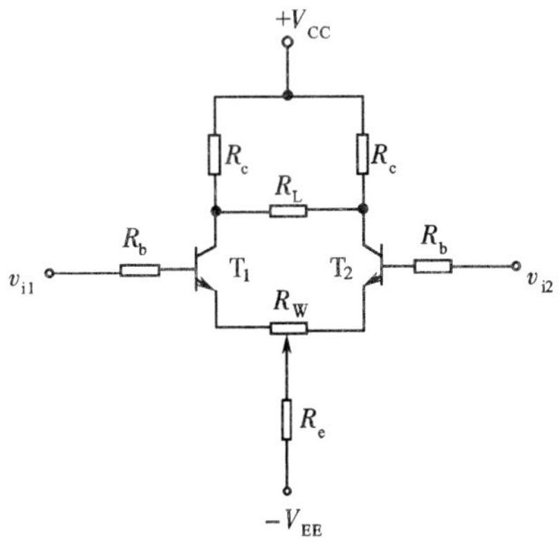

图题 4-4-3

(1)估算 T_1、T_2的静态工作点 I_B、I_C、V_{CE}；

(2)计算差模电压增益 A_{vd}、共模电压增益 A_{vc} 和共模抑制比 K_{CMRR}；

(3)计算差模输入电阻 R_{id}、共模输入电阻 R_{ic}、差模输出电阻 R_{od}。

4-4-4　电路如图题 4-4-4 所示，设图中毫安表满刻度电流为 100 μA，毫安表支路的总电阻为 2 kΩ，两个晶体管的 $\beta=50$，试计算：

(1)每个管子的静态电流 I_B 和 I_E；

(2)为使毫安表达满刻度所需要加的输入电压 v_i；

(3)若 $v_i = -2$ V 及 2 V，试分析管子和流过电流表电流的情况。

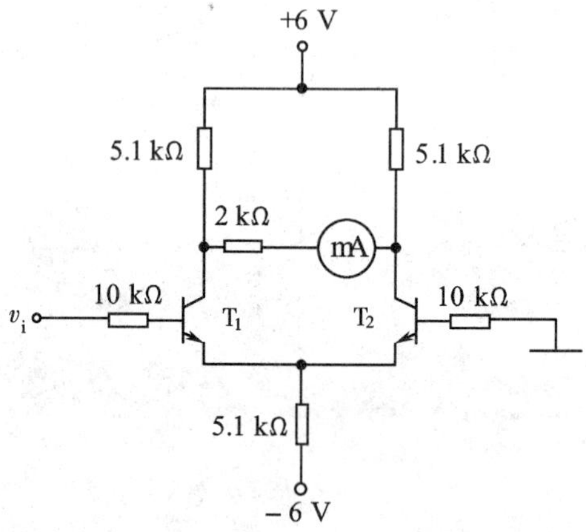

图题 4-4-4

4-4-5　电路如图题 4-4-5 所示，设 JFET 的 $g_m = 2$ mS，$r_{ds} = 20$ kΩ。

(1)求双端输出时的差模电压增益 A_{vd}；

(2)若电路改为单端输出时，求 A_{vd1}、A_{vc1} 和 K_{CMRR} 的值。

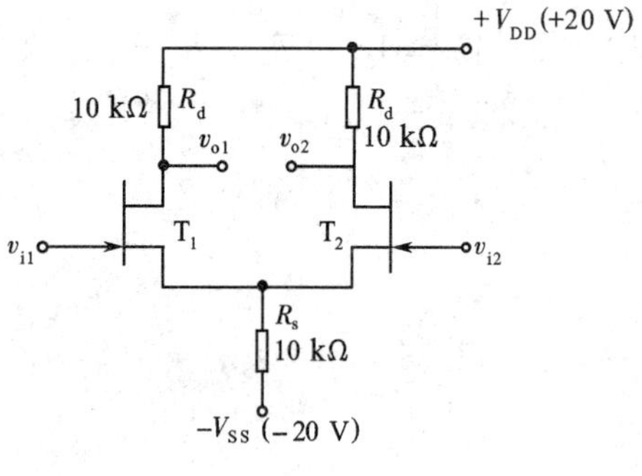

图题 4-4-5

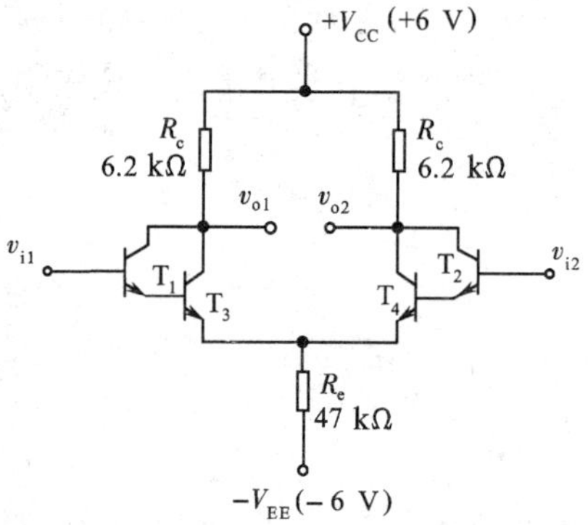

图题 4-4-6

4-4-6　电路如图题 4-4-6 所示，设 BJT 的 $\beta_1=\beta_2=30$，$\beta_3=\beta_4=100$，$V_{BE1}=V_{BE2}=0.6$ V，$V_{BE3}=V_{BE4}=0.7$ V，试计算双端输入、单端输出时的 R_{id}、A_{vd1}、A_{vc1} 和 K_{CMRR} 的值。

4-4-7　电路如图题 4-4-7 所示，已知 BJT 的 $\beta_1=\beta_2=\beta_3=50$，$r_{ce}=200$ kΩ，$V_{BE}=0.7$ V，求单端输出的差模电压增益 A_{vd2}、共模抑制比 K_{CMRR}、差模输入电阻 R_{id} 和输出电阻 R_o。提

示：① T_3、R_1、R_2 和 R_{e3} 构成电流源；② AB 两端的交流电阻 $r_{AB} = r_{ce3}\left(1+\dfrac{\beta R_{e3}}{r_{be3}+R_1/\!/R_2+R_{e3}}\right)$。

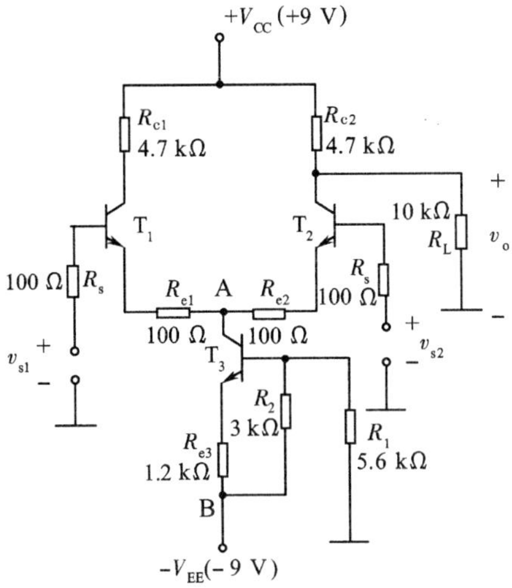

图题 4-4-7

4-4-8　电路如图题 4-4-8 所示，三极管 T_1、T_2、T_3 为硅管，设 $\beta_1=\beta_2=50$，$\beta_3=80$，$|V_{BE}|=0.7$ V，当 $v_i=0$ 时，$v_o=0$ V。

(1)估算各级的静态电流 I_{C3}、I_{C2}、I_E，管压降 V_{CE3}、V_{CE2} 及 R_{e2} 的值；

(2)求总的电压增益 $A_v=A_{vd2}\cdot A_{v2}$；

(3)当 $v_i=5$ mV 时，$v_o=$？

(4)当电路输出端接一负载电阻 $R_L=12$ kΩ 时，求电压增益 A_v。

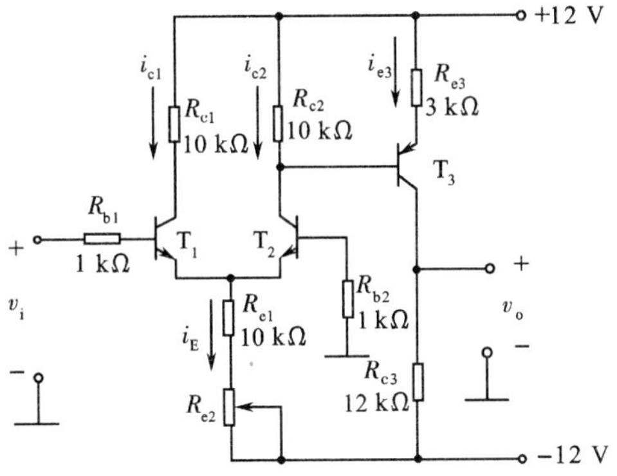

图题 4-4-8

第5章 放大电路中的反馈及应用

引言

自从1927年H.S.Black发现把输出信号的一部分反馈给输入可以大大改善放大电路的性能，反馈便受到高度重视。可以不夸张地说，在现今的电路和系统中，反馈几乎无处不在。

反馈有正反馈、负反馈之分，正反馈在电路中也经常用到，这将在第7章内讨论，本章主要讨论负反馈。

放大电路中引入负反馈是放大电路得以稳定工作的保证。负反馈能够降低放大电路参数变化对放大电路性能的影响，能灵活地调节放大电路的输入和输出阻抗，可有效地扩展通频带，减小非线性失真，能维持放大电路对温度、电源电压和频率等变化时的稳定性。但负反馈对放大电路性能的改善是以降低中、低频增益为代价的。由于增益的损失容易弥补，故其不是负反馈的致命弱点。负反馈的要害是，随着负反馈加深，易引起放大电路自激振荡。

本章首先介绍反馈的基本概念，通过反馈放大电路的方框图，推导出基本方程式，再介绍深度负反馈下放大电路增益的近似计算及负反馈对放大电路性能的影响等。

5.1 反馈的基本概念

把放大电路输出回路中的某物理量（电压或电流）的部分或全部通过一定的电路形式（称为反馈网络）馈送到输入回路，从而影响基本放大电路的净输入信号，叫反馈。

5.1.1 反馈放大电路的理想框图

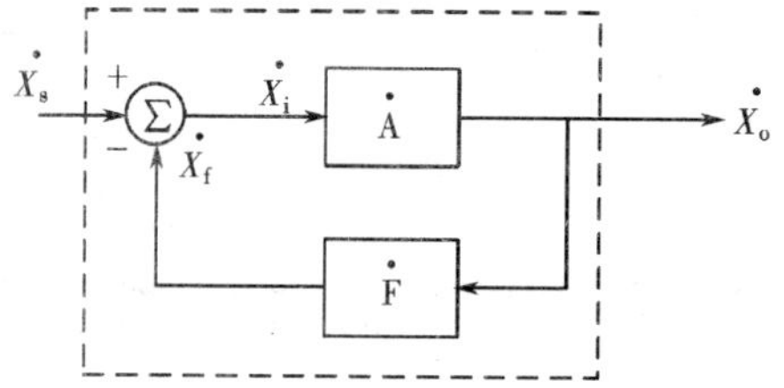

图5-1-1 理想反馈框图

理想反馈框图如图5-1-1所示。图中方框$\dot{A}$代表基本放大电路（或开环放大电路），方框$\dot{F}$代表反馈网络；$\dot{X}_s$是外加输入信号（或源输入信号），$\dot{X}_o$是输出信号，$\dot{X}_f$是反馈信号，符号∑表示信号相加点，用来实现外加输入信号和反馈信号的叠加，图中标明的+、-极性表示是相减环节。$\dot{X}_s$和$\dot{X}_f$在此叠加后的结果$\dot{X}_i=\dot{X}_s-\dot{X}_f$称为基本放大电路的净输入信号。从源输入信号到输出信号之间所包含的整体（虚线方框）叫反馈放大电路（或闭环放大电路）。

需要指出，所谓理想框图是指：①信号只沿箭头方向传输，即信号从输入端到输出端只通过基本放大电路，而不通过反馈网络；②信号从输出端反馈到输入端只通过反馈网络而不通过基本放大电路；③反馈网络的接入对基本放大电路的增益$\dot{A}$没有影响。这是利用方框图分析反馈放大电路的重要前提。

5.1.2 基本关系式

研究反馈放大电路将集中注视其输出量 $\dot{X}_o$、输入量 $\dot{X}_s$(或 $\dot{X}_i$)和反馈量 $\dot{X}_f$ 之间的关系。由图 5-1-1 所示的理想方框图可得到反馈放大电路中各信号量之间的关系为

$$\dot{X}_i = \dot{X}_s - \dot{X}_f \tag{5-1-1}$$

$$\dot{X}_f = \dot{F}\dot{X}_o \tag{5-1-2}$$

$$\dot{X}_o = \dot{A}\dot{X}_i \tag{5-1-3}$$

将式(5-1-1)和式(5-1-2)代入式(5-1-3),得到

$$\dot{X}_o = \dot{A}(\dot{X}_s - \dot{X}_f) = \dot{A}(\dot{X}_s - \dot{F}\dot{X}_o) \tag{5-1-4}$$

进一步整理得到

$$\dot{A}_f = \frac{\dot{X}_o}{\dot{X}_s} = \frac{\dot{A}}{1 + \dot{A}\dot{F}} \tag{5-1-5}$$

其中,$\dot{F}$ 是反馈系数,$\dot{A} = \frac{\dot{X}_o}{\dot{X}_i}$叫开环增益,$\dot{A}_f = \frac{\dot{X}_o}{\dot{X}_s}$为闭环增益。

开环增益是不加反馈时的增益,是放大电路输出量 $\dot{X}_o$ 与基本放大电路净输入量 $\dot{X}_i$ 之比,此时放大电路处于开环状态。加上反馈后,系统处于闭环状态,所谓闭环是对整个反馈系统而言。式(5-1-5)是分析负反馈放大电路的重要公式,它描述了闭环增益与开环增益及反馈系数之间的关系。

5.1.3 反馈深度

在只考虑幅值的情况下,由式(5-1-5)看出,引入反馈后的增益$|\dot{A}_f|$的大小与$|1 + \dot{A}\dot{F}|$这一因子有关,而且在中频段有

$$|1 + \dot{A}\dot{F}| = \frac{|\dot{A}|}{|\dot{A}_f|} \tag{5-1-6}$$

由此可见,$|1 + \dot{A}\dot{F}|$值描述的是负反馈放大电路的闭环增益$|\dot{A}_f|$比开环增益$|\dot{A}|$减小的程度,称为反馈深度。负反馈对放大电路各项性能的改善均与反馈深度有关,这将在 5.4 节讨论。

还应注意到,由于在一般情况下,$\dot{A}$ 和 $\dot{F}$ 都是复频域的函数,它们的幅值和相位角均将随频率而变,从而反馈深度出现下列三种情况。

①当$|1 + \dot{A}\dot{F}| > 1$时,则$|\dot{A}_f| < |\dot{A}|$,即引入反馈使增益变小,这种反馈是负反馈。从物理意义上讲,此时反馈到输入端的信号($\dot{X}_f$)与外加输入信号($\dot{X}_s$)叠加后,使基本放大电路的净输入信号($\dot{X}_i$)在幅值上小于$|\dot{X}_s|$,从而使增益降低。

②当$|1 + \dot{A}\dot{F}| < 1$时,则$|\dot{A}_f| > |\dot{A}|$,即引入反馈使增益变大,这种反馈是正反馈。从物理意义上讲,此时反馈信号与外加输入信号叠加后,使基本放大电路的净输入信号在幅值上大于$|\dot{X}_s|$,从而使增益提高。

③当$|1 + \dot{A}\dot{F}| = 0$时,则$|\dot{A}_f| = \frac{\dot{X}_o}{\dot{X}_s} \to \infty$,这意味着放大电路在没有外加输入信号($\dot{X}_s \to 0$)时,也有输出信号($\dot{X}_o$)存在,此时系统是不稳定的,将产生自激振荡,该问题将在 5.5 节中讨论。

5.1.4 环路增益

式(5-1-5)中开环增益 $\dot{A}$ 与反馈系数 $\dot{F}$ 的乘积 $\dot{A}\dot{F}$ 是表示绕反馈环一周的总增益,称环路增益,用 T 表示。

由式(5-1-5)知,如果环增益 $T=|\dot{A}\dot{F}|\gg 1$,则

$$\dot{A}_f \approx \frac{1}{\dot{F}} \tag{5-1-7}$$

此时,系统的闭环增益几乎仅取决于反馈系数 $\dot{F}$,而与放大电路的开环增益无关,这种情况称为深度负反馈。

反馈深度和环路增益都是描述反馈放大电路电路性能的重要指标。

5.2 负反馈放大电路实现方式

由图 5-1-1 知,负反馈放大电路的实现要解决的关键问题是如何取出 $\dot{X}_o$(采样方式),如何叠加 $\dot{X}_s$、$\dot{X}_f$(连接方式),而电信号的取出和连接方式取决于 $\dot{X}_s$、$\dot{X}_o$ 是电流还是电压,它们的物理属性直接决定了 $\dot{X}_i$、$\dot{X}_f$ 的物理属性。

根据反馈网络对 $\dot{X}_o$ 的采样是电流还是电压,以及在输入回路是以电流形式叠加还是以电压形式叠加,存在四种典型组态:①电压串联负反馈;②电压并联负反馈;③电流并联负反馈;④电流串联负反馈。

5.2.1 四种类型的反馈组态

1.电压串联负反馈

电压串联负反馈的框图如图 5-2-1 所示,反馈网络的采样信号取自输出电压($\dot{X}_o=\dot{V}_o$),因此反馈网络的输入端口与基本放大电路的输出端口并联。外加输入信号为电压($\dot{X}_s=\dot{V}_s$),为满足式(5-1-1),反馈量必为电压($\dot{X}_f=\dot{V}_f$),若实现在输入回路的电压叠加,反馈信号 $\dot{V}_f$ 与输入信号 $\dot{V}_s$ 必为串联连接;实现负反馈,要求 $\dot{V}_s$、$\dot{V}_f$ 满足一定的相位关系,其极性如图中所标,此时,$\dot{V}_i=\dot{V}_s-\dot{V}_f<\dot{V}_s$,即反馈使基本放大电路的净输入信号减小。因为反馈网络的采样信号取自输出电压,而输入信号与反馈信号是串联连接,由此得出图 5-2-1 为电压串联负反馈。

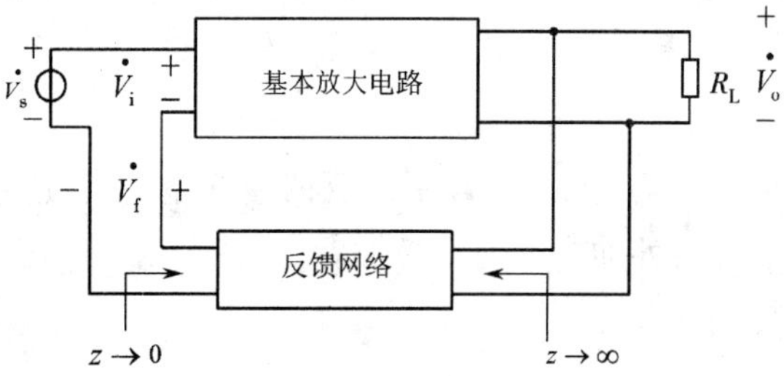

图 5-2-1　电压串联负反馈的理想框图

在电压串联负反馈中,反馈网络的输入端与基本放大电路的输出端并联,而反馈网络的输出端与信号源串联。要使反馈网络的接入不改变基本放大电路的增益,以满足理想反馈

组态的第③个要求，则理想反馈网络的输入阻抗应为无穷大，而输出阻抗为零(或与基本放大电路的输入阻抗相比可以忽略)。

因为串联负反馈的信号源与反馈电压是串联的，所以信号源内阻与放大电路的输入阻抗相比不能太大，否则反馈电压 $\dot{V}_f$ 将主要降在信号源内阻上，反馈作用不明显。

电压串联负反馈系统的输出和输入信号都是电压，用电压代替式(5-1-1) ~ 式(5-1-5)中的普遍量 $\dot{X}$，得到理想电压串联负反馈系统的下列关系式：

$$\dot{V}_i = \dot{V}_s - \dot{V}_f \tag{5-2-1}$$

$$\dot{V}_f = \dot{F}\dot{V}_o \tag{5-2-2}$$

开环增益 $$\dot{A} = \frac{\dot{V}_o}{\dot{V}_i} = \dot{A}_v \tag{5-2-3}$$

反馈系数 $$\dot{F} = \frac{\dot{V}_f}{\dot{V}_o} = \dot{F}_v \tag{5-2-4}$$

闭环增益 $$\dot{A}_f = \frac{\dot{V}_o}{\dot{V}_s} = \frac{\dot{A}_v}{1 + \dot{A}_v \dot{F}_v} = \dot{A}_{vf} \tag{5-2-5}$$

即开环增益和闭环增益都是电压增益，而反馈系数也是两个电压之比。

电压负反馈的重要特点是电路的输出电压趋向恒定，其实质是输出电压通过反馈网络对放大电路起自动调整作用。例如，当 v_s 一定时，若负载变化引起输出电压 v_o 下降，则通过负反馈的作用，电路进行自动调整，其过程是：

$$R_L \downarrow \rightarrow v_o \downarrow \rightarrow v_f \downarrow \rightarrow v_i \uparrow \rightarrow v_o \uparrow$$

可见，反馈的作用抑制了 v_o 的下降，从而使输出电压 v_o 达到稳定。

2. 电压并联负反馈

电压并联负反馈的框图如图 5-2-2 所示。输入信号是电流 $\dot{I}_s$，输出信号是电压 $\dot{V}_o$，采样信号取自输出电压($\dot{X}_o = \dot{V}_o$)，反馈信号是电流 $\dot{I}_f$，为实现电流相加，反馈网络的输出端口与信号源并联连接。由图中所示的极性知，$\dot{I}_i = \dot{I}_s - \dot{I}_f < \dot{I}_s$，属负反馈，所以称此结构为电压并联负反馈。

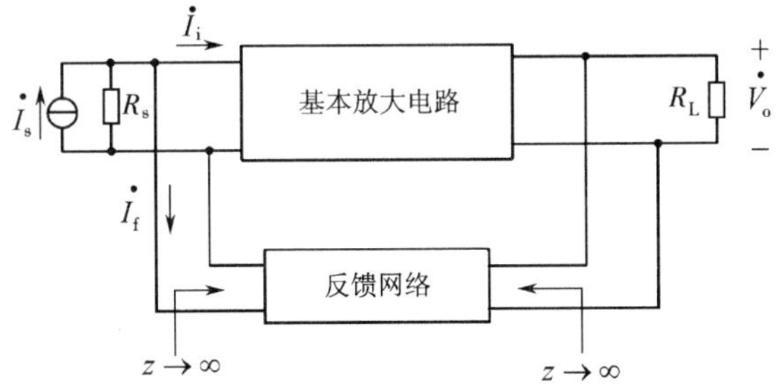

图 5-2-2　电压并联负反馈理想框图

为满足理想反馈组态的第③个要求，反馈网络的输入和输出阻抗都是无穷大。

应当注意的是，并联负反馈只有在信号源内阻较大时作用明显，因为信号源内阻与基本放大电路的输入阻抗是并联的，若信号源内阻太小，则 $\dot{I}_f$ 主要被 R_s 分流，起不到应有的作用。

电压并联负反馈系统相当于跨阻放大电路。将普遍量 $\dot{X}$ 用相应的电压和电流代替，得

到理想电压并联负反馈系统的下列关系式:

$$\dot{I}_i = \dot{I}_s - \dot{I}_f \tag{5-2-6}$$

$$\dot{I}_f = \dot{F}\dot{V}_o \tag{5-2-7}$$

开环增益 $$\dot{A} = \frac{\dot{V}_o}{\dot{I}_i} = A_r \tag{5-2-8}$$

反馈系数 $$\dot{F} = \frac{\dot{I}_f}{\dot{V}_o} = \dot{F}_g \tag{5-2-9}$$

闭环增益 $$\dot{A}_f = \frac{\dot{V}_o}{\dot{I}_s} = \frac{\dot{A}_r}{1 + \dot{A}_r\dot{F}_g} = \dot{A}_{rf} \tag{5-2-10}$$

即开环增益和闭环增益都是跨阻增益,其量纲是 V/A,即 Ω;而反馈系数是跨导,其量纲是A/V,或 S(西门子)。

3. 电流并联负反馈

电流并联负反馈的框图如图 5-2-3 所示,输出量和输入量都是电流。采样信号取自输出电流,因此反馈网络的输入端口串联在基本放大电路的输出回路中。在输入回路,为实现电流叠加,反馈网络的输出端口与输入电流 $\dot{I}_s$ 并联连接。

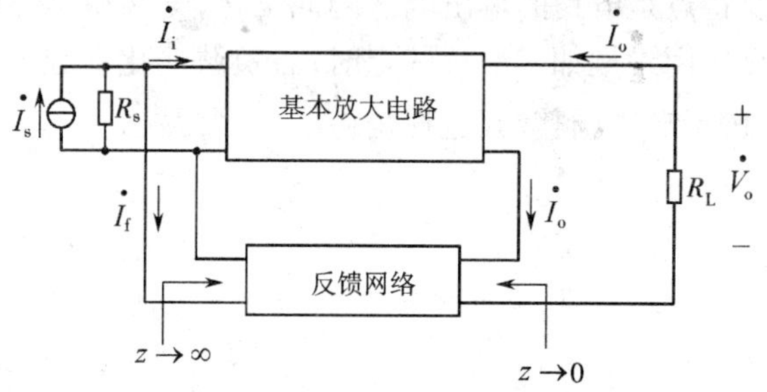

图 5-2-3 电流并联负反馈的理想框图

理想反馈网络的输入阻抗为零,而输出阻抗为无穷大,显然对于并联负反馈组态,信号源内阻 R_s 的值愈大,反馈效果愈好。

电流并联负反馈系统可看作电流放大电路。用相应的电流量代替普遍量 $\dot{X}$,得到理想电流并联负反馈系统的下列关系式:

$$\dot{I}_i = \dot{I}_s - \dot{I}_f \tag{5-2-11}$$

$$\dot{I}_f = \dot{F}\dot{I}_o \tag{5-2-12}$$

开环增益 $$\dot{A} = \frac{\dot{I}_o}{\dot{I}_i} = \dot{A}_i \tag{5-2-13}$$

反馈系数 $$\dot{F} = \frac{\dot{I}_f}{\dot{I}_o} = \dot{F}_i \tag{5-2-14}$$

闭环增益 $$\dot{A}_f = \frac{\dot{I}_o}{\dot{I}_s} = \frac{\dot{A}_i}{1 + \dot{A}_i\dot{F}_i} = \dot{A}_{if} \tag{5-2-15}$$

即开环增益、闭环增益和反馈系数都是电流增益,均无量纲。

电流负反馈的重要特点是趋向于输出电流 i_o 稳定。在 i_s 一定的条件下,不论何种原因引起的 i_o 变化,负反馈将引起下述自动调整过程:

$$R_L \uparrow \rightarrow i_o \downarrow \rightarrow i_f \downarrow \rightarrow i_i \uparrow$$
$$i_o \uparrow \leftarrow$$

可见,电流负反馈作用的结果牵制了 i_o 的减小,使 i_o 基本维持恒定。

4.电流串联负反馈

电流串联负反馈的框图如图 5-2-4 所示,其输出量是电流,输入量是电压。采样信号取自输出电流,因此,反馈网络的输入端口串联在基本放大电路的输出回路中。在输入回路,为实现电压叠加,反馈网络的输出端口与输入电压 $\dot{V}_s$ 串联连接。

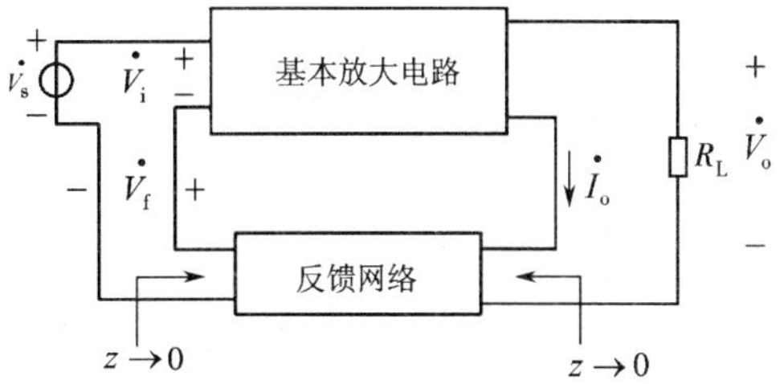

图 5-2-4　电流串联负反馈的理想框图

理想反馈网络的输入阻抗和输出阻抗均等于零。

电流串联负反馈是一个跨导放大电路。用相应的电流量和电压量代替普遍量 $\dot{X}$,得到理想电流串联负反馈系统的下列关系式:

$$\dot{V}_i = \dot{V}_s - \dot{V}_f \tag{5-2-16}$$

$$\dot{V}_f = \dot{F}\dot{I}_o \tag{5-2-17}$$

$$\text{开环增益}\quad \dot{A} = \frac{\dot{I}_o}{\dot{V}_i} = \dot{A}_g \tag{5-2-18}$$

$$\text{反馈系数}\quad \dot{F} = \frac{\dot{V}_f}{\dot{I}_o} = \dot{F}_r \tag{5-2-19}$$

$$\text{闭环增益}\quad \dot{A}_f = \frac{\dot{I}_o}{\dot{V}_s} = \frac{\dot{A}_g}{1 + \dot{A}_g\dot{F}_r} = \dot{A}_{gf} \tag{5-2-20}$$

即开环增益和闭环增益是跨导增益,量纲是 A/V,或 S;反馈系数是跨阻,量纲是 V/A,或 Ω。

必须着重指出,理想负反馈的基本公式是普遍成立的,只是对不同的反馈组态,其反馈系数 $\dot{F}$、开环增益 $\dot{A}$ 和闭环增益 $\dot{A}_f$ 所代表的含义不同而已,现归纳如表 5-2-1 所示,其中 $\dot{A}_v$、$\dot{A}_i$、$\dot{A}_r$ 和 $\dot{A}_g$ 分别表示电压增益、电流增益、跨阻增益和跨导增益。相应的反馈系数为 $\dot{F}_v$、$\dot{F}_i$、$\dot{F}_g$ 和 $\dot{F}_r$,它们的量纲各不相同,但 $\dot{A}\dot{F}$ 总是无量纲的。

表 5-2-1　四种反馈组态信号与增益的定义

反馈组态	输入信号	输出信号	反馈信号	反馈系数 $\dot{F}$	开环增益 $\dot{A}$	闭环增益 $\dot{A}_f$
电压串联	$\dot{V}_s$	$\dot{V}_o$	$\dot{V}_f$	$\dot{F}_v = \frac{\dot{V}_f}{\dot{V}_o}$	$\dot{A}_v = \frac{\dot{V}_o}{\dot{V}_i}$	$\dot{A}_{vf} = \frac{\dot{V}_o}{\dot{V}_s} = \frac{\dot{A}_v}{1+\dot{A}_v\dot{F}_v}$
电压并联	$\dot{I}_s$	$\dot{V}_o$	$\dot{I}_f$	$\dot{F}_g = \frac{\dot{I}_f}{\dot{V}_o}$	$\dot{A}_r = \frac{\dot{V}_o}{\dot{I}_i}$	$\dot{A}_{rf} = \frac{\dot{V}_o}{\dot{I}_s} = \frac{\dot{A}_r}{1+\dot{A}_r\dot{F}_g}$
电流串联	$\dot{V}_s$	$\dot{I}_o$	$\dot{V}_f$	$\dot{F}_r = \frac{\dot{V}_f}{\dot{I}_o}$	$\dot{A}_g = \frac{\dot{I}_o}{\dot{V}_i}$	$\dot{A}_{gf} = \frac{\dot{I}_o}{\dot{V}_s} = \frac{\dot{A}_g}{1+\dot{A}_g\dot{F}_r}$
电流并联	$\dot{I}_s$	$\dot{I}_o$	$\dot{I}_f$	$\dot{F}_i = \frac{\dot{I}_f}{\dot{I}_o}$	$\dot{A}_i = \frac{\dot{I}_o}{\dot{I}_i}$	$\dot{A}_{if} = \frac{\dot{I}_o}{\dot{I}_s} = \frac{\dot{A}_i}{1+\dot{A}_i\dot{F}_i}$

5.2.2 反馈类型的识别举例

识别反馈电路的类型是非常重要的，所谓识别就是要搞清楚一个具体电路是否存在反馈；是属于正反馈还是负反馈；对负反馈电路，属何种类型；是交流反馈还是直流反馈。下面给出识别反馈电路的一般方法。

首先，找出反馈元件在哪里，凡是为输入回路和输出回路所共有的元件，都是反馈元件，反馈元件可以是有源的，也可是无源的。如果反馈元件只能传递直流量或缓慢变化量，称为直流反馈；若反馈元件只能传递交流量，称为交流反馈；若两者都能传递，称为交、直流反馈。

判断正反馈和负反馈通常采用瞬时极性法，即任意规定某一时刻输入信号的极性，然后沿着放大电路正向传输的路径和反馈网络反向传输的路径，逐级标出电压瞬时极性，接着确定反馈信号的极性（电压极性或电流方向），最后，看加上反馈之后基本放大电路的净输入信号的变化。凡使净输入信号减小的是负反馈；使净输入信号增大的是正反馈。

反馈的类型可以根据取样与求和的特征来判别：当负载短路（即令 $v_o=0$）时，若反馈信息随之消失，则为电压反馈；反之，若反馈信号依然存在，则为电流反馈；当反馈网络串接在输入回路时，以电压形式求和的是串联反馈；而当反馈网络并在输入端时，以电流形式求和的是并联反馈。

下面通过一些典型电路予以说明。

［**例 5-2-1**］ 试判断图 5-2-5 所示电路的反馈极性和类型。

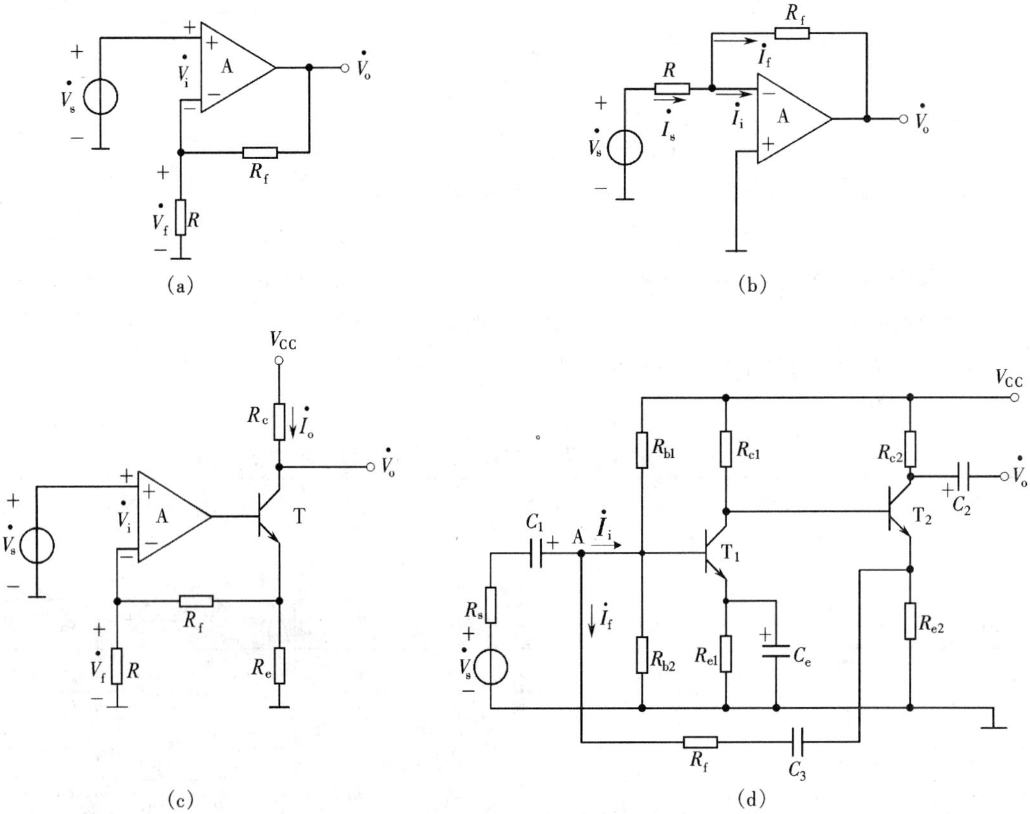

图 5-2-5 例 5-2-1 电路

(a)电压串联负反馈；(b)电压并联负反馈；(c)电流串联负反馈；(d)电流并联负反馈

解:图 5-2-5(a)电路中,电阻 R_f 与 R 组成反馈网络,反馈网络的输入端与放大电路的输出端并联,将输出短路,则反馈消失,所以是电压反馈。又因为在输入回路进行电压求和,所以是串联反馈。根据瞬时极性法,基本放大电路的净输入电压 $\dot{V}_i = \dot{V}_s - \dot{V}_f$,即反馈使基本放大电路的净输入电压减小,属于负反馈。所以图(a)的电路是电压串联负反馈。

图 5-2-5(b)电路中,R_f 构成反馈网络,反馈网络的输入端口与放大电路的输出端口并联,采样信号是输出电压。将输出短路,则反馈消失,所以是电压反馈。反馈网络的输出端口与信号源并联,在输入回路的节点 N 上进行电流求和,所以它属于并联反馈。根据瞬时极性法,在如图所示 $\dot{V}_s$ 极性的作用下,由于信号加在反相端,输出电压极性与输入信号相反,因而反馈电阻 R_f 上的电流方向是自左向右,使基本放大电路的净输入电流 $\dot{I}_i = \dot{I}_s - \dot{I}_f < \dot{I}_s$,属负反馈,所以图(b)的电路是电压并联负反馈。

图 5-2-5(c)电路中,R_e、R_f 与 R 构成整体反馈网络。反馈网络的采样信号是三极管 T 的集电极电流,即使将 T 的集电极电阻短路,输出电压为零,反馈信号 $\dot{V}_f$ 仍然存在,所以是电流反馈。输入信号加在同相输入端,反馈信号加在反相端,在输入回路是以电压形式求和,所以是串联反馈。根据瞬时极性法,可得 $\dot{V}_i = \dot{V}_s - \dot{V}_f$,显然,净输入信号小于原输入信号,它是负反馈。所以图(c)电路是电流串联负反馈。

在图 5-2-5(d)电路中,反馈信号取自 T_2 的发射极,若令输出电压为零,反馈依然存在,所以是电流反馈。因在输入端节点 A 上进行电流求和,是并联反馈。用瞬时极性法得到反馈电流 $\dot{I}_f$ 的瞬时极性如图所示,使 T_1 的净信号电流 $\dot{I}_i = \dot{I}_s - \dot{I}_f$ 变小,属负反馈。故图(d)电路是电流并联负反馈。需要强调,由于 C_3 有隔直作用,所以 R_f 只对交流构成反馈。

5.3　负反馈对放大电路性能的影响

负反馈对改善电路的性能有重要作用,它可以提高放大电路增益的稳定度,减小非线性失真,扩展频带,改变输入电阻和输出电阻。此外,直流负反馈还能稳定静态工作点。当然,所有这些都是以牺牲增益为代价的。但是,过强的负反馈可能导致系统自激振荡而无法工作,这点在电路设计和调试中要充分注意。关于自激振荡问题在 5.5 节中讨论。

5.3.1　提高闭环增益 $\dot{A}_f$ 的稳定性

在应用中,由于电源电压、工作温度、电路元器件参数等不稳定,往往造成放大电路增益 $\dot{A}$ 变化,而施加负反馈后,反馈放大器的增益 $\dot{A}_f$ 虽有降低,但其值的变化可以大大减小,其稳定的程度可以用增益的相对变化量来衡量。

为了简化讨论,我们设放大电路工作在低频或中频范围,为线性特性,所以 $\dot{A}$ 和 $\dot{F}$ 都是实数,则反馈系统的增益的普遍表达式为

$$A_f = \frac{A}{1 + AF} \tag{5-3-1}$$

为求得因 A 变化而引起 A_f 的变化情况,可对式(5-3-1)求微分得到

$$dA_f = \frac{dA}{1 + AF} - \frac{AF dA}{(1 + AF)^2} = \frac{dA}{(1 + AF)^2} \tag{5-3-2}$$

再用式(5-3-1)分别除式(5-3-2)等号的两边,得

$$\frac{dA_f}{A_f}=\frac{1}{1+AF}\cdot\frac{dA}{A} \tag{5-3-3}$$

在负反馈条件下，$(1+AF)>1$，所以

$$\frac{dA_f}{A_f}<\frac{dA}{A}$$

式(5-3-3)表明，闭环增益的相对变化仅为开环增益相对变化的 $1/(1+AF)$ 倍，在环增益 AF 很大时，闭环增益的稳定性是很高的。例如，设 $A=10^5$，$F=0.01$，则当开环增益变化 $\pm10\%$ 时，闭环增益的相对变化量仅为 $\pm0.01\%$。

需要指出，在不同的反馈组态下，A_f 的含义是不同的。在输入信号为定值的条件下，稳定闭环增益就是稳定输出信号。因此，电压负反馈能稳定输出电压；电流负反馈能稳定输出电流。

5.3.2 减小非线性失真

引起放大电路的输出波形失真有两种原因：一是输入波形本身有失真，二是放大电路内部参数变化而产生的非线性失真。对于前者，即使引入负反馈也是无济于事的。负反馈减小非线性失真所指的是后者。

理想放大电路的增益是常数，输出信号与输入信号成线性关系，即

$$v_o(t)=Av_s(t) \tag{5-3-4}$$

所以只要输入信号没有失真，输出就不会产生失真。

实际放大电路的输入信号和输出信号之间不是严格的线性关系，特别是在输出幅度较大时，非线性关系尤为严重。现以图 5-3-1 予以说明。

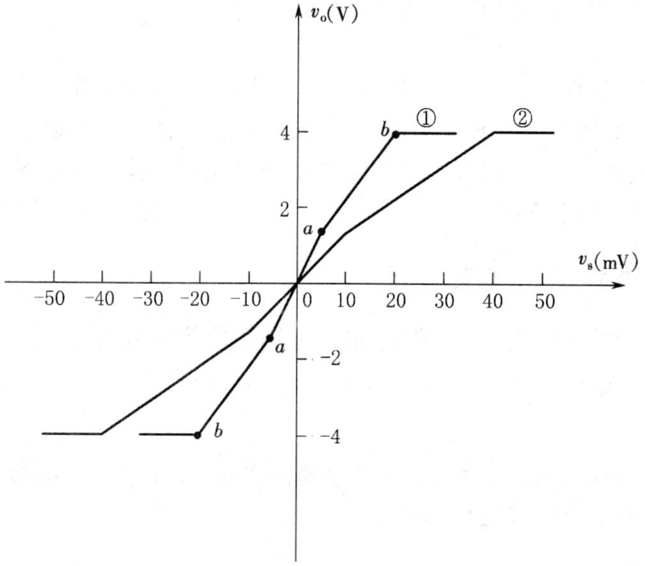

图 5-3-1　负反馈改善失真的示意图

电压放大电路的开环传输特性如图 5-3-1 中曲线①所示，该曲线在 0 点附近斜率最大，增益高；到 a 点附近，斜率开始减小，增益降低，此后曲线逐渐转向饱和，增益急剧下降，到达 b 点时，斜率为零，即增益等于零。这样的传输特性曲线，在大信号下，输出必然产生很

大失真。曲线②代表加上负反馈后放大电路的闭环传输特性，其斜率降低为开环时的 $1/(1+AF)$，为了在同等条件下比较闭环和开环时的非线性情况，要求放大电路的输出幅度仍保持同样的大小，为此，输入信号 v_s 应增大到 $(1+AF)v_s$，当放大器进入饱和状态，输出幅度达到饱和值，闭环传输特性也变成水平线。可见，最大输出范围并不能靠负反馈来扩大。

通过以上分析，不难看出负反馈不但使传输特性曲线的输入范围明显扩大，而且它的非线性也有了明显的改善。这些仍以牺牲放大电路的增益为代价。

最后还要强调指出，利用负反馈改善非线性失真，不但要有放大倍数的储备，而且还要有动态范围的储备，否则没有调整的余地。如果信号太大，运放已工作在传输特性曲线中的饱和区，此间由于 $A\to 0$，如同闭环系统中有一环已断，因而负反馈也就失去了调节作用，也就是说负反馈不能改善严重削波的失真。

5.3.3　对输入电阻的影响

负反馈对放大电路输入电阻的影响，一般只取决于反馈网络与基本放大电路输入端的连接方式，而与输出端的取样方式无直接关系。

1. 串联负反馈使闭环输入电阻增大

图 5-3-2 是串联负反馈的输入部分框图，其中 R_i 是基本放大电路的开环输入电阻（$R_i=\dot{V}_i/\dot{I}_s$），由图可得

$$R_{if}=\frac{\dot{V}_s}{\dot{I}_s}=\frac{\dot{V}_i+\dot{V}_f}{\dot{I}_s}=\frac{\dot{V}_i+\dot{A}\dot{F}\dot{V}_i}{\dot{I}_s}$$
$$=R_i(1+\dot{A}\dot{F}) \tag{5-3-5}$$

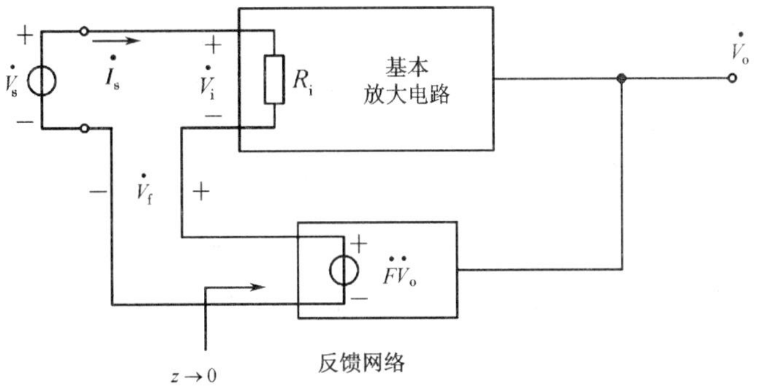

图 5-3-2　串联负反馈输入部分框图

上面的分析适于电压串联负反馈放大电路，也适于电流串联负反馈。只是对电压串联负反馈，$R_{if}=R_i(1+\dot{A}_v\dot{F}_v)$；而对于电流串联负反馈，$R_{if}=R_i(1+\dot{A}_g\dot{F}_r)$。

2. 并联负反馈使闭环输入电阻减小

图 5-3-3 是并联负反馈的输入部分框图，由图可得

$$R_{if}=\frac{\dot{V}_s}{\dot{I}_s}=\frac{\dot{V}_s}{\dot{I}_i+\dot{I}_f}=\frac{\dot{V}_s}{\dot{I}_i+\dot{A}\dot{F}\dot{I}_i}=\frac{\dot{V}_s}{\dot{I}_i(1+\dot{A}\dot{F})}$$
$$=\frac{R_i}{1+\dot{A}\dot{F}} \tag{5-3-6}$$

对于电压并联负反馈放大电路，$R_{if}=R_i/(1+\dot{A}_r\dot{F}_g)$；对于电流并联负反馈，$R_{if}=R_i/(1$

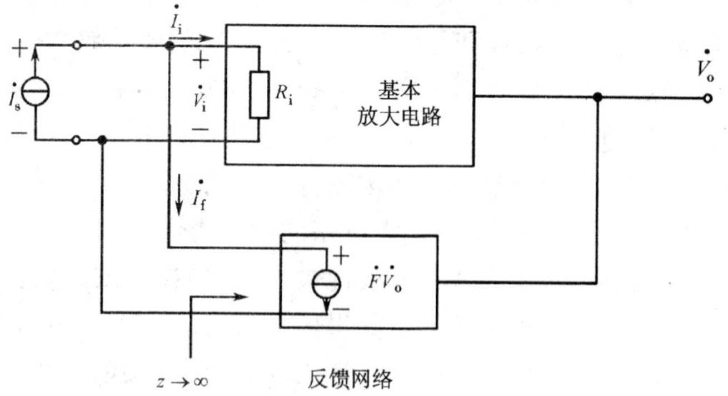

图 5-3-3　并联负反馈输入部分框图

$+\dot A_i\dot F_i$)。

由上可见，串联负反馈放大电路的闭环输入电阻等于开环电阻的$(1+\dot A\dot F)$倍。电阻的提高是由于负反馈使 R_i 两端的电压和电流变小，对相同的 $\dot V_s$，激励电流变小，意味着从信号源 $\dot V_s$ 看进去的等效输入电阻 R_{if}增大，$\dot V_f$ 等效于一个串联电阻。

并联负反馈放大电路的闭环输入电阻等于开环电阻的 $1/(1+\dot A\dot F)$倍。电阻的降低是由于输入端的负反馈网络等效于增加了一条并联支路电流 $\dot I_f$，所以从信号源 $\dot I_s$ 看进去的等效输入电阻 R_{if}减小。

特别是理想情况下，可以认为串联负反馈 $R_{if}\to\infty$，并联负反馈 $R_{if}\to 0$。

5.3.4　对输出电阻的影响

负反馈对放大电路输出电阻的影响，取决于输出端的采样方式，而与输入端的连接方式无直接关系。下面分别对电压负反馈和电流负反馈两种情况进行讨论。

1. 电压负反馈使闭环输出电阻减小

按照求有源网络输出电阻的一般方法，得到电压负反馈的部分框图，如图 5-3-4 所示。

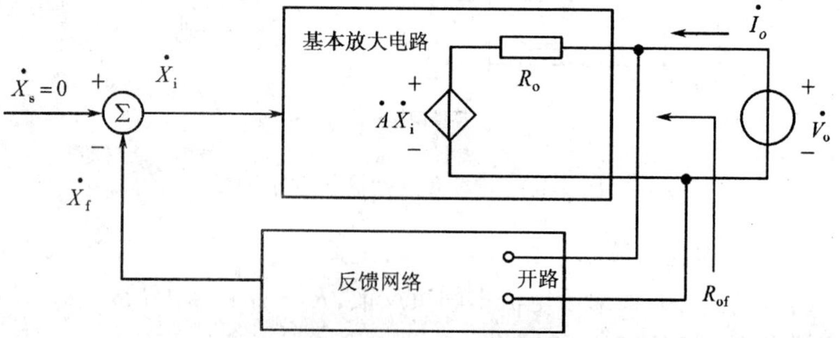

图 5-3-4　计算电压负反馈输出电阻的框图

其中 R_o 是基本放大电路的开环输出电阻，$\dot V_o$ 是外加的激励电压。在 $\dot V_o$ 的作用下，反馈网络产生反馈信号 $\dot X_f$，则受控电压源 $\dot A\dot X_i=-\dot A\dot X_f=-\dot A\dot F\dot V_o$，对于理想的电压反馈，反馈网络的输入阻抗为∞，由图得出闭环输出电阻

$$R_{of} = \frac{\dot{V}_o}{\dot{I}_o} = \frac{V_o}{\frac{\dot{V}_o + \dot{A}\dot{F}\dot{V}_o}{R_o}} = \frac{R_o}{1 + \dot{A}\dot{F}} \tag{5-3-7}$$

此式对于电压并联负反馈，有 $R_{of} = R_o/(1+\dot{A}_r\dot{F}_g)$；对于电压串联负反馈，有 $R_{of} = R_o/(1+\dot{A}_v\dot{F}_v)$。

2. 电流负反馈使闭环输出电阻增大

电流负反馈的部分框图如图 5-3-5 所示。

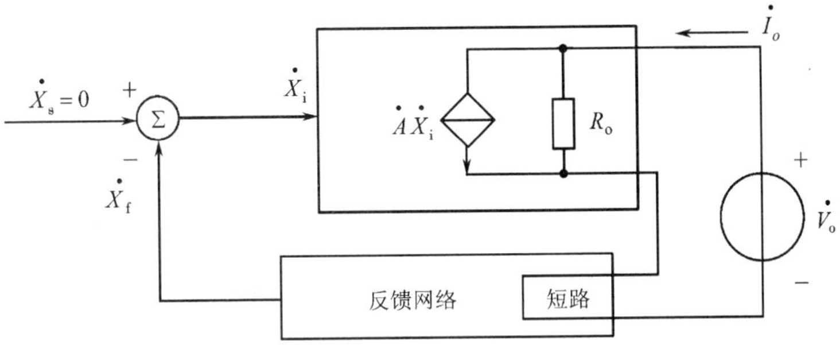

图 5-3-5　计算电流负反馈输出电阻的框图

在 $\dot{V}_o$ 的激励下，受控电流源 $\dot{A}\dot{X}_i = -\dot{A}\dot{X}_f = -\dot{A}\dot{F}\dot{I}_o$。对于电流反馈，反馈网络的输入电阻近似为零（其端口电阻归算到 R_o 中），所以

$$I_o = \frac{\dot{V}_o}{R_o} - \dot{A}\dot{F}\dot{I}_o \tag{5-3-8}$$

得到闭环输出电阻

$$R_{of} = \frac{\dot{V}_o}{I_o} = R_o(1 + \dot{A}\dot{F}) \tag{5-3-9}$$

对于电流并联负反馈放大电路，有 $R_{of} = R_o(1+\dot{A}_i\dot{F}_i)$；对于电流串联负反馈，有 $R_{of} = R_o(1+\dot{A}_g\dot{F}_r)$。

上述结果表明，电压负反馈放大电路的闭环输出电阻为开环时的 $1/(1+\dot{A}\dot{F})$ 倍，输出电阻的降低是由于电压负反馈的结果使输出电压趋向稳定，这相当于输出电阻减小了。

电流负反馈放大电路的闭环输出电阻为开环时的 $(1+\dot{A}\dot{F})$ 倍，输出电阻的增大是由于电流负反馈的结果使输出电流趋向稳定，所以相当于输出电阻增大了。

理想情况下，可以认为电压负反馈使 $R_{of}\to 0$，电流负反馈使 $R_{of}\to\infty$。

5.3.5　抑制噪声、干扰、温漂

噪声是由电子在电阻和晶体管内的不规则运动引起的，使放大电路在没有输入信号时，输出端出现杂乱无章的波形；或者，当放大电路供电电源出现纹波，或者受到外界电磁感应时，其输出端上出现的干扰信号。再者，由于环境温度的改变，引起放大电路内晶体管参数的改变及静态工作点的移动，导致放大电路的静态输出电压发生缓慢变化，即所谓温漂。

虽然噪声、干扰、温漂产生的原因、出现的位置和表现的形态不尽相同，但它们都与有用信号不同，是放大电路的有害信号，特别是当有用信号较微弱时，有害信号的影响不容忽视。

引入负反馈，能有效地减小放大电路输出端上出现的有害信号（温漂、噪声、干扰等），提高信噪比。现以噪声电压为例加以说明，如图 5-3-6 所示。

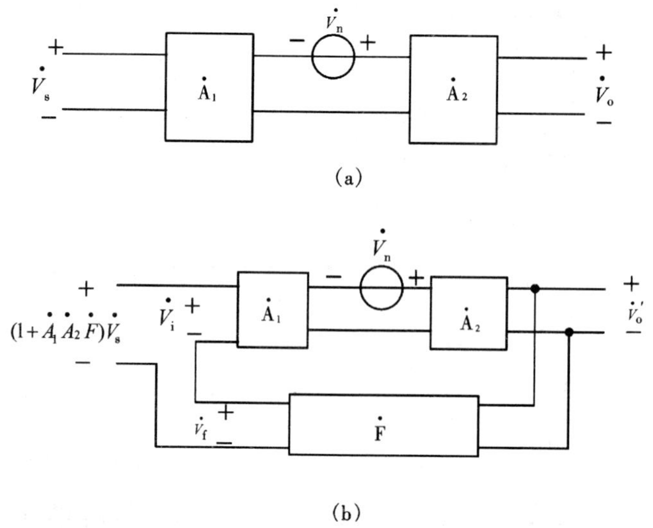

图 5-3-6　负反馈对噪声的抑制

(a)开环;(b)闭环

在图 5-3-6(a)中,设实际放大电路有用输入信号为 $\dot V_s$,放大电路分成两级,其增益 $\dot A=\dot A_1\dot A_2$,噪声电压 $\dot V_n$ 存在于两级之间。加入负反馈后(这里采用电压串联负反馈,但不失一般性),为了在相同的有用输出信号条件下进行比较,将有用输入信号增大到$(1+\dot A_1\dot A_2\dot F)\dot V_s$,如图 5-3-6(b)所示。

由图(a)得到

$$\dot V_o=\dot A_1\dot A_2\dot V_s+\dot A_2\dot V_n=\dot A\dot V_s+\dot A_2\dot V_n \tag{5-3-10}$$

进而得到输出信号的信噪比为

$$\frac{S}{N}=\frac{\dot A\dot V_s}{\dot A_2\ \dot V_n} \tag{5-3-11}$$

其中,　$\dot A=\dot A_1\dot A_2$

由图(b)得

$$\dot V_i=(1+\dot A_1\dot A_2\dot F)\dot V_s-\dot V_f=(1+\dot A\dot F)\dot V_s-\dot V_o'\dot F \tag{5-3-12}$$

$$\dot V_o'=\dot A\dot V_i+\dot V_n\dot A_2 \tag{5-3-13}$$

联立求解式(5-3-12)和式(5-3-13)得到

$$\dot V_o'=\dot A\dot V_s+\frac{\dot V_n\dot A_2}{1+\dot A\dot F} \tag{5-3-14}$$

其中,第一项是信号电压,第二项是噪声。闭环后输出信号的信噪比为

$$\left(\frac{S}{F}\right)_f=\frac{\dot A\dot V_s}{\dfrac{\dot A_2\ \dot V_n}{1+\dot A\dot F}}=(1+\dot A\dot F)\frac{\dot A\dot V_s}{\dot A_2\ \dot V_n}=(1+\dot A\dot F)\frac{S}{N} \tag{5-3-15}$$

可见,负反馈的结果使放大电路输出端上的有害成分减小为原来的 $1/(1+\dot A\dot F)$。闭环后的信噪比比开环时提高$(1+\dot A\dot F)$倍。

上述结论,同样适用于对温漂和干扰的抑制。但如果干扰是与输入信号同时混入的,则负反馈也无能为力。

5.3.6 扩展频带

频带宽度是放大器的一项重要技术指标，引入负反馈是展宽频带的有效方法之一。

设放大器具有近似的单极点频率特性，所以高频区的开环增益为

$$\dot{A}_{H}=\frac{A_{M}}{1+j\dfrac{f}{f_{H}}} \tag{5-3-16}$$

式中，A_M 是中频增益；f_H 是上限频率。

施加负反馈后，并假设 $\dot{F}$ 为实数，由式(5-1-5)得到闭环增益表达式为

$$\dot{A}_{Hf}=\frac{\dot{A}_{H}}{1+\dot{A}_{H}\dot{F}}=\frac{\dfrac{A_{M}}{1+A_{M}\dot{F}}}{1+j\dfrac{f}{[(1+\dot{A}_{M}\dot{F})f_{H}]}}=\frac{A_{Mf}}{1+j\dfrac{f}{f_{Hf}}} \tag{5-3-17}$$

式中，A_{Mf}为中频区的闭环增益；f_{Hf}为闭环后的上限频率，它与开环时上限频率的关系为

$$f_{Hf}=(1+A_{M}F)f_{H} \tag{5-3-18}$$

同理，得到低频区闭环增益的表达式为

$$A_{Lf}=\frac{A_{Mf}}{1-j\dfrac{f_{Lf}}{f}} \tag{5-3-19}$$

式中，f_{Lf}是闭环后的下限频率，即

$$f_{Lf}=\frac{f_{L}}{1+A_{M}F} \tag{5-3-20}$$

由上述分析可知，闭环增益的幅频特性如图5-3-7所示。

加上反馈后，闭环中频增益等于开环的 $1/(1+A_MF)$ 倍，闭环的上限频率是开环的 $(1+A_MF)$ 倍，下限频率是开环的 $1/(1+A_MF)$ 倍。若忽略下限频率，则闭环后的增益带宽积为

$$A_{Mf}\cdot f_{Hf}=\frac{A_{M}}{1+A_{M}F}\cdot(1+A_{M}F)f_{H}=A_{M}f_{H} \tag{5-3-21}$$

即闭环的增益带宽积与开环的相同，仍是一个常数。

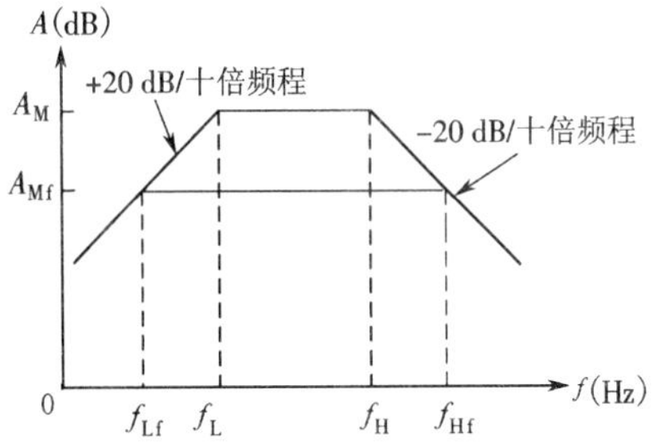

图5-3-7　闭环增益的幅频特性

必须指出，上述结论只适用于具有单极点频率特性的放大电路。

综上所述可以看出，负反馈以牺牲增益为代价，换取电路多方面性能的改善。反馈愈深，即$|1+\dot{A}\dot{F}|$的值愈大，这种改善愈为明显。但是，也必须注意到，反馈深度$|1+\dot{A}\dot{F}|$或环路增益$|\dot{A}\dot{F}|$的值也不能无限制地增加，否则将容易产生自激振荡，需要采用适当的补偿措施。

5.4 负反馈放大电路的计算方法

对负反馈放大电路技术指标的计算，通常可供选择的方法有四种：简单反馈电路（如单级放大电路）可以采用前述的微变等效电路分析法；对多级非深度负反馈电路，采用框图法；对多级深度负反馈电路，采用近似估算法；对复杂的负反馈电路，采用计算机模拟法，即通过PSPICE对电路求解，得到各种闭环参数和特性，此法简单实用，但不能揭示物理概念和求解过程。本节介绍框图法和近似计算法。

*5.4.1 框图法

框图法是以负反馈的理想框图为出发点，首先将负反馈电路分解成基本放大电路和反馈网络，求出基本放大电路的开环参数和反馈网络的反馈系数，然后借助反馈的普遍方程式计算闭环参数。该方法的优点是概念清楚，并能得到所有的闭环参数。但是实际电路往往不符合前面所讲的理想反馈框图的条件，从而给求解带来不少麻烦。

下面以电压并联负反馈电路和电流串联负反馈电路为例做示范性说明，进而推出一般性规律。

1. 电压并联负反馈

由图5-2-2知，电压并联负反馈是两个网络并联，并联是电流相加，因此用短路导纳参数 Y 表示最为适宜。

一个实际电压并联负反馈放大电路如图5-4-1所示。其两个并联网络分别是：含放大器件（运算放大器）的有源网络和由 R_f 构成的无源反馈网路。

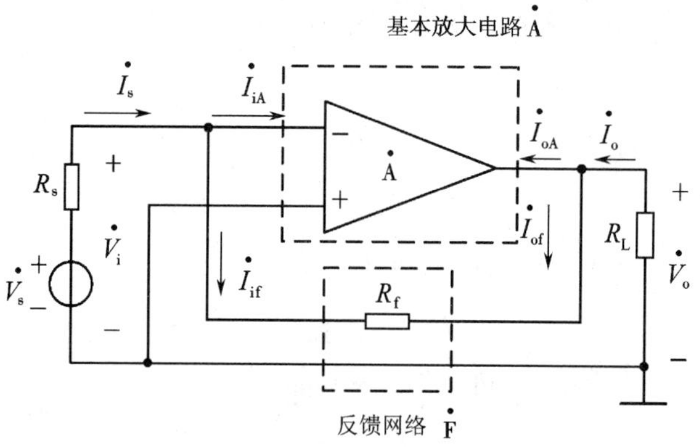

图5-4-1 电压并联负反馈放大电路

图5-4-1用 Y 参数方程表示为

$$\dot{I}_{iA} = y_{iA}\dot{V}_i + y_{rA}\dot{V}_o \tag{5-4-1}$$

$$\dot{I}_{oA} = y_{fA}\dot{V}_i + y_{oA}\dot{V}_o \tag{5-4-2}$$

$$\dot{I}_{if} = y_{if}\dot{V}_i + y_{rf}\dot{V}_o \tag{5-4-3}$$

$$\dot{I}_{of} = y_{ff}\dot{V}_i + y_{of}\dot{V}_o \tag{5-4-4}$$

以上各式中的短路导纳参数分别定义为

$$\left.\begin{array}{ll} y_{\mathrm{iA}}=\dfrac{\dot I_{\mathrm{iA}}}{\dot V_{\mathrm{i}}}\bigg|_{\dot V_{\mathrm{o}}=0}, & y_{\mathrm{rA}}=\dfrac{\dot I_{\mathrm{iA}}}{\dot V_{\mathrm{o}}}\bigg|_{\dot V_{\mathrm{i}}=0} \\ y_{\mathrm{fA}}=\dfrac{\dot I_{\mathrm{oA}}}{\dot V_{\mathrm{i}}}\bigg|_{\dot V_{\mathrm{o}}=0}, & y_{\mathrm{oA}}=\dfrac{\dot I_{\mathrm{oA}}}{\dot V_{\mathrm{o}}}\bigg|_{\dot V_{\mathrm{i}}=0} \\ y_{\mathrm{if}}=\dfrac{\dot I_{\mathrm{if}}}{\dot V_{\mathrm{i}}}\bigg|_{\dot V_{\mathrm{o}}=0}, & y_{\mathrm{rf}}=\dfrac{\dot I_{\mathrm{if}}}{\dot V_{\mathrm{o}}}\bigg|_{\dot V_{\mathrm{i}}=0} \\ y_{\mathrm{ff}}=\dfrac{\dot I_{\mathrm{of}}}{\dot V_{\mathrm{i}}}\bigg|_{\dot V_{\mathrm{o}}=0}, & y_{\mathrm{of}}=\dfrac{\dot I_{\mathrm{of}}}{\dot V_{\mathrm{o}}}\bigg|_{\dot V_{\mathrm{i}}=0} \end{array}\right\} \tag{5-4-5}$$

式(5-4-1)~式(5-4-4)对应的 Y 参数电路如图 5-4-2 所示。

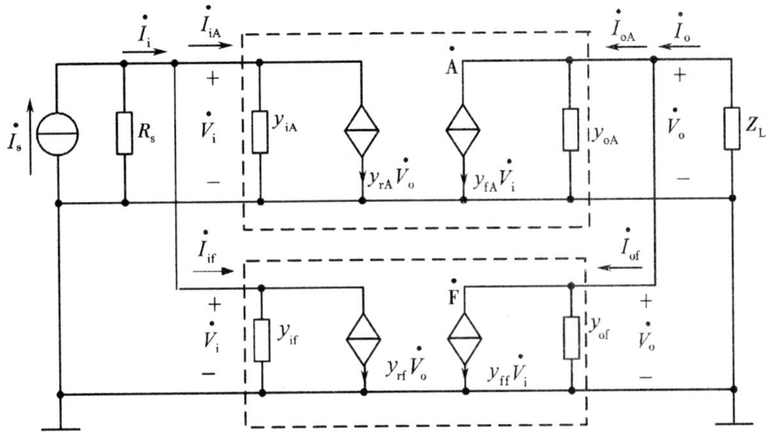

图 5-4-2　电压并联负反馈放大电路 Y 参数网络模型

由于信号通过 $\dot A$ 的正向传输能力远大于通过反馈网络从左向右的信号传输能力，即

$$y_{\mathrm{fA}} \gg y_{\mathrm{ff}} \tag{5-4-6}$$

输出信号通过反馈网络反馈到输入端的信号远大于 $\dot A$ 的“内部反馈”，即

$$y_{\mathrm{rf}} \gg y_{\mathrm{rA}} \tag{5-4-7}$$

以上两式就是在 5.1.1 节中强调的单环理想框图条件，即

$$\left.\begin{array}{l} y_{\mathrm{ff}}\approx 0 \\ y_{\mathrm{rA}}\approx 0 \end{array}\right\} \tag{5-4-8}$$

所以式(5-4-1)~式(5-4-4)可改写成

$$\dot I_{\mathrm{s}}=\dot I_{\mathrm{iA}}+\dot I_{\mathrm{if}}\approx(y_{\mathrm{iA}}+y_{\mathrm{if}})\dot V_{\mathrm{i}}+y_{\mathrm{rf}}\dot V_{\mathrm{o}} \tag{5-4-9}$$

$$\dot I_{\mathrm{o}}=\dot I_{\mathrm{oA}}+\dot I_{\mathrm{of}}\approx(y_{\mathrm{oA}}+y_{\mathrm{of}})\dot V_{\mathrm{o}}+y_{\mathrm{fA}}\dot V_{\mathrm{i}} \tag{5-4-10}$$

于是，在保持反馈放大电路端电流 $\dot I_{\mathrm{s}}$ 和 $\dot I_{\mathrm{o}}$ 不变的条件下，将 y_{if} 移入到放大电路的输入端，成为基本放大电路的输入回路的一部分；将 y_{of} 移入到放大电路的输出端，而成为基本放大电路负载的一部分，便可得到图 5-4-2 的理想单环反馈框图，如图 5-4-3 所示。

由图可知，y_{if} 和 y_{of} 只对信号的正向传输起分流作用，它们已不属于反馈网络。y_{if} 和 y_{of} 体现了反馈网络对基本放大电路的负载效应。图 5-4-2 和图 5-4-3 中的 $\dot I_{\mathrm{iA}}$ 和 $\dot I_{\mathrm{i}}'$ 就是前几节所有并联负反馈中的 $\dot I_{\mathrm{i}}$；图 5-4-2 中的 $\dot I_{\mathrm{f}}$ 即是前几节所有并联负反馈中的 $\dot I_{\mathrm{f}}$。

值得一提的是，在将 y_{if}、y_{of} 计入基本放大电路后，y_{if}、y_{of}、y_{rf} 均是短路导纳参数，因此，

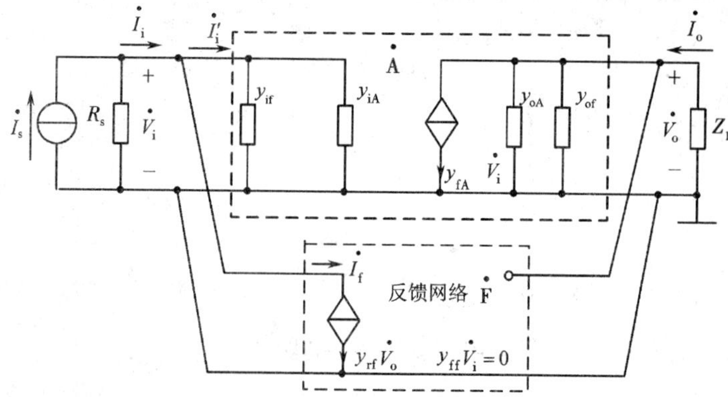

图 5-4-3　电压并联负反馈电路的理想框图

y_{rf}与 R_s 和 R_L 无关。

由以上分析,得到普遍规律如下。

①对电压反馈,基本放大电路的输入回路是原放大电路输出交流短路($\dot{V}_o=0$)时的输入回路,如图 5-4-4 所示,$y_{if}^{-1}=R_f$。

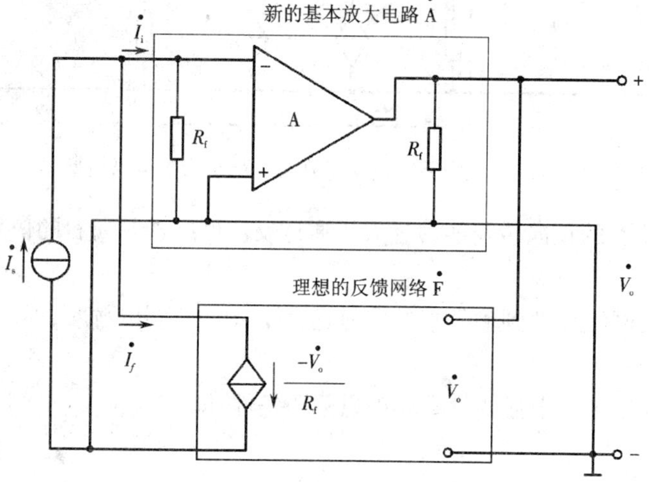

图 5-4-4　图 5-4-1 电路理想单环网络

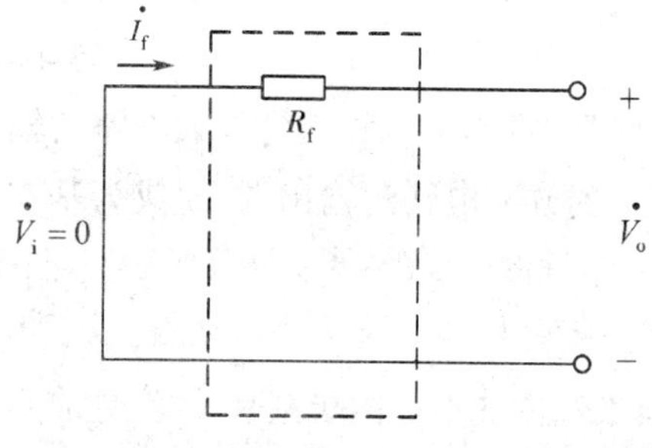

图 5-4-5　并联反馈令 $V_i=0$,求反馈系数

②对并联反馈,基本放大电路的输出回路是原放大电路输入短路($\dot{V}_i=0$)时的输出回路,如图 5-4-4 所示,$y_{of}^{-1}=R_f$,并求出反馈网络的反馈系数,此时反馈网络如图 5-4-5 所示。

由图可知:

$$\dot{F}_g=y_{rf}=\frac{\dot{I}_f}{\dot{V}_o}\bigg|_{\dot{V}_i=0}=-\frac{1}{R_f}$$

令图 5-4-4 中的 $\dot{I}_f=-\frac{\dot{V}_o}{R_f}=0$,便是图 5-4-1 所示

电压并联负反馈放大电路的基本放大电路 $\dot{A}$。

2. 电流串联负反馈

由图 5-2-4 知，电流串联负反馈是由输入端口和输出端口均串联的两个四端网络组成的，网络串联相当于电压相加，因此用 Z 参数表示最为方便。

电流串联负反馈放大电路如图 5-4-6 所示，两个串联网络分别是含 $T_1 \sim T_3$ 有源器件的网络和 R_{e1}、R_f、R_{e3}构成的反馈网络。

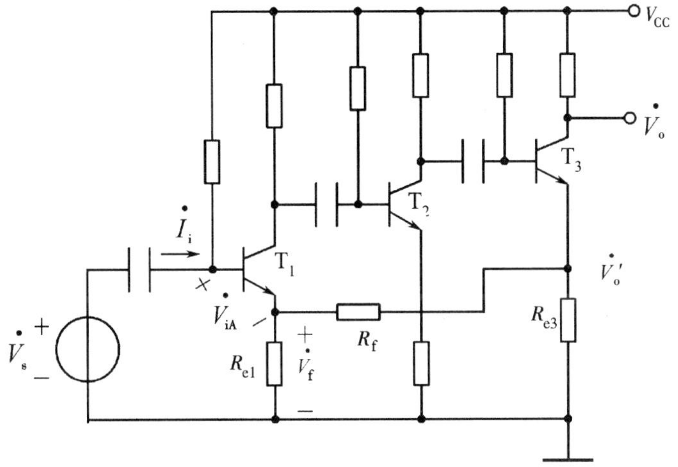

图 5-4-6　电流串联负反馈放大电路

图 5-4-6 电路用 Z 参数方程表示为

$$\dot{V}_{iA} = z_{iA}\dot{I}_i + z_{rA}\dot{I}_o \tag{5-4-11}$$

$$\dot{V}_{oA} = z_{fA}\dot{I}_i + z_{oA}\dot{I}_o \tag{5-4-12}$$

$$\dot{V}_{if} = z_{if}\dot{I}_i + z_{rf}\dot{I}_o \tag{5-4-13}$$

$$\dot{V}_{of} = z_{ff}\dot{I}_i + z_{of}\dot{I}_o \tag{5-4-14}$$

上述各式中的开路阻抗参数定义为

$$\left.\begin{aligned} z_{iA} &= \frac{\dot{V}_{iA}}{\dot{I}_i}\bigg|_{\dot{I}_o=0}, & z_{rA} &= \frac{\dot{V}_{iA}}{\dot{I}_o}\bigg|_{\dot{I}_i=0} \\ z_{fA} &= \frac{\dot{V}_{oA}}{\dot{I}_i}\bigg|_{\dot{I}_o=0}, & z_{oA} &= \frac{\dot{V}_{oA}}{\dot{I}_o}\bigg|_{\dot{I}_i=0} \\ z_{if} &= \frac{\dot{V}_{if}}{\dot{I}_i}\bigg|_{\dot{I}_o=0}, & z_{rf} &= \frac{\dot{V}_{if}}{\dot{I}_o}\bigg|_{\dot{I}_i=0} \\ z_{ff} &= \frac{\dot{V}_{of}}{\dot{I}_i}\bigg|_{\dot{I}_o=0}, & z_{of} &= \frac{\dot{V}_{of}}{\dot{I}_o}\bigg|_{\dot{I}_i=0} \end{aligned}\right\} \tag{5-4-15}$$

式(5-4-11) ~ 式(5-4-14)所对应的 Z 参数电路如图 5-4-7 所示。

类似电压并联负反馈的分析，图 5-4-7 所示模型电路通常能够满足理想单环反馈的条件，即

$$z_{fA} \gg z_{ff}，令\ z_{ff} \approx 0 \tag{5-4-16}$$

$$z_{rf} \gg z_{rA}，令\ z_{rA} \approx 0 \tag{5-4-17}$$

再将 z_{if}和 z_{of}分别归到基本放大电路的输入回路和输出回路，便得到电流串联负反馈放

大电路的理想框图,如图 5-4-8 所示。

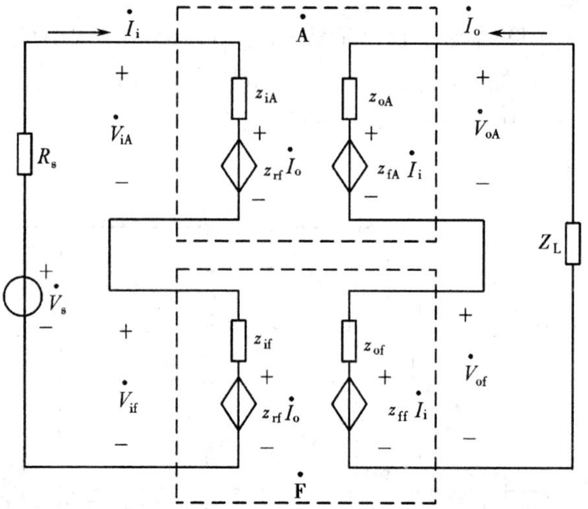

图 5-4-7　电流串联负反馈电路 Z 参数网络模型

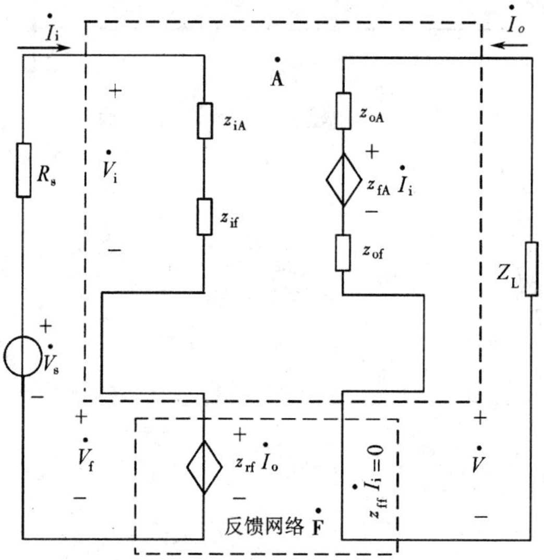

图 5-4-8　电流串联负反馈放大电路的理想框图

图 5-4-8 中的 $\dot{V}_i$ 和 $\dot{V}_f$ 就是前几节中所有串联反馈时的净输入电压和反馈电压。图 5-4-8说明,当采样信号是输出电流时,加在反馈网络输出端的电压等于零。

综上分析,得到普遍规律如下。

①对电流反馈,基本放大电路的输入回路是原电路在输出交流开路时($\dot{I}_o=0$)的输入回路,如图 5-4-9 所示,$z_{if}=R_{e1}//(R_f+R_{e3})$。

②对于串联反馈,基本放大电路的输出回路是原电路在输入开路时($\dot{I}_i=0$)的输出回路,如图 5-4-9 所示,$z_{of}=R_{e3}//(R_f+R_{e1})$;并求得反馈网络的反馈系数,由图 5-4-10 可求得

$$\dot{F}_r=z_{rf}=\left.\frac{\dot{V}_f}{\dot{I}_{e3}}\right|_{\dot{I}_i=0}=\frac{R_{e3}R_{e1}}{R_{e1}+R_{e3}+R_f} \tag{5-4-18}$$

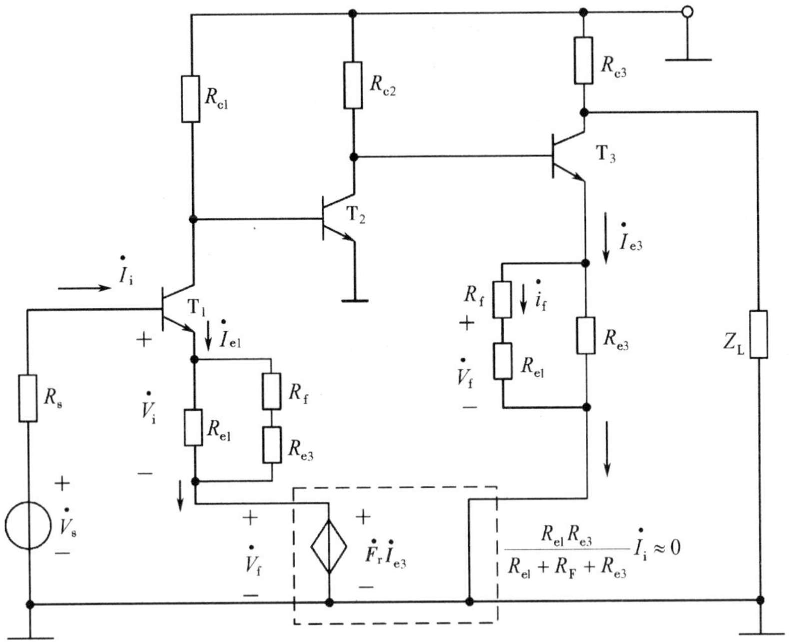

图 5-4-9　图 5-4-6 电路的理想单环网络

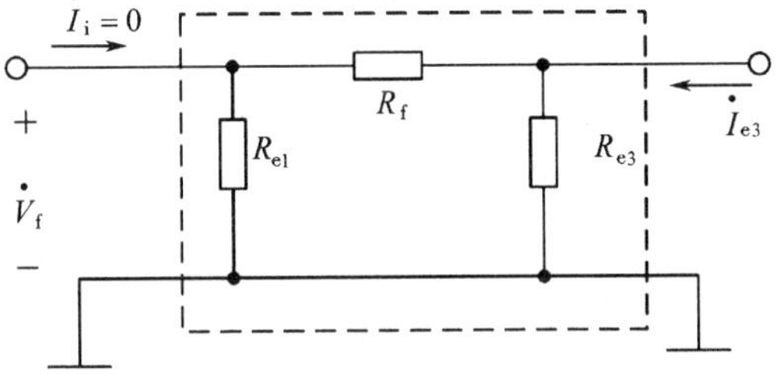

图 5-4-10　串联负反馈，令 $\dot I_i = 0$，求反馈系数

令图 5-4-9 中 $\dot V_f = \dot F_r \dot I_{e3} = 0$，便是图 5-4-6 所示电流串联负反馈放大电路的基本放大电路 $\dot A$。

电压串联负反馈和电流并联负反馈可用类似的方法求得，不再仔细分析，并将四种反馈组态基本放大电路的输入回路、输出回路，反馈网络 $\dot F$ 的求法列于表 5-4-1 中。

表 5-4-1　基本放大电路的输入回路、输出回路和反馈网络 $\dot F$ 的求法

反馈组态	电压串联	电压并联	电流串联	电流并联
求输入回路	令 $\dot V_o = 0$	令 $\dot V_o = 0$	令 $\dot I_o = 0$	令 $\dot I_o = 0$
求输出回路	令 $\dot I_i = 0$	令 $\dot V_i = 0$	令 $\dot I_i = 0$	令 $\dot V_i = 0$
求反馈系数	令 $\dot I_i = 0$ 得 $\dot F_v$	令 $\dot V_i = 0$ 得 $\dot F_g$	令 $I_i = 0$ 得 $\dot F_r$	令 $\dot V_i = 0$ 得 $\dot F_i$

3. 分析计算举例

分析计算的一般步骤如下：

①正确判断是何种反馈类型；

②将负反馈电路分解成基本放大电路和反馈网络；

③求基本放大电路的性能参数，即开环参数；

④求反馈深度；

⑤求闭环性能参数。

[例 5-4-1]　图 5-4-11 是电压串联负反馈放大电路，设 C_1 和 C_2 对交流信号短路，$\beta_1 = \beta_2 = 100$。试计算 R_{if}、R_{of}和 A_{rf}、$A_{v_s f}$。

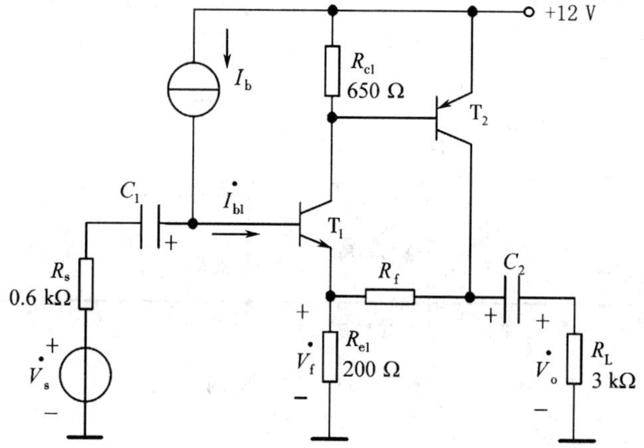

图 5-4-11　例 5-4-1 电路

解：(1)不难判断该电路引入的是电压串联负反馈

(2)求基本放大电路和反馈网络

根据表 5-4-1 的规则，令 $\dot{V}_o = 0$，则从输入端看进去时，R_f 与 R_{e1} 并联接地；再令 $\dot{I}_{b1} = 0$，即 $\dot{I}_{e1} = 0$，则从输出端看进去时，R_f 和 R_{e1} 串联后并接到输出端；按定义，可求出图 5-4-11 电路反馈网络的反馈系数 $\dot{F}_v = \dfrac{R_{e1}}{R_{e1} + R_f}$；于是得到图 5-4-11 所示电路的单环反馈等效电路，如图 5-4-12 所示。

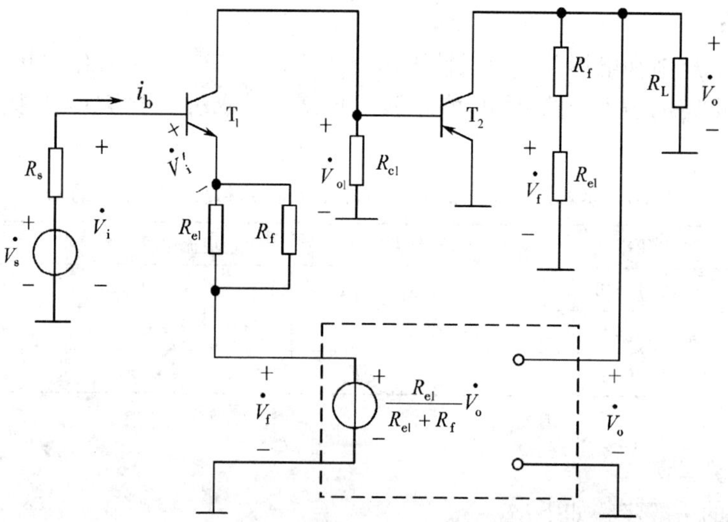

图 5-4-12　单环反馈等效电路

(3)求开环性能参数

令图 5-4-12 中的 $\dot{V}_f=\dfrac{R_{e1}}{R_{e1}+R_f}\dot{V}_o=0$,即得到单向化的基本放大电路如图 5-4-13 所示。由此可以计算出基本放大电路的各项性能参数如下:

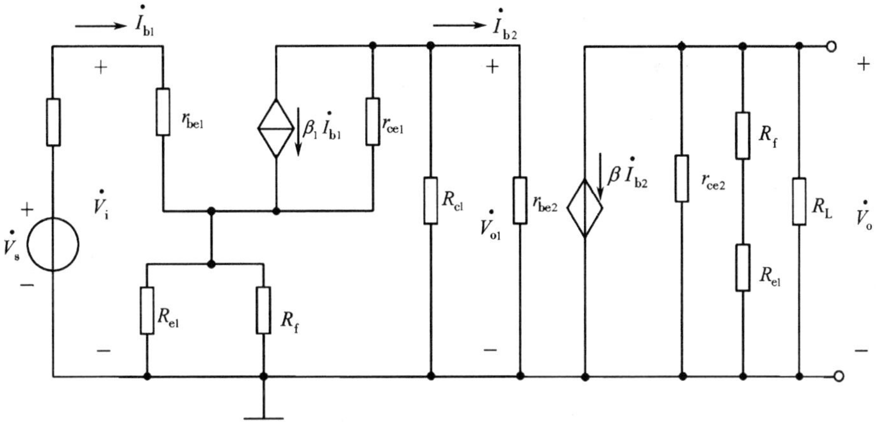

图 5-4-13　基本放大电路的等效电路

$$R_i=\frac{\dot{V}_i}{\dot{I}_{b1}}\bigg|_{\dot{V}_f=0}=r_{be1}+(1+\beta_1)(R_f/\!/R_{e1})=21\ \text{k}\Omega$$

$$R_o=(R_f+R_{e1})/\!/r_{ce2}\approx R_f+R_{e1}=2.2\ \text{k}\Omega$$

$$\dot{A}_v=\frac{\dot{V}_o}{\dot{V}_i}=\frac{\dot{V}_{o1}}{\dot{V}_i}\cdot\frac{\dot{V}_o}{\dot{V}_{o1}}=\left[-\frac{\beta_1 R_{c1}/\!/r_{be2}}{R_i}\right]\left[-\frac{\beta_2 R_o/\!/R_L}{r_{be2}}\right]$$

$$=\beta_1\beta_2\frac{R_{c1}}{R_{c1}+r_{be2}}\cdot\frac{R_o/\!/R_L}{R_i}\approx 242$$

$$\dot{A}_{v_s}=\frac{\dot{V}_o}{\dot{V}_s}=\frac{\dot{V}_i}{\dot{V}_s}\cdot\frac{\dot{V}_o}{\dot{V}_i}=\dot{A}_v\frac{R_i}{R_s+R_i}\approx\dot{A}_v=242$$

$$\dot{A}_{v_s o}=\frac{\dot{V}_o}{\dot{V}_s}\bigg|_{R_L=\infty}=\beta_1\beta_2\frac{R_{c1}}{R_{c1}+r_{be2}}\cdot\frac{R_o}{R_i}=419$$

(4)求反馈深度

$$\dot{F}_v=\frac{R_{e1}}{R_f+R_{e1}}=\frac{1}{11}$$

$$|1+\dot{A}_v\dot{F}_v|\approx|1+\dot{A}_{v_s}\dot{F}_v|=23$$

(5)求闭环性能参数

$$R_{if}=|1+\dot{A}_v\dot{F}_v|R_i=483\ \text{k}\Omega$$

$$R_{of}=\frac{R_o}{|1+\dot{A}_{v_s o}\dot{F}_v|}\approx 56\ \Omega$$

$$\dot{A}_{vf}\approx\dot{A}_{v_s f}=\frac{\dot{A}_v}{|1+\dot{A}_v\dot{F}_v|}=10.5$$

由于四种类型的负反馈放大电路的增益 $\dot{A}$ 或 $\dot{A}_f$ 有四种不同的含义,而工程上习惯用电压增益 $\dot{A}_{v_s f}$(含 R_s),所以下面给出其他三种类型的负反馈放大电路的闭环电压增益 $\dot{A}_{v_s f}$。

电压并联负反馈 $\dot{A}_{v_s f}=\dfrac{\dot{V}_o}{\dot{V}_s}=\dfrac{\dot{V}_o}{R_s\dot{I}_s}=\dfrac{1}{R_s}\dot{A}_{v_s f}$ (5-4-19)

电流串联负反馈 $\dot{A}_{v_s f}=\dfrac{\dot{V}_o}{\dot{V}_s}=\dfrac{\dot{I}_o R'_L}{\dot{V}_s}=R'_L\dot{A}_{g_s f}$ (5-4-20)

电流并联负反馈 $\dot{A}_{v_s f}=\dfrac{\dot{V}_o}{\dot{V}_s}=\dfrac{\dot{I}_o R'_L}{\dot{I}_s R_s}=\dfrac{R'_L}{R_s}\dot{A}_{i_s f}$ (5-4-21)

只要分别计算出电压并联、电流串联和电流并联时的闭环 $A_{v_s f}$、$A_{g_s f}$及 $A_{i_s f}$，就可对应求出各自的 $\dot{A}_{v_s f}$。

5.4.2 深度负反馈放大电路的近似计算

由式(5-1-7)知，深度负反馈条件，即$|1+\dot{A}\dot{F}|\gg 1$时，闭环增益基本上取决于反馈网络的参数，即

$$\dot{A}_f=\frac{\dot{X}_o}{\dot{X}_s}=\frac{\dot{A}}{1+\dot{A}\dot{F}}\approx\frac{1}{\dot{F}}$$

下面进一步考察深度负反馈条件下，电路具有哪些特征。

由式(5-1-1)知

$$\dot{X}_i=\dot{X}_s-\dot{X}_f=\dot{X}_s-\dot{F}\dot{A}\dot{X}_i \tag{5-4-22}$$

即

$$\dot{X}_i=\frac{\dot{X}_s}{1+\dot{A}\dot{F}} \tag{5-4-23}$$

当$|\dot{A}\dot{F}|\geqslant 10$时，可以认为

$$\dot{X}_i\approx 0 \text{ 或 } \dot{X}_s\approx\dot{X}_f \tag{5-4-24}$$

上式意味着，对于并联负反馈，$\dot{X}_i=\dot{I}_i\approx 0$，$\dot{X}_f=\dot{I}_f\approx\dot{I}_s$，并导致在基本放大电路的输入电阻上造成压降很小，其两输入端的电位近似相等。对于串联负反馈，则 $\dot{X}_i=\dot{V}_i\approx 0$，$\dot{X}_f=\dot{V}_f\approx\dot{V}_s$，并使流过基本放大电路输入端的电流近似为零。总之，不论是串联负反馈还是并联负反馈，只要$|\dot{A}\dot{F}|$足够大，总有 $\dot{I}_i\to 0$，$\dot{V}_i\to 0$，即所谓的“虚断”、“虚短”，这是深度负反馈的重要特征。

下面主要以由运放构成的基本电路为例，给出深度负反馈条件下，如何利用“虚短”和“虚断”的概念对电路进行分析计算。

由集成运放构成的基本运算电路有三种基本电路形式，即反相输入方式、同相输入方式和差动输入方式。它们的区别仅在于激励信号作用的输入端不同。由于在这些电路中引入了深度负反馈，使运算电路得以获得负反馈带来的众多好处，实现精确的运算关系。

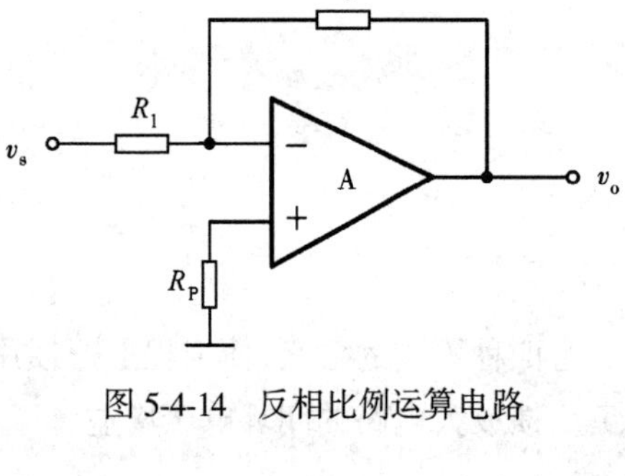

图 5-4-14 反相比例运算电路

1.比例运算电路

(1)反相输入方式

反相比例运算电路如图 5-4-14 所示。显然，该电路引入的是电压并联负反馈。为了保证集成运放输入级——差动放大电路的对称性，在同相输入端加一平衡电阻 R_p，其值为输入端接地时反相输入端总等效电阻，所以在该电

路中 $R_p = R_1 // R_f$。根据“虚短”、“虚断”的特征，由图可列出如下方程：

$$v_N \approx v_P = 0$$

$$\frac{v_s - v_N}{R_1} = \frac{v_N - v_o}{R_f}$$

从而求得图 5-4-14 所示电路的闭环电压增益为

$$A_{vf} = \frac{v_o}{v_s} = -\frac{R_f}{R_1} \tag{5-4-25}$$

式中负号表明输出信号与输入信号是反相关系。当 $R_f = R_1$ 时，$v_o = -v_s$，此时称图 5-4-14 所示电路为反相器。

因为反相输入端电位 $v_N \approx 0$，所以从信号源两端视入的阻抗，即闭环输入阻抗

$$R_{if} = R_1 \tag{5-4-26}$$

由于反相输入比例电路引入了电压并联负反馈，使得放大电路输出阻抗降低，考虑理想运放的开环输出阻抗为零，所以闭环输出阻抗

$$R_{of} \approx 0 \tag{5-4-27}$$

需要注意的是，运放反相端的电位视为近似地，但不能接地，即为虚地，运放在这种应用中不存在共模信号。

(2)同相输入方式

同相比例运算电路如图 5-4-15 所示，显然该电路引入的是电压串联负反馈。

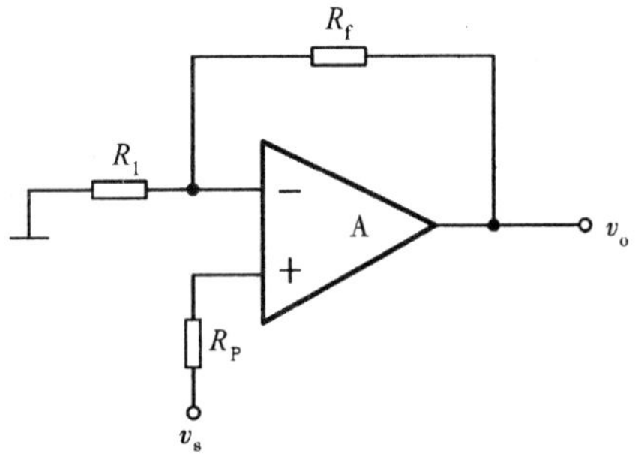

图 5-4-15　同相比例运算电路

由图可有

$$v_N \approx v_P = v_s$$

$$\frac{0 - v_N}{R_1} = \frac{v_N - v_o}{R_f}$$

进而求得同相比例运算电路的闭环增益

$$A_{vf} = \frac{v_o}{v_s} = 1 + \frac{R_f}{R_1} \tag{5-4-28}$$

可见，其增益为正，表明输出信号与输入信号是同相的关系。当 R_1 开路时，$v_o = v_s$，并称图 5-4-15 所示电路为电压跟随器。

同相比例电路引入的是电压串联负反馈组态，它能提高输入阻抗，降低输出阻抗。由于理想运放开环输入阻抗本身就为无穷大，所以该电路的闭环输入阻抗为

$$R_{if} = \infty \tag{5-4-29}$$

闭环输出阻抗为

$$R_{of} = 0 \tag{5-4-30}$$

需要注意的是，同相输入时，存在着数值与输入信号相等的共模信号，所以在同相应用时，必须考虑共模抑制比引入的误差。

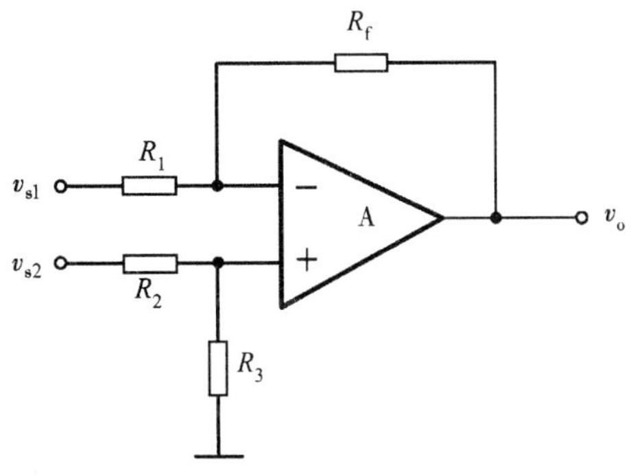

图 5-4-16　差动输入比例运算电路

(3)差动输入方式

差动输入比例运算电路如图 5-4-16 所示。根据叠加原理，该电路是反相输入比例运算电路与同相输入比例运算电路的组合，由此列出如下方程：

$$v_o = -\frac{R_f}{R_1}v_{s1} + \left(1+\frac{R_f}{R_1}\right)\frac{R_3}{R_2+R_3}v_{s2} \tag{5-4-31}$$

当满足$\frac{R_f}{R_1}=\frac{R_3}{R_2}$时，有

$$v_o = \frac{R_f}{R_1}(v_{s2}-v_{s1}) \tag{5-4-32}$$

即输出与两个输入信号之差成比例，这是理想差动放大器的特性。

为进一步加强“虚短”、“虚断”概念，可对该电路做如下分析。由“虚短”列出方程

$$v_N \approx v_P = \frac{R_3}{R_2+R_3}v_{s2} \tag{5-4-33}$$

由“虚断”列出方程

$$\frac{v_{s1}-v_N}{R_1} = \frac{v_N-v_o}{R_f} \tag{5-4-34}$$

联立求解式(5-4-33)和式(5-4-34)，即可得到与式(5-4-31)同相的结果。

2. 求和运算电路

根据求和诸信号作用点的不同，求和电路也分为反相输入、同相输入和差动输入三种形式。

(1)反相求和电路

反相求和电路如图5-4-17所示。

比较图5-4-14和图5-4-17可知，两者的区别是输入端子数目不同。由理想运放的两个特点(即“虚短”、“虚断”特征)，对反相输入端节点N可列出下面的方程：

$$v_N \approx v_P = 0$$

$$\frac{v_{s1}}{R_1}+\frac{v_{s2}}{R_2}+\frac{v_{s3}}{R_3} = \frac{-v_o}{R_f}$$

进而得到

$$v_o = -R_f\left(\frac{v_{s1}}{R_1}+\frac{v_{s2}}{R_2}+\frac{v_{s3}}{R_3}\right) \tag{5-4-35}$$

若取 $R_f = R_1 = R_2 = R_3$，则

$$v_o = -(v_{s1}+v_{s2}+v_{s3}) \tag{5-4-36}$$

为了减小失调电流引入的直流误差并抑制温漂，接于同相输入端的平衡电阻

$$R_p = R_1 /\!/ R_2 /\!/ R_3 /\!/ R_f$$

图5-4-17所示求和电路可以扩展到对更多输入电压求和。由于反相求和电路的运放反相输入端是虚地点，调整某一路电阻，不影响其他路输入与输出的比例关系。

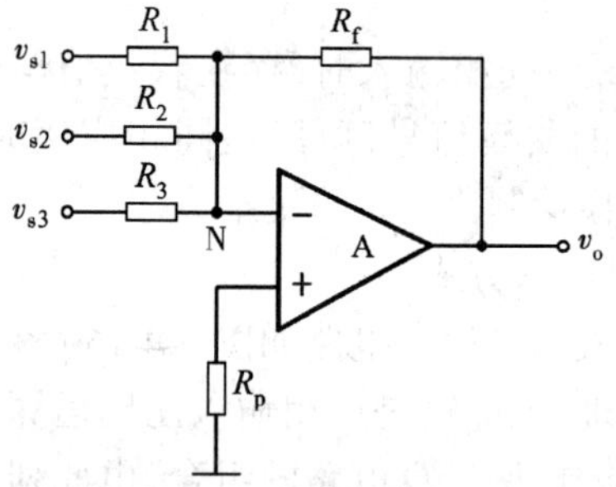

图5-4-17　反相求和电路

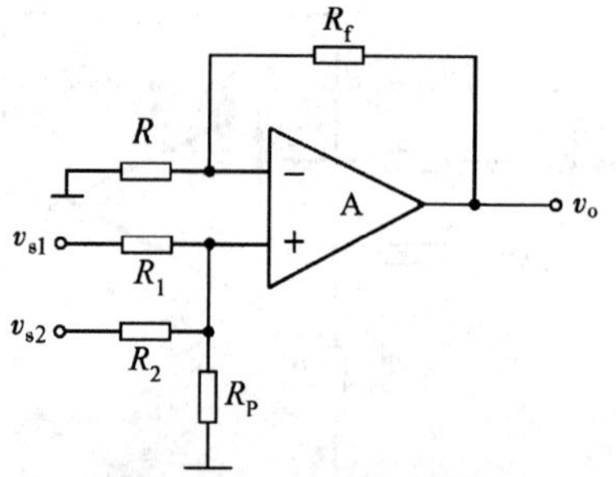

图5-4-18　同相求和电路

(2)同相求和电路

同相求和电路如图 5-4-18 所示。由"虚断"特征,可列出方程

$$\frac{v_{s1}-v_P}{R_1}+\frac{v_{s2}-v_P}{R_2}=\frac{v_P}{R_p}$$

所以得

$$v_P=v_{s1}\frac{R_2/\!/R_p}{R_1+R_2/\!/R_p}+v_{s2}\frac{R_1/\!/R_p}{R_2+R_1/\!/R_p}$$

$$v_o=\left(1+\frac{R_f}{R}\right)v_p=\left(1+\frac{R_f}{R}\right)\left(v_{s1}\frac{R_2/\!/R_p}{R_1+R_2/\!/R_p}+v_{s2}\frac{R_1/\!/R_p}{R_2+R_1/\!/R_p}\right)\tag{5-4-37}$$

令

$$R_f/\!/R=R_p/\!/R_1/\!/R_2\tag{5-4-38}$$

得到

$$v_o=R_f\left(\frac{v_{s1}}{R_1}+\frac{v_{s2}}{R_2}\right)\tag{5-4-39}$$

可见 v_o 与 v_{s1} 和 v_{s2} 是同相求和关系,但它要满足式(5-4-38),否则失配将引起共模输出电压增大。由于各输入信号源的电流相互干扰,不如反相求和电路调整方便。

(3)差动求和电路

差动求和电路如图 5-4-19 所示,它可以看作是反相求和与同相求和组合而成。应用叠加原理,得出

$$v_o=-R_f\left(\frac{v_{s1}}{R_1}+\frac{v_{s2}}{R_2}\right)+\left(1+\frac{R_f}{R_1/\!/R_2}\right)\left(\frac{R_4/\!/R_p}{R_3+R_4/\!/R_p}v_{s3}+\frac{R_3/\!/R_p}{R_4+R_3/\!/R_p}v_{s4}\right)\tag{5-4-40}$$

上式结论也可通过联立求解如下方程得到,即

$$\left.\begin{aligned}&v_N\approx v_P\\&\frac{v_{s3}-v_P}{R_3}+\frac{v_{s4}-v_P}{R_4}=\frac{v_P}{R_P}\\&\frac{v_{s1}-v_N}{R_1}+\frac{v_{s2}-v_N}{R_2}=\frac{v_N-v_o}{R_f}\end{aligned}\right\}\tag{5-4-41}$$

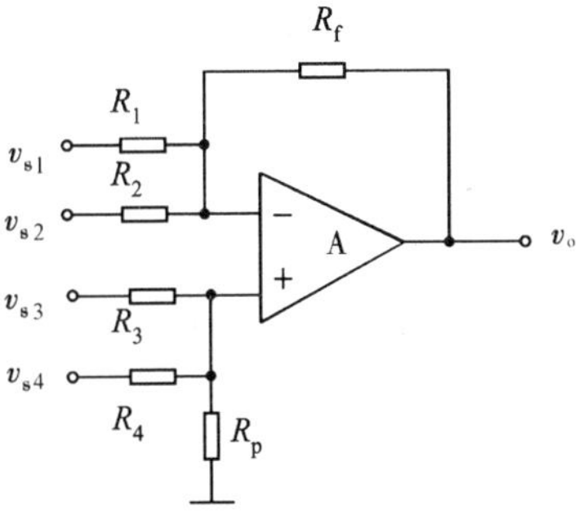

图 5-4-19　差动求和电路

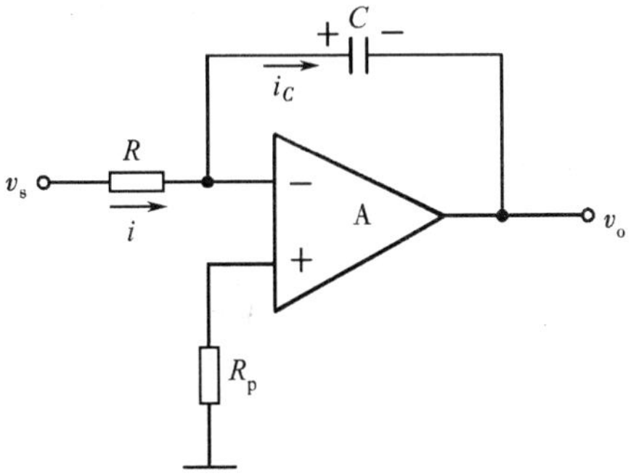

图 5-4-20　积分运算电路

3.积分运算电路

积分电路在波形发生器、波形变换、压频变换、延时、滤波器等方面应用很广。基本积分运算电路如图 5-4-20 所示。

因为运放反相输入端是虚地,且由"虚断"特征有 $i=i_C$,所以得到

$$v_o = -v_C = -\frac{1}{C}\int i_C \mathrm{d}t = -\frac{1}{RC}\int v_s(t)\mathrm{d}t \tag{5-4-42}$$

上式表明,输出信号与输入信号之间为反相积分关系。当初始条件为 $v_C(0)=0$,且 v_s 为阶跃信号时,输出电压

$$v_o = -\frac{1}{RC}\int v_s(t)\mathrm{d}t = -\frac{V_s}{RC}t \tag{5-4-43}$$

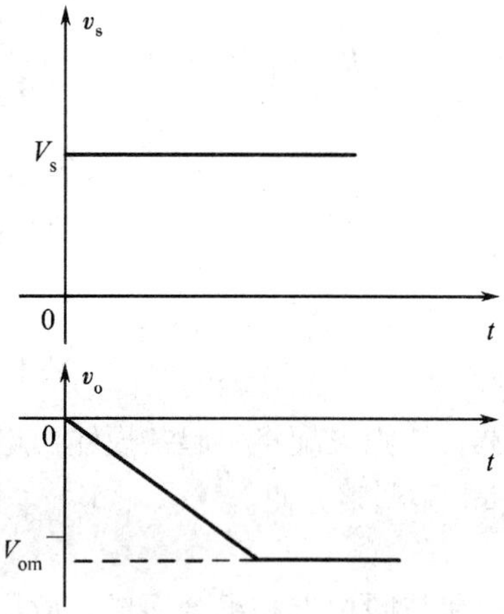

图 5-4-21　积分电路的阶跃响应

即输出电压 v_o 与时间 t 成近似线性关系,但其最大值受运放最大输出电压 V_{om}^+ 或 V_{om}^- 的限制。积分电路的阶跃响应如图 5-4-21 所示。

积分运算电路还有同相积分和差动积分两种形式,请读者自行设计分析电路,且比较与图 5-4-20 所示电路的区别。

4.微分运算电路

将积分电路的电容和电阻的位置对调,便可得到微分运算电路,如图 5-4-22 所示。

由图可知

$$v_o = -iR = -RC\frac{\mathrm{d}v_s(t)}{\mathrm{d}t} \tag{5-4-44}$$

上式说明,图 5-4-22 所示电路的输出与输入之间为微分关系。

但是,由于 R 和 C 组成的反馈网络将引进 0°～－90°的相移,所以,尽管运放本身有足够的相位裕度,但加上反馈网络的相移之后,仍有可能会产生自激振荡,这是图 5-4-22 电路的缺点。实用的微分运算电路在电容 C 上串一个小电阻 R_1,如图 5-4-23 所示。

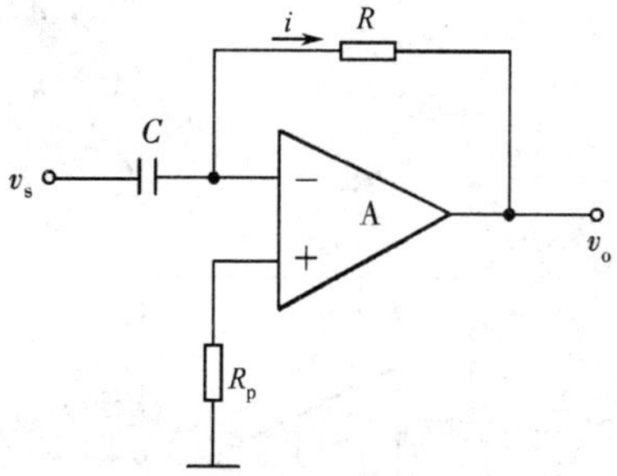

图 5-4-22　微分运算电路

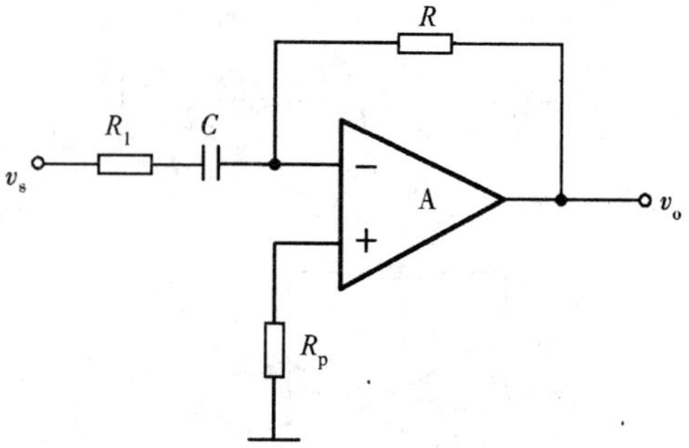

图 5-4-23　改进的微分运算电路

在加上电阻 R_1 后,将会产生运算误差,所以在设计电路时,尽量使用积分电路代替微分电路。

5.对数运算电路

在比例运算电路中,将反馈元件 R_f 用二极管代替,即可构成对数运算电路,如图 5-4-24 所示。

由式(1-2-1)知,在一定的范围内,二极管的正向电流与电压之间具有指数关系,根据理想运放的特征列出如下方程:

$$i_R=\frac{v_s}{R}=i_D=I_s e^{v_D/V_T} \quad (5\text{-}4\text{-}45)$$

由于 $v_o=-v_D$，所以

$$v_o=-V_T\ln\frac{v_s}{I_sR} \quad (5\text{-}4\text{-}46)$$

上式表明，图 5-4-24 所示电路的输出与输入为对数关系，且要求 $v_s>0$。

在室温下，热电压 $V_T=KT/q\approx 26\text{ mV}$，故

$$v_o=-2.3\times 26\text{ mV}\times\ln\frac{v_s}{I_sR}\approx -60\text{mV}\times\ln\frac{v_s}{I_sR} \quad (5\text{-}4\text{-}47)$$

可见，对数运算电路的动态范围取决于在多大的电流范围内，二极管的电流与电压具有指数关系。而一般二极管的伏—安特性呈指数关系的电流范围不超过三个数量级，故对数电路的动态范围较小。

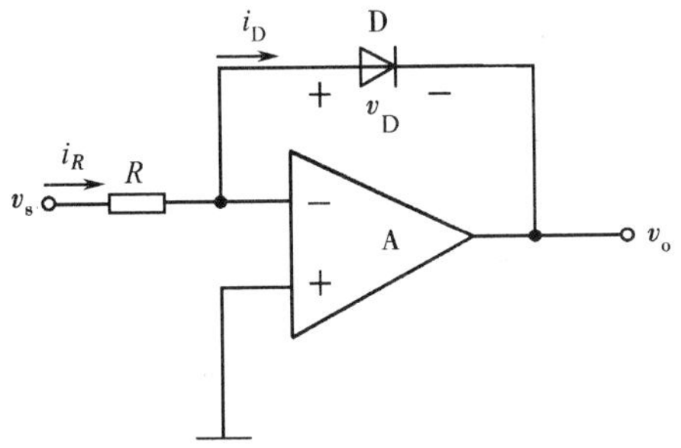

图 5-4-24　对数运算电路(1)

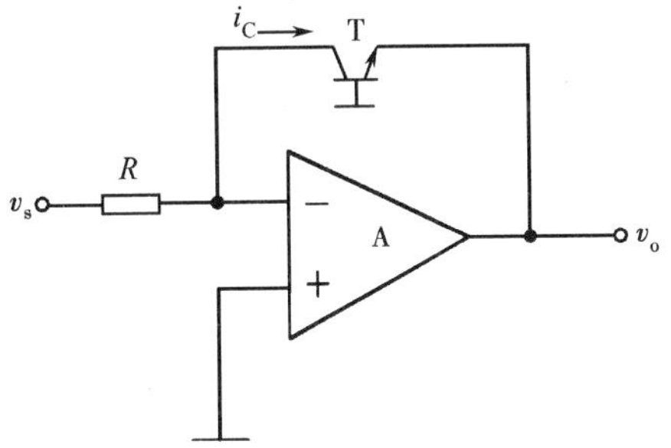

图 5-4-25　对数运算电路(2)

在图 5-4-25 所示对数电路中，由于三极管的基极和集电极同电位，则根据半导体物理知，I_C 与 V_{BE} 成指数关系的电流范围很宽，输入电流范围可以从 nA 级到 mA 级，所以图 5-4-25 电路的对数范围可达五个数量级以上。

以上讨论的两种简单对数放大器有两个缺点：一是输出电压低，即等于二极管或三极管发射结的正向压降零点几伏；二是输出电压与饱和电流有关，因而与温度有关，且不易用简单的方法进行补偿。利用两运放组成的对数运算电路则能够较好地克服上述两个缺点，请读者自行设计、分析电路。

6.指数运算电路

在图 5-4-25 所示电路中，将 T 与 R 位置对调，就构成了指数运算电路，如图 5-4-26 所示。利用三极管的 i_C 与输入电压 $v_s=v_{BE}$ 的关系

$$i_C=I_S e^{v_s/V_T} \quad (5\text{-}4\text{-}48)$$

可得

$$v_o=-i_CR=-I_sRe^{v_s/V_T} \quad (5\text{-}4\text{-}49)$$

由此可见，图 5-4-26 所示电路的输出电压与输入电压成指数关系，且要求 $v_s>0$。

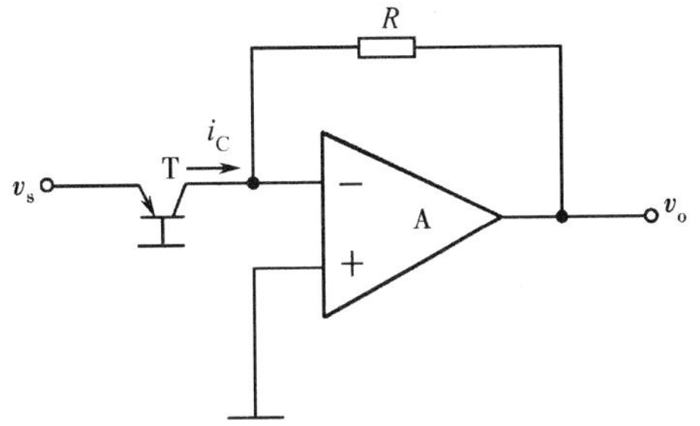

图 5-4-26　指数运算电路

该电路的缺点是输入电压范围小，且输出电压依赖于温度，不易补偿。同样，可利用两运放组成指数运算电路，请读者自行设计、分析电路。

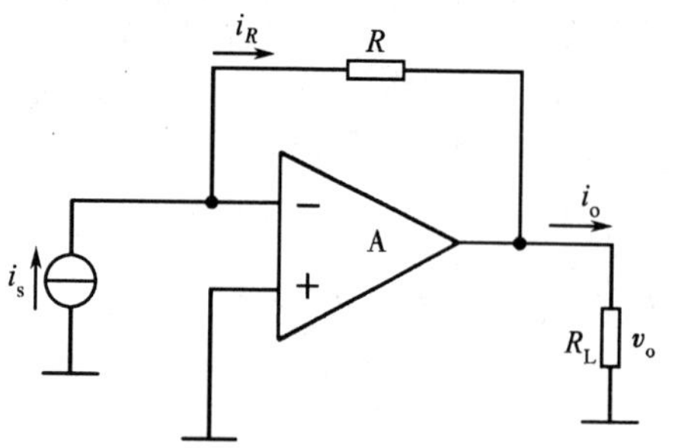

图 5-4-27 电流/电压变换电路

7.电流/电压变换电路

电流/电压变换电路如图 5-4-27 所示。由图可得

$$v_o = -i_R R \approx -i_s R \tag{5-4-50}$$

即输出电压与输入电流成正比,且与负载电阻 R_L 无关。

应当注意的是,该电路的信号源内阻 R_s 不能太小,否则,输入失调电压易使输出饱和,导致电路不能正常工作。

8.电压/电流变换电路

电压/电流变换电路如图 5-4-28 所示。

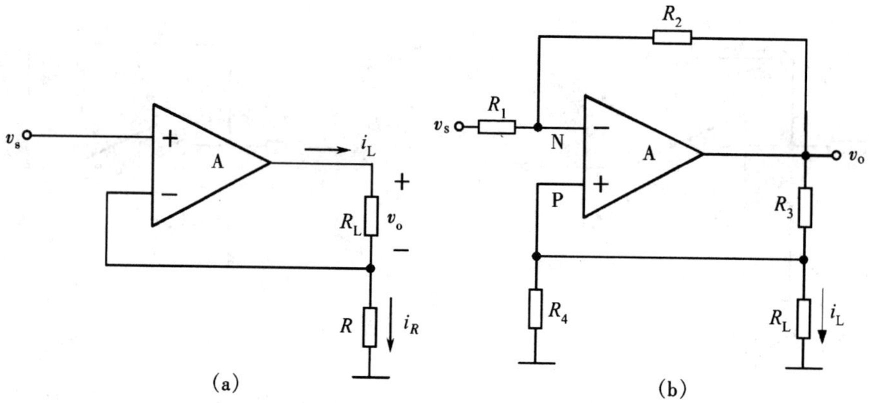

图 5-4-28 电压/电流变换电路

(a)负载不接地;(b)负载接地

对图 5-4-28(a)不难写出如下方程:

$$i_L = i_R$$

$$i_R = \frac{v_s}{R}$$

所以负载上的电流

$$i_L = \frac{v_s}{R} \tag{5-4-51}$$

对图 5-4-28(b)可写出如下方程:

$$v_N = \frac{R_2}{R_1 + R_2} v_s + \frac{R_1}{R_1 + R_2} v_o \tag{5-4-52}$$

$$v_P = \frac{R_4 /\!/ R_L}{R_3 + R_4 /\!/ R_L} v_o \tag{5-4-53}$$

因为 $v_N \approx v_P$,故解得

$$i_L = -\frac{R_2}{R_1} \frac{v_s}{R_3 + \frac{R_3}{R_4} \cdot R_L - \frac{R_2}{R_1} \cdot R_L} \tag{5-4-54}$$

若取 $R_1 = R_2 = R_3 = R_4 = R$，则

$$i_L = -\frac{1}{R}v_s \tag{5-4-55}$$

且式(5-4-55)表明，负载上流过的电流与 R_L 无关。

下面再以电压串联负反馈和电流并联负反馈放大电路为例，从两种角度出发，进一步说明深度负反馈放大电路的分析计算方法，并请读者自行总结出它们的内在联系和规律。

［例 5-4-2］　写出图 5-4-29 所示电路的 A_{vf}、R_{if}和 R_{of}的近似表达式。

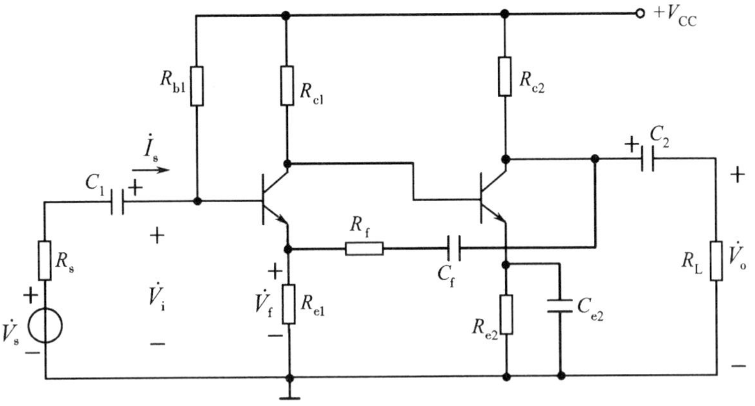

图 5-4-29　例 5-4-2 的电路

解：由瞬时极性法可知，该电路由 R_f、C_f 引入的是电压串联负反馈。假设电路满足深度负反馈的条件。

方法 1：利用“虚短”、“虚断”概念处理方法。

在工程上往往是要欲知闭环电压增益，而在式(5-4-24)成立的条件下，可以通过观察直接求得。

图中 $\dot{V}_{be1}$ 为基本放大电路的净输入信号，利用近似关系 $\dot{V}_{be1} \approx 0$，$\dot{I}_{b1} \approx 0$，且忽略 $\dot{I}_{e1}$ 对 $\dot{V}_f$ 的影响，得到

$$\dot{V}_i = \dot{V}_f$$

$$\dot{V}_f = \frac{R_{e1}}{R_{e1} + R_f} \cdot \dot{V}_o$$

即

$$\dot{A}_{vf} = \frac{\dot{V}_o}{\dot{V}_i} = 1 + \frac{R_f}{R_{e1}} \tag{5-4-56}$$

方法 2：利用深度负反馈公式。

因为是电压串联负反馈，便有 $\dot{A}_{vf} \approx \frac{1}{\dot{F}_v}$。由图可求得反馈系数

$$\dot{F}_v = \frac{\dot{V}_f}{\dot{V}_o} = \frac{R_{e1}}{R_{e1} + R_f}$$

解得

$$\dot{A}_{vf} = \frac{1}{\dot{F}_v} = 1 + \frac{R_f}{R_{e1}}$$

结论同式(5-4-56)。

在讨论闭环输入电阻时,应引起注意的是,从不同的输入端口看入时,其输入电阻是不同的。图 5-4-29 所示电路中,由于引入了串联负反馈,所以可以理想地认为 $R'_{if}=\dot{V}_i/\dot{I}_{b1}=R_i(1+\dot{A}\dot{F})\to\infty$,因而闭环输入电阻

$$R_{if}=\frac{\dot{V}_i}{\dot{I}_s}=R_{b1}/\!/R'_{if}\approx R_{b1} \tag{5-4-57}$$

由于电路中引入了深度电压负反馈,闭环放大器的输出电阻可以理想地认为近似为零,即

$$R_{of}=\frac{R_o}{1+\dot{A}\dot{F}}\approx 0 \tag{5-4-58}$$

[**例 5-4-3**] 由运放构成的负反馈放大电路如图 5-4-30 所示。试写出其 $\dot{A}_{v_sf}$、R_{if}和 R_{of}的近似表达式。

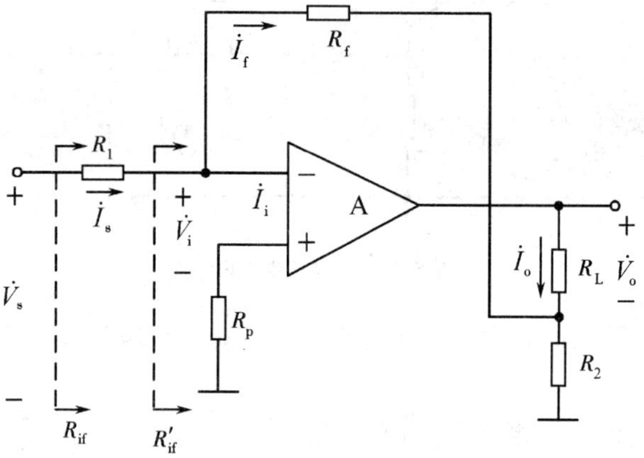

图 5-4-30　例 5-4-3 的电路

解:由瞬时极性法可判定,该电路属电流并联负反馈放大电路。

方法 1:利用"虚短"、"虚断"的方法。

假设 $\dot{I}_i\approx 0$, $\dot{V}_i\approx 0$,得到

$$\dot{I}_s=\frac{\dot{V}_s}{R_1}$$

$$\dot{I}_f=-\dot{I}_o\frac{R_2}{R_2+R_f}$$

因为有近似关系 $\dot{I}_s\approx\dot{I}_f$,可得

$$\dot{A}_{v_sf}=\frac{\dot{V}_o}{\dot{V}_s}=\frac{\dot{I}_oR_L}{\dot{I}_sR_1}\approx\frac{\dot{I}_oR_L}{\dot{I}_fR_1}=-\left(1+\frac{R_f}{R_2}\right)\frac{R_L}{R_1} \tag{5-4-59}$$

方法 2:利用深度负反馈公式。

因为是电流并联负反馈,其相应量纲的反馈方程为

$$\dot{A}_{if}=\frac{\dot{A}_i}{1+\dot{A}_i\dot{F}_i}\approx\frac{1}{\dot{F}_i}$$

由图 5-4-30 中的反馈网络,求得反馈系数

$$\dot{F}_i = \frac{\dot{I}_f}{\dot{I}_o} = -\frac{R_2}{R_f + R_2}$$

得到

$$\dot{A}_{if} \approx \frac{1}{\dot{F}_i} = -\left(1 + \frac{R_f}{R_2}\right) \tag{5-4-60}$$

因为欲求 $\dot{A}_{v_s f}$，所以再根据 $\dot{A}_{if}$ 转换成 $\dot{A}_{v_s f}$，即

$$\dot{A}_{v_s f} = \frac{\dot{V}_o}{\dot{V}_s} = \frac{\dot{I}_o R_L}{\dot{I}_s R_1} \approx \frac{\dot{I}_o R_L}{\dot{I}_f R_1} = \dot{A}_{if}\frac{R_L}{R_1} = -\left(1 + \frac{R_f}{R_2}\right)\frac{R_L}{R_1} \tag{5-4-61}$$

由于电路中引入了深度并联负反馈，理想地认为 $R'_{if} \to 0$，因而闭环输入电阻

$$R_{if} = R_1 + R'_{if} \approx R_1 \tag{5-4-62}$$

理想情况下，闭环放大器的输出电阻

$$R_{of} = (1 + \dot{A}\dot{F})R_o \approx \infty \tag{5-4-63}$$

上述例子表明，深度负反馈电路的计算非常简便，故在工程上被广泛地采用。

5.4.3　实际运算电路的误差分析

以上讨论了负反馈的近似计算法。对集成运放组成的负反馈放大电路，由于运放的开环增益很大，所以通常都能满足深度负反馈的条件，因而把运放看作是理想的，由此产生的运算误差在工程上通常是可以忽略的。但在一些要求较高的场合，仍需考虑实际运放的参数，并对电路进行精确地计算。下面以反相比例运算电路为例，在假设 A_{vo}、r_i 为有限值的情况下，对反馈放大器进行分析，以和近似计算结果进行比较。

考虑 A_{vo}、r_i 为有限值的反相比例运算电路如图 5-4-31 所示。

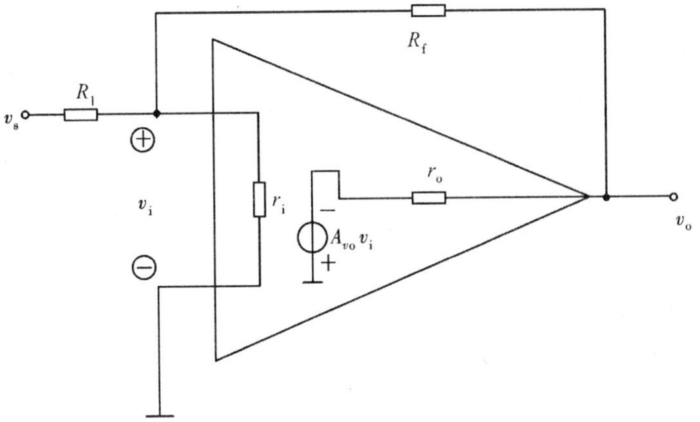

图 5-4-31　反相比例运算电路

根据集成运放的电压传输特性有

$$v_o = -A_{vo} v_i \tag{5-4-64}$$

利用叠加原理得到

$$v_i = v_s \frac{R_f /\!/ r_i}{R_1 + R_f /\!/ r_i} + v_o \frac{R_1 /\!/ r_i}{R_f + R_1 /\!/ r_i} \tag{5-4-65}$$

联立求解上述两式得

$$A_{vf}=\frac{v_o}{v_s}=-\frac{R_f /\!/ r_i}{R_1+R_f /\!/ r_i}\cdot\frac{A_{vo}}{1+A_{vo}\dfrac{R_1 /\!/ r_i}{R_f+R_1 /\!/ r_i}} \tag{5-4-66}$$

若取 $R_f=10\ \text{k}\Omega, R_1=1\ \text{k}\Omega, A_{vo}=10^5, r_i=1\ \text{M}\Omega$，则

$$A_{vf}=\frac{v_o}{v_s}=-9.998\ 183$$

可见，它与用理想运放进行分析计算的结果（$A_{vf}=-10$）相比存在一定误差，但此误差在工程上通常是可以忽略的。

运放其他非理想参数引起的运算误差，读者可参照此方法自行分析。

5.5 负反馈放大电路的稳定性问题

负反馈可以改善放大器的性能，但负反馈引入不当，会出现自激振荡，使电路不能正常工作。本节将分析产生自激振荡的原因、稳定条件和补偿的一般方法。

5.5.1 自激振荡与稳定条件

1. 自激振荡的原因

前面的讨论均是局限在通频带内的情况，即忽略放大电路各电抗元件的影响，使放大电路的输出与输入之间的相位不是同相就是反相。

由第2章分析得知，放大电路的增益是复数。当我们在整个频率范围内来考察放大电路的相频和幅频特性时，就必须考虑放大电路中各电抗元件的影响。同理，如果反馈网络含有电阻以外的其他元件，必然也会产生附加相移。如果经反馈网络产生的附加相移，使反馈信号与输入信号变成了同相，则增强了放大电路净输入信号，变成了正反馈（见图5-1-1）。这时 $\dot{X}_i$ 靠 $\dot{X}_f$ 维持，$\dot{X}_f$ 靠 $\dot{X}_o$ 维持，即使 $\dot{X}_s=0$，$\dot{X}_o$ 也不会消失。

可以说，放大电路中的附加相移是导致一定深度负反馈时出现自激振荡的最本质的物理因素。

2. 自激振荡条件

由式(5-1-5)知，当在某一频率 ω 上，环增益满足

$$T(j\omega)=A(j\omega)F(j\omega)=-1 \tag{5-5-1}$$

即环增益的模和相位满足

$$|T(j\omega)|=|A(j\omega)\cdot F(j\omega)|=1 \tag{5-5-2}$$

$$\varphi_T(\omega)=\varphi_A(\omega)+\varphi_F(\omega)=\pm 180^\circ \tag{5-5-3}$$

闭环增益

$$A_f(j\omega)=A(j\omega)/[1+A(j\omega)F(j\omega)]=\infty$$

即闭环放大电路出现自激振荡。

式(5-5-2)、式(5-5-3)分别为自激振荡的幅值条件和相位条件。其中 $\varphi_A+\varphi_F=\pm 180^\circ$ 是产生自激振荡的必要条件，$|A(j\omega)\cdot F(j\omega)|\geq 1$ 是充分条件。反过来说，反馈放大器不产生自激振荡的条件为

$$\varphi_T(\omega)=\pm 180^\circ \text{时}, |T(j\omega)|<1 \tag{5-5-4}$$

或

$$|T(j\omega)|=1\text{时},|\varphi_T(\omega)|<180° \tag{5-5-5}$$

上式说明，利用环增益的波特图，可以方便地判断闭环放大电路的稳定性。例如，图5-5-1所示为负反馈放大电路的环增益 $T(j\omega)$ 的波特图。图(a)表示，当 $\varphi_T(\omega_\pi)=-180°$ 时，$|T(j\omega_\pi)|=0$ dB，即同时满足式(5-5-2)和式(5-5-3)的自激条件，因此说反馈放大电路为临界自激。图(b)表示，当 $\omega=\omega_0$，$|T(j\omega_0)|=0$ dB时（ω_0 称为增益交界角频率(Gain-Crossover Angular Freguency)），$|\varphi_T(\omega_0)<180°|$，或当 $\omega=\omega_\pi$，$\varphi_T(\omega_\pi)=-180°$ 时（ω_π 称为相角交界角频率(Phase-Crossover Angular Freguency)），$|T(j\omega_\pi)|<0$ dB，因此该反馈放大电路不自激。图(c)表示，当 $\varphi_T(\omega_\pi)=-180°$ 时，$|T(j\omega_\pi)|>0$ dB，或当 $|T(j\omega_0)|=0$ dB时，$|\varphi_T(\omega_0)|>180°$，因此该反馈放大电路自激。

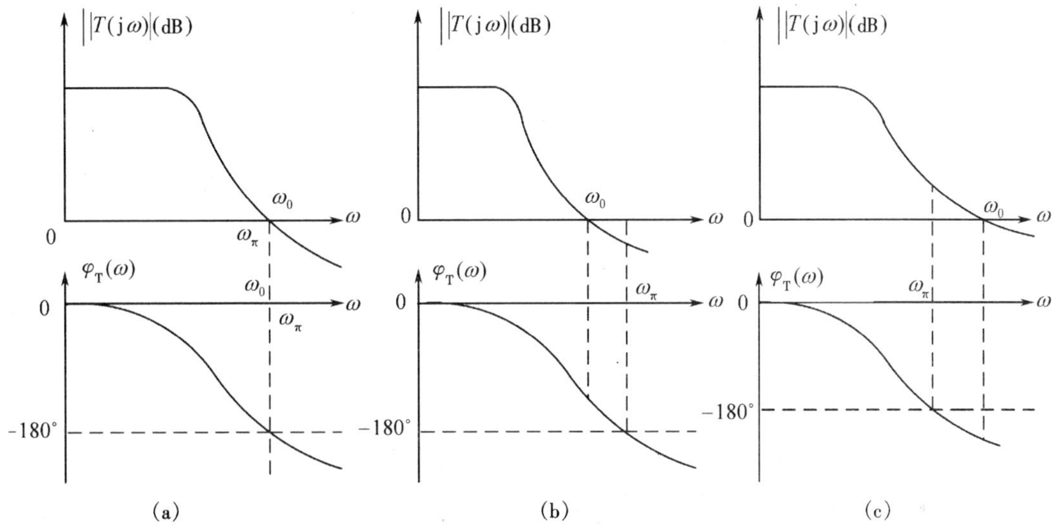

图5-5-1 自激的判别

(a)临界自激；(b)不自激；(c)自激

如果反馈网络是纯电阻构成的，也可以利用基本放大电路开环增益的波特图进行分析。由于此时 $\varphi_F=0$，$\varphi_T=\varphi_A$，$\dot{F}=F$ 为常数，所以可在 $20\lg|\dot{A}|$ 的同一坐标面上绘出一条 $20\lg\dfrac{1}{F}$ 的水平线，两曲线之差为

$$20\lg|\dot{A}|-20\lg\frac{1}{F}=20\lg|\dot{A}F| \tag{5-5-6}$$

即是环增益。因而可以通过该差值来分析放大器的稳定性。具体方法是：由放大电路的相频特性找出相移等于 $-180°$（或 $+180°$）的角频率 ω_π，再从幅频特性上找出该频率下的开环增益 $A(\omega_\pi)$，如果差值 $20\lg|A(\omega_\pi)F|$ 大于零，则闭环放大电路不稳定。

例如某开环电压放大电路的波特图如图5-5-2所示。它有三个极点（p_1、p_2、p_3），下面分析在三种不同的反馈深度作用下，闭环放大器的稳定性。

首先在相频特性上找到 $\varphi_A=-180°$ 的角频率 ω_π，过此频率作垂直线，交幅频特性于 M 点，得到相移为 $-180°$ 时的增益 $A(\omega_\pi)$。

对于反馈系数 F_0，由于 $1/F_0$ 恰好穿过 M 点，因而 $20\lg|A(\omega_\pi)F_0|=0$ dB，属于临界自

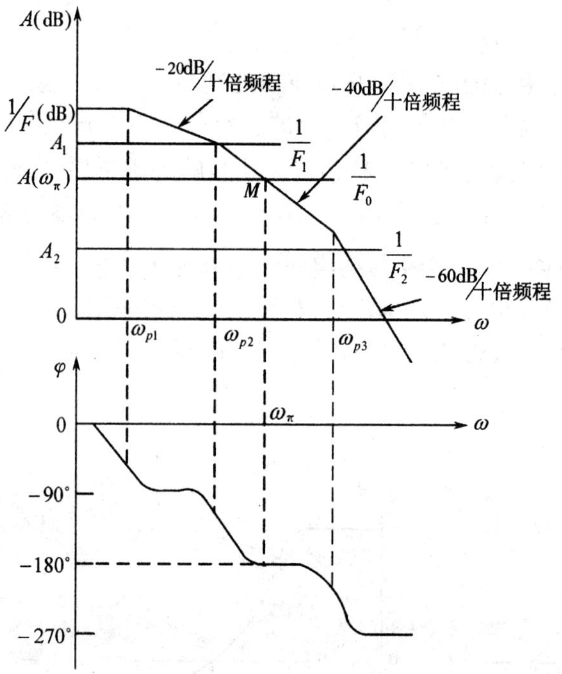

图 5-5-2　稳定性分析图解

激。

对于 F_1，因 $20\lg|A(\omega_\pi)F_1|<0$ dB，即满足相位条件的角频率 ω_π，不满足自激的幅值条件，所以无自激。

对于 F_2，因 $20\lg|A(\omega_\pi)F_2|>0$ dB，相位和幅值条件均被满足，所以产生自激。

综上所述，自激振荡与放大电路的结构有关，单极点放大电路的最大相移只有 90°，根本不存在 ±180°的相移，所以对电阻性网络不会自激。当然，如果反馈网络自身也有相移，那么只要不满足式(5-5-4)，单极点放大器也要自激。

两极点放大器的最大相移为 180°，但达到此相移的频率 ω_π 为无穷大，此时增益早已降至 1(0 dB)以下，而电阻性反馈网络的反馈系数不可能大于 1，所以幅值条件不满足。故从原则上讲，两极点放大电路对任何电阻性反馈网络都不会自激振荡。

三极点放大电路的最大相移为 -270°，在反馈较深时将发生自激振荡。但如果反馈系数小于临界反馈深度，系统将是稳定的。

5.5.2　稳定裕度

一个反馈放大电路，若要稳定地工作，不仅要在工作频域内不自激，而且要在所有频率上远离自激条件。用来表征远离自激程度的物理量称为稳定裕度，通常用相位裕度和增益裕度描述。

1. 增益裕度 G_m

增益裕度(Gain Margin)是指在相角交界角频率 ω_π 上，$|T(j\omega_\pi)|$偏离 0 dB 的数值，即定义为

$$G_m(\text{dB}) = 0\ \text{dB} - 20\lg|T(j\omega_\pi)| \tag{5-5-7}$$

如图5-5-3所示。稳定的负反馈电路 G_m 为负值，G_m 绝对值越大表明电路越稳定，其典型值为 $-(10\sim12)$ dB。

2.相位裕度 ϕ_m

相位裕度（Phase Margin）是指在增益交界角频率 ω_0 上，$|\varphi_T(\omega_0)|$ 偏离180°的数值，即定义为

$$\phi_m = 180° - \varphi_T(\omega_0) \tag{5-5-8}$$

如图5-5-3所示。稳定的负反馈电路 ϕ_m 为正值，ϕ_m 值越大表明电路越稳定，其典型值为 $\phi_m \geq 45°$。$\phi_m \leq 0°$时，放大电路必自激。

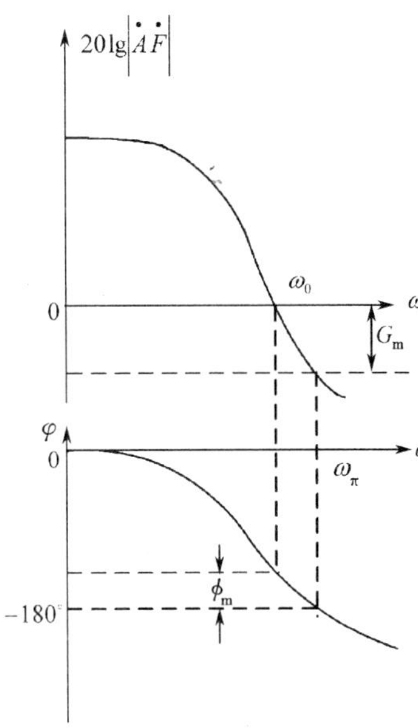

图5-5-3　稳定裕度示意图

5.5.3　相位补偿

相位补偿的目的是通过补偿使负反馈系统的环路增益 $|\dot{A}\dot{F}|=1$ 时，相位裕度 $\phi_m \geq 45°$。

相位补偿的思路是，在基本放大电路或反馈网络中增加一些电容元件，进而通过改变电路参数而使频率特性发生变化，故又称相位补偿为频率补偿。下面介绍两种常用的相位补偿方法。

1.主极点移动法

主极点补偿是在放大电路时间常数最大的回路中并接一个补偿电容 C_φ，让放大电路的主极点频率（即最低极点的频率）下降，从而拉开它与第二个极点频率的距离，扩展幅频特性上斜率为 −20 dB/十倍频程的范围，使反馈网络的幅频特性 $20\lg\left(\frac{1}{|\dot{F}|}\right)$ 与放大电路开环幅频特性 $20\lg|\dot{A}|$ 的交点限制在 −20dB/十倍频程斜率变化的线段上，从而获得足够的相位裕度。

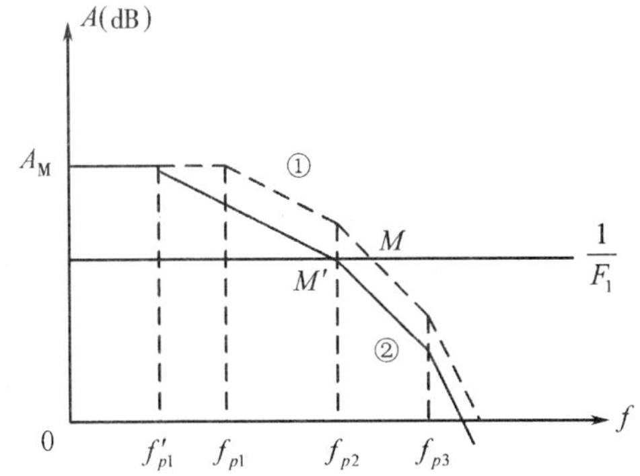

图5-5-4　主极点移动补偿

图5-5-4虚线所示为直接耦合负反馈放大电路的开环幅频特性波特图，它有三个极点，因此在反馈较深时容易自激振荡。

设反馈网络是由电阻组成，反馈系数为 F_1，$1/F_1$ 与折线相交于 M 点。因为 M 点的频率高于第二个极点频率，若第二极点频率与第一极点相距较远时，则 M 点的相移 $|\varphi_A| > 135°$，所以闭环增益为 $\frac{1}{F_1}$ 时的相位裕度 $\phi_m < 45°$，放大电路不能可靠地稳定工作。

若把第一个极点向低频端移，使幅频特性的第二个极点位于 $\frac{1}{F_1}$ 的线上，如图中实折线所示，则在该反馈状态下，M 点移动到 M' 点，并使其相移 $|\varphi_A| \leq 135°$，即可以获得足够的相位裕度（$\phi_m \geq 45°$）。

图5-5-5所示为多级负反馈放大电路中时间常数最大的基本电路，补偿电容 C_φ 并接在两级放大电路之间。

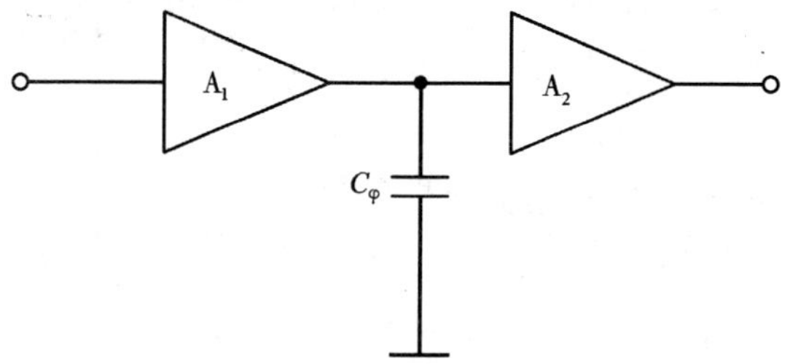

(a)

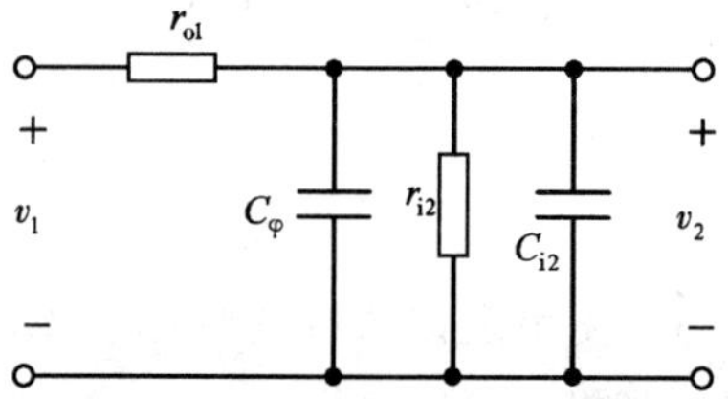

(b)

图 5-5-5　主极点移动补偿
(a)补偿电路;(b)等效电路

假设在未接 C_φ 前,主极点所对应的频率

$$f_{\mathrm{p1}}=\frac{1}{2\pi(r_{\mathrm{o1}}/\!/r_{\mathrm{i2}})C_{\mathrm{i2}}} \tag{5-5-9}$$

那么,在接入补偿电容 C_φ 后,其极点对应的频率

$$f'_{\mathrm{p1}}=\frac{1}{2\pi(r_{\mathrm{o1}}/\!/r_{\mathrm{i2}})(C_\varphi+C_{\mathrm{i2}})} \tag{5-5-10}$$

显然 $f'_{\mathrm{p1}}<f_{\mathrm{p1}}$,只要选用适当的补偿电容,即可使得幅频特性中 −20dB/十倍频程段加长,得到满意的补偿效果。

主极点移动法简易可行,但频带损失较大,对放大器的高频或快速响应不利。

2. 极点分离法

极点分离法是将第一个极点向低端移,而第二个极点向高端移,使得在达到补偿目的的同时,将补偿后频率的损失降低到最小。其方法是,利用米勒效应,将易于集成的小电容(几 pF ~ 几十 pF)C_φ 接在高增益级反相的输出与输入端之间,故又称米勒电容补偿法。

下面利用图 5-5-6 所示电路来说明补偿原理。在图(c)中,r_1、C_1 分别是输入端(前 n 级)A 的等效电阻和等效电容;r_2、C_2 分别是输出端 B 的等效电阻和等效电容。C_φ 是补偿电容。

由图(c)可知,未加补偿电容 C_φ 时的极点所对应的频率为

$$\omega_{p1}=\frac{1}{r_1C_1} \tag{5-5-11}$$

$$\omega_{p2}=\frac{1}{r_2C_2} \tag{5-5-12}$$

加上补偿电容 C_φ 之后,可解得其传输函数为

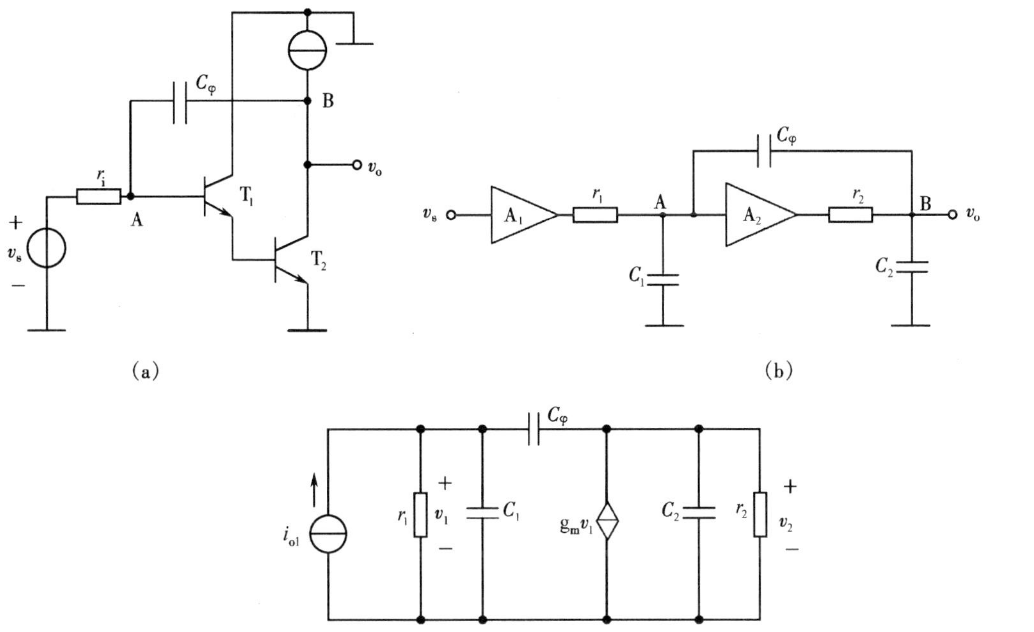

(a)　　(b)　　(c)

图 5-5-6　极点分离补偿示意图

(a)有源负载共射放大电路的极点分离补偿;(b)典型集成运放的极点分离补偿;(c)等效电路

$$\frac{V_2(s)}{I_{o1}(s)}=\frac{r_1 r_2(sC_\varphi-g_m)}{1+s[r_1C_1+r_2C_2+(g_m r_1 r_2+r_1+r_2)C_\varphi]+s^2 r_1 r_2(C_1C_2+C_1C_\varphi+C_2C_\varphi)} \tag{5-5-13}$$

显然它有两个极点和一个正实零点,零点对应的频率为

$$\omega_Z=\frac{g_m}{C_\varphi} \tag{5-5-14}$$

为求得极点,将式(5-5-13)的分母多项式写成一般形式,即

$$D(s)=\left(1+\frac{s}{\omega'_{p1}}\right)\left(1+\frac{s}{\omega'_{p2}}\right)=1+s\left(\frac{1}{\omega'_{p1}}+\frac{1}{\omega'_{p2}}\right)+\frac{s^2}{\omega'_{p1}\omega'_{p2}} \tag{5-5-15}$$

设两个极点中有一个主导极点。主极点的区分,一般是按极点的绝对值大小来区分的,式(5-5-15)有两个极点,即 $s_1=-\omega'_{p1}$, $s_2=-\omega'_{p2}$,若 $\omega'_{p2}\geqslant 5\omega'_{p1}$,则称极点 s_1 为主导极点。

由式(5-5-13)可得两个极点对应的频率,即转折频率为

$$\omega'_{p1}=\frac{1}{r_1C_1+r_2C_2+(g_m r_1 r_2+r_1+r_2)C_\varphi}\approx\frac{1}{g_m r_1 r_2 C_\varphi} \tag{5-5-16}$$

$$\omega'_{p2}=\frac{g_m C_\varphi}{C_1C_2+C_\varphi C_1+C_\varphi C_2} \tag{5-5-17}$$

将式(5-5-16)与式(5-5-11)比较,便知 $\omega'_{p1}<\omega_{p1}$,即第一个极点向低频端移;而 C_φ 一般远大于 C_1 和 C_2, $g_m/(C_1+C_2)>1/r_2C_2$,所以 $\omega'_{p2}>\omega_{p2}$,即第二个极点移向高频端。可见,接入

C_φ 能使极点分离，C_φ 越大，极点分离越远，如图 5-5-7 所示。

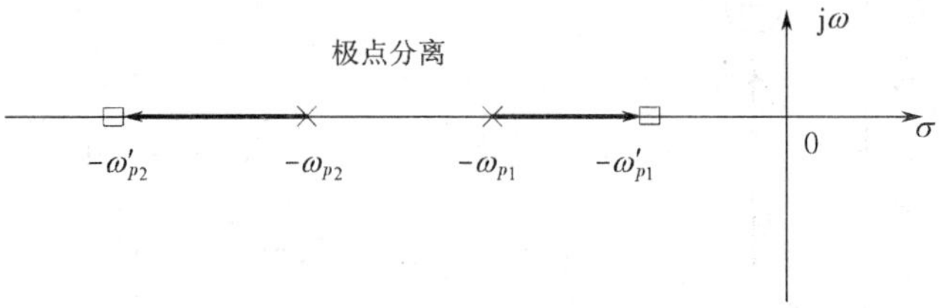

图 5-5-7　C_φ 由 0 增大时，图 5-5-6(c)电路的极点分离轨迹

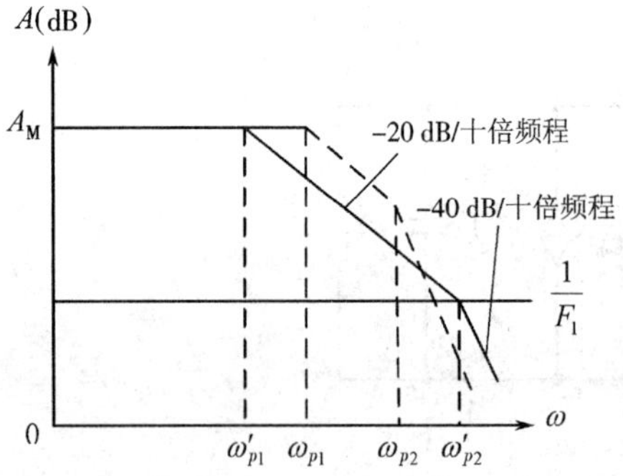

图 5-5-8　极点分离补偿前后波特图

图 5-5-8 是补偿前后幅频特性波特图，反馈系数为 F_1。图中虚线是补偿前的曲线，两个极点频率为 ω_{p1} 和 ω_{p2}，因为虚线与 $1/F_1$ 的交点频率大于 ω_{p2}，ω_{p2} 与 ω_{p1} 又相距较远，所以补偿前的相位裕度 $\varphi_m < 45°$。实线是补偿后的曲线 ω_{p1} 被移到 ω'_{p1}，ω_{p2} 被移到 ω'_{p2}。因为 ω'_{p2} 落在 $\dfrac{1}{F_1}$ 线上，而第三个极点又相距较远，所以在环增益等于 1 的频率下，相位裕度 $\varphi_m = 45°$。补偿后的开环带宽为 ω'_{p1}，闭环增益为 $1/F_1$ 时带宽为 ω'_{p2}。

需要指出的是，一般上述讨论并未考虑零点的影响。由于零点频率一般都远大于极点频率，故其影响可以忽略不计。

习　　题

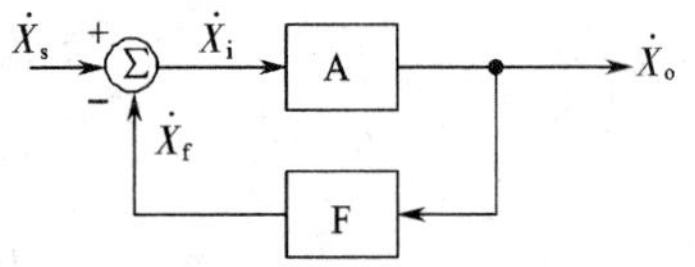

图题 5-1-1

5-1-1　图题 5-1-1 是负反馈的方框图，试用图中给出的量写出开环增益、闭环增益和反馈系数的表达式。

5-2-1　负反馈分____负反馈、____负反馈、____负反馈、____负反馈四种类型。

5-2-2　电压串联负反馈的输出量是____，输入量是____，反馈量是____，基本放大电路是____放大器，闭环增益是输出量____与输入量____之比。

5-2-3　电流并联负反馈的输出量是____，输入量是____，反馈量是____，基本放大电路是____放大电路，闭环增益是输出量____与输入量____之比。

5-2-4　电压并联负反馈的输出量是____，输入量是____，反馈量是____，基本放大电路是____放大电路，闭环增益是输出量____与输入量____之比。

5-2-5　电流串联负反馈的输出量是____，输入量是____，反馈量是____，基本放大电路是____放大电路，闭环增益是输出量____与输入量____之比。

5-2-6　在图题 5-2-6 所示电路中，哪些元件组成了级间反馈通路？它们引入的是直流反馈还是交流反馈？（设所有的电容容抗可以忽略不计）

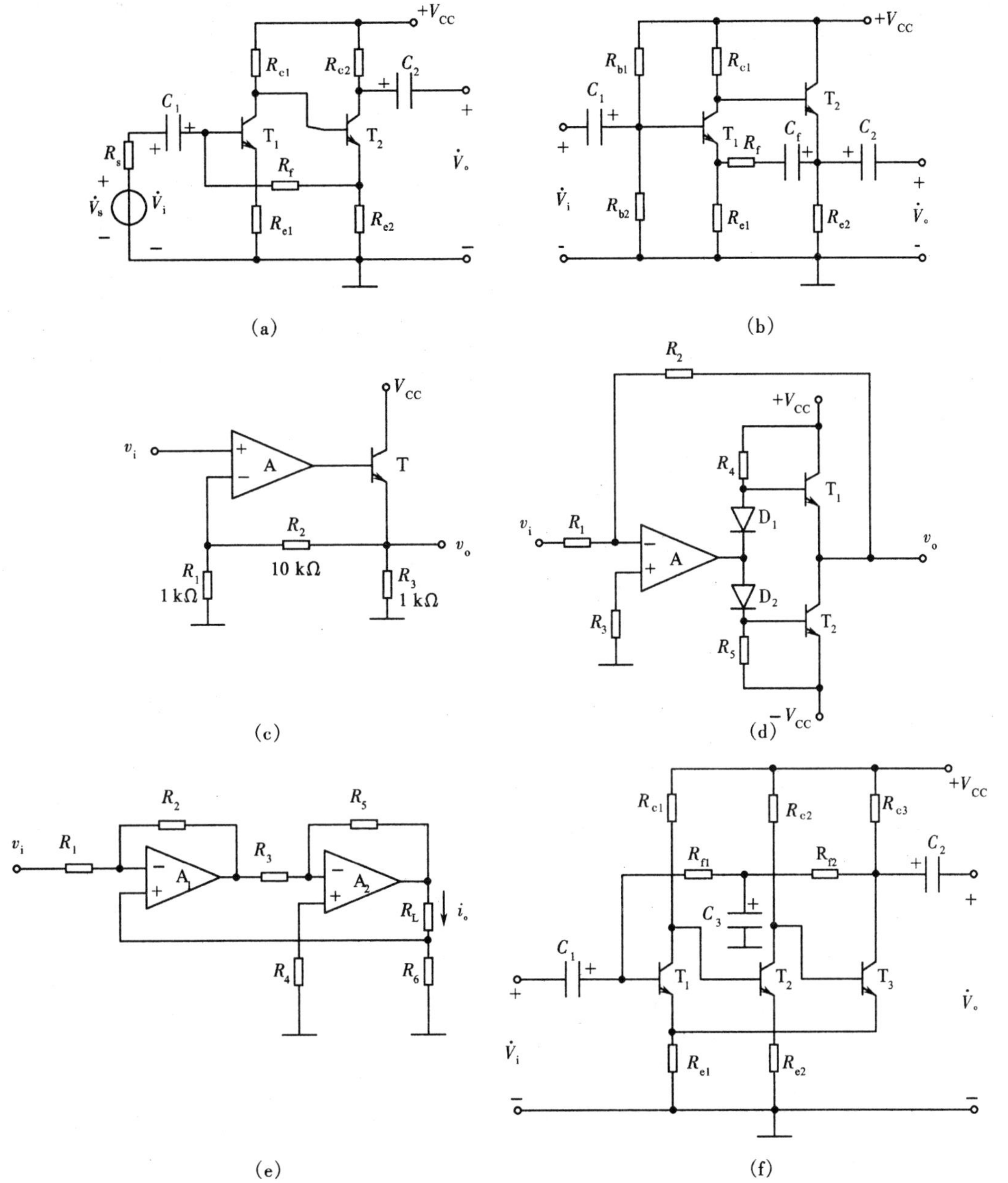

图题 5-2-6

5-3-1　试判断图题 5-2-6 所示各电路中交流负反馈类型，并分别指出哪些电路能稳定输出电压、稳定输出电流和提高输入电阻、降低输出电阻。

5-3-2　用开环电压增益 $A_{vo}=2\,500$ 的放大电路，接成闭环电压增益 $A_{vf}=100$ 的放大电路，如开环增益变化 25%，问闭环增益相对变化是多少？

5-3-3　放大电路的开环输出电阻为 20 kΩ，若要使闭环输出电阻为 4 kΩ，应加什么反馈？反馈深度为多大？若要使闭环输出电阻为 100 kΩ，应加什么反馈？反馈深度为多大？

5-4-1　用近似估算法写出图题 5-2-6 中各负反馈电路的闭环增益和闭环电压增益（v_o/v_s 或 v_o/v_i）表达式。

5-4-2　同相输入加法电路如图题 5-4-2 所示，判断反馈类型；假设运放是理想的，试写出输出电压 v_o 的表达式。

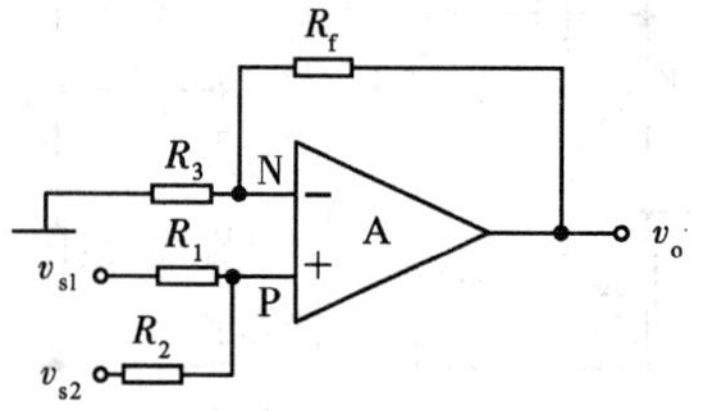

图题 5-4-2

5-4-3　电路如图题 5-4-3 所示，假设运放是理想的，求输出电压 v_o 的值，并指出电路中存在哪些反馈类型。

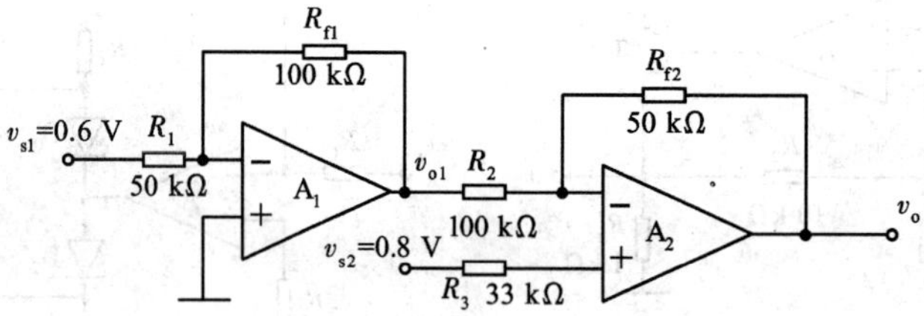

图题 5-4-3

5-4-4　三运放构成的精密放大电路如图题 5-4-4 所示，假设运放是理想的，试写出输出电压 v_o 的表达式。

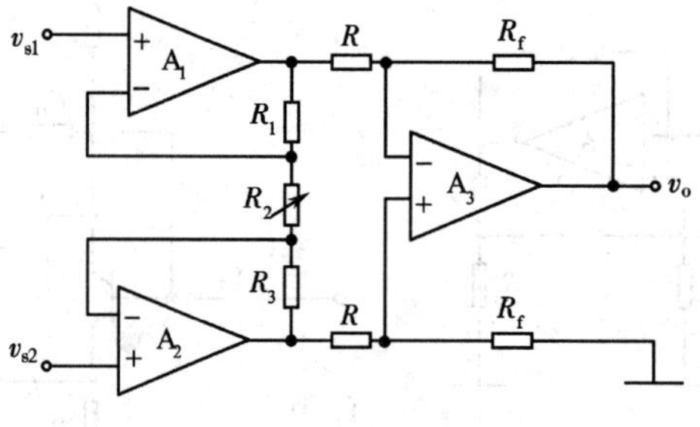

图题 5-4-4

5-4-5　增益线性调节电路如图题 5-4-5 所示，假设运放是理想的，试推导该电路电压增益 $A_v = v_o/(v_{i1} - v_{i2})$的表达式。

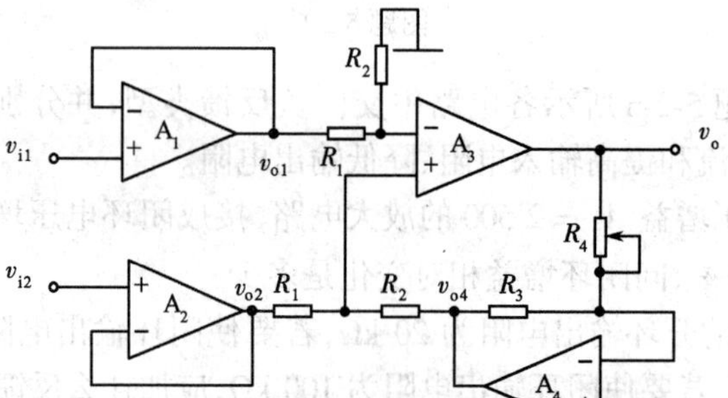

图题 5-4-5

5-4-6　电路如图题 5-4-6 所示，A_1、A_2 为理想运放，电容的初始电压 $v_C(0)=0$ V。写出 v_o 与 v_{s1}、v_{s2} 和 v_{s3} 之间的关系。

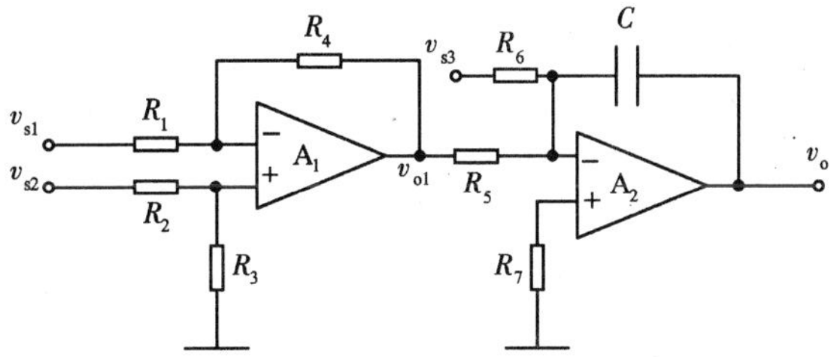

图题 5-4-6

第6章 信号处理电路和模拟乘法器

引言

从功能上来看，信号处理电路是集成运放的基本应用电路之一，其内容也较广泛，包括有源滤波、精密二极管整流电路、电压比较电路和采样—保持电路等。

模拟乘法器是通用性很强的有源非线性器件，是专用模拟集成系统中的重要单元。目前已有大量商用单片集成电路，如超高频四象限乘法器 AD834、平衡调制解调式乘法器 AD630 等。模拟乘法器被广泛用于模拟运算、通信与测控系统等许多技术领域。

本章简要介绍有源滤波电路、采样—保持电路和模拟乘法器及应用电路。

6.1 有源滤波电路

滤波电路可分为无源滤波电路和有源滤波电路两类。前者是用无源器件 R、L、C 组成，后者是由有源器件和 R、C 组成。滤波电路的功能是让指定频段的信号顺利通过，而将其余频段的信号加以抑制或使其急剧衰减。因此，滤波电路实质上是一种选频电路。20 世纪 60 年代以来，集成运放获得了迅速发展，由它和 R、C 组成的有源滤波电路，具有不用电感、体积小、质量轻等优点。此外，集成运放的开环电压增益和输入阻抗均很高，输出阻抗又很低，构成有源滤波电路后还具有一定的电压放大和缓冲作用。但是，集成运放的带宽有限，所以目前有源滤波电路的工作频率难以做得很高，这是它的不足之处。有源滤波器通常以它所工作的频段性质分类，即有低通滤波电路、高通滤波电路、带通滤波电路、带阻滤波电路之分。它们的理想幅频特性如图 6-1-1 所示。实际上，下图所示的幅频特性是无法实现的，通常是用一种高阶的函数去逼近它。20 世纪 70 年代，单片集成有源滤波电路已进入市场。

本节主要讨论用集成运放实现的有源滤波电路。

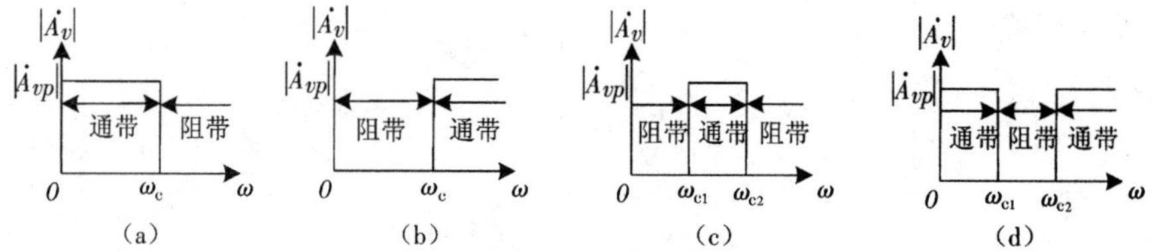

图 6-1-1 滤波电路的理想幅频特性

(a)低通；(b)高通；(c)带通；(d)带阻

6.1.1 RC 有源滤波电路

6.1.1.1 一阶 RC 有源滤波电路

1. 电路模型

一阶 RC 有源滤波电路可以有同相输入和反相输入两种，现以同相输入方式为例来讨论，其电路模型如图6-1-2所示。

由图6-1-2可以得到

$$V_o(s) = -\frac{Y_1}{Y_2}V_i(s) \tag{6-1-1}$$

因此，该电路的传递函数为

$$A_v(s) = \frac{V_o(s)}{V_i(s)} = -\frac{Y_1}{Y_2} \tag{6-1-2}$$

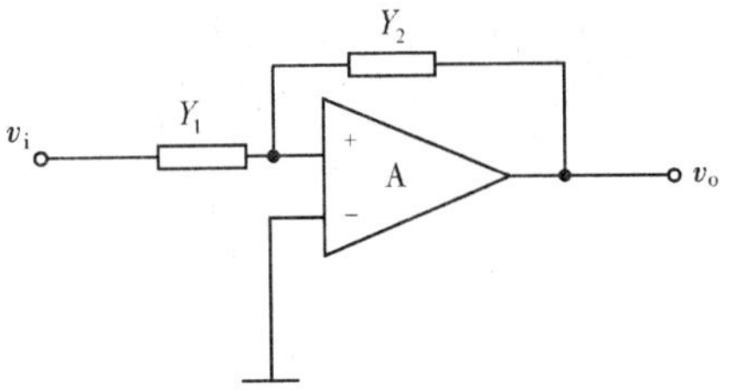

图6-1-2 一阶 *RC* 有源滤波电路的电路模型

2.低通滤波电路

为了实现图6-1-1所示的低通特性，在图6-1-2所示电路中，令 $Y_1=\frac{1}{R_1}$，$Y_2=\frac{1}{R_2}+sC_2$，电路如图6-1-3(a)所示。将 Y_1、Y_2 代入式(6-1-2)并整理后，得

$$A_v(s) = -\frac{R_2}{R_1}\times\frac{1}{1+sC_2R_2} = -\frac{R_2}{R_1}\cdot\frac{1}{1+\frac{s}{\omega_c}} \tag{6-1-3}$$

$$A_v(j\omega) = A_{vP}\cdot\frac{1}{1+j\frac{\omega}{\omega_c}} \tag{6-1-4}$$

式中，$\omega_c=\frac{1}{R_2C_2}$，称为截止（或特征）角频率；$A_{vP}=-\frac{R_2}{R_1}$，为通带增益。

利用式(6-1-4)可以画出一阶 *RC* 有源低通滤波电路的幅频特性曲线，如图6-1-3(b)所示。由于式(6-1-3)中分母为 s 的一次幂，故称该式所示的滤波电路为一阶低通有源滤波电路。

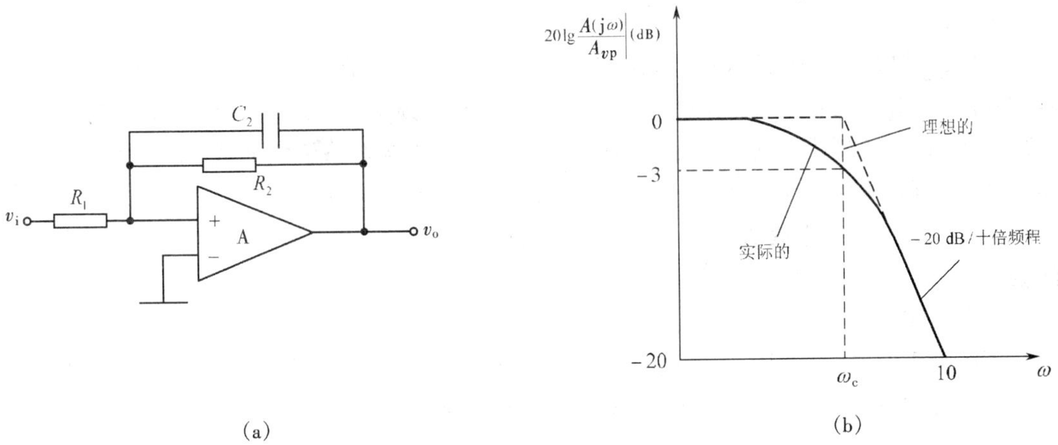

图6-1-3 一阶 *RC* 有源低通滤波电路

(a)电路图；(b)幅频特性

3.高通滤波电路

在图6-1-2所示电路中，令 $Y_1=\frac{1}{R_1+\frac{1}{sC_1}}$，$Y_2=\frac{1}{R_2}$ 时，即可构成一阶 *RC* 有源高通滤波电路，如图6-1-4(a)所示。该电路的传递函数为

$$A_v(s) = -\frac{R_2}{R_1}\cdot\frac{1}{1+\dfrac{1}{sC_1R_1}}$$

$$A_v(\mathrm{j}\omega) = -\frac{R_2}{R_1}\cdot\frac{1}{1-\mathrm{j}\dfrac{\omega_c}{\omega}} = A_{vP}\frac{1}{\mathrm{j}\dfrac{\omega_c}{\omega}} \tag{6-1-5}$$

式中，$\omega_c = \dfrac{1}{R_1C_1}$，称为下限截止角频率。一阶 *RC* 有源高通滤波电路的幅频特性如图 6-1-4(b)所示，该电路闭环增益以 20dB/十倍频程上升，滤波效果也不够好。

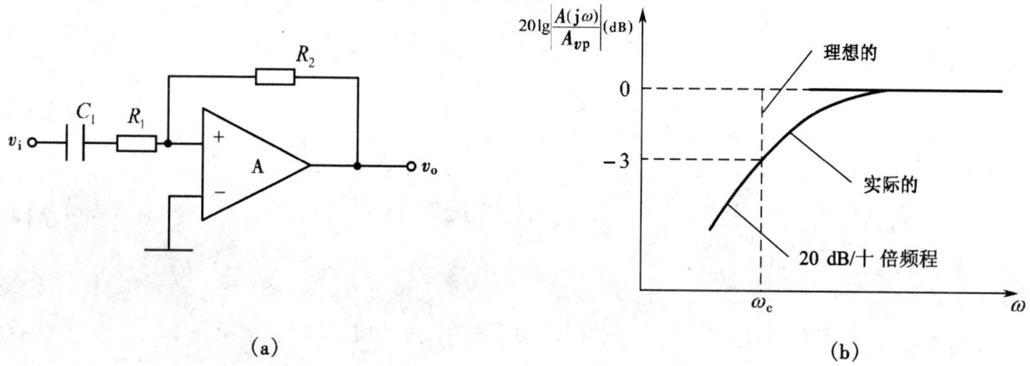

图 6-1-4　一阶 *RC* 有源高通滤波电路

(a)电路图；(b)幅频特性

6.1.1.2　二阶 RC 有源滤波电路

一阶滤波电路电路简单，有一定的滤波作用。但由于过渡带均是以(±)20 dB/十倍频程的速度衰减，所以滤波效果不够好。在要求滤波电路频率特性曲线边缘更为陡峭的场合，可以采用高阶滤波电路。偶次高阶滤波电路可由二阶滤波电路串联而成，奇次高阶滤波电路可由二阶和一阶滤波电路串联而成。本节讨论二阶滤波电路。

用运算放大电路组成的二阶有源滤波电路有很多种，这里仅介绍压控电压源有源 *RC* 滤波电路。

1. 电路模型

压控电压源电路是用增益可控的闭环放大电路与 *RC* 网络组合起来实现所需的传递函数的。二阶压控电压源 *RC* 滤波电路的电路模型如图 6-1-5 所示。$Y_1 \sim Y_4$ 代表各元件的导纳，输入信号从同相端输入，故通带增益

$$A_{vP} = 1 + \frac{R_f}{R_1}$$

因为

$$\begin{cases} \dot{I}_1 = \dot{I}_2 + \dot{I}_3 \\ \dot{I}_3 = \dot{I}_4 \\ \dot{V}_o = A_{vP}\dot{V}_P \end{cases} \tag{6-1-6}$$

而且有

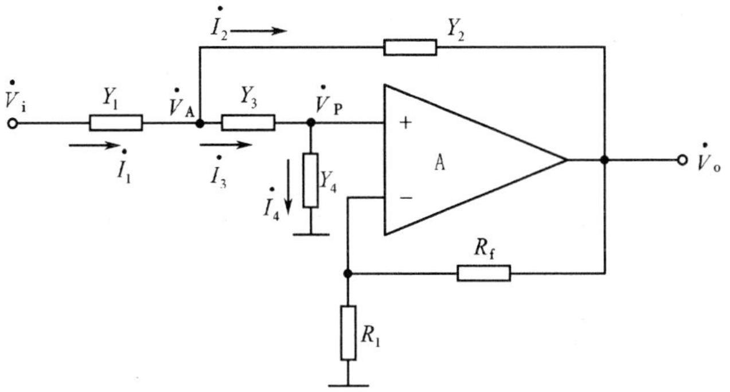

图 6-1-5　二阶压控电压源 *RC* 有源滤波电路的电路模型

$$\begin{cases}\dot{I}_1=(\dot{V}_i-\dot{V}_A)Y_1\\ \dot{I}_2=(\dot{V}_A-\dot{V}_o)Y_2\\ \dot{I}_3=(\dot{V}_A-\dot{V}_P)Y_3\\ \dot{I}_4=\dot{V}_PY_4\end{cases} \tag{6-1-7}$$

所以

$$\begin{cases}(\dot{V}_i-\dot{V}_A)Y_1=(\dot{V}_A-\dot{V}_o)Y_2+(\dot{V}_A-\dot{V}_P)Y_3\\ (\dot{V}_A-\dot{V}_P)Y_3=\dot{V}_PY_4\\ \dot{V}_o=A_{vP}\dot{V}_P\end{cases} \tag{6-1-8}$$

由式(6-1-6) ~ (6-1-8)解得

$$A(s)=\frac{V_o(s)}{V_i(s)}=\frac{A_{vP}\cdot Y_1Y_3}{Y_4(Y_1+Y_2+Y_3)+Y_3[Y_1+Y_2(1-A_{vP})]} \tag{6-1-9}$$

2.低通滤波电路

令图 6-1-5 所示电路中的 $Y_1=\frac{1}{R}$，$Y_2=sC$，$Y_3=\frac{1}{R}$，$Y_4=sC$，可得二阶有源低通滤波电路如图 6-1-6 所示。将 Y_1 ~ Y_4 代入式(6-1-9)，则求得传递函数为

$$A_v(s)=\frac{A_{vP}}{1+(3-A_{vP})s+(sCR)^2} \tag{6-1-10}$$

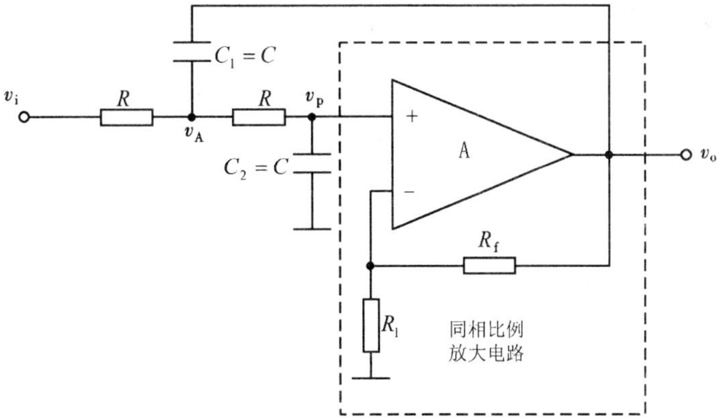

图 6-1-6　二阶压控电压源低通滤波电路

可见，其分母出现 s 的二次幂，故上式所示滤波电路称为二阶低通滤波电路。令

$$\omega_c = \frac{1}{RC} \tag{6-1-11}$$

$$Q = \frac{1}{3 - A_{vP}} \tag{6-1-12}$$

则

$$A_v(s) = \frac{A_{vP}\omega_c^2}{s^2 + \frac{\omega_c}{Q}s + \omega_c^2} \tag{6-1-13}$$

式(6-1-13)为二阶低通滤波电路传递函数的典型表达式。其中 $\omega_c = \frac{1}{RC}$ 仍为特征(或截止)角频率，Q 称为等效品质因数。式(6-1-10)表明，$A_{vP} < 3$ 才能稳定工作；当 $A_{vP} > 3$ 时，$A_v(s)$ 将有极点处于右半 s 平面或虚轴上，电路将自激振荡。

用 $s = j\omega$ 代入式(6-1-13)，可得幅频响应和相频响应表达式，分别为

$$20\lg\left|\frac{A(j\omega)}{A_{vP}}\right| = 20\lg\frac{1}{\sqrt{\left[1-\left(\frac{\omega}{\omega_c}\right)^2\right]^2 + \left(\frac{\omega}{\omega_c Q}\right)^2}} \tag{6-1-14}$$

$$\varphi(\omega) = -\arctan\frac{\frac{\omega}{\omega_c Q}}{1-\left(\frac{\omega}{\omega_c}\right)^2} \tag{6-1-15}$$

由式(6-1-14)可画出不同 Q 值下的幅频响应，如图 6-1-7(a)所示。当需进一步增加滤波电路的阶数，使其幅频响应就更接近理想特性时，可根据巴特沃思低通滤波电路方程式及多项式来设计高阶滤波电路，有关内容请读者自行查阅相关资料。图 6-1-7(b)所示是 $n = 2$、4、6、8、10 的巴特沃思低通滤波电路的幅频响应。

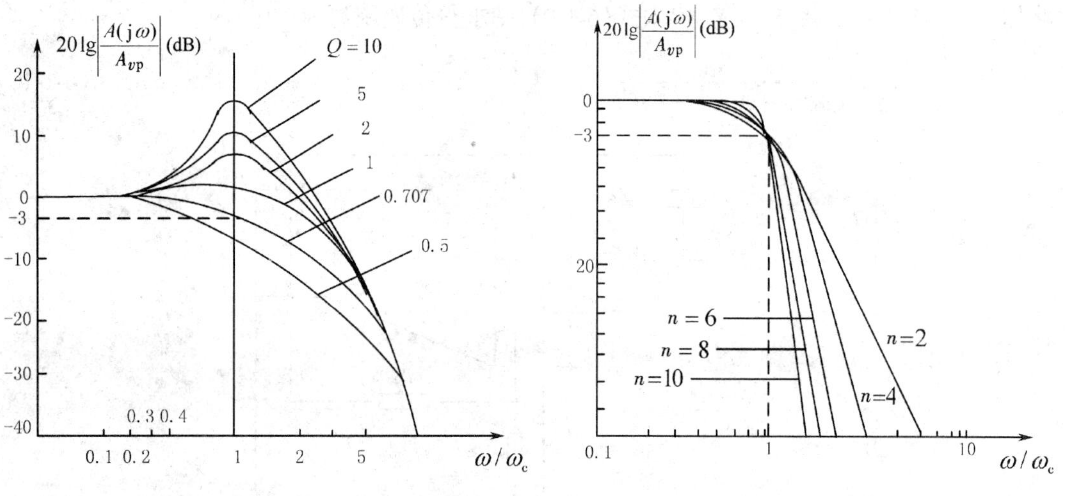

(a)　　　　　　　　　　　　(b)

图 6-1-7　低通滤波电路的幅频响应

(a)图 6-1-6 所示二阶低通滤波电路的幅频响应；

(b)阶数 $n = 2$、4、6、8、10 的巴特沃思低通滤波电路的幅频响应

3.高通滤波电路

令图 6-1-5 中的 $Y_1 = sC, Y_2 = \frac{1}{R}, Y_3 = sC, Y_4 = \frac{1}{R}$，则得到图 6-1-8(a)所示电路图，将 $Y_1 \sim Y_4$ 代入式(6-1-9)，经整理后得

$$A_v(s) = \frac{A_{vP}}{1 + (3 - A_{vP}) \cdot \frac{1}{sRC} + \left(\frac{1}{sRC}\right)^2} \tag{6-1-16}$$

令

$$\left.\begin{aligned} \omega_c &= \frac{1}{RC} \\ Q &= \frac{1}{3 - A_{vP}} \end{aligned}\right\} \tag{6-1-17}$$

则

$$A(s) = \frac{A_{vP} \cdot s^2}{s^2 + \frac{\omega_c}{Q}s + \omega_c^2} = \frac{A_{vP} \cdot s^2}{s^2 + \frac{\omega_c}{Q} \cdot s + \omega_c^2} \tag{6-1-18}$$

式(6-1-18)为二阶高通滤波电路传递函数的典型表达式。

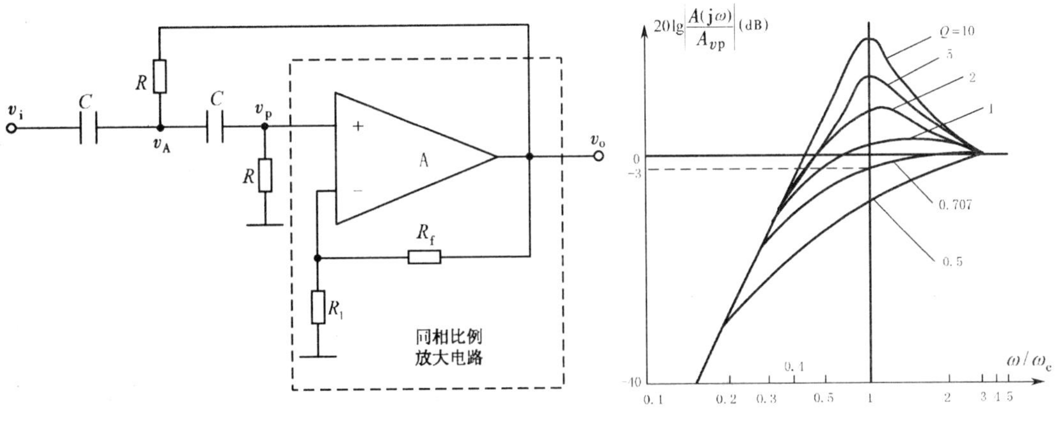

图 6-1-8 二阶压控电压源高通滤波电路

(a)电路图；(b)幅频响应

将式(6-1-18)中的 s 用 $j\omega$ 代替，则可得二阶高通滤波电路的频率响应特性方程为

$$A_v(j\omega) = \frac{-A_{vP}\omega^2}{\omega_c^2 - \omega^2 + j\frac{\omega_c \omega}{Q}} \tag{6-1-19}$$

即

$$20\lg\left|\frac{A(j\omega)}{A_{vP}}\right| = 20\lg\frac{1}{\sqrt{\left[\left(\frac{\omega_c}{\omega}\right)^2 - 1\right]^2 + \left(\frac{\omega_c}{Q\omega}\right)^2}} \tag{6-1-20}$$

由式(6-1-20)可画出其幅频响应曲线，如图 6-1-8(b)所示。由图可见，当 $\omega < \omega_c$ 时，二阶高通滤波电路的 $20\lg\left|\frac{A(j\omega)}{A_{vP}}\right|$ 随 ω 升高而增大，在 $\omega \ll \omega_c$ 时，其幅频响应以 40dB/十倍频

程的斜率上升。

由式(6-1-16)可知,只有当 $A_{vP}<3$ 时,电路才能稳定地工作。

4.带通滤波电路

将低通与高通滤波电路相串联,就可以得到图 6-1-9 所示的带通滤波电路。条件是低通滤波电路的截止角频率 ω_{c2} 大于高通滤波电路的截止角频率 ω_{c1},两者覆盖的通带就提供了一个带通响应。

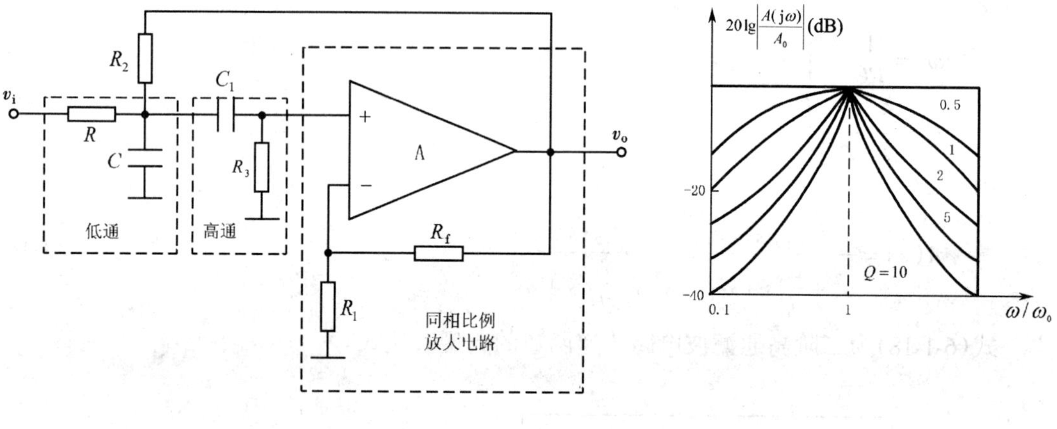

(a)　　(b)

图 6-1-9　二阶压控电压源带通滤波电路

(a)电路图;(b)幅频响应

图中 R、C 组成低通网络,R_3、C_1 组成高通网络,为了计算简便,设 $R_2=R$,$R_3=2R$,$C_1=C$,则可推导出带通滤波电路的传递函数为

$$A_v(s)=\frac{A_{vp}\cdot sCR}{1+(3-A_{vp})sCR+(sCR)^2} \tag{6-1-21}$$

式中 $A_{vp}=1+\dfrac{R_f}{R_1}$,为同相比例放大电路的电压增益。同样要求 $A_{vp}<3$,以使电路稳定地工作。

令

$$\left.\begin{aligned} A_0&=\frac{A_{vp}}{3-A_{vp}}\\ \omega_0&=\frac{1}{RC}\\ Q&=\frac{1}{3-A_{vP}}\end{aligned}\right\} \tag{6-1-22}$$

$$A(s)=\frac{A_0\cdot\dfrac{s}{Q\omega_0}}{1+\dfrac{s}{Q\omega_0}+\left(\dfrac{s}{\omega_0}\right)^2} \tag{6-1-23}$$

式(6-1-23)为二阶带通滤波电路传递函数的典型表达式,其中 $\omega_0=\dfrac{1}{RC}$ 为带通滤波电路的中心角频率,也是特性角频率。

令 $s=\mathrm{j}\omega$，代入式(6-1-23)，则有

$$A_v(\mathrm{j}\omega)=\frac{A_0\cdot\frac{1}{Q}\cdot\frac{\mathrm{j}\omega}{\omega_0}}{1-\left(\frac{\omega}{\omega_0}\right)^2+\mathrm{j}\left(\frac{\omega}{\omega_0 Q}\right)}=\frac{A_0}{1+\mathrm{j}Q\left(\frac{\omega}{\omega_0}-\frac{\omega_0}{\omega}\right)} \tag{6-1-24}$$

式(6-1-24)表明，当 $\omega=\omega_0$ 时，图 6-1-9 所示电路具有最大电压增益，则 $|A(\mathrm{j}\omega_0)|=A_0=\frac{A_{vf}}{3-A_{vf}}$，这就是带通滤波电路的通带电压增益。根据式(6-1-24)，可以求出其幅频响应如图 6-1-9(b)所示。由图可见，Q 值越高，通带越窄。

5. 双 T 带阻滤波电路

与带通滤波电路相反，带阻滤波电路是用来抑制或衰减某一频段的信号，而让该频段以外的所有信号通过。这种滤波电路叫陷波电路，经常用于电子系统的抗干扰。

(1)双 T 网络的频率响应

设信号源内阻近似为零，负载电阻为无限大，则双 T 网络可画出如图 6-1-10(a)所示的电路图，利用星形—三角形变换原理，可将图 6-1-10(a)所示双 T 网络简化为图 6-1-10(b)所示的 π 形等效电路。由图 6-1-10(b)可求得

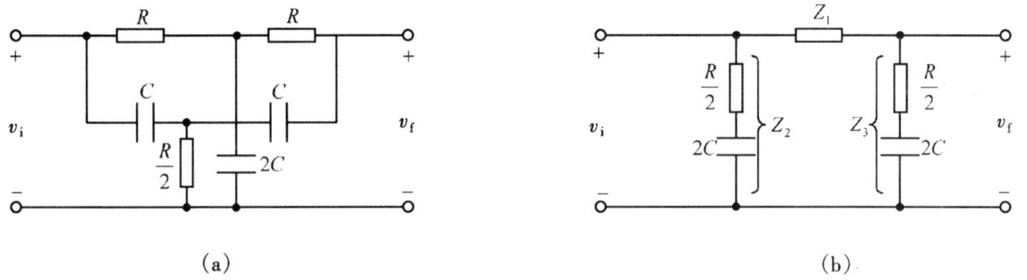

图 6-1-10　双 T 选频网络

(a)电路图；(b)等效电路

$$Z_1=\frac{2R(1+sRC)}{1+s^2R^2C^2}=\frac{2R(1+\mathrm{j}\omega RC)}{1-(\omega RC)^2} \tag{6-1-25}$$

$$Z_2=Z_3=\frac{1}{2}\left(R+\frac{1}{sC}\right)=\frac{1}{2}\left(R+\frac{1}{\mathrm{j}\omega C}\right) \tag{6-1-26}$$

由于 $F(s)=\frac{V_f(s)}{V_i(s)}=\frac{Z_3}{Z_1+Z_3}$

则

$$F(s)=\frac{\frac{1}{2}\left(R+\frac{1}{RC}\right)}{\frac{2R(1+sRC)}{1+(sRC)^2}+\frac{1}{2}\left(R+\frac{1}{sC}\right)} \tag{6-1-27}$$

或

$$F(\mathrm{j}\omega)=\frac{1-(\omega/\omega_c)^2}{[1-(\omega/\omega_c)^2]+\mathrm{j}4\omega/\omega_c} \tag{6-1-28}$$

式中 $\omega_c=\frac{1}{RC}$。由式(6-1-28)可知，当 $\omega=\omega_c$ 时，$F(\mathrm{j}\omega)=0$。

可求出幅频响应、相频响应的表达式分别为

$$|F(j\omega)| = \frac{\left|1-\left(\frac{\omega}{\omega_c}\right)^2\right|}{\sqrt{\left[1-\left(\frac{\omega}{\omega_c}\right)^2\right]^2+\left[4\left(\frac{\omega}{\omega_c}\right)\right]^2}} \tag{6-1-29}$$

$$\left.\begin{aligned}\varphi_F &= -\arctan\frac{4\left(\frac{\omega}{\omega_c}\right)}{1-\left(\frac{\omega}{\omega_c}\right)^2} \quad \left(当\frac{\omega}{\omega_c}<1时\right)\\ \varphi_F &= \pi-\arctan\frac{4\left(\frac{\omega}{\omega_c}\right)}{1-\left(\frac{\omega}{\omega_c}\right)^2} \quad \left(当\frac{\omega}{\omega_c}>1时\right)\end{aligned}\right\} \tag{6-1-30}$$

根据式(6-1-29)和式(6-1-30)画出双T网络的频率响应,如图6-1-11所示。

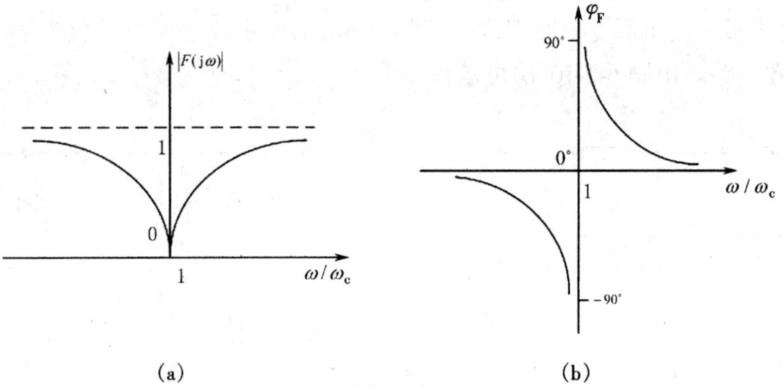

图6-1-11　双T网络的频率特性

(a)幅频响应;(b)相频响应

(2)双T带阻滤波电路

如图6-1-12所示,由节点导纳方程导出电路的传递函数为

$$A_v(s) = \frac{V_o(s)}{V_i(s)} = \frac{A_{vp}\left[1+\left(\frac{s}{\omega_c}\right)^2\right]}{1+2(2-A_{vp})\cdot\frac{s}{\omega_c}+\left(\frac{s}{\omega_c}\right)^2}$$

$$A_v(j\omega) = \frac{A_{vp}\left[1+\left(\frac{j\omega}{\omega_c}\right)^2\right]}{1+\frac{1}{Q}\cdot\frac{j\omega}{\omega_c}+\left(\frac{j\omega}{\omega_c}\right)^2} \tag{6-1-31}$$

式中,$\omega_c=\frac{1}{RC}$,$A_{vp}=1+\frac{R_b}{R_a}$,$Q=\frac{1}{2(2-A_{vp})}$。

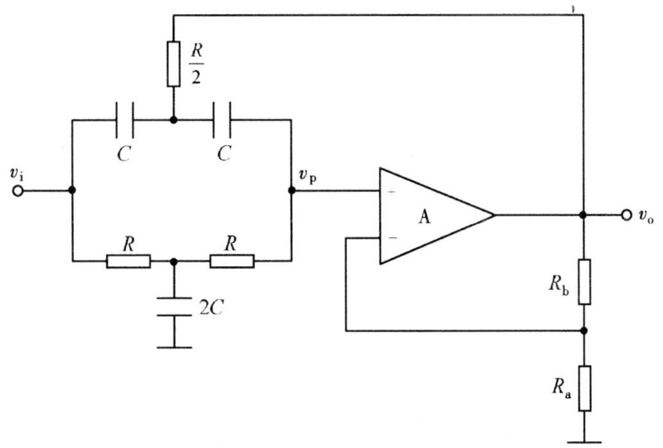

图 6-1-12　双 T 带阻滤波电路

6.1.2　开关电容滤波电路

在市场出售的单片集成滤波器中，开关电容滤波电路占了绝大部分，这是因为开关电容滤波电路能充分利用集成工艺的特点。这种滤波电路不需要模数转换器，可以对模拟量的离散值直接进行处理，所以开关电容滤波电路是一个取样数据系统。与数字滤波电路比较，省略了量化过程，因而具有处理速度快、整体结构简单等优点。从滤波功能上讲，开关电容滤波电路和连续时间滤波电路相同，都属于模拟滤波电路，所以二者的理论基础和综合方法大同小异。但从工作模式上讲，模拟滤波电路属于连续时间系统，开关电容滤波电路属于离散时间系统，所以开关电容滤波电路制造简易，而且价廉，因而受到各方面的重视，经过二十多年的发展，开关电容滤波电路的性能已达到相当高的水平，大有取代一般有源滤波电路的趋势。

1. 开关电容滤波电路的基本构成

开关电容滤波电路的最基本部件是由开关电容网络构成的电阻、反相积分电路和同相积分电路。

(1)由开关电容网络构成等效电阻

串联型开关电容电路如图 6-1-13(a)所示。MOS 管 T_1、T_4 和 T_2、T_3 分别由频率相同而相位相反的两相时钟脉冲 ϕ_1 和 ϕ_2 来控制。如图 6-1-13(b)所示。从图中可以看出，在 ϕ_2 为高电平时，T_1、T_4 导通，T_2、T_3 截止，C 串接于 v_i 和 v_o 之间；而当 ϕ_1 为高电平时，T_2、T_3 导通，T_1、T_4 截止，C 被短接。因此，图 6-1-13(a)所示的开关电容网络可以取代一个电阻。

$$I=\frac{q_c}{T_{CLK}}=C\frac{v_i-v_o}{T_{CLK}}=C\cdot f_{CLK}\cdot(v_i-v_o)$$

当时钟频率 f_{CLK} 足够高时，可以认为这个过程是连续的，因而好像输入端与输出端之间存在一个等效电阻 R_{eq}，其值为

$$R_{eq}=\frac{v_i-v_o}{I}=\frac{1}{C\cdot f_{CLK}}$$

(2)开关电容网络组成反相积分电路

图 6-1-14 为开关电容反相积分电路，C_2 为积分电容，积分电阻 R_{eq} 由图 6-1-13 的串联型

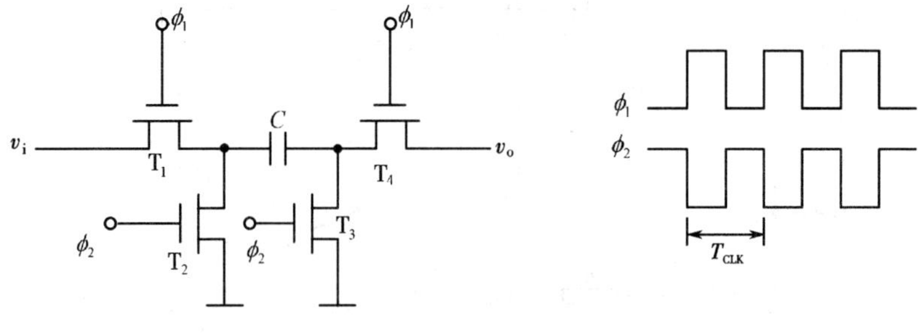

(a) (b)

图 6-1-13 串联型开关电容电路

(a)电路图;(b)两相时钟脉冲

开关电容网络取代。因此,该电路的积分时间常数

$$\tau = R_{eq} \cdot C_2 = \left(\frac{1}{C_1 \cdot f_{CLK}}\right) \cdot C_2$$

可见,τ 的大小取决于时钟频率 f_{CLK} 和二电容的比值(C_2/C_1)。在集成电路中,电容比值的精确度可控制在 0.1% 以内。因此,利用改变频率 f_{CLK} 便可相当精确地改变时间常数 τ。如 f_{CLK} 取 100 kHz,只要取 $C_2/C_1 = 10$,就可以得到 $\tau = 0.1$ ms,这在音频范围内已足够了。

利用图 6-1-14 所示电路,不需改变运放输入端,仅改变加在 MOS 管上的时钟脉冲相位,即可构成反相积分电路。

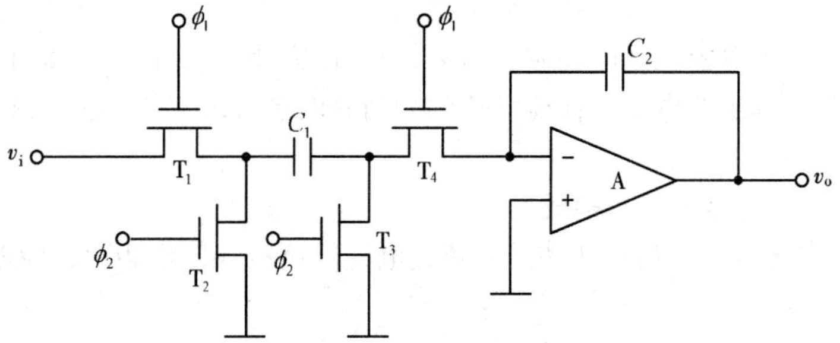

图 6-1-14 开关电容反相积分电路

2. 一阶 LPF 开关电容滤波电路

图 6-1-15(a)是开关电容网络和运放构成的一阶 LPF 开关电容滤波电路,其等效电路如图 6-1-15(b)所示。

由电路图(b)可写出它的频率特性表达式

$$\dot{A}_v = \frac{-R_f/R_1}{1 + j\omega R_f \cdot C_f} = \frac{-R_f/R_1}{1 + j\dfrac{f}{f_c}} \tag{6-1-32}$$

式中,$f_c = \dfrac{1}{2\pi R_f C_f}$为通带截止频率。由于这里用开关电容网络作为等效电阻,所以

$$R_f = \frac{1}{f_{CLK} \cdot C_2} \tag{6-1-33}$$

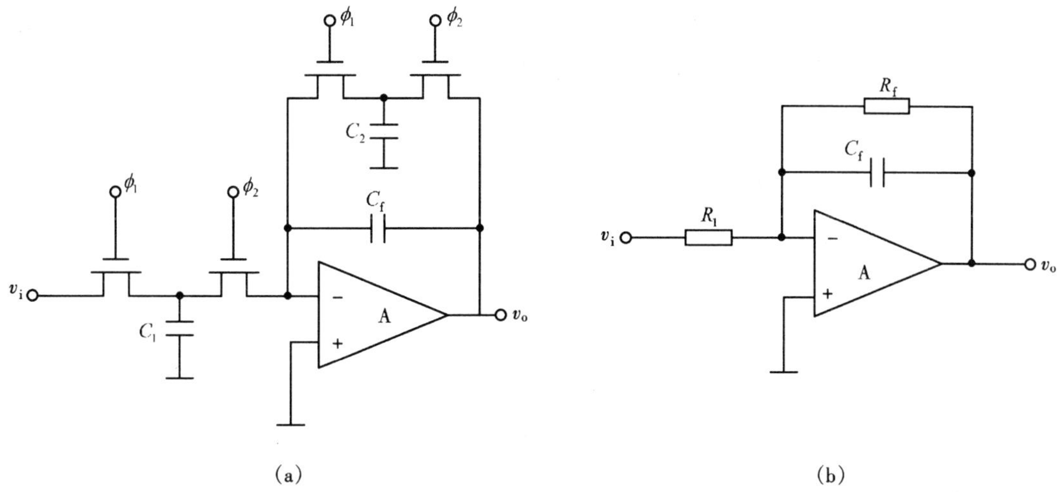

图 6-1-15　一阶 LPF 开关电容滤波电路

(a)原理电路;(b)等效电路

$$R_1 = \frac{1}{f_{CLK} \cdot C_1} \tag{6-1-34}$$

因此

$$f_c = \frac{1}{2\pi\left(\frac{1}{f_{CLK} \cdot C_2}\right) \cdot C_f} = \frac{f_{CLK} \cdot C_2}{2\pi C_f} \tag{6-1-35}$$

将式(6-1-33)、式(6-1-34)、式(6-1-35)代入式(6-1-32),得

$$\dot{A}_v = \frac{-C_1/C_2}{1 + jf/\left(\frac{f_{CLK}}{2\pi} \cdot \frac{C_2}{C_1}\right)} \tag{6-1-36}$$

该滤波电路的通带增益

$$A_{vP} = -\frac{C_1}{C_2} \tag{6-1-37}$$

上式分析表明,该滤波电路的通带增益 A_{vP} 和通带截止频率 f_c 都与两电容之比有关。由于现代集成工艺的发展,15 pF 左右的电容相对精度可以做到 0.1%,且这些电容制在同一芯片上有很好的温度补偿作用,因此,A_{vP} 和 f_c 均可以做到十分精确、稳定。此外,只要改变 f_{CLK},便能方便地改变 f_c。如用开关电容滤波电路制成带通滤波电路时,通过 f_c 的改变便能使滤波电路的中心频带跟踪信号频率,从而可将滤波电路的带宽做得很窄。

必须指出,开关电容滤波电路实质上是将时间上连续的模拟信号离散化,因此,输出波形不是光滑的。其次,时钟信号的频率 f_{CLK} 至少应大于信号中最高频率的 2 倍,否则会出现混叠现象。目前,开关电容滤波电路已大量应用于通信系统和其他数字化系统。

3. 单片集成开关电容滤波器及应用

自 20 世纪 70 年代末以来,国内外已有大量的单片集成开关电容滤波器(SCF)问世。下面介绍一种高频高性能单片集成 SCF MF10,讨论它的内部结构及典型应用。

(1)单片集成 SCF 内部结构

MF10 是 NSC 公司采用 CMOS 工艺制造的双线性相位 SCF。它由两个独立的通用 CMOS

有源滤波积木块 A 和 B 组成。每个积木块与一个外接时钟和若干个电阻一起便能构成各种标准的滤波器,最高时钟频率 $f_{CLKmax}=1.5\ \mathrm{MHz}$,时钟与滤波器的中心频率 f_0 之比为 50∶1 或 100∶1。其内部结构如图 6-1-16 所示。各引脚功能如下。

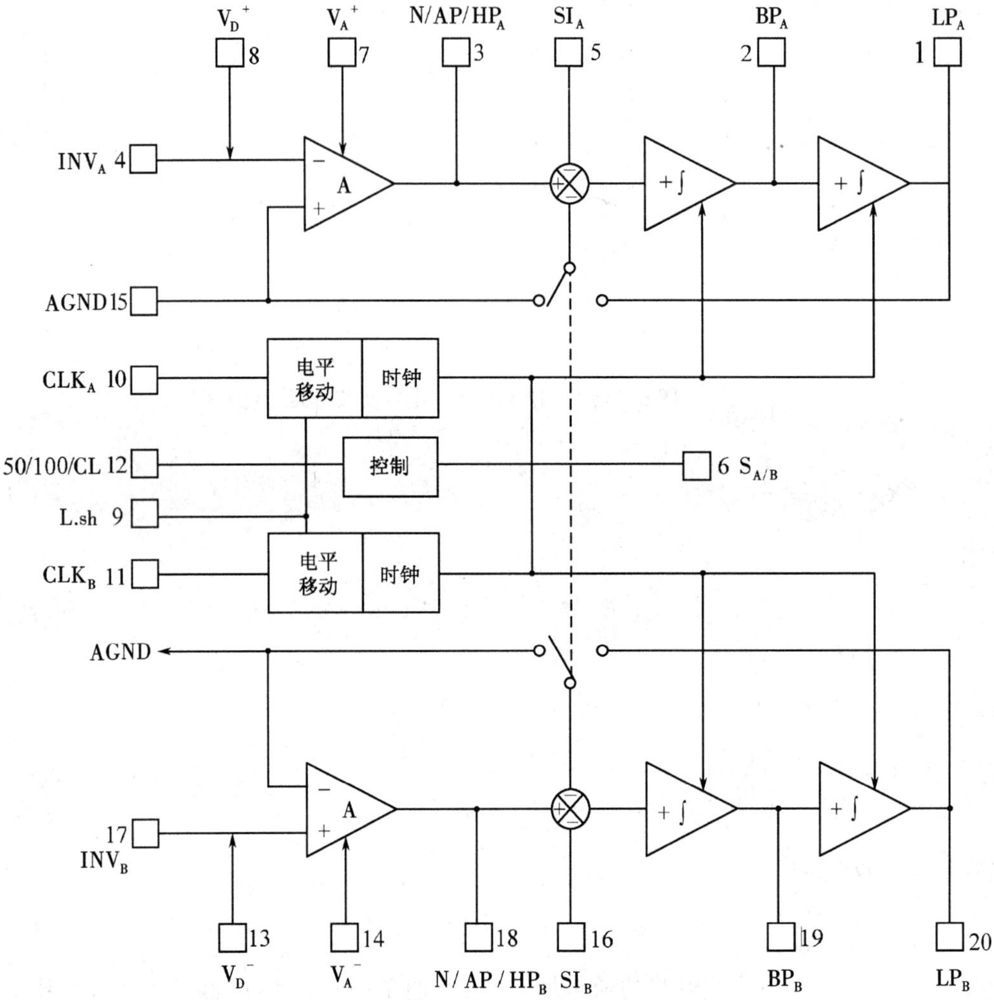

图 6-1-16 SCF MF10 方框图

1 脚(LP_A)和 20 脚(LP_B)为低通输出端;2 脚(BP_A)和 19 脚(BP_B)为带通输出端;3 脚(N/AP/HP_A)和 18 脚(N/AP/HP_B)为带阻、全通或高通输出端;4 脚(INV_A)和 17 脚(INV_B)为芯片内前置反相放大电路反相输入端;5 脚(SI_A)和 16 脚(SI_B)为辅助输入端,芯片用于低通或带通滤波时,外输入信号从 5 脚、16 脚输入;6 脚 ($S_{A/B}$)为芯片内两独立积木工作方式控制端;7 脚(V_A^+)、8 脚(V_D^+)和 14 脚(V_A^-)、13 脚(V_D^-)分别为正电源端和负电源端;9 脚(L.sh)为时钟电平移动控制端;10 脚(CLK_A)和 11 脚(CLK_B)为时钟输入端;12 脚(CL)为比值 f_{CLK}/f_0 的控制端,接高电平时 $f_{CLK}/f_0=50$,接低电平时 $f_{CLK}/f_0=100$。

MF10 是按照状态变量法设计的电路,要求在应用时 f_{CLK} 应比 f_0 大很多。一般选定 f_{CLK}/f_0 值为 50 或 100,以保证取样数据使滤波器特性极好地逼近连续时域特性。

(2)单片集成 SCF 的应用

图 6-1-17 是 MF10 构成的二阶滤波电路。图中,MF10 的工作方式控制端 6 脚接地,此时,信号从 1 脚输出具有低通(LP)特性。模拟信号 V_I 经串接电阻 R_1 加到 4 脚。整个电路具有二阶滤波特性,其特性参数与电路参数的关系及其选取原则如下。

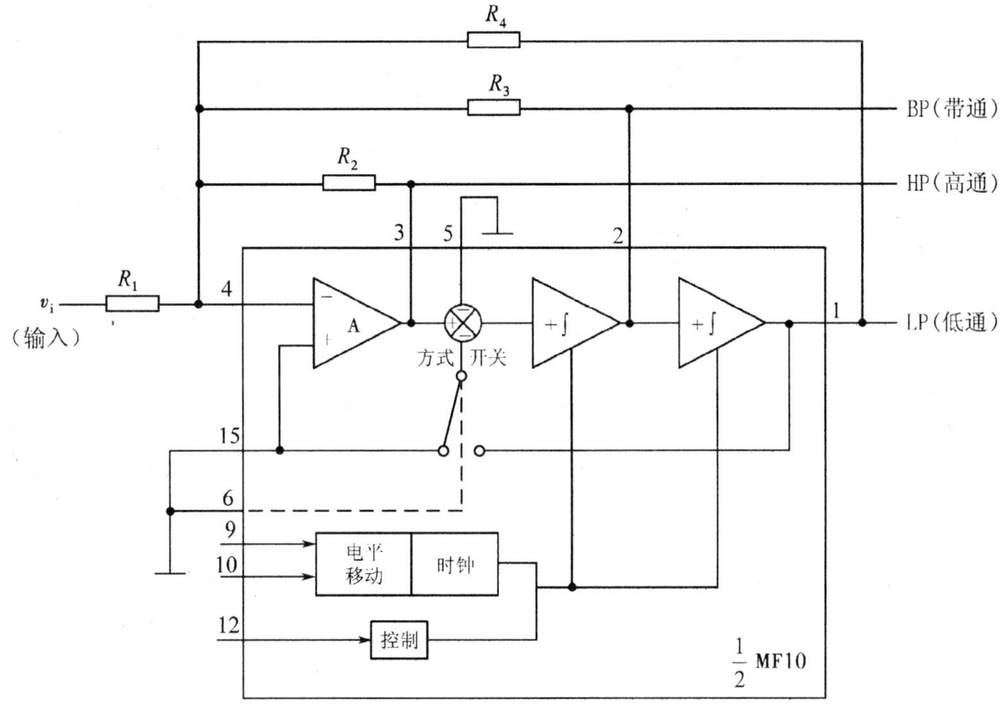

图 6-1-17　MF10 构成的二阶滤波电路

中心频率 f_0 与时钟频率 f_{CLK} 的关系及 Q 值分别为

$$\frac{f_0}{f_{CLK}} = \frac{1}{100(\text{或 }50)}\sqrt{\frac{R_2}{R_4}}$$

$$Q = \frac{R_3}{R_2}\sqrt{\frac{R_3}{R_4}}$$

低通输出(LP)方式时,特征频率 f_T、截止频率 f_c 和电路在 f_T 处的电压增益 A_{vT} 分别为

$$f_T = f_0\sqrt{1-\frac{1}{2Q^2}}$$

$$f_c = f_0\sqrt{1-\frac{1}{2Q^2}+\sqrt{\left(1-\frac{1}{2Q^2}\right)^2+1}}$$

$$A_{vT} = A_{vLO}\left[\frac{1}{Q}\cdot\sqrt{1-\frac{1}{4Q^2}}\right]^{-1}$$

式中,$A_{vLO} = -\frac{R_4}{R_1}$ 为 LPF 的通带增益。

HPF 方式时,f_T、f_c 及 A_{vT} 分别为

$$f_T = f_0\left[\sqrt{1-\frac{1}{2Q^2}}\right]^{-1}$$

$$f_c = f_0\left[\sqrt{1-\frac{1}{2Q^2}+\sqrt{\left(1-\frac{1}{2Q^2}\right)^2+1}}\right]^{-1}$$

$$A_{vT} = A_{vHO}\cdot\left[\frac{1}{Q}\cdot\sqrt{1-\frac{1}{4Q^2}}\right]^{-1}$$

式中，$A_{vHO} = -\frac{R_2}{R_1}$为 HPF 的通带增益。

BPF 方式时，下限截止频率 f_{cL}、上限截止频率 f_{cH}和电路在 f_0 处的增益 A_{v0}分别为

$$f_{cL} = f_0\left[-\frac{1}{2Q}+\sqrt{\frac{1}{4Q^2}+1}\right]$$

$$f_{cH} = f_0\left[\frac{1}{2Q}+\sqrt{\frac{1}{4Q^2}+1}\right]$$

$$A_{v0} = -\frac{R_3}{R_1}$$

6.1.3 采样—保持电路

若将某瞬时的模拟输入电压进行模数变换，模拟输入电压从变换开始到变换结束需要有一个时间间隔，在此期间，希望取得的模拟输入电压暂时保持不变，这就需要具有储存信号电压功能的电路，即采样—保持电路(S/H)。

1. 高速采样—保持电路

图 6-1-18 是由转换速率为 100 V/μs 的高速集成运放、JFET 开关 Q_1 和控制开关 Q_2 等组成的高速采样—保持电路。电路中，控制用采样保持脉冲电压幅值为 ±5 V。当保持时间为 100 μs 时，误差为 0.001%，稳定时间误差为 ±0.05%。

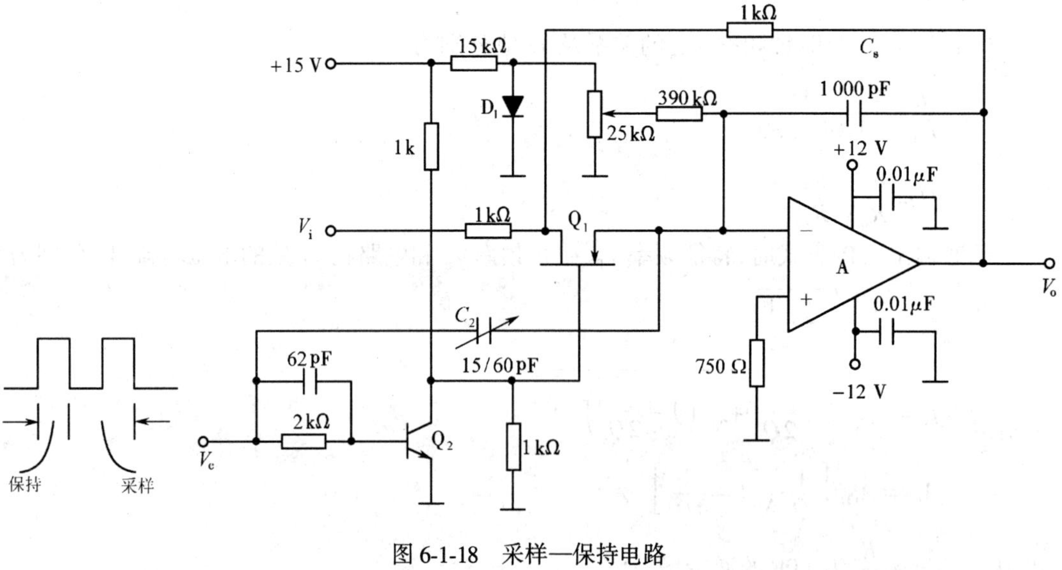

图 6-1-18 采样—保持电路

采样保持开关 Q_1 是由 P 沟道 JFET，其导通或截止状态由三极管开关 Q_2 的输出电压(0 V 或 7.5 V)直接控制，而开关 Q_2 的状态则由采样保持脉冲控制。电路中的 C_s 是储存电容器，C_2 是高速状态下的峰值补偿电容器。图中未画出高速集成运放的辅助电路元件。由图

6-1-18 所示的集成运放采样—保持电路可知，电路的精度和速度与以下因素有关。

(1)储存电容器 C_s

在采样状态下，电路输出端能否迅速地响应输入电压信号，C_s 能否迅速地充电，都直接影响着采样—保持电路的精度和速度。在保持状态下，储存电容器 C_s 的泄漏电流决定了电路的精度，而泄漏电流的大小又取决于电容器介质的吸收能力和电容器漏电程度。要改善储存性能，首先应选用性能好的聚氯乙烯电容器，同时在电路中采取一些防止泄漏的措施。储存电容器 C_s 的大小也会影响电路的精度和速度。C_s 选得较大，则可减小由寄生泄漏电流产生的电容器的电压随时间变化而下降的问题。然而，若 C_s 选得较小时，却可提高采样速度。

(2)采样开关 Q_1

对采样开关 Q_1 的要求是，其导通电阻 R_{on} 要小，而在保持状态下，开关 Q_1 的泄漏电流应为最小。同时开关 Q_1 的响应速度应比较快。

(3)集成运放 A

通常都要求其主要参数 V_{IO}、I_{IO}、I_B 等尽可能的小些，以减小由于泄漏电流所引起的误差，也可采取补偿措施来减小这些参数的影响。特别应注意的是，V_{IO}、I_{IO} 的温漂系数 $\Delta V_{IO}/\Delta T$、$\Delta I_{IO}/\Delta T$。另外还要求集成运放能为电容器 C_s 提供足够的充电电流，或者采用电流扩展电路。

(4)电路的布置及工艺安装

为了提高采样保持电路的响应速度和精度，必须注意电路的布置及工艺安装，以防止印刷电路产生寄生参数和泄漏电流而影响电路的速度和精度。为了提高采样—保持电路的响应速度，还应注意减少整个电路的稳定时间。

2.采样—保持电路的性能指标

(1)采样时间和关断时间

电路由保持转为采样，或由采样转为保持，不是瞬时完成的，需要一定的时间，从发出采样控制信号开始到输出值达到所规定的误差范围内为止，这段时间称为采样时间(或称捕捉时间)。一般在 0.1～10 μs 数量级。

自保持控制信号发出后，到开关断开之间的有限时间称为关断时间(有时也称孔径时间)。一般为 10～150 ns 数量级。

采样时间和关断时间是说明电路工作速度的两个指标。

(2)采样精度和保持精度

实际电路中，采样期间输出信号往往难以达到稳定地跟踪上输入信号，通常两者间有一定差别，主要是由失调偏移误差造成的，称为采样偏移误差。在保持期间，输出电压不能维持不变而有所下降，一般要求在保持期输出电压下垂量不大于 0.1 LSB。

采样精度和保持精度分别说明采样期和保持期实际特性与理想特性接近的程度，精度越高，误差越小，说明实际特性与理想特性的差别就越小。

通常对快速变化的信号，工作速度高的 S/H 电路，其采样和保持精度必然高，但对于慢速度变化信号，当要求保持期长时，工作速度高的 S/H 电路，其保持精度不一定高。

3.单片集成采样—保持放大器 AD582

单片采样—保持放大器 AD582 内部电路如图 6-1-19(a)所示。它是由两级运算放大器、

MOS 场效应管开关组成的。它的外部连接如图 6-1-19(b)所示。

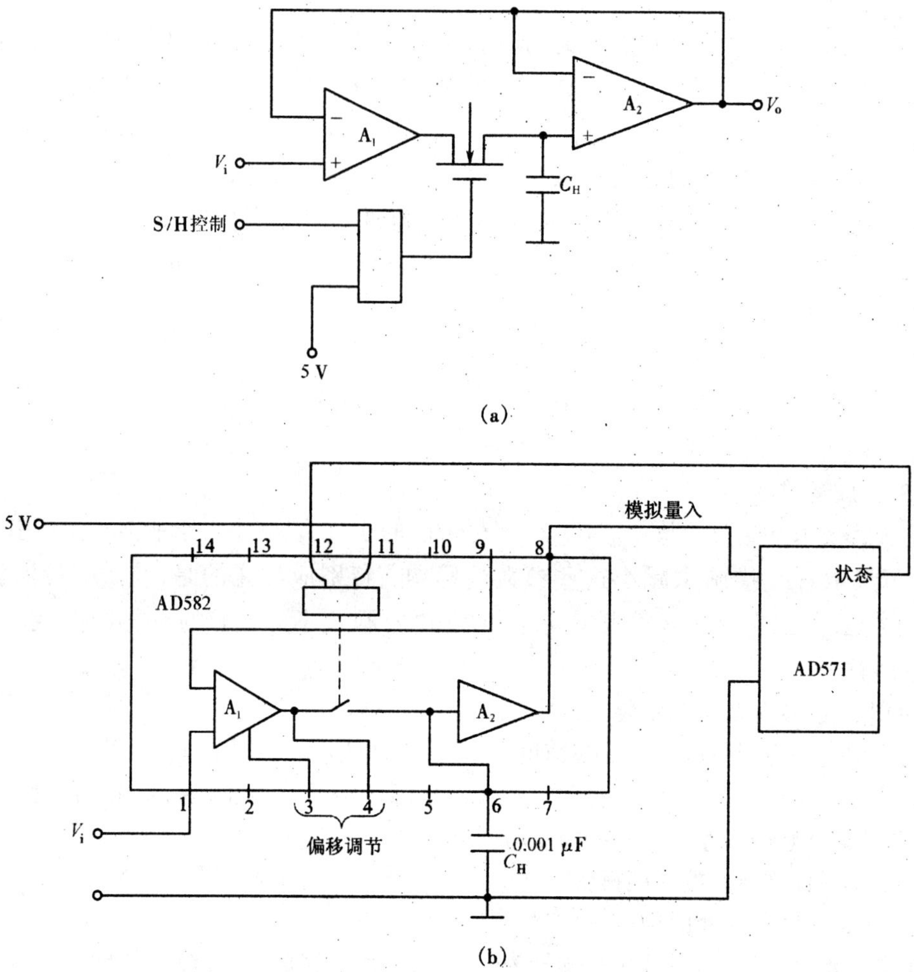

图 6-1-19　采样—保持放大器 AD582

(a)AD582 内部电路图;(b)外部连接图

AD582 引脚 3 和 4 之间接失调调零电位器 100 kΩ,外接保持电容 $C_H = 0.001 \sim 0.01\ \mu F$,引脚 12 为采样—保持控制信号,它与 A/D 转换器的“状态”端相接,该端在 A/D 转换器启动后呈低电平,断开开关将使 S/H 放大器呈保持状态。当 A/D 转换器转换过程结束时,“状态”端立即变为高电平,使开关导通,S/H 放大器又是采样状态。

6.2　模拟乘法器及其应用

6.2.1　模拟乘法器的基本概念

模拟乘法器是对两个以上互不相关的模拟信号(电压或电流)实现相乘功能的非线性函数电路。通常它有两个输入端,一个输出端,其符号如图 6-2-1 所示。它的传输特性为

$$v_o = Kv_x v_y \tag{6-2-1}$$

式中，K 为乘法器的乘积系数，也称乘积增益或标尺因子。

根据输入信号 v_x 和 v_y 的极性有四种可能的组合，表示在 xy 平面上，乘法器有四个可能的工作区域，即四个象限，如图 6-2-2 所示。

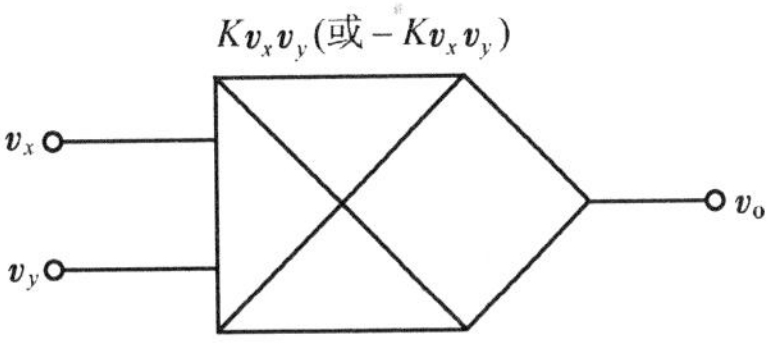

图 6-2-1　模拟乘法器符号

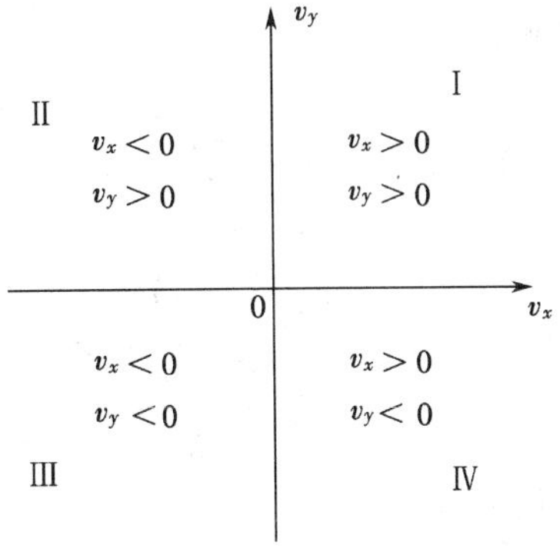

图 6-2-2　模拟乘法器可能的四个工作区域

目前已有由对数和反对数运算电路组成的集成乘法器，如 RC4200 对数式乘法器，但它的输入电压要求是单极性的，是一象限乘法器，因此它有一定的局限性。变跨导式二象限乘法器虽然具有抑制共模信号的作用，但是它的两个输入电压 v_x、v_y 不能在任意极性下正常工作，该电路只能作为二象限乘法器。下面重点介绍获得广泛应用的双平衡式四象限乘法器。

6.2.2　双平衡式四象限乘法器

1. 工作原理

图 6-2-3 所示为双平衡式四象限乘法器原理图。

由图可知，若 $I_{ES1}=I_{ES2}=I_{ES}$，并利用

$$i_c \approx i_e = I_{ES}(e^{v_{BE}/V_T}-1) \approx I_{ES}e^{v_{BE}/V_T} \tag{6-2-2}$$

则有

$$\frac{i_{c1}}{i_{c2}} = e^{(v_{BE1}-v_{BE2})/V_T} = e^{v_x/V_T} \tag{6-2-3}$$

由于

$$i_{c1}+i_{c2}=i_{c5} \tag{6-2-4}$$

$$i_{c3}+i_{c4}=i_{c6} \tag{6-2-5}$$

则由式(6-2-3)及式(6-2-4)可得

$$i_{c1}=\frac{e^{v_x/V_T}}{e^{v_x/V_T}+1}\cdot i_{c5}$$

$$i_{c2}=\frac{i_{c5}}{e^{v_x/V_T}+1} \tag{6-2-6}$$

因此有

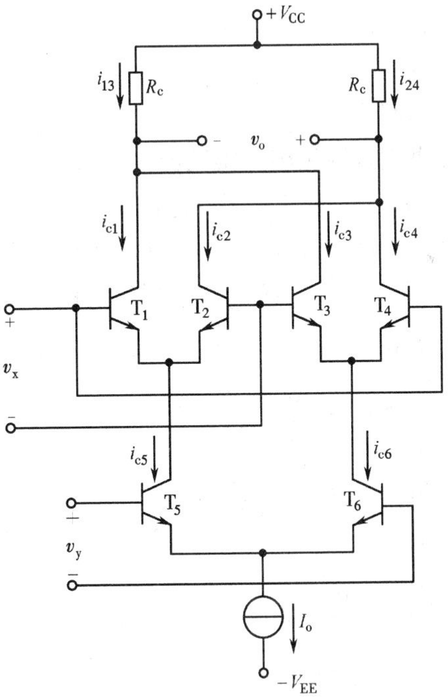

图 6-2-3　双平衡式四象限乘法器原理图

$$i_{c1}-i_{c2}=\frac{e^{v_x/V_T}-1}{e^{v_x/V_T}+1}i_{c5}$$

$$=i_{c5}\operatorname{th}\frac{v_x}{2V_T} \quad (6\text{-}2\text{-}7)$$

同理可得

$$i_{c4}-i_{c3}=i_{c6}\operatorname{th}\frac{v_x}{2V_T} \quad (6\text{-}2\text{-}8)$$

$$i_{c5}-i_{c6}=I_o\operatorname{th}\frac{v_y}{2V_T} \quad (6\text{-}2\text{-}9)$$

因而在图中假定正向的条件下,输出电压为

$$v_o=(i_{13}-i_{24})R_c=[(i_{c1}-i_{c2})-(i_{c4}-i_{c3})]R_c \quad (6\text{-}2\text{-}10)$$

式中

$$i_{13}=i_{c1}+i_{c3},\ i_{24}=i_{c2}+i_{c4}$$

考虑式(6-2-7)、式(6-2-8)的关系,代入式(6-2-10)中,得

$$v_o=(i_{c5}-i_{c6})R_c\operatorname{th}\frac{v_x}{2V_T} \quad (6\text{-}2\text{-}11)$$

由式(6-2-9)和式(6-2-11)可得

$$v_o=R_cI_o\operatorname{th}\frac{v_x}{2V_T}\cdot\operatorname{th}\frac{v_y}{2V_T} \quad (6\text{-}2\text{-}12)$$

当 $v_x\ll 2V_T$, $v_y\ll 2V_T$ 时,上式可简化为

$$v_o=\frac{R_cI_o}{4V_T^2}v_xv_y \quad (6\text{-}2\text{-}13)$$

或

$$v_o=Kv_xv_y \quad (6\text{-}2\text{-}14)$$

式中,$K=\dfrac{R_cI_o}{4V_T^2}$。

2.改进型双平衡模拟乘法器

由式(6-2-14)可知,当输入信号较小时,可得到理想的相乘作用。v_x、v_y 均可取正极性或负极性。故图6-2-3所示电路具有四象限乘法功能。当输入信号较大时,会带来严重的非线性影响。图6-2-4所示电路是利用射极负反馈电阻 R_e 以实现扩展 v_y 的线性输入范围。

根据图6-2-4,当 R_e 取值远大于三极管 T_5 和 T_6 的发射结电阻时,即

$$R_e\gg r_{e5}=\frac{26(\text{mV})}{I_{E5}(\text{mA})}$$

$$R_e\gg r_{e6}=\frac{26(\text{mV})}{I_{E6}(\text{mA})}$$

可写出方程

$$v_y=i_{c5}R_e-i_{c6}R_e=R_e(i_{c5}-i_{c6})$$

$$i_{c5}-i_{c6}=\frac{v_y}{R_e} \quad (6\text{-}2\text{-}15)$$

当 $v_x\ll 2V_T$ 时,则

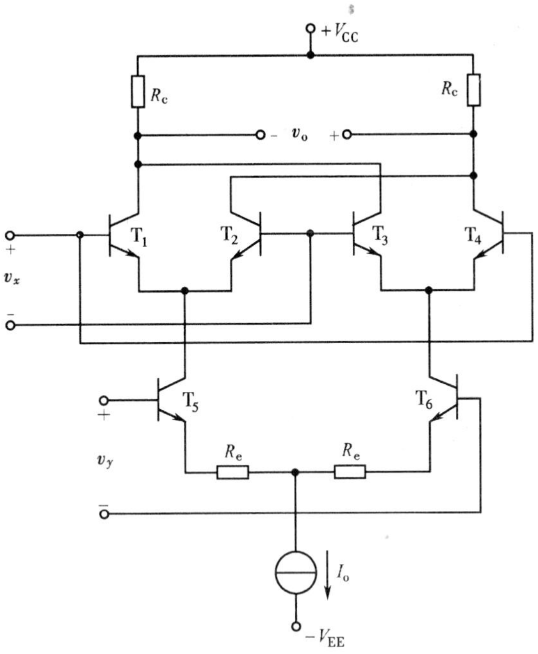

图 6-2-4　具有射极负反馈电阻的双平衡模拟乘法器

$$\mathrm{th}\frac{v_x}{2V_T}\approx\frac{v_x}{2V_T}$$

将式(6-2-15)代入式(6-2-11),得到

$$v_o=\frac{v_y}{R_e}\cdot R_c\,\mathrm{th}\frac{v_x}{2V_T} \tag{6-2-16}$$

即

$$v_o=\frac{R_c}{2V_T\cdot R_e}\cdot v_x\cdot v_y$$

上述分析说明,使用负反馈电阻 R_e 可扩大输入信号 v_y 的线性范围,但对三极管 $T_1\sim T_4$ 不能采用这种方法来扩大输入信号 v_x 的线性范围,因为负反馈电阻会使三极管中必须保持的 I_c 与 V_{BE}之间的近似线性关系破坏,使 $i_{13}-i_{24}$仅取决于 v_x 而与($i_{c5}-i_{c6}$)无关,即与 v_y 无关,因而得不到 v_xv_y 的相乘结果。

3. 非线性补偿网络

图 6-2-4 所示的模拟乘法器的缺点是,输入信号 v_x 的线性范围较小。国产单片集成 BG314 型四象限模拟乘法器是一种动态范围较宽的通用型乘法器,它保持了双平衡模拟乘法器温度稳定性好、工作频率高的优点,且又扩展了输入信号线性范围,获得了广泛的应用。

BG314 型乘法器的组成方框图如图 6-2-5 所示。它的设计思想是基于 XFC-1596(双平衡模拟乘法器的单片集成电路的国产型号)乘法器的输出电压与输入信号 v_x 的双曲正切反函数成正比,因此在 XFC-1596 前面引入一个输出输入关系为双曲正切反函数特性的附加网络,也称为非线性网络。这样可以对输入信号 v_x 预先进行非线性处理,最终使合成电路的输出输入电压之间是线性关系,因而扩展了输入信号 v_x 的线性范围,即双曲正切反函数电路,如图 6-2-6 所示。

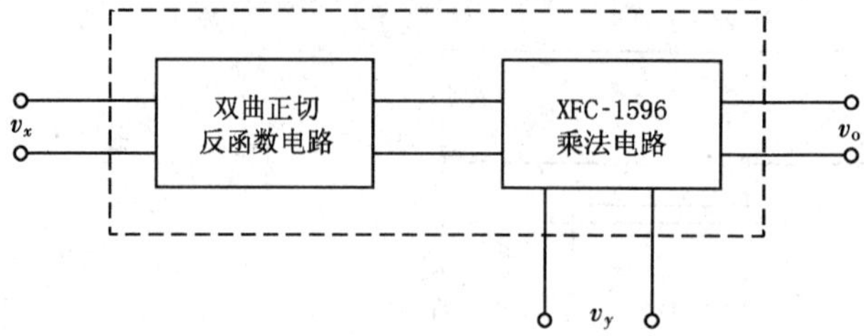

图 6-2-5 BG314 型模拟乘法器方框图

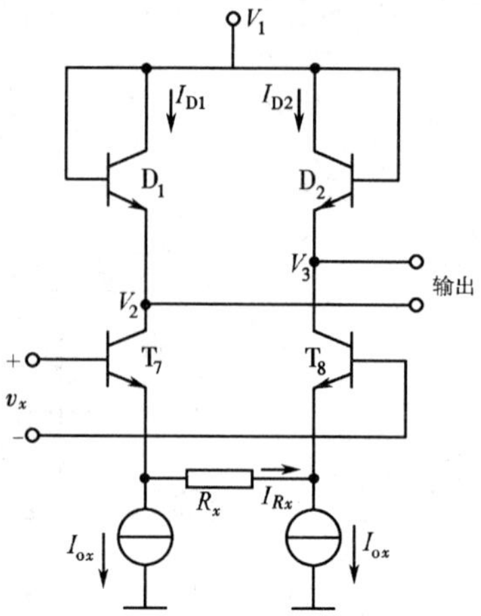

图 6-2-6 非线性补偿网络

图中，D_1、D_2 由对称三极管连接成二极管，根据三极管特性 $V_{BE}=V_T\ln\frac{I_E}{I_{ES}}$，可以写出下列方程

$$V_{BE1}=V_1-V_2=V_T\ln\frac{I_{D1}}{I_{ES}}$$

$$V_{BE2}=V_1-V_3=V_T\ln\frac{I_{D2}}{I_{ES}}$$

则

$$V_3-V_2=V_T\ln\frac{I_{D1}}{I_{D2}} \tag{6-2-17}$$

设三极管 T_7、T_8 的 $\beta\gg1$，则

$$I_{D1}=I_{c7}=I_{ox}+I_{Rx} \tag{6-2-18}$$

$$I_{D2}=I_{c8}=I_{ox}-I_{Rx} \tag{6-2-19}$$

电阻 R_x 上流过的电流

$$I_{Rx}=\frac{v_x}{r_{e7}+r_{e8}+R_x} \tag{6-2-20}$$

$$r_{e7}=\frac{26(\text{mV})}{I_{E7}(\text{mA})}$$

$$r_{e8}=\frac{26(\text{mV})}{I_{E8}(\text{mA})}$$

当电阻 R_x 取值足够大，满足 $R_x\gg r_{e7}+r_{e8}$ 时，则

$$I_{Rx}\approx\frac{v_x}{R_x} \tag{6-2-21}$$

将式(6-2-20)代入式(6-2-18)和式(6-2-19)，得

$$I_{D1}=I_{ox}+\frac{v_x}{R_x} \tag{6-2-22}$$

$$I_{D2}=I_{ox}-\frac{v_x}{R_x} \tag{6-2-23}$$

将式(6-2-22)和式(6-2-23)代入式(6-2-17),得

$$V_3 - V_2 = V_T \ln \frac{1 + \dfrac{v_x}{I_{ox}R_x}}{1 - \dfrac{v_x}{I_{ox}R_x}} \tag{6-2-24}$$

利用双曲正切反函数与对数的关系式

$$ln \frac{1+t}{1-t} = 2\text{arcth } t$$

则式(6-2-24)可改写为

$$V_3 - V_2 = 2V_T \text{arcth} \frac{v_x}{I_{ox}R_x} \tag{6-2-25}$$

式(6-2-25)说明了图6-2-6所示非线性补偿网络的输出电压与输入电压间呈双曲正切反函数关系。

图6-2-7所示为带有非线性补偿网络的 *XFC*-1596 乘法电路。将式(6-2-25)中 $V_3 - V_2$ 代入式(6-2-16)中 v_x 位置,可求得输入电压 v_o 值。

$$v_o = 2\frac{R_c}{R_y}V_y \text{th} \frac{1}{2V_T}\left[2V_T \text{arcth} \frac{v_x}{I_{ox}R_x}\right] = \frac{2R_c}{I_{ox}R_xR_y}v_xv_y$$

$$v_o = Kv_xv_y \tag{6-2-26}$$

式中,$K = \dfrac{2R_c}{I_{ox}R_xR_y}$。

输出电流

$$i = i_{13} - i_{24} = \frac{v_o}{R_c} = \frac{2}{I_{ox}R_xR_y} \cdot v_xv_y \tag{6-2-27}$$

式(6-2-26)说明,图6-2-7所示电路具有理想的相乘功能,v_x、v_y 极性可正可负,故为一四象限模拟乘法器电路。

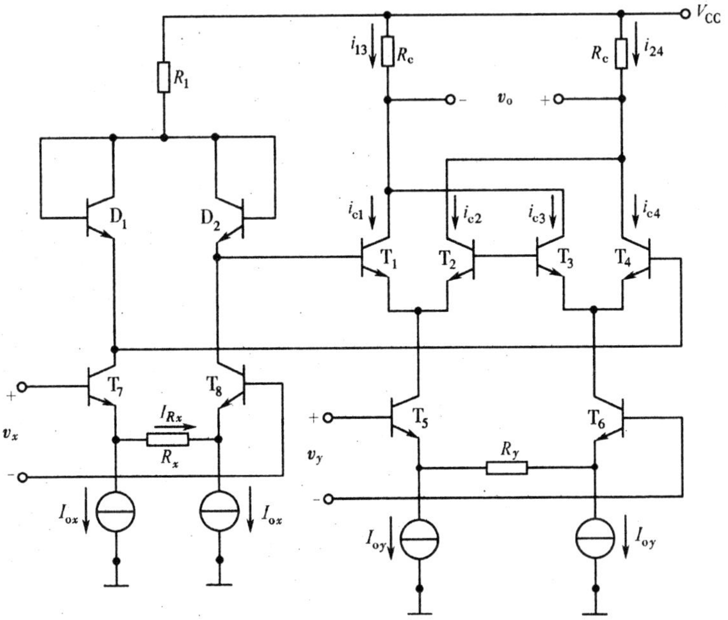

图 6-2-7 带有非线性补偿网络的 XFC-1596 乘法器电路

由上述分析可得到以下几点结论：

①负反馈电阻 R_x 和 R_y 的数值必须足够大，乘法器的输出电压 v_o 与两个输入电压 v_x 和 v_y 的相乘成正比，具有接近于理想的相乘作用；

②乘法器的乘积增益 K 由电路参数决定，其数值一般通过 I_{ox} 予以调节，K 与环境温度无关，因此电路的温度稳定性较好；

③输入信号的动态范围得到了相当大的扩展，但仍受条件限制，根据式(6-2-25)由双曲正切反函数的性质可知，$v_x/I_{ox}R_x$ 必须小于 1 才有意义，所以允许的输入信号电压值的极限值为

$$v_{xm} < I_{ox}R_x$$

6.2.3　集成模拟乘法器应用举例

利用集成模拟乘法器和集成运放相结合，通过各种不同的外接电路，可以组成除法、开平方、均方及各种函数发生器等。下面介绍几种基本应用。

1. 除法运算电路

图 6-2-8 所示为除法运算电路。利用虚地的概念有

$$\frac{v_{x1}}{R_1} + \frac{v_2}{R_2} = 0 \tag{6-2-28}$$

由乘法器的功能，有下列关系

$$v_2 = Kv_o v_{x2}$$

得

$$v_o = -\frac{R_2}{KR_1} \cdot \frac{v_{x1}}{v_{x2}} \tag{6-2-29}$$

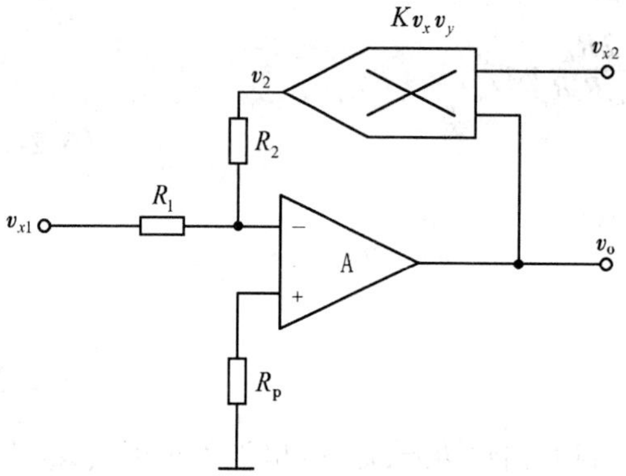

图 6-2-8　除法运算电路

由图 6-2-8 可知，只有当 v_{x2} 为正极性时，才能保证运算放大器是处于负反馈工作状态，而 v_{x1} 则可正可负，故该电路属二象限除法器。若 v_{x2} 为负值时，可在反馈电路中引入一反相电路。

2. 开平方电路

开平方电路如图 6-2-9 所示。根据虚地概念有

$$\frac{v_2}{R} + \frac{v_i}{R} = 0 \tag{6-2-30}$$

$$v_2 = -v_i \tag{6-2-31}$$

根据乘法器电路得到

$$Kv_o^2 = v_2 = -v_i$$

$$v_o = \sqrt{\frac{-v_i}{K}} \tag{6-2-32}$$

由式(6-2-32)可见，v_o 是 $-v_i$ 的平方根，输入电压 v_i 必为负值。若 v_i 为正电压，则无论 v_o 是正或负，乘法器输出电压 v_2 均为正值，导致运放的反馈极性变正，使运放不能正常工作。所以，必须将乘法器输出电压 v_2 经过一反相器 A_2 加到运放 A_1 的输入端，电路如图

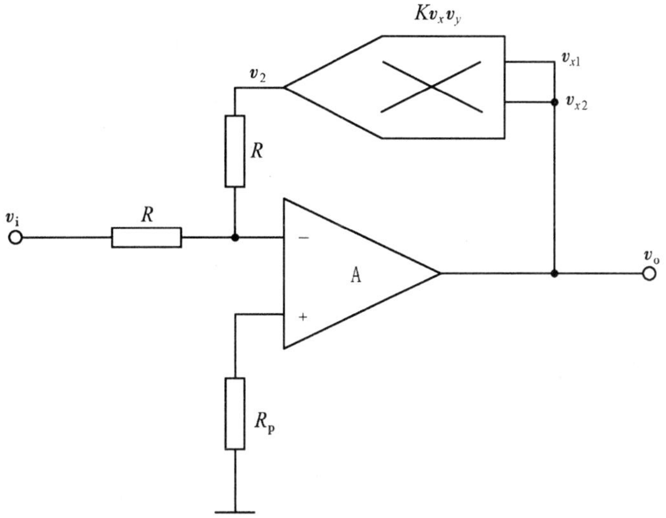

图 6-2-9　负电压开平方运算电路

6-2-10所示。

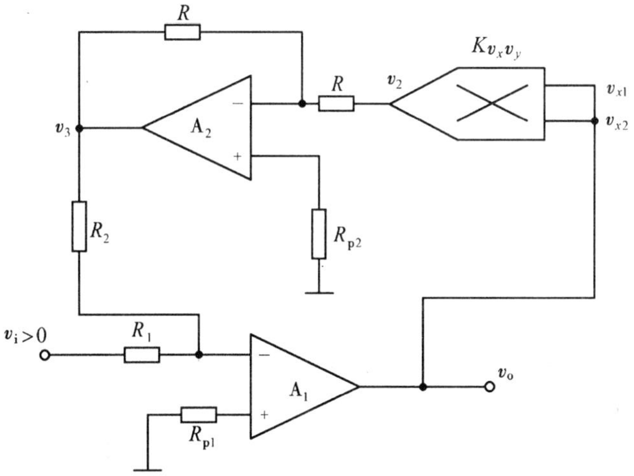

图 6-2-10　正电压平方根运算电路

由图可知，$v_o = \sqrt{\frac{R_2}{KR_1} \cdot v_i}$。

3.均方运算电路

图 6-2-11 是用乘法器和运算放大器组成的均方运算电路。先由乘法器进行平方运算，再由积分运算可完成均方运算。

由图可知

$$v_o = -\frac{1}{RC}\int Kv_i^2 \mathrm{d}t$$

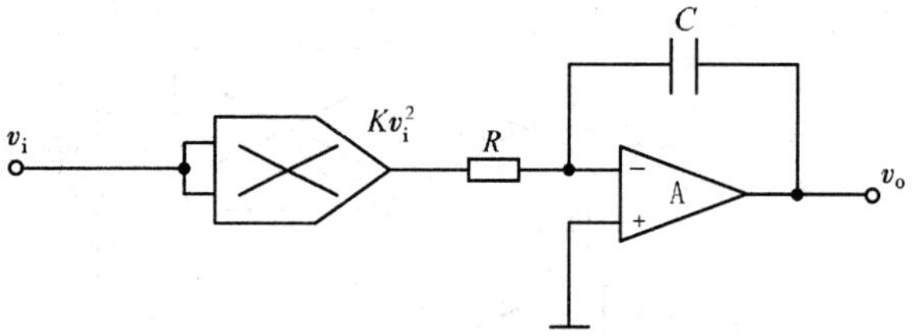

图 6-2-11　均方运算电路

4. V_i^y 运算电路

图 6-2-12 所示电路是由乘法器、对数放大器和反对数放大器构成的能进行 V_i^y 运算的电路框图。

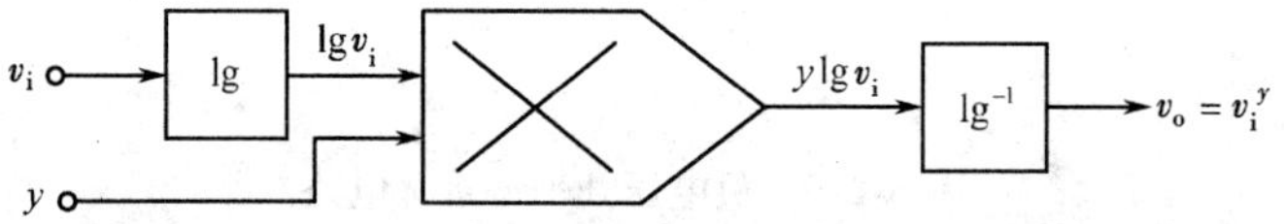

图 6-2-12　V_i^y 运算电路

5. 近似正弦函数运算器

正弦函数的幂级数展开式为

$$\sin X = X - \frac{X^3}{3!} + \frac{X^5}{5!} - \frac{X^7}{7!} + \cdots + (-1)^n \frac{X^{2n+1}}{(2n+1)!}$$

如果在 $-\frac{\pi}{2} \sim \frac{\pi}{2}$ 区间内保留公式前三项，即利用五阶多项式来近似正弦函数，其误差小于 0.5%。

$$\sin X \approx X - \frac{X^3}{6} + \frac{X^5}{120}$$

可以用上式实现图 6-2-13 所示的正弦函数发生电路，为减小误差，电路中应采用精密测量电阻，图中乘法器 K 均等于 $\frac{1}{10}$。

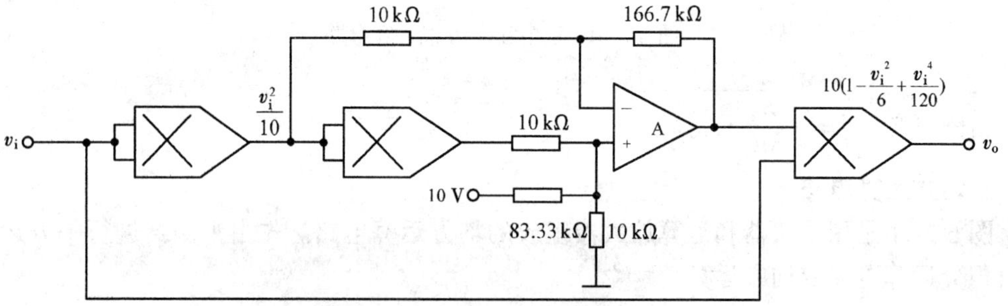

图 6-2-13　近似正弦函数发生电路

由图可知，$v_o = v_i - \frac{v_i^3}{6} + \frac{v_i^5}{120}$。

由以上两式可以看出，v_o 为近似正弦函数。

6.2.4　调制解调电路

调制和解调在通信、广播、电视和遥控等领域中得到广泛的应用。利用模拟乘法器的功能很容易实现调制和解调的功能。

1.调制

现以无线电调幅广播为例来说明调幅原理。在这种调制过程中，音频信号需用高频信号来运载，这里的高频信号称为载波信号，音频信号称为调制信号。将音频信号“装载”于高频信号的过程称为调制。在图 6-2-14(a)所示电路中，模拟乘法器的两个输入端加入载波信号 $v_c = V_c\cos\omega_c t$ 和调制信号 $v_s = V_s\cos\omega_s t$。模拟乘法器的输出电压

$$v_{o1} = KV_s V_c\cos\omega_s t\cdot\cos\omega_c t = V\cos\omega_c t \tag{6-2-33}$$

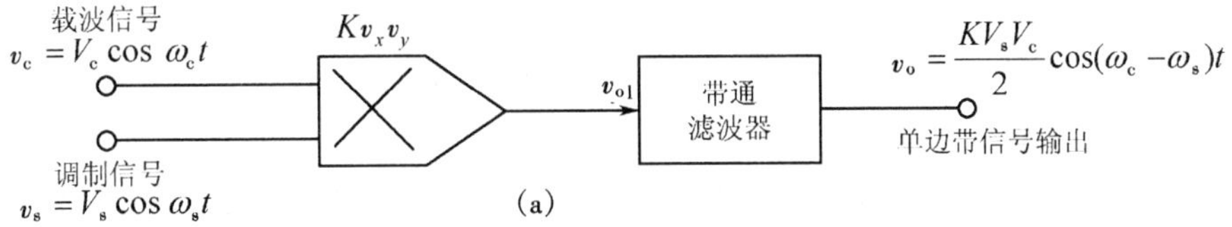

(a)

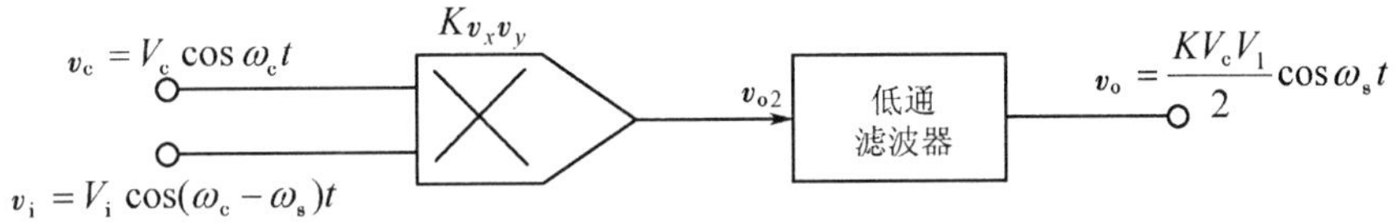

(b)

图 6-2-14

(a)振幅调制器；(b)振幅解调器

式中，$V = KV_s V_c\cos\omega_s t$，是已调信号 v_{o1} 的振幅，V 是随调制信号 V_s 而变化的，故称为调幅(AM)，而式(6-2-33)可改写为

$$v_{o1} = \frac{KV_c V_s}{2}[\cos(\omega_c+\omega_s)t + \cos(\omega_c-\omega_s)t] \tag{6-2-34}$$

由上式可见，乘法器的输出是一标准的调幅波。输出电压的频谱仅由两个边频($\omega_c+\omega_s$)和($\omega_c-\omega_s$)组成。实际上，音频信号的 ω_s 不是单一频率，而是一个频带，如 20 Hz ~ 5 kHz。若载波信号的频率为 $f_c = 800$ kHz 时，则下边频($\omega_c-\omega_s$)和上边频($\omega_c+\omega_s$)成为下边带和上边带，即以载波的频率 800 kHz 为中心的频带。

若在调制器输出端加一个带通滤波器，滤波频率为($\omega_c+\omega_s$)的上边带信号，如图 6-2-14(a)所示，就变成单边带振幅调制器，它的输出电压

$$v_o = \frac{KV_s V_c}{2}\cos(\omega_c-\omega_s)t \tag{6-2-35}$$

2.解调

调幅波的解调亦称检波，是调幅的逆过程，即从调幅波提取调制信号的过程称为解调，如图 6-2-14(b)所示。它也是用一个模拟乘法器和滤波电路来实现解调功能的。乘法器的两个输入端分别接入调幅波的下边带信号 $v_i = V_i\cos(\omega_c-\omega_s)t$ 和载波信号 $v_c = V_c\cos\omega_c t$，其输出电压为

$$v_{o2}=\frac{KV_cV_i}{2}[\cos\omega_s t+\cos(2\omega_c-\omega_s)t]$$

通过低通滤波电路，滤除不需要的频率$(2\omega_c-\omega_s)$信号，而取出的调制信号

$$v_o=K\frac{V_cV_i}{2}\cos\omega_s t$$

相乘检波器的工作频率一般在 10 MHz 以下，当工作频率较高时，可用简单的二极管检波电路，此时不需要将双边带变为单边带信号。

调制/解调用的模拟乘法器，因载波频率较高，一般选用开关乘法器，可选用开关速度较高的 MC1596 型乘法器。

目前，模拟乘法器的应用极其广泛，随着集成乘法器品种的增多、成本降低、精度提高和应用方便等多方面的优点，它会像集成运放一样，共同推进电子技术的发展。

习　　题

6-1-1　在下列几种情况下，应分别采用哪种类型的滤波电路（低通、高通、带通、带阻）？

（1）有用信号频率为 100 Hz；

（2）有用信号频率低于 400 Hz；

（3）希望抑制 50 Hz 交流电源的干扰；

（4）希望抑制 500 Hz 以下的信号。

6-1-2　设运放为理想器件。在下列几种情况下，它们应分别属于哪种类型的滤波电路（低通、高通、带通、带阻）？并定性画出其幅频特性。

（1）理想情况下，当 $f=0$ 和 $f=\infty$ 时的电压增益相等且不为零。

（2）直流电压增益就是它的通带电压增益。

（3）在理想情况下，当 $f\to\infty$ 时的电压增益就是它的通带电压增益。

（4）在 $f=0$ 和 $f\to\infty$ 时的电压增益都等于零。

6-1-3　电路如图题 6-1-3 所示，设 A_1、A_2 为理想运放。

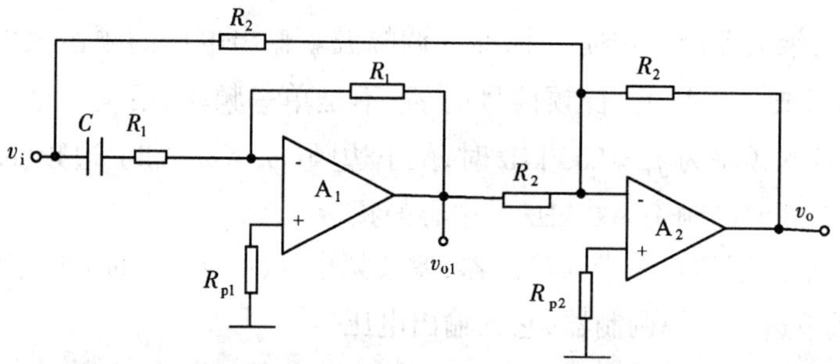

图题 6-1-3

（1）求 $A_1(s)=\dfrac{V_{o1}(s)}{V_i(s)}$ 及 $A(s)=\dfrac{V_o(s)}{V_i(s)}$；

（2）根据导出的 $A_1(s)$ 和 $A(s)$ 表达式，判断它们分别属于什么类型的滤波电路。

6-1-4　设 A 为理想运放，试写出图题 6-1-4 所示电路的传递函数，指出这是一个什么类型的滤波电路。

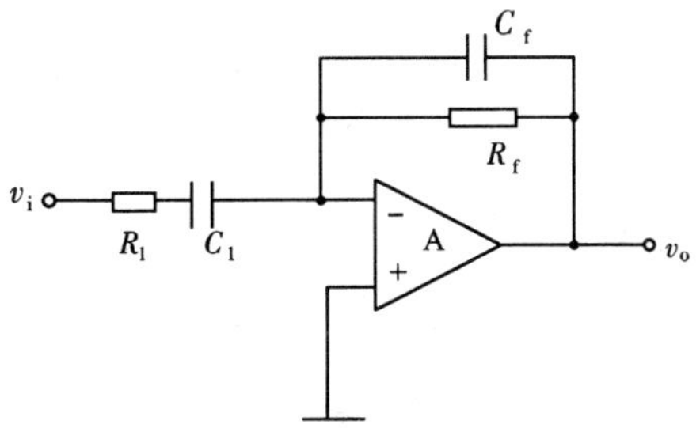

图题 6-1-4

6-1-5　试画出下列传递函数的幅频响应曲线,并分别指出各传递函数表示哪一种(低通、高通、带通、带阻或全通)滤波电路。(提示:下面各式中的 $s=j\omega/\omega_c$)

(1) $A(s)=\dfrac{1}{s^2+\sqrt{2}s+1}$;

(2) $A(s)=\dfrac{1}{s^3+2s^2+2s+1}$;

(3) $A(s)=\dfrac{s^2-2s+2}{s^2+2s+2}$;

(4) $A(s)=\dfrac{s^3}{s^3+2s^2+2s+1}$;

(5) $A(s)=\dfrac{2s}{s^2+0.2s+1}$。

6-1-6　影响开关电容滤波电路频率响应的时间常数决定于什么?为什么时钟频率 f_{CLK} 通常比滤波电路的工作频率(例如截止频率 f_P)要大得多(例如 $f_{CLK}/f_P>100$)?

6-1-7　开关电容滤波电路与一般 RC 有源滤波电路相比,有何主要优点?

6-2-1　电路如图题 6-2-1 所示,试求输出电压 v_o 的表达式。

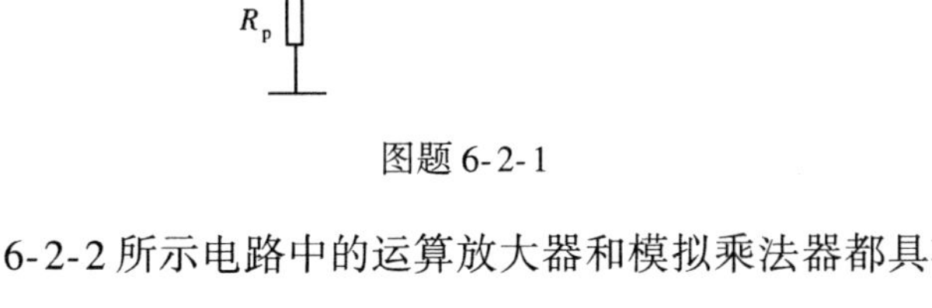

图题 6-2-1

6-2-2　设图题 6-2-2 所示电路中的运算放大器和模拟乘法器都具有理想的特性,$V_{REF}>0$,求 v_o 的表达式。

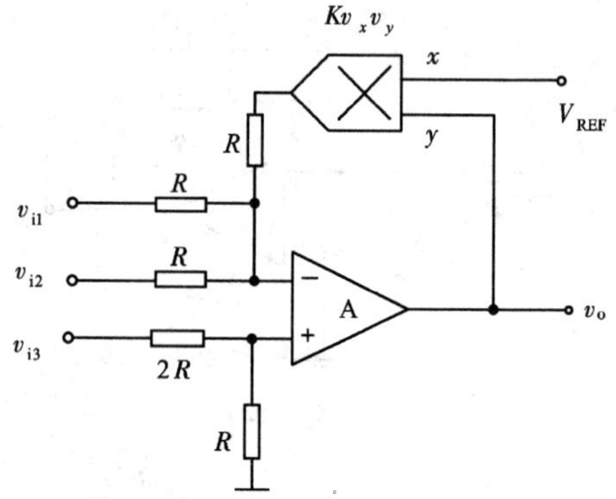

图题 6-2-2

6-2-3　一个具有检测正交振荡信号幅值功能的电路如图题 6-2-3 所示，设模拟乘法器和运算放大器均为理想器件，$K_1 = K_2 = K$，$v_{i1} = V_{im}\sin\omega t$，$v_{i2} = V_{im}\cos\omega t$，试写出 v_o 的表达式。

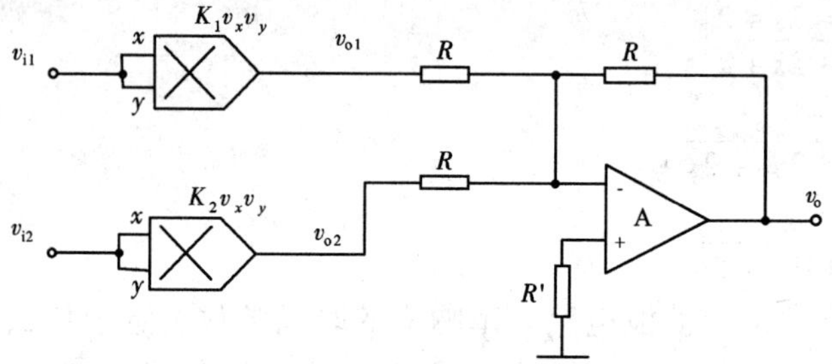

图题 6-2-3

6-2-4　在图题 6-2-4 所示的电路中，设模拟乘法器和运算放大器都具有理想的特性。要求：

(1)写出 v_o 与 v_i 的关系式；

(2)若 $R_1 = R_2 = R_3 = R_f = 10\ \text{k}\Omega$，$K = 0.1\ \text{V}^{-1}$，$v_i = 5\ \text{V}$，计算 v_o 的值。

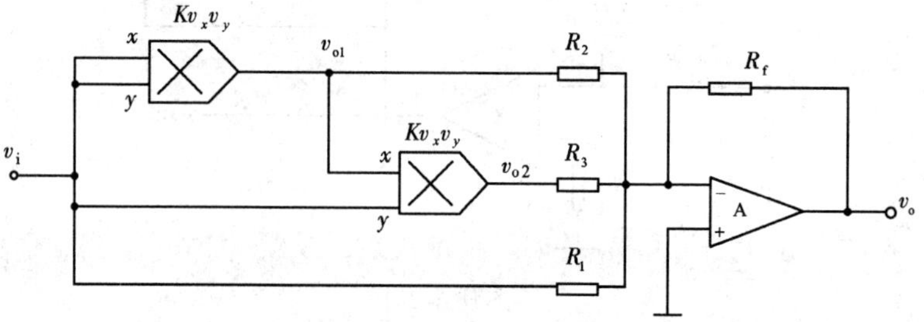

图题 6-2-4

第7章　信号产生电路

引言

信号产生电路(也叫振荡电路)主要用于产生一定波形、一定频率和幅度的信号。就其波形来说,信号产生电路可分为正弦波振荡电路和非正弦波振荡电路。目前常用的正弦波振荡电路有 *RC* 振荡电路、*LC* 振荡电路和石英晶体振荡电路;非正弦波振荡电路主要讨论方波产生电路、锯齿波产生电路。

振荡电路在无线电通信、广播、电视系统及各种电子测量仪器中有着广泛的应用。例如,在实验室,正弦波常作为信号源,以测量放大电路的性能。在工业生产和医疗仪器中,应用高频信号可以进行感应加热,利用超声波可以探测金属内的缺陷和人体内器官的病变。在通信和广播中更离不开高频正弦波。此外,非正弦信号发生器在测量设备、数字系统和自动控制系统中也有十分广泛的应用。本章将介绍有关信号产生电路的组成原则、工作原理及特点。

7.1　正弦振荡电路基本概念

7.1.1　自激振荡的条件

在第5章5.5节中,讨论了负反馈放大电路中的自激振荡问题。当满足一定的相位和幅度条件时,电路将产生自激振荡,从而使放大电路不能正常工作。为了使放大电路稳定工作,应设法破坏产生自激振荡的条件。而在正弦波振荡电路中,为了得到频率一定且幅度稳定的正弦波信号输出,在电路中必须人为地引入正反馈,并创造条件使之产生自激振荡。

为便于了解振荡电路的原理构成,将负反馈的框图重画于图7-1-1(a)中,它的闭环增益

$$\dot{A}_{\mathrm{f}} = \frac{\dot{A}}{1+\dot{A}\dot{F}} \tag{7-1-1}$$

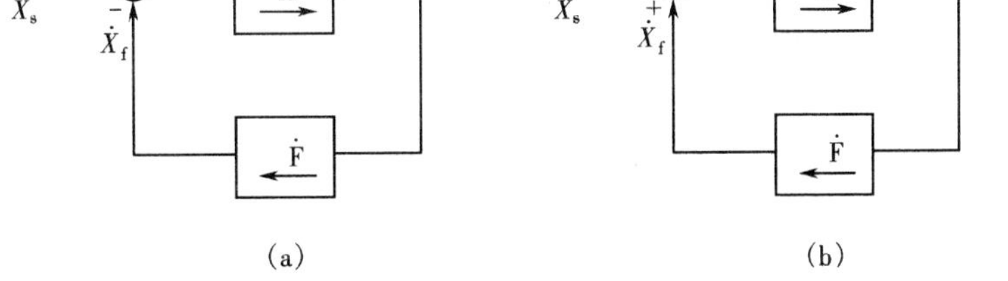

图7-1-1　反馈放大电路与振荡电路框图

(a)负反馈框图;(b)振荡电路框图

由于存在附加相移，若使环路增益满足自激振荡条件 $\dot{A}\dot{F}=-1$，则负反馈放大电路将产生自激振荡，原本的负反馈信号变成了正反馈。

可见，若电路连接成正反馈系统，如图 7-1-1(b)所示，当满足 $\dot{X}_i=\dot{X}_f$ 时，反馈系统产生自激，此时无需施加 $\dot{X}_s$，电路将有 $\dot{X}_o$ 输出，即电路进入自激状态。

1. 平衡条件

由图 7-1-1(b)可知

$$\dot{X}_i=\dot{X}_s+\dot{X}_f \tag{7-1-2}$$

$$\dot{X}_o=\dot{A}\dot{X}_i \tag{7-1-3}$$

$$\dot{X}_f=\dot{F}\dot{X}_o \tag{7-1-4}$$

由式(7-1-2)～式(7-1-4)可得振荡电路增益的一般表达式

$$\dot{A}_f=\frac{\dot{X}_o}{\dot{X}_s}=\frac{\dot{A}}{1-\dot{A}\dot{F}} \tag{7-1-5}$$

当 $|1-\dot{A}\dot{F}|=0$ 时，$\dot{A}_f\to\infty$，即 $\dot{X}_s=0$，$\dot{X}_i=\dot{X}_f$。这就是说，放大电路在没有外加输入信号时，也有输出信号，反馈放大电路变成自激振荡电路。故把 $|1-\dot{A}\dot{F}|=0$ 即

$$\dot{A}\dot{F}=1 \tag{7-1-6}$$

称为自激振荡条件。上式为复数式，设 $\dot{A}=A\angle\varphi_A$，$\dot{F}=F\angle\varphi_F$，则可得

$$\dot{A}\dot{F}=AF\angle\varphi_A+\varphi_F=1 \tag{7-1-7}$$

由此可得到振荡电路产生持续振荡的两个基本条件：

①振幅平衡条件

$$|\dot{A}\dot{F}|=AF=1 \tag{7-1-8}$$

②相位平衡条件

$$\varphi_A+\varphi_F=2n\pi\quad(n=0,1,2,3,\cdots) \tag{7-1-9}$$

相位平衡条件说明，放大电路和反馈网络的总相移必须等于 2π 的整数倍，以保证引入正反馈，这是电路能够产生振荡的必要条件。但作为一个稳定振荡电路，相位平衡条件和幅度平衡条件必须同时满足。

2. 起振条件

$|\dot{A}\dot{F}|=1$ 是维持振荡的幅度平衡条件，指的是振荡电路已进入稳幅振荡的情形。当振荡电路接通电源时，电路中任何微小的扰动，只要满足相位平衡条件，就可通过放大→正反馈→再放大→再正反馈的循环过程，使振荡输出信号由小到大地逐渐建立起来。因此，振荡电路要求正反馈到输入端的信号幅度要一次比一次大，以建立起振荡。即要求 $|\dot{X}_f|>|\dot{X}_i|$，所以

$$|\dot{A}\dot{F}|>1 \tag{7-1-10}$$

这就是振荡电路的起振条件。也就是除要求反馈信号 $\dot{X}_f$ 与输入信号 $\dot{X}_i$ 相位相同外，在幅度上必须使

$$AF>1 \tag{7-1-11}$$

7.1.2 正弦波振荡电路的组成

正弦波振荡电路由放大电路和正反馈网络组成，为了获得稳定的正弦波信号，电路除必

须具有选频特性外，还需加入稳幅措施。因此正弦波振荡电路应包括以下几个部分。

1.放大电路

放大电路的作用是将直流电源提供的能量，通过振荡电路转换成固定频率的交流能量。使用的主体器件可以是双极型晶体管、场效应管或集成运算放大器。

2.反馈网络

其作用是将输出信号通过正反馈引至放大电路的输入端，以维持电路的正常振荡。反馈网络可以采用变压器分压电路、电容或电感分压电路。

3.选项网络

振荡电路要工作，需要最初给一个激励信号，这个激励信号就是振荡环路内存在的微弱的电扰动，其频谱分布很广。为保证输出波形为单一频率的正弦波，只能有一个频率能满足振荡条件，因此振荡电路必须具有选频特性，选频特性通常由选频网络实现。选频网络通常由 *RC* 网络、*LC* 谐振回路或石英晶体实现。

4.稳幅环节

其作用是稳定振幅和改善波形。在振荡建立的过程中，输出信号随着时间逐渐增大，如果不采取措施，放大器就进入非线性区，输出波形就会失真，显然这是应当避免的，所以振荡电路中还需引入稳幅措施，使 $|\dot{A}\dot{F}|>1$ 能在振幅增强到一定时过渡到 $|\dot{A}\dot{F}|=1$，使输出幅度稳定，波形又不失真。

综上所述，正弦波振荡电路由放大电路、反馈网络、选频网络和稳幅电路四部分构成。不过，在具体电路中，这四部分并非完全独立。如选频网络可设置在放大电路 $\dot{A}$ 中，也可设置在反馈网络 $\dot{F}$ 中，而稳幅电路可与放大器 $\dot{A}$ 结合（内稳幅），或外加负反馈稳幅电路（外稳幅）。

7.2 正弦波振荡电路

按选频网络的元件类型，正弦波振荡电路可分为 *RC* 正弦波振荡电路、*LC* 正弦波振荡电路和石英晶体正弦波振荡电路。

7.2.1 *RC* 正弦波振荡电路

RC 正弦波振荡电路形式多种多样，如桥式、移相式和双 T 网络式等。这里着重讨论最常用的桥式振荡电路，也称为文氏桥振荡电路。

1.电路结构

RC 桥式正弦波振荡电路的原理电路如图 7-2-1 所示。它由两部分组成，即放大电路和选频网络，兼正反馈网络。放大电路为由运放组成的同相比例放大电路，电阻 R_1 和 R_f 是电路中的负反馈回路。而选频网络由 *RC* 串并联电路组成。

为了进一步理解产生自激振荡的原理，首先分析 *RC* 串并联选频网络的选频特性。

2. *RC* 串并联选频网络的选频特性

图 7-2-2 所示的网络称为 RC 串并联选频网络，并兼有选频作用，其反馈系数的幅度和相位均随频率变化。

令 R、C 串联支路的阻抗为 Z_1，则

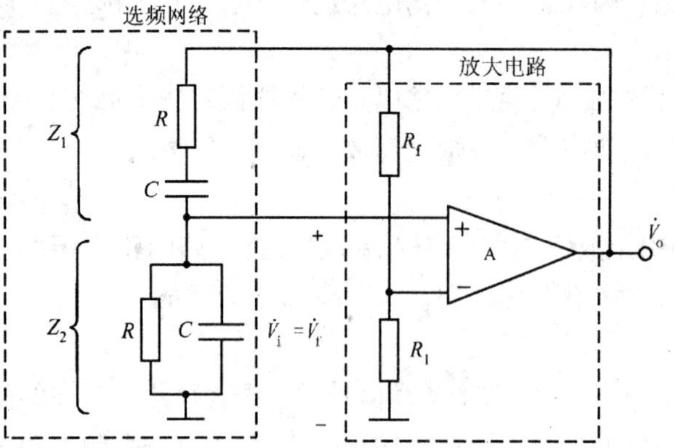

图 7-2-1 RC 桥式振荡电路

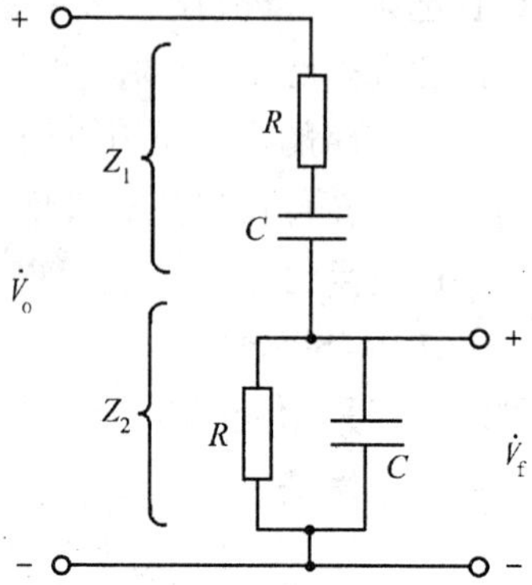

图 7-2-2 RC 串并联选频网络

$$Z_1 = R + \frac{1}{\mathrm{j}\omega C} = \frac{1+\mathrm{j}\omega RC}{\mathrm{j}\omega C} \tag{7-2-1}$$

令 R、C 并联支路的阻抗为 Z_2，则

$$Z_2 = R /\!/ \frac{1}{\mathrm{j}\omega C} = \frac{R}{1+\mathrm{j}\omega RC} \tag{7-2-2}$$

因此，由 RC 串并联网络组成的正反馈网络的反馈系数为

$$\dot{F}_v = \frac{\dot{V}_f}{\dot{V}_o} = \frac{Z_2}{Z_1+Z_2} = \frac{1}{3+\mathrm{j}\left(\dfrac{\omega}{\omega_0}-\dfrac{\omega_0}{\omega}\right)} \tag{7-2-3}$$

其中

$$\omega_0 = \frac{1}{RC} \tag{7-2-4}$$

由此可得 RC 串并联选频网络的幅频响应和相频响应为

$$|\dot{F}_v| = \frac{1}{\sqrt{3^2+\left(\dfrac{\omega}{\omega_0}-\dfrac{\omega_0}{\omega}\right)^2}} \tag{7-2-5}$$

$$\varphi_F = -\arctan\frac{\left(\dfrac{\omega}{\omega_0}-\dfrac{\omega_0}{\omega}\right)}{3} \tag{7-2-6}$$

根据式(7-2-5)、式(7-2-6)可知，当 $\omega=\omega_0=\dfrac{1}{RC}$时，幅频响应的幅值达到最大，即

$$F_{v\max} = \frac{1}{3}$$

相频响应的相位角

$$\varphi_F = 0$$

由式(7-2-5)、式(7-2-6)画出 $\dot{F}_v$ 的频率特性如图 7-2-3 所示。

3. 振荡的建立与振荡频率

电路能够振荡，首先应满足相位平衡条件，即 $\varphi_A+\varphi_F=2n\pi$，由 RC 串并联网络的选频特性可知，在 $\omega=\omega_0=\dfrac{1}{RC}$时，经 RC 网络传输到运放同相端的电压 $\dot{V}_f$ 与 $\dot{V}_o$ 同相，即 $\varphi_F=0$；

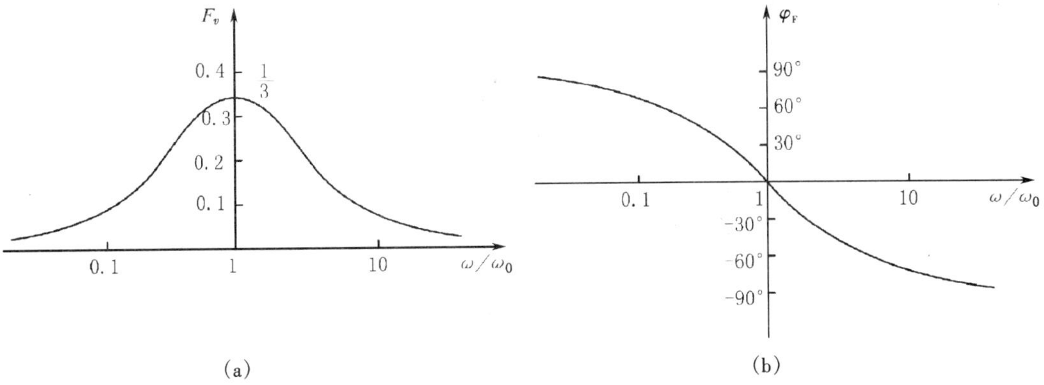

图 7-2-3　*RC* 串并联网络的频率特性

(a)幅频响应;(b)相频响应

而放大电路选用的是同相输入方式,其相位角 $\varphi_A=0$,此时 $\varphi_A+\varphi_F=2n\pi$,满足相位平衡条件。所以信号通过闭合环路 $\dot{A}_v\dot{F}_v$ 后,仅有 $\omega=\omega_0$ 的信号才满足相位平衡条件,该电路的振荡频率由 *RC* 串并联网络的参数决定,即

$$f_o=\frac{1}{2\pi RC} \tag{7-2-7}$$

为使振荡电路能够自行建立振荡,还必须满足起振条件 $|\dot{A}_v\dot{F}_v|>1$。当 $\omega=\omega_0$ 时,$|\dot{F}_v|=\frac{1}{3}$,根据起振条件和幅值平衡条件得

$$\dot{A}_v=\frac{\dot{V}_o}{\dot{V}_P}=1+\frac{R_f}{R_1}\geqslant 3 \tag{7-2-8}$$

一旦相位平衡条件满足后,幅度平衡条件很易满足,只需调节 R_f 与 R_1 的比值即可。需注意的是,如果同相比例放大电路的电压放大倍数 A_v 远大于3,虽然有利于起振,但因振幅的增长,致使放大电路的动态工作范围延伸到非线性区,输出的波形将产生严重的非线性失真。

4.稳幅措施

电路一旦起振,由于 $|\dot{A}_v\dot{F}_v|>1$,输出幅度将不断地增大,直至受到运放最大输出电压的限制,而此时振荡波形也将产生较严重的非线性失真。因此,需根据振幅的变化自动调整负反馈的强弱,以得到稳定的输出电压。通常采取的稳幅措施是在放大器的负反馈回路(R_f、R_1)加入非线性元件,如采用热敏电阻,即 R_f 选用温度系数为负的热敏电阻,当输出电压 $|\dot{V}_o|$ 因某种原因增大时,通过 R_f 和 R_1 上的电流增大,电阻 R_f 上的功耗增大,导致温度升高,使 R_f 阻值减小,从而使 $\dot{A}_v$ 数值减小,输出电压 $|\dot{V}_o|$ 也随之下降。反之,当 $|\dot{V}_o|$ 下降时,各物理量变化与上述相反,使输出电压保持基本稳定。同理,R_1 选用温度系数为正的热敏电阻,也可起到稳幅作用。同时还可以利用二极管的非线性实现自动稳幅,如图 7-2-4 所示。由图可知,不论信号在正半周还是负半周,总有一个二极管处于正向导通状态。即 $A_v=1+\frac{R_f+R_2/\!/r_D}{R_1}$,式中,$r_D$ 为二极管正向交流电阻。其原理是,振荡电路起振时,$|\dot{V}_o|$ 值较小,此时 r_D 值较大,使 A_v 值较大,有利于起振。随着 $|\dot{V}_o|$ 值增大后,通过二极管的电流增

大，r_D 值减小，A_v 下降，限制了输出幅度的变化。

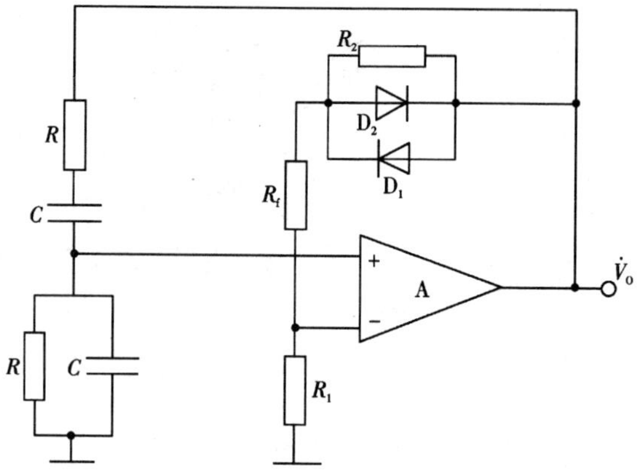

图 7-2-4　利用二极管稳幅的桥式振荡电路

7.2.2　*LC* 正弦波振荡电路

LC 正弦波振荡电路的选频网络是 *LC* 并联谐振电路，*LC* 和 *RC* 振荡电路产生正弦波的原理基本相同，但两者的应用领域有所不同。*RC* 振荡电路主要用来产生低频正弦信号，工作频率一般在 1 MHz 以下。而 *LC* 振荡电路则主要应用于高频，可产生频率高达 1 000 MHz 以上的正弦波信号。常见的 *LC* 振荡电路有变压器反馈式、电容三点式和电感三点式。下面首先回顾 *LC* 并联谐振回路的选频特性。

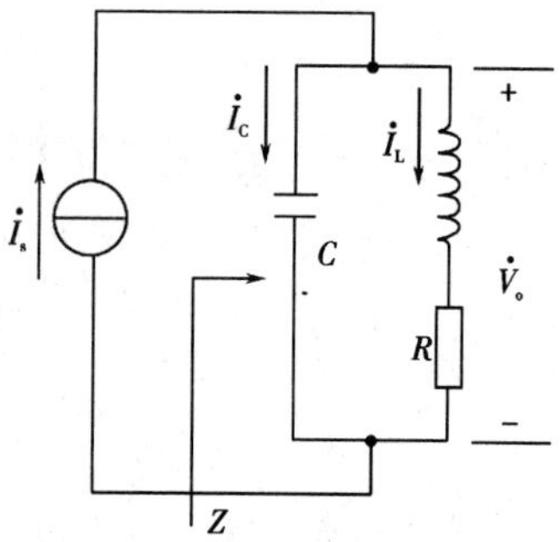

图 7-2-5　LC 并联谐振回路

1. *LC* 并联谐振回路的选频特性

LC 并联谐振回路如图 7-2-5 所示，图中 *R* 表示回路的等效损耗电阻，其数值一般较小，$\dot{I}_s$ 为激励电流源。由图可知，回路的等效阻抗

$$Z=\frac{\frac{1}{j\omega C}(R+j\omega L)}{\frac{1}{j\omega C}+R+j\omega L} \tag{7-2-9}$$

一般有 $R\ll \omega L$。所以上式可写成

$$Z\approx\frac{-j\frac{1}{\omega C}\cdot j\omega L}{R+j\left(\omega L-\frac{1}{\omega C}\right)}=\frac{L/C}{R+j\left(\omega L-\frac{1}{\omega C}\right)} \tag{7-2-10}$$

当 $\omega L-\frac{1}{\omega C}=0$ 时，回路处于谐振状态，由 $\omega_0 L-\frac{1}{\omega_0 C}=0$ 解得

$$\omega_0=\frac{1}{\sqrt{LC}} \tag{7-2-11}$$

即谐振频率

$$f_0=\frac{1}{2\pi\sqrt{LC}} \tag{7-2-12}$$

谐振时，回路的等效阻抗 *Z* 为纯电阻性质，其值最大，并称为谐振点阻抗用 Z_0 表示。即

$$Z_0=\frac{L}{RC}=Q\omega_0L=\frac{Q}{\omega_0C} \tag{7-2-13}$$

其中，Q 称为谐振回路的品质因数。它是 LC 并联回路的重要指标，由谐振频率 ω_0 和 R、C、L 参数决定，即

$$Q=\frac{\omega_0L}{R}=\frac{1}{\omega_0CR}=\frac{1}{R}\sqrt{\frac{L}{C}} \tag{7-2-14}$$

将式(7-2-10)写成

$$Z=\frac{L/RC}{1+\mathrm{j}\dfrac{\omega L}{R}\dfrac{(\omega+\omega_0)(\omega-\omega_0)}{\omega^2}} \tag{7-2-15}$$

若信号角频率只限于在 ω_0 附近，即 $\omega\approx\omega_0$，且设 $\Delta\omega=\omega-\omega_0$，则式(7-2-15)又可表示为

$$Z=\frac{Z_0}{1+\mathrm{j}Q\dfrac{2\Delta\omega}{\omega_0}} \tag{7-2-16}$$

可得其幅频特性

$$|Z|=\frac{Z_0}{\sqrt{1+\left(Q\dfrac{2\Delta\omega}{\omega_0}\right)^2}} \tag{7-2-17}$$

相频特性

$$\varphi=-\arctan Q\frac{2\Delta\omega}{\omega_0} \tag{7-2-18}$$

式中，$\dfrac{2\Delta\omega}{\omega_0}$称为相对失谐量，表明信号角频率偏离回路谐振角频率 ω_0 的程度。

由式(7-2-17)、式(7-2-18)可绘出 LC 并联谐振回路的频率响应曲线，如图 7-2-6 所示。

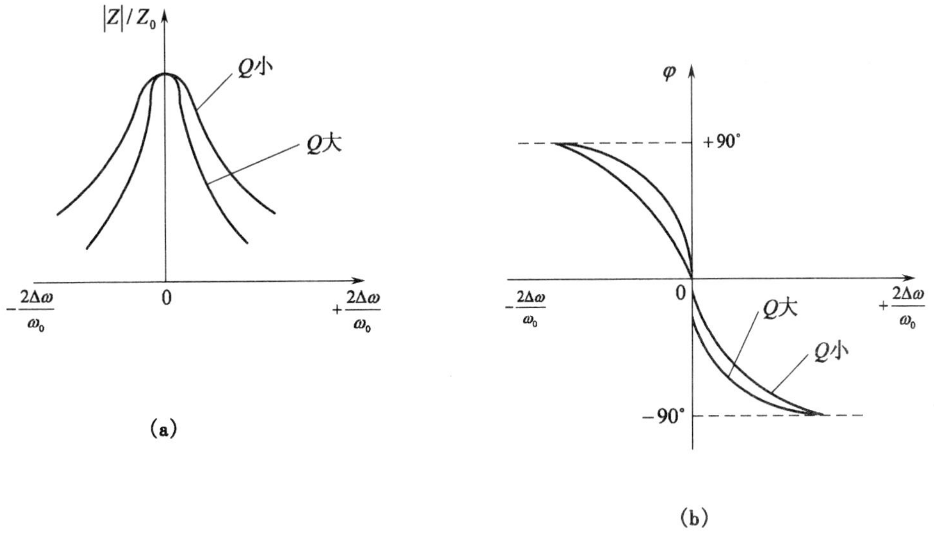

图 7-2-6　LC 并联谐振回路的频率响应曲线

(a)幅频响应；(b)相频响应

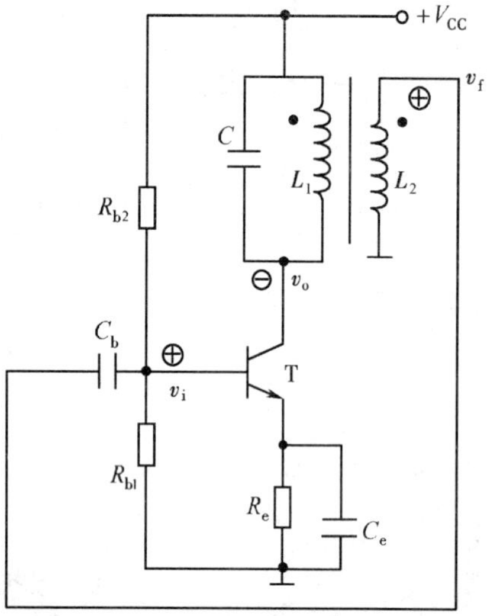

图 7-2-7　变压器反馈式 LC 振荡电路

从响应曲线可以看出：

①LC 并联电路具有选频特性，在 $\omega=\omega_0$ 时，产生并联谐振，回路等效阻抗达到最大值 $Z_0=\frac{L}{RC}$，且为纯电阻性。$\omega>\omega_0$ 时，$|Z|$下降，$\varphi<0$，等效阻抗为容性；$\omega<\omega_0$ 时，$|Z|$下降，$\varphi>0$，等效阻抗为感性。

②谐振曲线的形状与回路的 Q 值有密切关系，Q 值越大，幅频特性越尖锐，相角变化越快，即选频特性越好，振荡频率越稳定。

2. 变压器反馈式 LC 振荡电路

变压器反馈式 LC 振荡电路如图 7-2-7 所示。放大电路为共射接法，LC 并联谐振回路取代集电极负载电阻 R_c，反馈信号从变压器次级 L_2 取出返送到 T 的基极。电路静态工作点由射极偏置电路决定。

判断该电路能否振荡首先应分析电路是否满足相位平衡条件，在此采用瞬时极性法进行判断。由于 T 接成共射组态，而 LC 并联回路在谐振时是纯阻性，因此在 $\omega=\omega_0$ 时，集电极输出信号电压与基极输入的反馈信号电压相位相差 180°。由于变压器同名端的电压极性相同，应用瞬时极性法，不难判定电路满足振荡的相位条件，其中各极电压的瞬时极性如图中⊕、⊖符号所示。

通过上述分析可知，只有在谐振角频率 ω_0 时电路才满足相位平衡条件，因此该电路的振荡角频率就是 LC 并联回路的谐振角频率，即

$$\omega_0=\frac{1}{\sqrt{LC}} \tag{7-2-19}$$

3. 三点式 LC 振荡电路

三点式 LC 振荡电路是另一种常用的 LC 振荡电路，其特点是从 LC 并联谐振回路引出三个端子，分别与放大电路的输入端、输出端和公共端相连，因而称为三点式。

(1)电感三点式振荡电路

图 7-2-8 是电感三点式振荡电路的原理图。由图可见，电感 L_1 和 L_2 与电容 C 组成 LC 并联谐振回路。电感 L_2 上的电压就是送回到基极回路的反馈信号 $\dot{V}_f$。电感 L_1、L_2 与放大电路的输入端、输出端及公共端相连，故称为电感三点式振荡电路。

应用瞬时极性法分析电路是否满足相位平衡条件，其各瞬时电压极性如图中⊕、⊖符号所示，并可确定电路符合正反馈要求，满足相位平衡条件。

电路的振荡角频率近似为 LC 回路的谐振角频率，即

$$\omega=\omega_0=\frac{1}{\sqrt{L'C}} \tag{7-2-20}$$

式中，$L'=L_1+L_2+2M$

电感三点式振荡电路的优点是容易起振，调频方便，但由于反馈电压取自电感 L_2 两端，

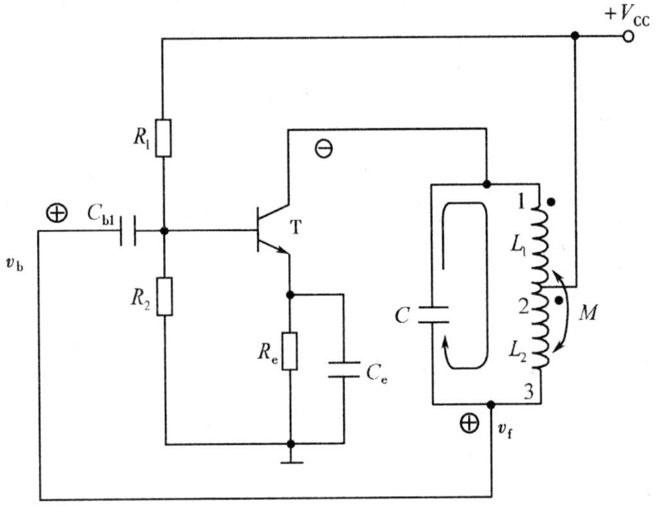

图 7-2-8　电感三点式振荡电路原理图

对高次谐波阻抗较大,使得输出波形中含有较多的高次谐波分量,波形不理想。

(2)电容三点式振荡器

为了获得良好的正弦波,将电感三点式中的 L_1、L_2 改成对高次谐波呈低阻抗的电容 C_1、C_2,同时将电容 C 改成电感 L 以达到谐振的效果,就形成了电容三点式振荡器,如图 7-2-9 所示。

电路中电容 C_1、C_2 与电感 L 组成 LC 并联谐振回路作为选频网络,反馈电压 $\dot{V}_f$ 取自 C_2 两端。图中放大电路为共基极接法。同样用瞬时极性法得到各瞬时电压极性如图中⊕、⊖符号所示。可见,该电路符合正反馈要求,满足相位产生振荡的相位平衡条件。

电路的振荡角频率

$$\omega = \omega_0 = \frac{1}{\sqrt{LC}} = \frac{1}{\sqrt{L\dfrac{C_1 C_2}{C_1 + C_2}}} \qquad (7\text{-}2\text{-}21)$$

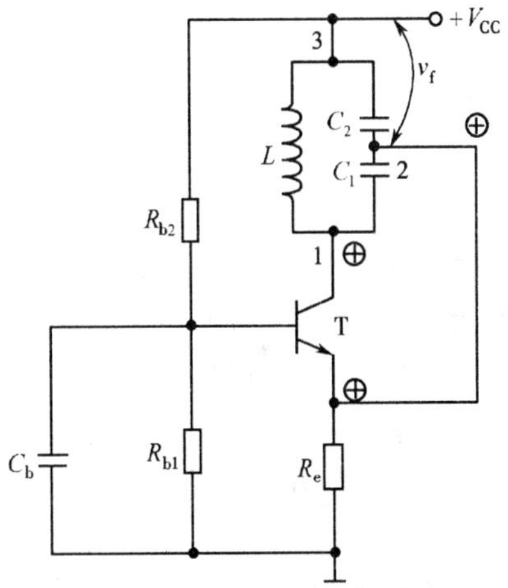

图 7-2-9　电容三点式振荡电路

由于电路的反馈电压取自 C_2 两端,对高次谐波的阻抗较小,振荡输出波形较好。但因固定电容 C_1、C_2 的限制,只能在小范围内调频。

需特别指出:在选频网络布局不变的情况下,对图 7-2-8 电路,若将其中的放大电路改为同相放大电路,或对图 7-2-9 电路,将其中的放大电路改为反相放大电路,则电路不可能产生振荡。请读者利用已掌握的知识思考三点式振荡电路的构成原则。

7.2.3　石英晶体振荡电路

从前面介绍的 LC 振荡电路中获知,LC 谐振回路的品质因数 Q 值对频率的稳定有较大影响,一般来说,Q 值愈大,频率稳定度愈高。但一般的 LC 振荡电路,其 Q 值只能达到几百，其频率稳定度不可能很高。为了提高振荡电路的频率稳定度，往往采用石英晶体振荡电路。石英晶体振荡电路就是用石英晶体取代 LC 振荡电路中的 L、C 元件所组成的振荡电路。

1. 石英晶体的特性

石英晶体是一种各向异性的结晶体，其化学成分是 SiO_2。按一定方位角从晶体上切下的箔片称为晶片(可以是矩形或圆形等)，在晶片的两个对应表面上涂敷银层作为电极板，加上金属或玻璃外壳封装即制成石英晶体振荡元件，如图 7-2-10 所示。

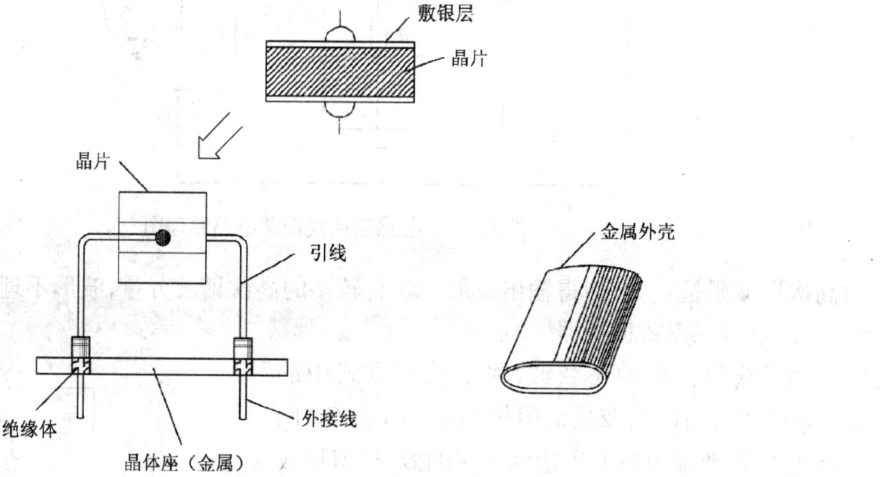

图 7-2-10　石英晶体的一般结构

石英晶体的压电效应是其能做振荡电路的根本原因。从物理学知道，若在晶片两极加一电场，晶片会产生机械变形。反之，若在晶片两侧加机械压力时，则在晶体内部的相应方向上会产生一定的电场，这种现象就是压电效应。如在晶片两极加交变电压，晶体将产生机械变形振动，同时伴随着振动又会产生交变电场。一般情况下，这种机械振动的振幅和交变电场的振幅都很小。但当外加交变电压的频率与晶体的固有频率相等时，其振幅明显上升并达到最大，并称这种现象为“压电谐振”。

石英晶体的压电谐振现象与 LC 回路的谐振现象十分相似，故可用 LC 回路的电参数来模拟。石英晶体的符号和等效电路如图 7-2-11 所示。当晶体不振动时，可看成一个平板电容器 C_0，称为晶体静电电容。晶体振动时，用电感 L、电容 C 分别模拟晶片机械振动的惯性和晶体的弹性，用电阻 R 来模拟机械振动时产生的摩擦损耗。上述参数的一般范围是：C_0 为几 pF 至几十 pF；L 为 10^{-3} 至 10^{-2} H；C 为 10^{-4} 至 10^{-1} pF；R 为几 Ω 至几百 Ω。

由于石英晶体的等效电感 L 大，而 C 和 R 小，因此回路的品质因数 $Q=\dfrac{1}{R}\sqrt{\dfrac{L}{C}}$ 很高，可达 $10^4 \sim 10^6$。例如，一个 4 MHz 的石英晶体的典型参数为：$L=100$ mH，$C=0.015$ pF，$C_0=5$ pF，$R=100\ \Omega$，$Q=25\,000$。加上晶片本身的谐振频率基本上只与晶片的切割方式、几何形状、尺寸有关，且晶片的加工精度很高，因此用石英晶体组成正弦振荡电路时，可以获得很高的频率稳定度。

当忽略损耗等效电阻 R 时，等效电路的总电抗

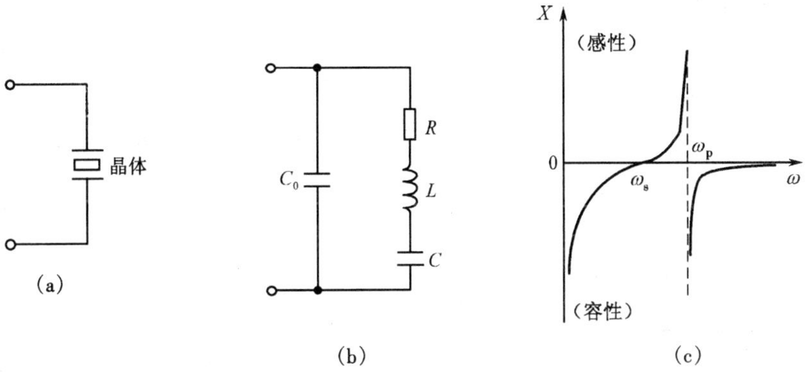

图 7-2-11　石英晶体的等效电路与电抗特性

(a)符号;(b)等效电路;(c)电抗—频率特性

$$X=\frac{\frac{1}{j\omega C_0}\left(\frac{1}{j\omega C}+j\omega L\right)}{\frac{1}{j\omega C_0}+\frac{1}{j\omega C}+j\omega L}=\frac{\omega^2 LC-1}{j\omega[\omega^2 LCC_0-(C+C_0)]} \tag{7-2-22}$$

其电抗特性如图 7-2-11(c)所示。由式(7-2-22)可知,石英谐振器有两个谐振频率。

①当 L、C、R 支路发生串联谐振时,等效阻抗最小,若不考虑损耗电阻 R,$X=0$,即令式(7-2-22)分子等于零,可解得回路串联谐振频率

$$f_s=\frac{1}{2\pi\sqrt{LC}} \tag{7-2-23}$$

这是石英晶体自身的谐振频率,其频率稳定度很高。

②当频率高于 f_s 时,L、C、R 支路呈感性。与电容 C_0 可发生并联谐振,这时等效阻抗最大,当忽略 R,且 $X\to\infty$,即令式(7-2-22)分母等于零,可解得回路并联谐振频率

$$\begin{aligned}f_p&\approx\frac{1}{2\pi\sqrt{L\frac{CC_0}{C+C_0}}}=\frac{1}{2\pi\sqrt{LC}\sqrt{\frac{C_0}{C+C_0}}}\\&=f_s\sqrt{1+\frac{C}{C_0}}\end{aligned} \tag{7-2-24}$$

由于 $C_0\gg C$,因此 f_p 与 f_s 很接近。从式(7-2-24)可看出,增大 C_0 可使 f_p 更接近 f_s。这样可在晶体两端并联一个电容来实现频率微调。通常,石英晶体产品外壳上标明的标称频率是指并联一负载电容后的并联谐振频率 f_p。

由晶体的等效电路的电抗—频率特性图(图 7-2-11(c))可知,石英晶体当 $f=f_s$ 时,发生串联谐振,相当于阻值很小的纯阻元件;当 $f=f_p$ 时,发生并联谐振,相当于阻值趋于无穷大的纯阻元件;在 $f_s<f<f_p$ 这个较窄的范围内,石英晶体呈电感性;在 $f<f_s$ 或 $f>f_p$ 范围内,晶体呈电容性。

2.石英晶体振荡电路

石英晶体振荡电路的基本形式有两种,即并联型晶体振荡电路和串联型晶体振荡电路。

(1)并联型晶体振荡电路

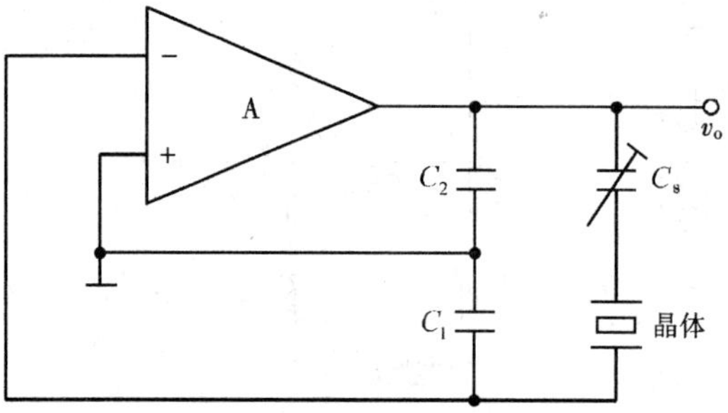

图 7-2-12　并联型晶体振荡电路

图 7-2-12 所示为并联型晶体振荡电路。由图可知晶体及其负载电容 C_s 作为电感元件，与外接电容 C_1、C_2 构成电容三点式正弦振荡电路。通常 $C_1 \gg C_s$，$C_2 \gg C_s$，所以电路的振荡频率由石英晶体与 C_s 决定，通过调节 C_s 可使振荡频率 f_0 在晶体的串联谐振频率 f_s 和并联谐振频率 f_p 之间。故该电路有很高的频率稳定性。

(2)串联型晶体振荡电路

图 7-2-13 所示为一种串联型晶体振荡电路。由该电路的交流通路不难看出该电路类似于电容三点式振荡电路。这种类型的振荡电路，其石英晶体工作在串联谐振频率 f_s 上，利用此时 $X=0$ 的特性，将反馈信号经晶体所在的支路返送到 T 的发射极。当 $f=f_s$ 时，$X=0$，相移为 0，此时晶体的电阻值最小，正反馈最强，满足振荡条件；当频率偏离 f_s，由于晶体呈现高阻抗，反馈很弱，不满足振荡条件而被抑制。这样电路中就产生了 $f=f_s$ 的正弦波振荡。

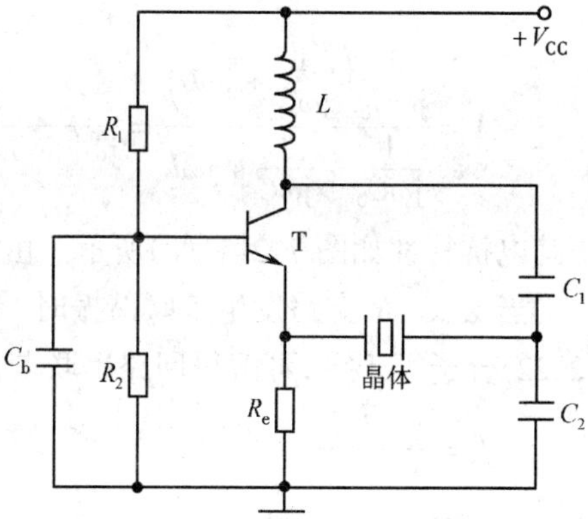

图 7-2-13　串联型晶体振荡电路

7.3　非正弦波产生电路

常见的非正弦波产生电路有方波产生电路、锯齿波产生电路等。由于电压比较器是组成非正弦波产生电路的基本单元，且在测量和控制系统中有着广泛的应用，所以本节首先介绍电压比较器的基本电路结构和工作原理。

7.3.1　电压比较器

电压比较器的功能是将输入信号与基准信号进行比较。比较结果一般只有两个电平，高电平或低电平。可见，电压比较器的输入是连续量，而输出是非连续量。在电压比较器电路中，运算放大器是开环运用或处于正反馈闭环运用，即运放工作在非线性区，此时满足如下关系：

$$v_P > v_N \text{ 时}, \quad v_o = V_{oH} \tag{7-3-1}$$

$$v_P < v_N \text{ 时}, \quad v_o = V_{oL} \tag{7-3-2}$$

可以看出，$v_P = v_N$ 是输出两种状态的转折点。

1.单门限电压比较器

单门限电压比较器的电路如图 7-3-1(a)所示，参考电压 V_{REF} 加于运放的反相输入端，输

入信号 v_i 则加于运放的同相输入端。这时运放处于开环运用，由式(7-3-1)、式(7-3-2)可得如下关系：

$$v_i > V_{REF}\text{时}，\qquad v_o = V_{oH}$$

$$v_i < V_{REF}\text{时}，\qquad v_o = V_{oL}$$

电路的传输特性如图 7-3-1(b)所示。可见，当输入信号电压 v_i 高于参考电压 V_{REF}时，v_o 等于运放的正向饱和值 V_{oH}；当输入信号 v_i 小于 V_{REF}时，v_o 等于运放的负向饱和值 V_{oL}。且将比较器的输出电压 v_o 从一个电平跳变到另一电平时对应的输入电压 v_i 值称为门限电压或阈值电压，记作 V_{th}。对于图 7-3-1(a)所示电路，$V_{th} = V_{REF}$。由于该电路的 v_i 从同相端输入且只有一个门限电压，故称为同相输入单门限电压比较器。若 v_i 接于反相输入端，V_{REF}改接到同相输入端，即可构成反相输入单门限电压比较器。其电压传输特性如图(b)中的虚线所示。

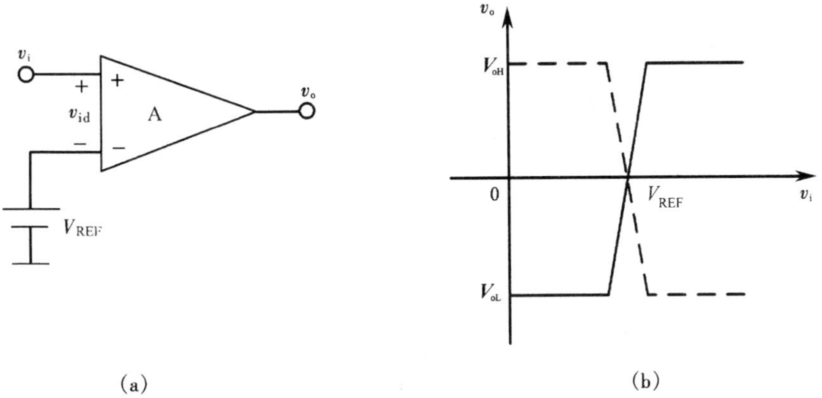

图 7-3-1　同相输入单门限电压比较器

(a)电路图；(b)传输特性

参考电压 V_{REF}可正可负，也可为零。当参考电压 $V_{REF} = 0$ 时，称该比较器为过零比较器。

运用电压比较器，可方便地将正弦波变为同频率的方波或矩形波。

[例 7-3-1]　电路如图 7-3-1(a)所示，当输入信号 v_i 为正弦波时，试定性画出 v_o 波形。

解：输出波形如图 7-3-2 所示，显然输出波形的形状与 V_{REF}有关，当 $V_{REF} = 0$，输出为方波。

2.迟滞比较器

对于单门限比较器，运放的增益越大，比较器的灵敏度越高，但抗干扰能力越差。因为在 V_{REF}附近，只要输入信号有很小的干扰，输出就会有所反应，如图 7-3-3 所示。如果用这样不稳定的输出电压去控制电机，将导致频繁起停现象。为克服这个缺点，提出了迟滞比较器，电路如图 7-3-4 所示。

(1)电路组成

为了获得具有迟滞回环的传输特性，在反相输入单门限电压比较器的基础上，通过 R_1 和 R_2 构成正反馈，加速输出电压的跳变过程，同时产生两个不同的比较电压。

(2)门限电压的计算及传输特性

设运放是理想的，由图 7-3-4 可知

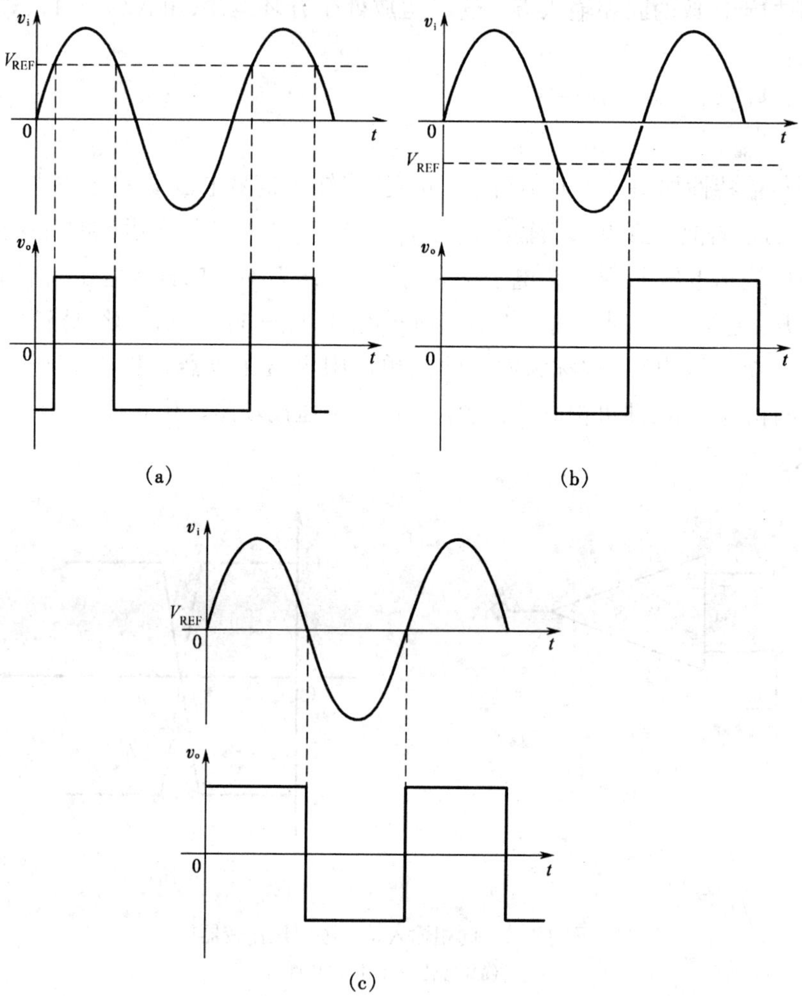

图 7-3-2　例 7-3-1 的输出波形

(a) $V_{REF}>0$;(b) $V_{REF}<0$;(c) $V_{REF}=0$

$$v_P=\frac{R_f}{R_1+R_f}V_{REF}+\frac{R_1}{R_1+R_f}v_o \tag{7-3-3}$$

当 $v_i>v_P$ 时,输出 v_o 为负向饱和值 V_{oL};当 $v_i<v_P$ 时,v_o 为正向饱和值 V_{oH}。显然,v_P 值就是门限电压 V_{th}。并且和输出 V_{oH} 或 V_{oL} 有关。

当 $v_o=V_{oH}$ 时,解得上门限电压值

$$V_{T+}=v_P'=\frac{R_f}{R_1+R_f}V_{REF}+\frac{R_1}{R_1+R_f}V_{oH} \tag{7-3-4}$$

当 $v_o=V_{oL}$ 时,解得下门限电压值

$$V_{T-}=v_P''=\frac{R_f}{R_1+R_f}V_{REF}+\frac{R_1}{R_1+R_f}V_{oL} \tag{7-3-5}$$

定义门限宽度或回差电压为

$$\Delta V_T=V_{T+}-V_{T-}=\frac{R_1}{R_1+R_f}(V_{oH}-V_{oL}) \tag{7-3-6}$$

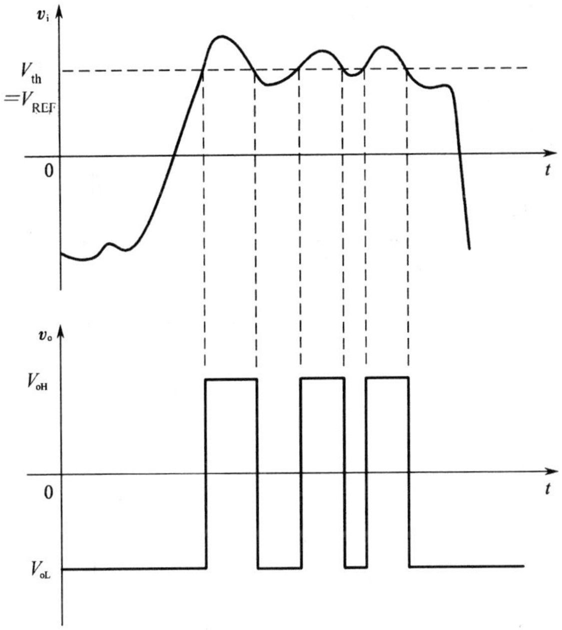

图 7-3-3 有干扰时单门限比较器的波形

输出电压 v_o 在 V_{T+} 和 V_{T-} 处发生状态跳变。其工作过程描述如下：

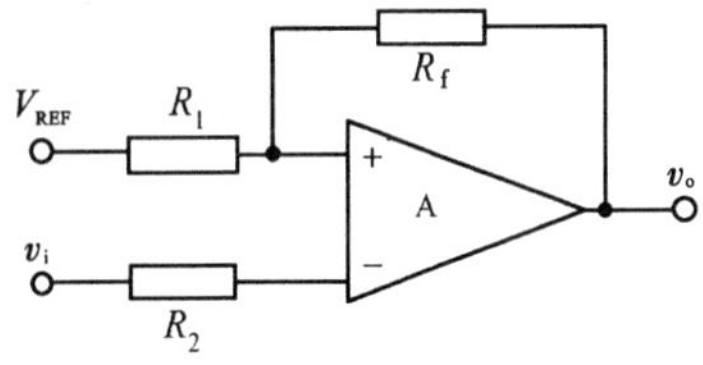

图 7-3-4 反相输入迟滞比较器

假设初始状态为 V_{oH}，则此时比较电压为 V_{T+}。当输入信号电压 v_i 逐渐增大到 $v_i > V_{T+}$ 时，则 v_o 由 V_{oH} 跳变为 V_{oL}，同时比较电压由 V_{T+} 跳变转移为下门限电压 V_{T-}，且 v_i 再增加，v_o 保持 $v_o = V_{oL}$ 不变。

只有逐渐减小 v_i，且至 $v_i < V_{T-}$ 时，v_o 才由 V_{oL} 跳变回 V_{oH}。其传输特性如图 7-3-5 所示，它的形状与磁滞回线相似，故这类比较器称为迟滞比较器。回差电压的出现提高了电路抗干扰的能力。当 $V_{REF} = 0$ 时，其电压传输特性如图 7-3-5 中虚线所示。

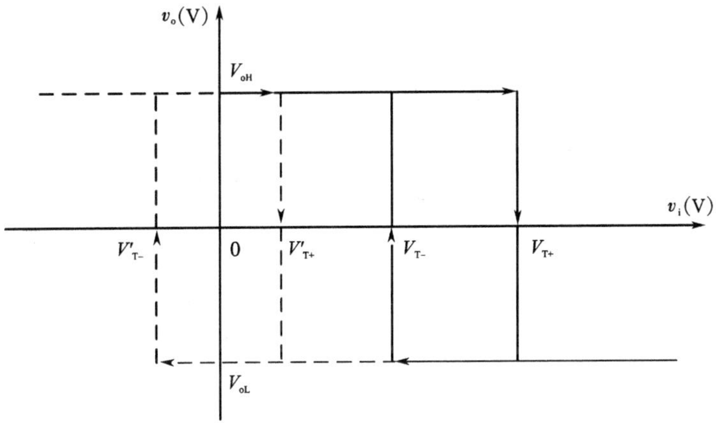

图 7-3-5 图 7-3-4 的传输特性

迟滞比较器具有波形变换的功能，当输入信号 v_i 为正弦波时，其输出电压 v_o 为一矩形波如图 7-3-6 所示。其原理读者可自行分析。

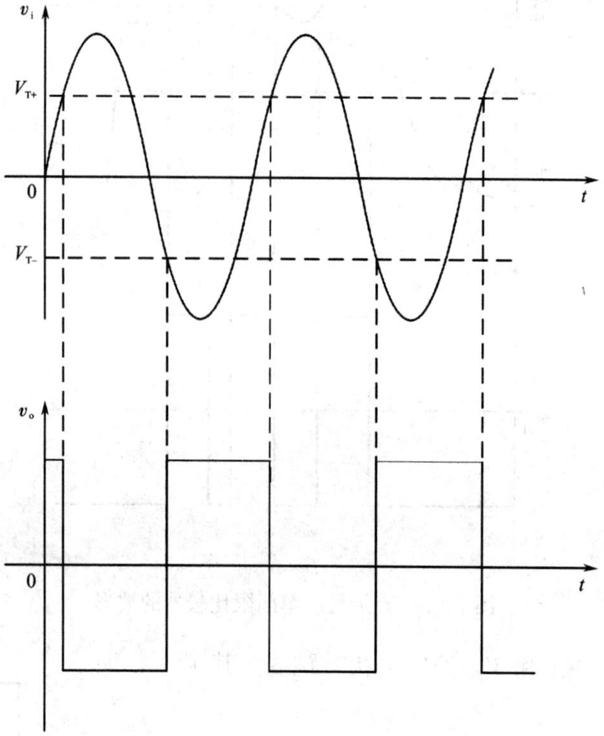

图 7-3-6　图 7-3-4 电路 $V_{REF}=0$ 时的输入、输出波形

7.3.2　方波产生电路

1. 电路组成

方波产生电路如图 7-3-7 所示。由图可见，R_1、R_2 引入正反馈，使运放构成一个迟滞比较器，其门限电压 V_{T+}，V_{T-} 由 v_o 通过 R_1、R_2 分压后得到。而比较器反相输入端的信号改由电路本身的输出电压经 R、C 积分电路供给。两个稳压管 D_{Z1}、D_{Z2} 和限流电阻 R 构成输出双限幅电路，使输出电压限制在 $\pm V_Z$。

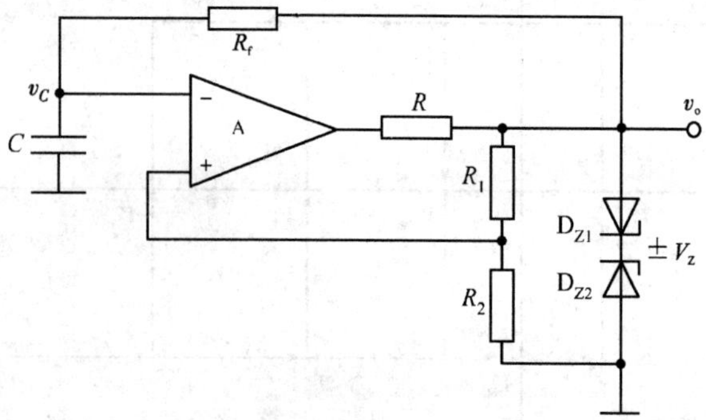

图 7-3-7　方波产生电路

2.工作原理

在电源接通瞬间,输出电压究竟偏于正向饱和值还是负向饱和值,纯属偶然。为了讨论方便,设电源接通时电容两端初始电压 $v_C=0$,输出电压 $v_o=+V_Z$。则集成运放同相输入端的电位

$$v_P\approx\frac{R_2}{R_1+R_2}V_Z=FV_Z \tag{7-3-7}$$

式中 $F=\dfrac{R_2}{R_1+R_2}$。此时,输出电压 $v_o=+V_Z$ 通过 R_f 对电容 C 充电,使 $v_N=v_C$ 按指数规律上升。一旦反相输入端电压 v_C 增加至 FV_Z 且有略高于 FV_Z 的趋势时,输出电压便立即从正饱和值($+V_Z$)翻转到负饱和值($-V_Z$)。

当 $v_o=-V_Z$ 时,集成运放同相端的电位也随之发生跳变

$$v_P\approx-\frac{R_2}{R_1+R_2}V_Z=-FV_Z \tag{7-3-8}$$

但是,这时电容器使 v_C 不可能在瞬间改变数值,于是,电路被锁定在负的输出状态,电容通过 R_f 开始放电,使 v_C 逐渐下降。显然,当反相输入端电压降到 $v_N<-FV_Z$ 时,输出电压 v_o 从 $-V_Z$ 又跳至 $+V_Z$,如此周而复始,产生振荡,获得方波输出。其波形如图 7-3-8 所示。

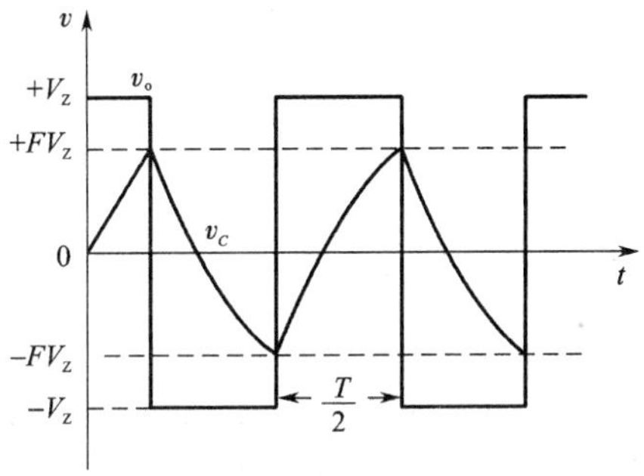

图 7-3-8 输出电压与电容器端电压波形图

3.振荡周期计算

对振荡周期 T 的计算,可利用一阶 RC 电路的过渡过程求解方法进行计算求解,$v_C(t)$的变化规律可用下式表示为

$$v_C(t)=v_C(\infty)+[v_C(0^+)-v_C(\infty)]\mathrm{e}^{-t/\tau} \tag{7-3-9}$$

式中,$v_C(0^+)$为 $t=0$ 时电容上的电压值,$v_C(\infty)$为电容上电压的最终趋向值。τ 为充、放电时间常数,这里 $\tau=R_fC$。由图可知

$$v_C(0^+)=-\frac{R_2}{R_1+R_2}V_Z \tag{7-3-10}$$

$$v_C(\infty)=+V_Z \tag{7-3-11}$$

当经过$\dfrac{T}{2}$时,电容上的电压值 $v_C\left(\dfrac{T}{2}\right)=\dfrac{R_2}{R_1+R_2}V_Z$,将以上各值代入式(7-3-9),可得

$$v_C\left(\frac{T}{2}\right)=\frac{R_2}{R_1+R_2}V_Z=V_Z-\left(\frac{R_2}{R_1+R_2}V_Z+V_Z\right)\mathrm{e}^{-\frac{T}{2R_fC}} \tag{7-3-12}$$

由此求得方波的周期

$$T=2R_fC\ \ln\left(1+2\frac{R_2}{R_1}\right) \tag{7-3-13}$$

通常把矩形波高电平经历的时间与振荡周期的比称为占空比。图 7-3-7 所示电路由于电容充放电时间相同,因而产生的是一种正负半周相等的对称方波,其占空比为 50%。如需产生占空比不等于 50%的矩形波,只需使电路中的充放电时间常数不一致即可,如图 7-

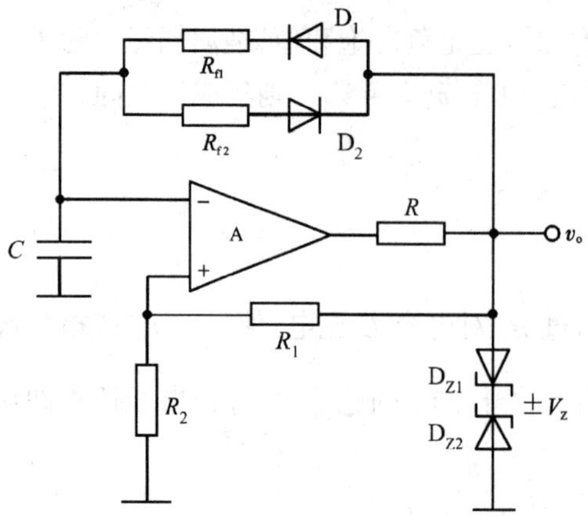

图 7-3-9　占空比不等于 50% 的矩形波产生电路

3-9 所示。当 v_o 为正时，D_1 导通，D_2 截止，充电时间常数近似为 $R_{f1}C$；当 v_o 为负时，D_2 导通，D_1 截止，放电时间常数近似为 $R_{f2}C$。可见，只要改变 $\frac{R_{f1}}{R_{f2}}$ 的比值，便可改变占空比。

7.3.3　锯齿波产生电路

图 7-3-10(a) 所示为锯齿波产生电路，运放 A_1 及 R_1、R_2 组成同相输入迟滞比较器（注意与反相输入迟滞比较器的区别），运放 A_2 及 R_5、R_6、C 组成充放电时间常数不等的反相积分器。双向稳压管 D_Z 和限流电阻 R_3 组成稳压电路用于限制 A_1 输出电压幅值，即 $v_{o1} = \pm(V_Z + V_D)$。

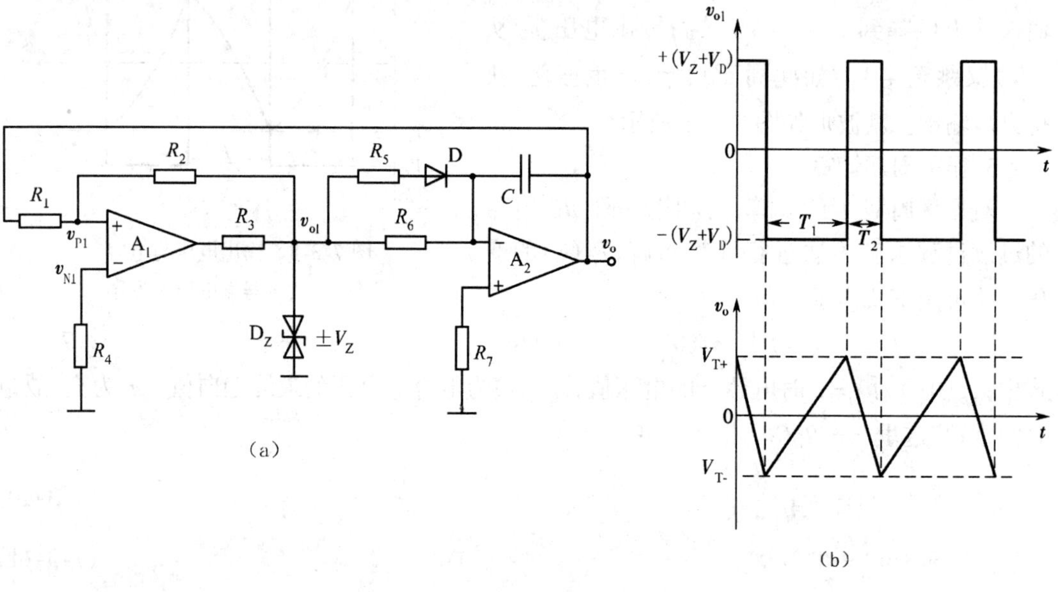

图 7-3-10　锯齿波产生电路

(a) 原理电路；(b) 波形图

由图 7-3-10(a) 可知

$$v_{P1} = \frac{R_2}{R_1 + R_2} v_o + \frac{R_1}{R_1 + R_2} v_{o1} \tag{7-3-14}$$

当 v_{P1} 大于零时，$v_{o1} = +(V_Z + V_D)$；v_{P1} 小于零时，$v_{o1} = -(V_Z + V_D)$，$v_{P1} = 0$ 是翻转点。

令式 (7-3-14) 等于零，解得比较器的门限电压为

$$V_{th} = v_o = -\frac{R_1}{R_2} v_{o1} \tag{7-3-15}$$

当 $v_{o1}=+(V_Z+V_D)$时,下门限电压

$$V_{T-}=-\frac{R_1}{R_2}(V_Z+V_D) \tag{7-3-16}$$

当 $v_{o1}=-(V_Z+V_D)$时,上门限电压

$$V_{T+}=\frac{R_1}{R_2}(V_Z+V_D) \tag{7-3-17}$$

设接通电源瞬间,$v_{o1}=+(V_Z+V_D)$,则$+(V_Z+V_D)$经 R_6 和 R_5、D 并联支路向 C 恒流充电,充电时间常数 $\tau_{充}=(R_5/\!/R_6)C$,随着充电的进行,$v_o=-v_C$ 线性下降,当 v_o 下降到下门限电压 V_{T-} 使 v_{P1} 等于 v_{N1} 并有小于 v_{N1} 的趋势时,比较器输出 v_{o1} 从$+(V_Z+V_D)$跳变为$-(V_Z+V_D)$,同时门限电压也跳变为 V_{T+}。随后 D 截止,电容经 R_6 放电,放电时间常数为 $\tau_{放}=R_6C$,随着放电的进行,v_o 线性上升。当 v_o 上升到上门限电压 V_{T+} 使 v_{P1} 等于 v_{N1} 并有大于 v_{N1} 的趋势时,比较器输出 v_{o1} 又由$-(V_Z+V_D)$跳变到$+(V_Z+V_D)$,电容再次充电,v_o 再次下降。如此周而复始,产生振荡。由于电容 C 的充放电时间常数不相等,使输出波形 v_o 为锯齿波电压,v_{o1} 为矩形波电压,其振荡波形如图 7-3-10(b)所示。

通过上述分析可知,输出锯齿波 v_o 的幅值 $V_{om}=V_{T+}=|V_{T-}|$。振荡周期 $T=T_1+T_2$。

通过积分电路的充放电回路时间常数,解得

$$T_1=2\frac{R_1}{R_2}R_6C \tag{7-3-18}$$

$$T_2=2\frac{R_1}{R_2}(R_5/\!/R_6)C \tag{7-3-19}$$

故振荡周期

$$T=T_1+T_2=\frac{2R_1R_6C(R_6+2R_5)}{R_2(R_5+R_6)} \tag{7-3-20}$$

显然,图 7-3-10(a)所示电路中,当 R_5、D 支路开路时,积分电路的充放电时间常数相等,由此该电路变成了方波(v_{o1})—三角形(v_o)产生电路,波形如图 7-3-11 所示。其振荡周期

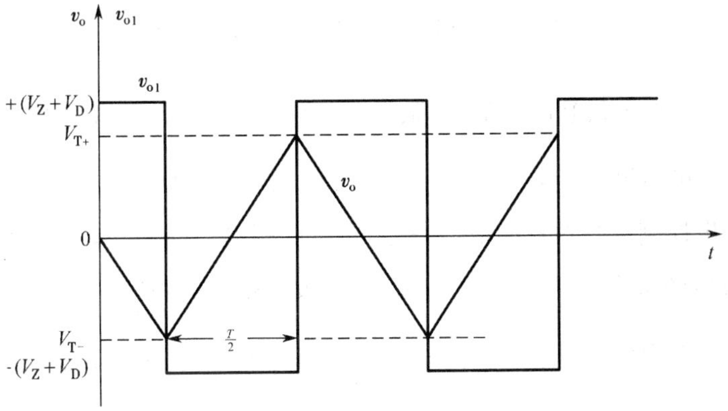

图 7-3-11 图 7-3-10(a)电路中 R_5、D 支路开路时的波形图

$$T = \frac{4R_1 R_6 C}{R_2} \tag{7-3-21}$$

7.4 单片集成多功能函数发生器

前面讨论了由分立元件或局部集成器件组成的正弦波或非正弦波信号产生电路，下面将简单介绍目前用得较多的集成函数发生器 8038。

1.单片集成函数发生器 ICL 8038 简介

8038 是一种集波形产生与波形变换于一体的多功能单片集成函数发生器。它能产生正弦波、方波、三角波和锯齿波四种波形。其振荡频率可通过外加直流电压进行调节，所以是压控集成信号发生器。其原理框图如图 7-4-1 所示。

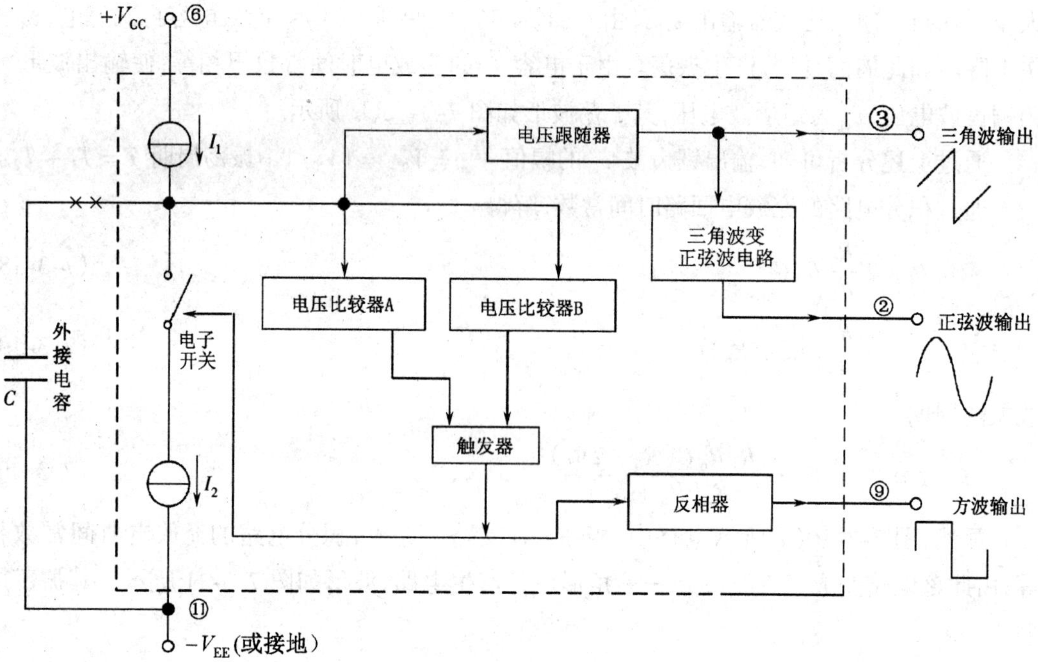

图 7-4-1　ICL 8038 函数发生器原理框图

图中，电压比较器 A 和 B 的阈值（门限电压）分别为$\frac{2}{3}(V_{CC}+V_{EE})$和$\frac{1}{3}(V_{CC}+V_{EE})$，电流源 I_1 和 I_2 的大小可通过外接电阻调节，但 I_2 必须大于 I_1。触发器输出仅两个电平：V_{oH}和V_{oL}，由比较器输出控制。触发器的输出，一路通过反相器（管脚 9）输出方波；另一路控制电子开关。当触发器的输出为低电平时，电流源 I_2 被切断，电流源 I_1 给电容 C 恒流充电，它两端的电压 v_C 随时间线性上升。当 v_C 达到$\frac{2}{3}(V_{CC}+V_{EE})$时，电压比较器 A 的输出电压发生跳变，使触发器的输出由低电平变为高电平，电流源 I_2 接通。由于 $I_2>I_1$，因此电容 C 恒流放电，v_C 随时间线性下降。当 v_C 下降到$\frac{1}{3}(V_{CC}+V_{EE})$时，电压比较器 B 的输出电压发生跳变,使触发器的输出由高电平跳变为低电平,电流源 I_2 又被断开,I_1 再次给电容 C 恒流充电,v_C 又随时间线性上升。如此周而复始,产生振荡。

若 $I_2 = 2I_1$,对电容充放电速度相等,触发器输出为方波,经反相器后由管脚 9 输出;显然电容器两端电压为三角波,经电压跟随器后由管脚 3 输出。同时,通过三角波变正弦波电路得正弦波,从管脚 2 输出。

当 $I_1 < I_2 < 2I_1$ 时,v_C 上升时间与下降时间不相等,管脚 3 输出锯齿波。

图 7-4-2 所示为塑封双列直插式 ICL 8038 集成电路的引脚图。

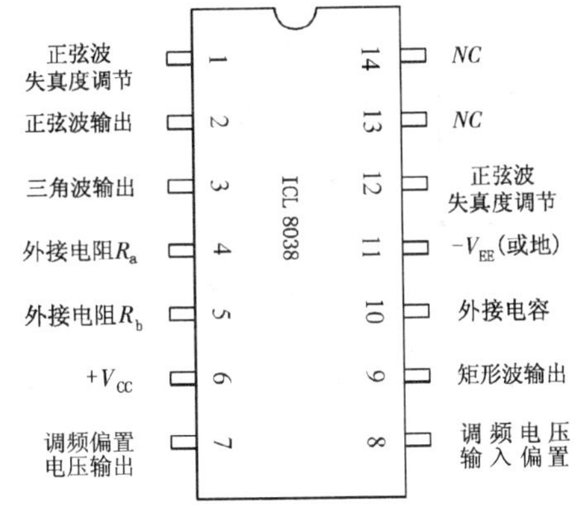

图 7-4-2 ICL 8038 引脚图

图中,8 脚为频率调节(简称调频)电压输入端。振荡频率与调频电压成正比,其线性度约为 0.5%,调频电压的值为管脚 6 与管脚 8 之间的电压,它的值应不超过$\frac{1}{3}(V_{CC}+V_{EE})$。管脚 7 输出调频偏置电压,其值(指管脚 6 与管脚 7 之间的电压)是$\frac{1}{5}(V_{CC}+V_{EE})$,它可作为管脚 8 的输入形式。此外,该器件的方波输出端为集电极开路形式,一般需在正电源与 9 脚之间外接一电阻,其值常选用 10 kΩ 左右。

图 7-4-3 所示为 ICL 8038 最常见的基本接法之一。图中管脚 8 和管脚 7 短接,当电位器 R_{p1} 滑动端在中间位置,管脚 9、管脚 3 和管脚 2 的输出分别为方波、三角波和正弦波,振荡频率

$$f = \frac{0.3}{\left(R_1 + \frac{R_{p1}}{2}\right)C} \tag{7-4-1}$$

需要指出的是,矩形波输出端为集电极开路形式,需要外接电阻 R_L 至 $+V_{CC}$。图中 R_{p1} 和 R_{p2} 可分别独立调整。

利用 ICL 8038 构成的频率可调的函数发生器的接法如图 7-4-4 所示。其振荡频率决定于电位器 R_{p1} 的滑动触点的位置、C 的容量以及 R_a、R_b 的阻值,调节 R_{p1} 即可改变输出信号的频率。R_{p2} 为方波占空比和正弦波失真度调节电位器。R_{p3}、R_{p4} 的作用是进一步调节正弦波的失真度。该电路正弦波的失真度可达到 0.5%左右。

由于 ICL 8038 的振荡频率与调频电压成正比,因此它可以构成压控函数发生器,它的控

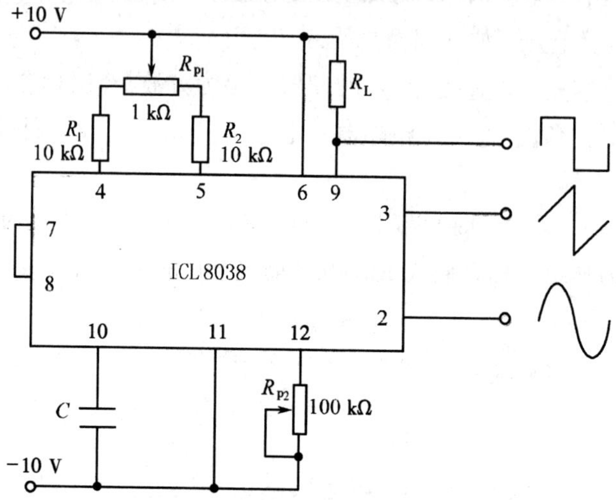

图 7-4-3 ICL 8038 基本接法

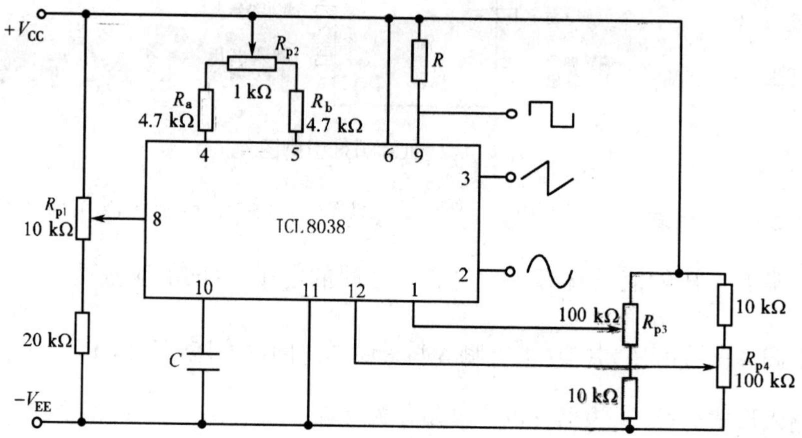

图 7-4-4 频率可调、失真小的函数发生器

制电压应加在管脚 6 和管脚 8 之间。如果控制电压按一定规律变化，则可构成扫频式函数发生器。

习　题

7-2-1 电路如图题 7-2-1 所示，试用相位平衡条件判断哪个电路可能振荡，哪个电路不可能振荡，并简述理由。

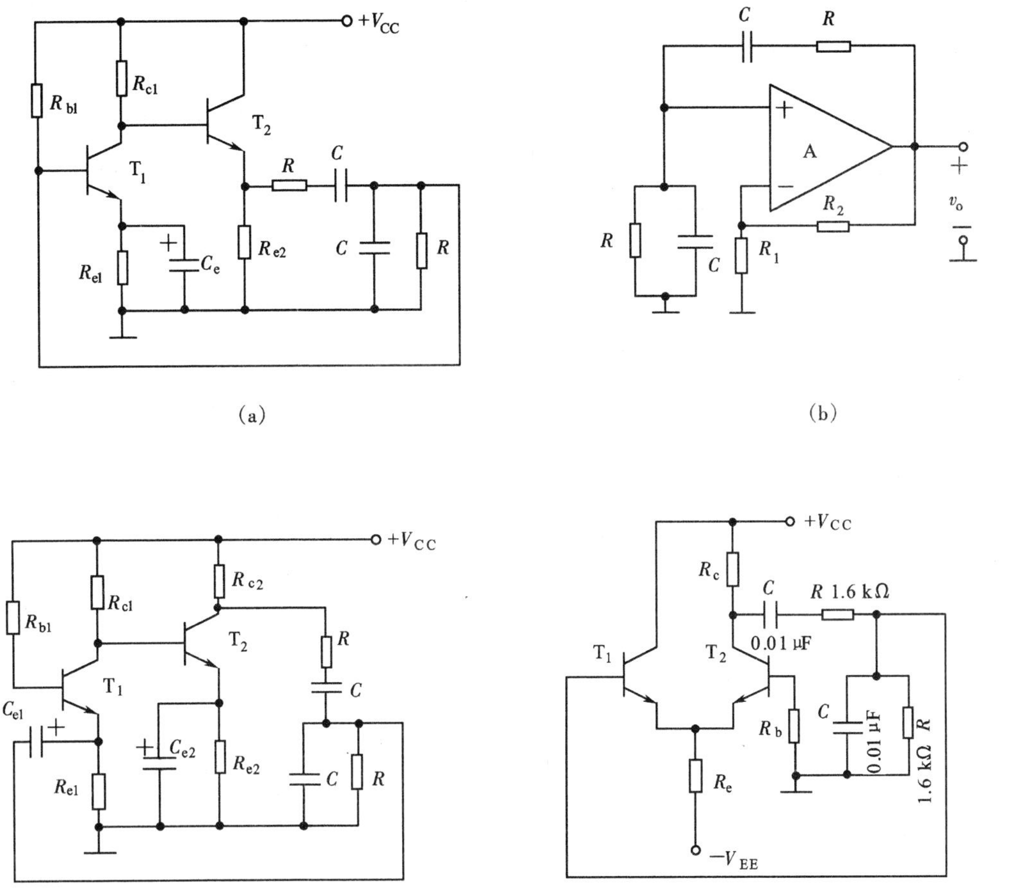

图题 7-2-1

7-2-2　电路如图题 7-2-2 所示。

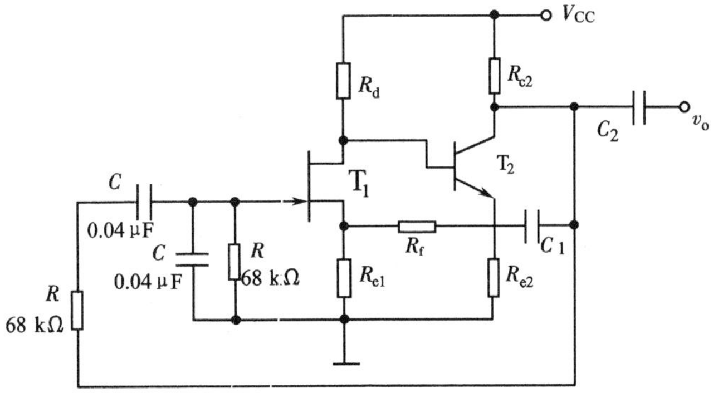

图题 7-2-2

(1)试用相位平衡条件分析电路能否产生正弦波振荡；

(2)若能振荡，R_f 和 R_{e1} 的值应有何关系？振荡频率是多少？为了稳幅，电路中哪个电阻可采用热敏电阻，其温度系数如何？

7-2-3　一阶 RC 高通或低通电路的最大相移绝对值小于 90°,试从相位平衡条件出发,判断如图题 7-2-3 所示电路哪个可能振荡,哪个不能,并说明理由。

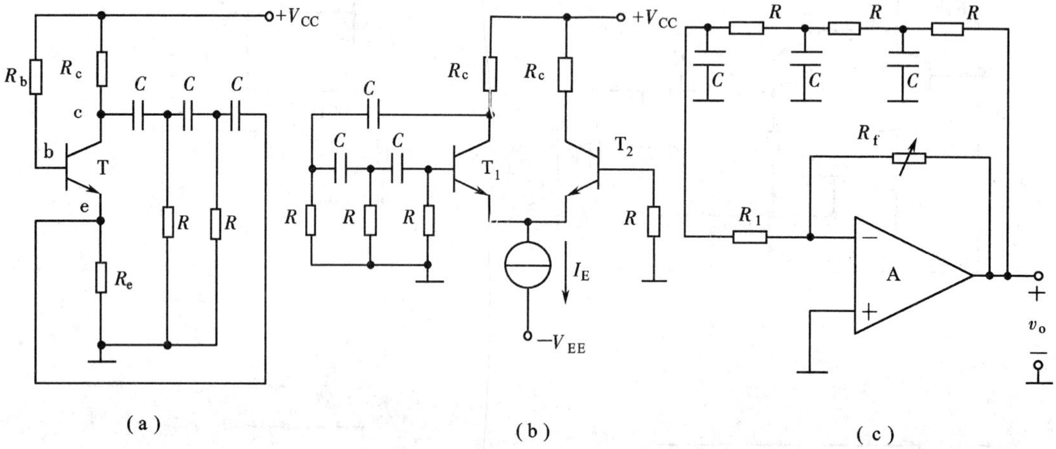

图题 7-2-3

7-2-4　正弦波振荡电路如图题 7-2-4 所示。

(1)设 $R_1 = R_2 = R = 8.2\ \text{k}\Omega$,$C_1 = C_2 = C = 0.2\ \mu\text{F}$,估算振荡频率 f_0。

(2)若电路接线无误且静态工作点正常,但不能产生振荡。可能是什么原因?应调整电路中哪个参数最为合适?调大还是调小?若输出波形严重失真,又应如何调整?

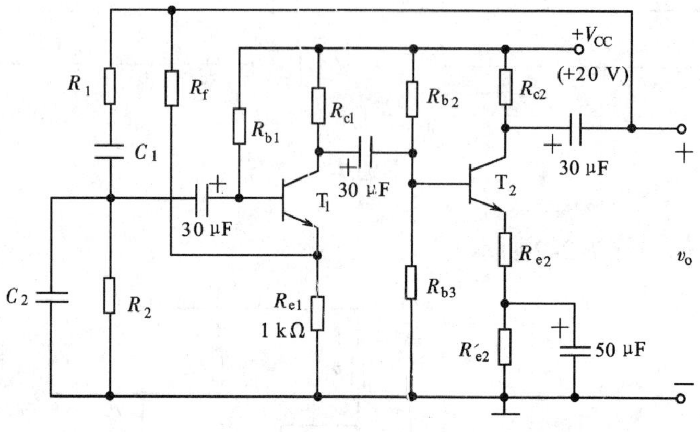

图题 7-2-4

7-2-5　正弦波振荡电路如图题 7-2-5 所示,已知 $R_1 = 2\ \text{k}\Omega$,$R_2 = 4.5\ \text{k}\Omega$,$R_W$ 在 0 ~ 5 kΩ 范围内可调,设运放 A 是理想的,振幅稳定后二极管的动态电阻近似为 $r_d = 500\ \Omega$,求 R_W 的阻值。

7-2-6　设运放 A 是理想的,试分析图题 7-2-6 所示正弦波振荡电路:

(1)为满足振荡条件,试在图中用 +、- 标出运放 A 的同相端和反相端;

(2)为能起振,R_p 和 R_2 两个阻值之和应大于何值?

(3)此电路的振荡频率 $f_0 =$?

(4)试证明稳定振荡时输出电压的峰值为 $V_{om} = \dfrac{3R_1}{2R_1 - R_p} \cdot V_Z$

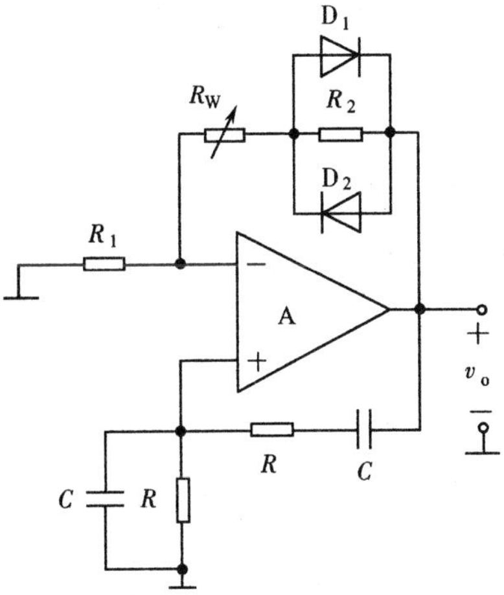

图题 7-2-5

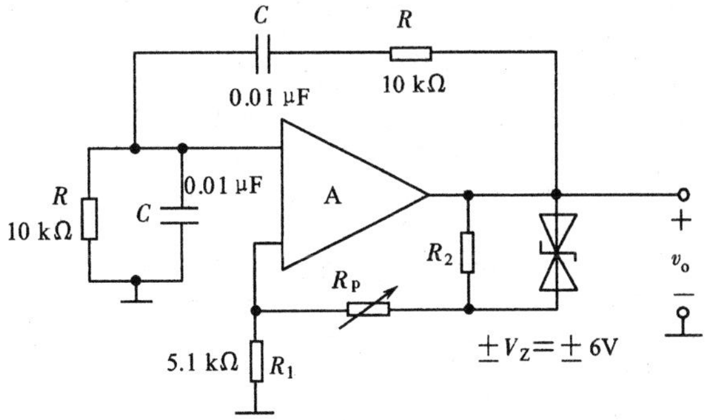

图题 7-2-6

7-2-7　如图题 7-2-7 所示的一个文氏电桥正弦波振荡器,试回答以下问题:

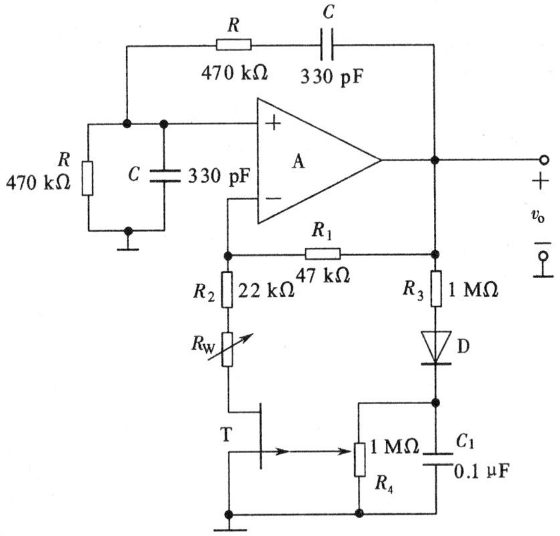

图题 7-2-7

(1)电路中的选频网络和负反馈支路分别是由哪些元件构成的?

(2)场效应管 T 的作用是什么?

(3)R_3、D 和 C_1 在电路中起什么作用?

(4)假设 v_o 幅值增大,该电路是如何自动稳幅的;

(5)振荡频率 f_0 大约是多少?

(6)设 R_2+R_W 的实际值是 225 kΩ,则稳定振荡时,场效应管的漏源电阻 r_{ds} 约是多大?

7-2-8　假设图题 7-2-8 所示电路中的 A_1、A_2 是理想的运算放大器,试判断该电路是否满足自激振荡的相位平衡条件和幅值平衡条件,并说明理由。

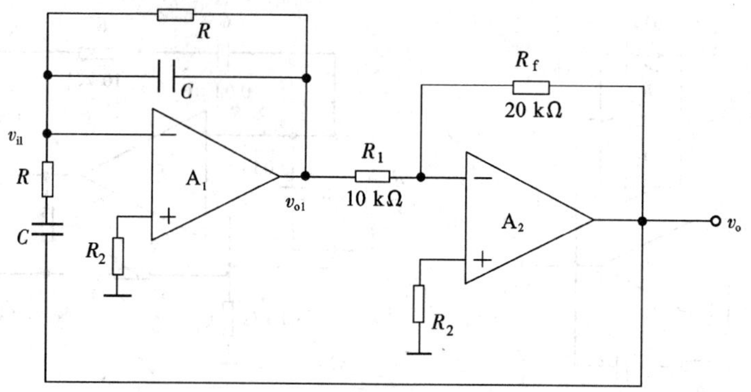

图题 7-2-8

7-2-9　电路如图题 7-2-9 所示，试用相位平衡条件判断哪个能振荡，哪个不能，说明理由。

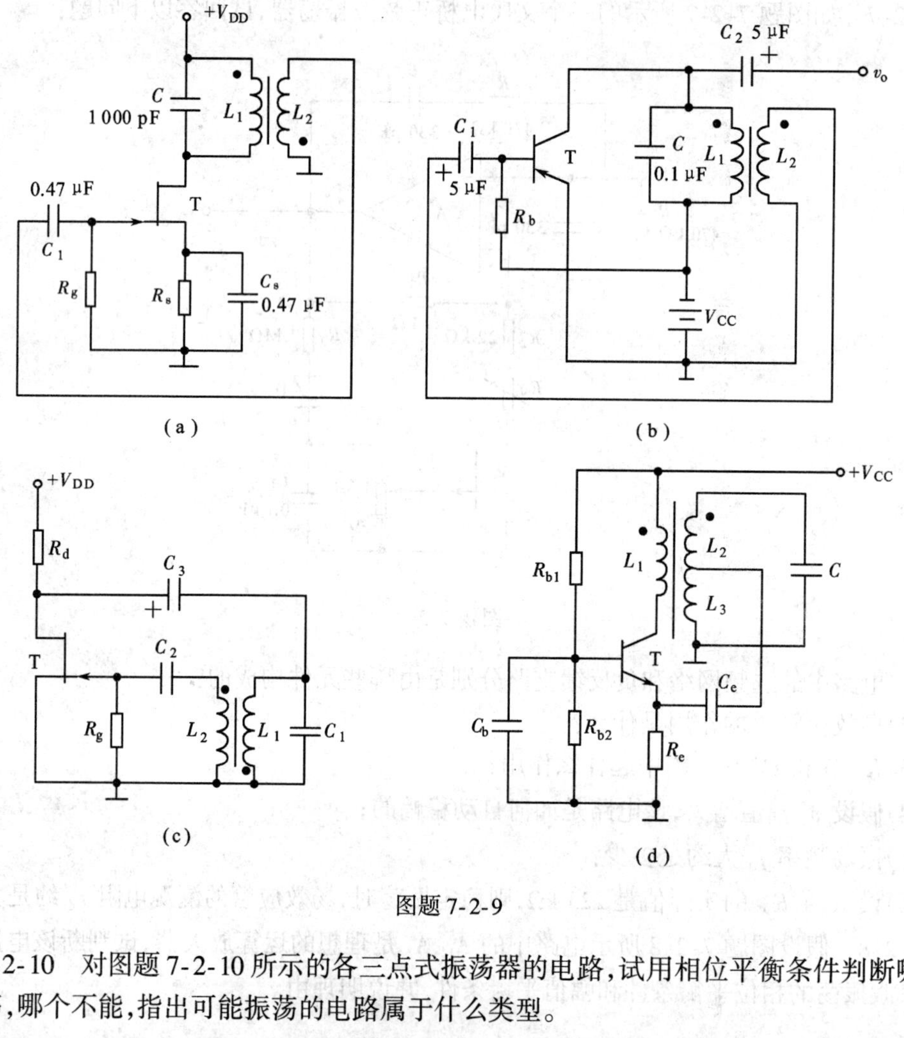

图题 7-2-9

7-2-10　对图题 7-2-10 所示的各三点式振荡器的电路，试用相位平衡条件判断哪个可能振荡，哪个不能，指出可能振荡的电路属于什么类型。

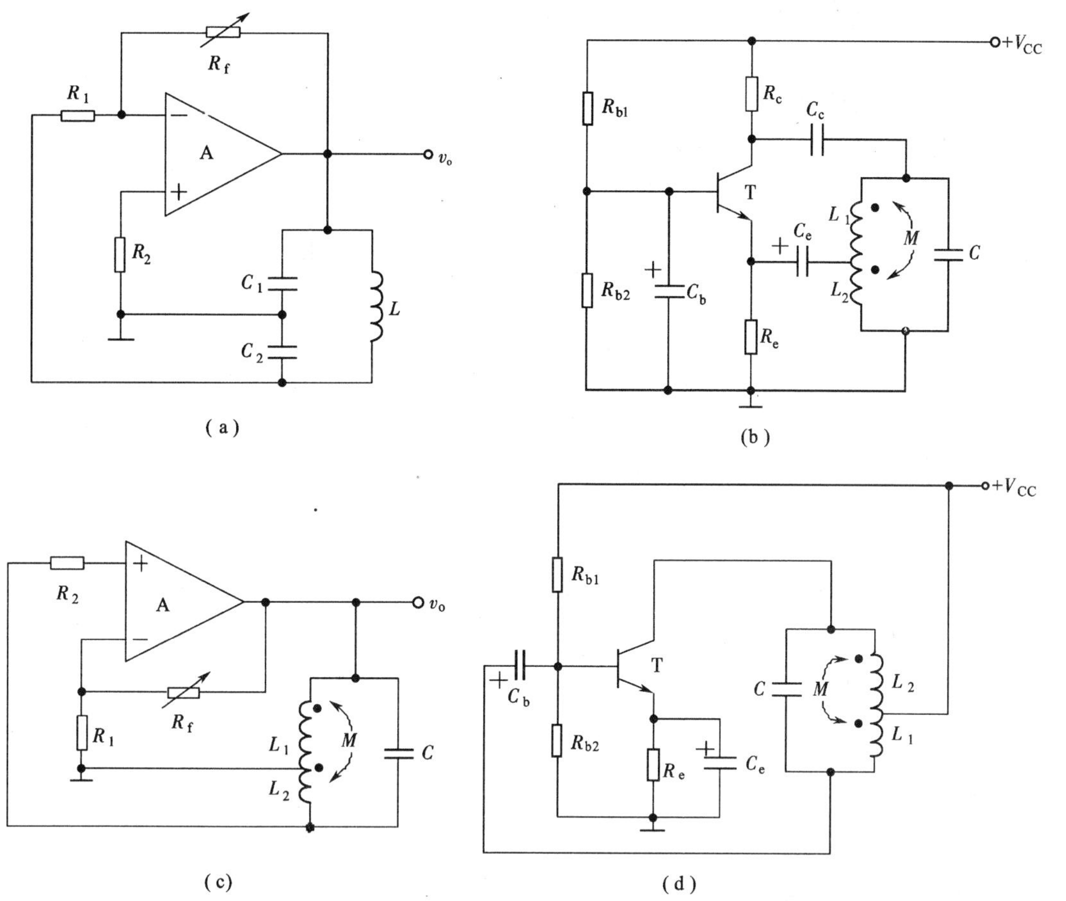

图题 7-2-10

7-2-11 试用相位平衡条件判断图题 7-2-11 所示的两个电路能否产生正弦波振荡，如可能振荡，指出它们是属于串联型还是并联型石英晶体振荡电路。图中 C_b、C_e 为旁路电容，C_c 为耦合电容，RFC 为高频扼流圈。

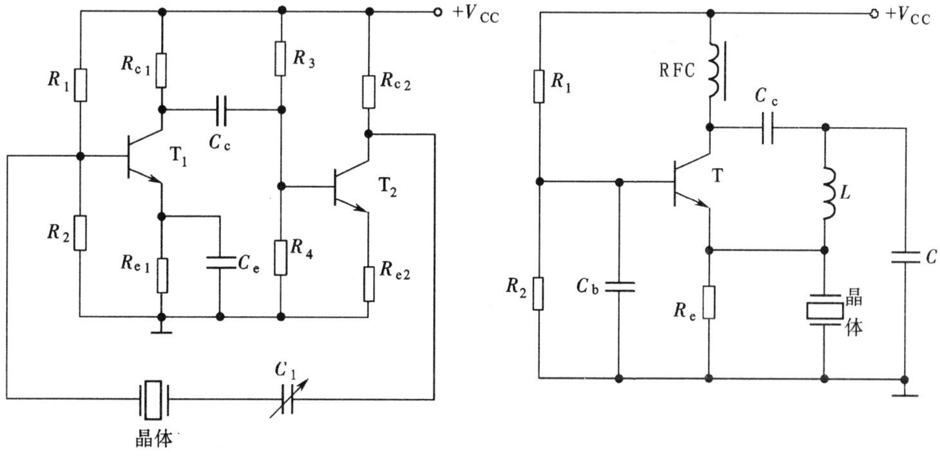

图题 7-2-11

7-3-1　电路如图题 7-3-1 所示，A_1、A_2 为理想运放，二极管 D 也是理想器件，$\beta=50$，$V_{CES}\approx 0$。

(1) $R_b=30\ k\Omega$，$R_c=3\ k\Omega$，当 $v_i=1$ V 和 5 V 时，输出电压的值各为多少？

(2) $R_b=1.5\ M\Omega$，$R_c=3\ k\Omega$，当 $v_i=1$ V 时，$v_o=$？

(3) $R_b=30\ k\Omega$，$R_c=3\ k\Omega$，当 $v_i=5\sin\omega t$ 时，试画出 v_i、v_{o2}、v_o 的波形。

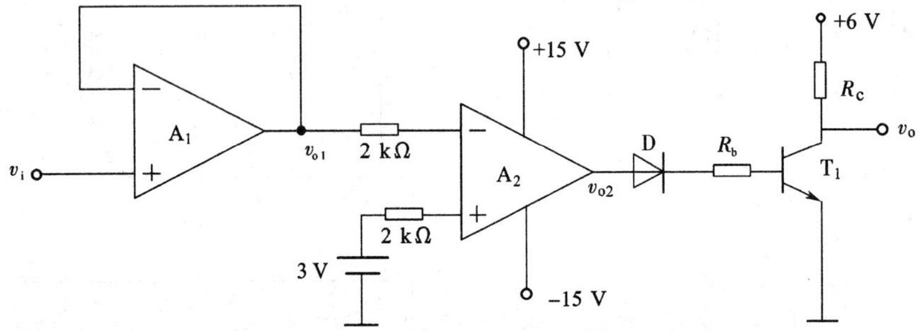

图题 7-3-1

7-3-2　电路如图题 7-3-2(a)所示，其输入电压的波形如图题 7-3-2(b)所示，已知输出电压 v_o 的最大幅值为 ±10 V，运放是理想的，试画出输出电压 v_o 的波形。

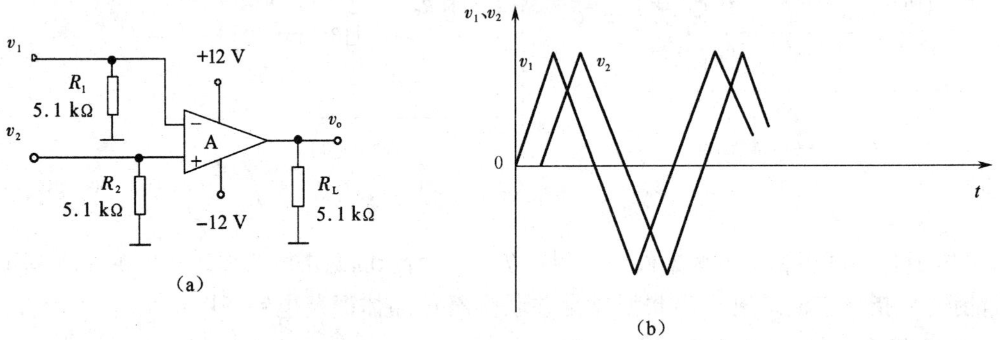

图题 7-3-2

7-3-3　一电压比较器电路如图题 7-3-3 所示。

(1)若稳压管 D_Z 的双向限幅值为 $\pm V_Z=\pm 6$ V，运放的开环电压增益 $A_{vo}=\infty$，试画出比较器的传输特性；

(2)若在同相输入端与地之间接一参考电压 $V_{REF}=-5$ V，重画(1)问的内容。

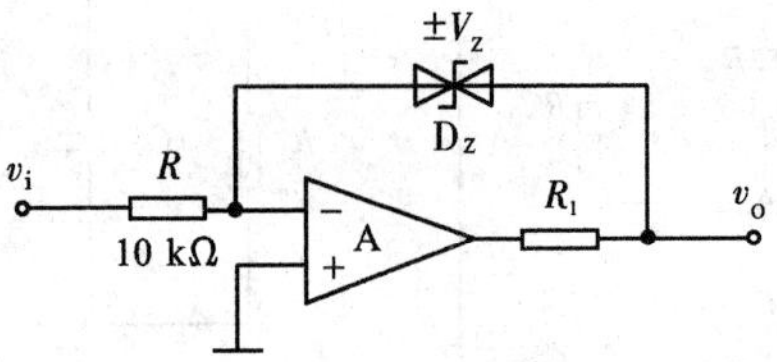

图题 7-3-3

7-3-4　设运放为理想器件，试求图题 7-3-4 所示电压比较器的门限电压，并画出它的传输特性(图中 $V_Z=9$ V)。

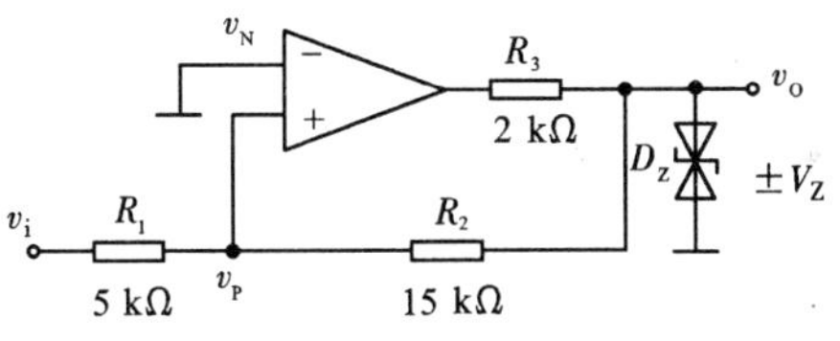

图题 7-3-4

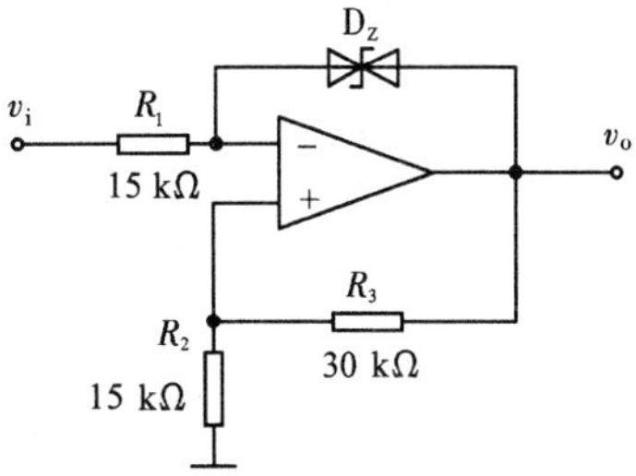

图题 7-3-5

7-3-5 电路如图题 7-3-5 所示,设稳压管 D_Z 的双向限幅值为 ±6 V。

(1)试画出电路传输特性;

(2)画出幅值为 6 V 正弦信号电压 v_i 所对应的输出电压波形。

7-3-6 在图题 7-3-6 所示电路中,如果 A_1、A_2 为理想运算放大器,输入信号为 $v_i=V_{im}\sin\omega t$的正弦波,请画出相应的 v_{o1}、v_{o2}的波形,设 $t=0$ 时,v_i 接入,电容器上的初始电压为 0。

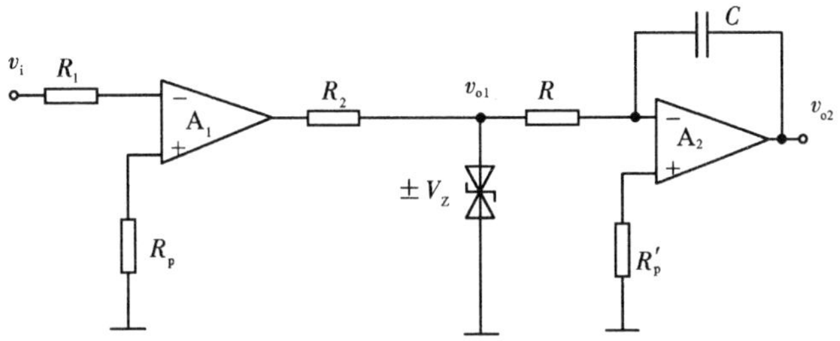

图题 7-3-6

7-3-7 某三角波—方波发生电路如图题 7-3-7 所示,设 A_1、A_2 为理想运算放大器。

(1)调节 R_W时所能达到的最高振荡频率 f_{omax};

(2)求方波和三角波的峰峰值;

(3)若要使三角波的峰值与方波的峰值相同,电阻 R_3 应调整到多大?

(4)在不改变三角波原先幅值的情况下,若要使 f_0 提高到原来的 10 倍,电路元件参数应如何调整?求出具体数值。

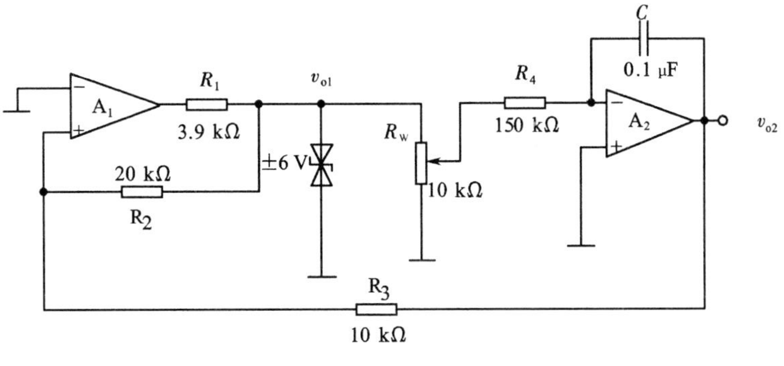

图题 7-3-7

7-3-8　如图题 7-3-8 所示的电路为一压控振荡器，A_1、A_2 为理想运算放大器，D 的正向压降 $V_D = 0.6$ V，动态电阻很小，反向电流为 0。

(1) A_1、A_2 各组成什么电路？

(2) 画出 v_{o1}、v_{o2} 的波形，要求时间坐标对应，标明电压幅值。

(3) 求出振荡频率 f 与输入电压 v_i 的近似函数关系。

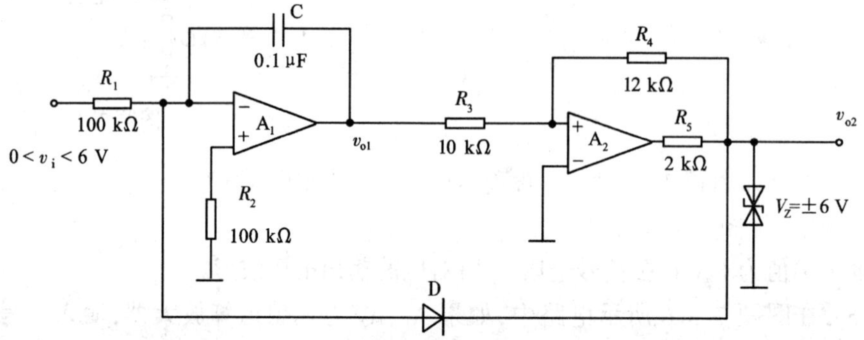

图题 7-3-8

第 8 章　直流稳压电源

引言

电子设备都需要稳定的直流电源供电，而我国电网提供的是 50 Hz 的交流电，单相电的电压为 220 V，三相电为 380 V，电压一般允许有 ±10% 的波动。从电网引来的交流电经变压器变为合适的数值，然后通过整流电路变成单一方向的脉动电压，再经过滤波电路使输出电压平滑，最后经稳压电路使输出的直流电压稳定。因此，直流稳压电路除电源变压器外，主要包括三个部分，即整流电路、滤波电路和稳压电路。其结构示意图如图 8-0-1 所示。本章主要讨论小功率整流电路、滤波电路和稳压电路的工作原理、性能指标及集成稳压器件的应用等。

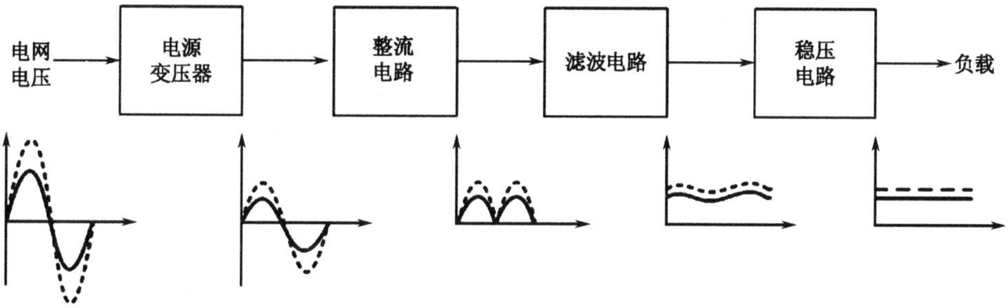

图 8-0-1　直流稳压电源结构示意图

8.1　小功率整流电路

整流电路的任务是将交流电变成单一方向的直流脉动电压，这一任务的完成主要靠二极管的单向导电性。二极管是构成整流电路的关键元件。

8.1.1　整流电路的主要技术指标

1. 输出直流电压平均值 $V_{o(AV)}$

$V_{o(AV)}$ 为整流电路输出电压 v_o 在一个周期内的电压平均值，即

$$V_{o(AV)} = \frac{1}{2\pi}\int_0^{2\pi} v_o \mathrm{d}(\omega t) \tag{8-1-1}$$

2. 输出电压的脉动系数 S

脉动系数 S 定义为整流输出电压的最低次谐波峰值 V_{o1m} 与整流输出电压平均值 $V_{o(AV)}$ 之比，即

$$S=\frac{V_{olm}}{V_{o(AV)}} \tag{8-1-2}$$

8.1.2 常用整流电路

1.半波整流电路

(1)构成及工作原理

图 8-1-1(a)为一纯电阻负载的半波整流电路。为了便于分析,二极管看作理想元件,其正向导通电压为零,反向饱和电流为零,即反向电阻为无穷大。电源变压器 Tr 将交流电网电压 v_1 变成整流电路要求的电压 $v_2=\sqrt{2}V_2\sin\omega t$,$R_L$ 为整流电路的负载。v_2 的正半周,二极管 D 受正向电压导通,电流 i_D 流过负载;v_2 的负半周,D 受反向电压截止,R_L 中无电流,工作波形如图 8-1-1(b)所示。

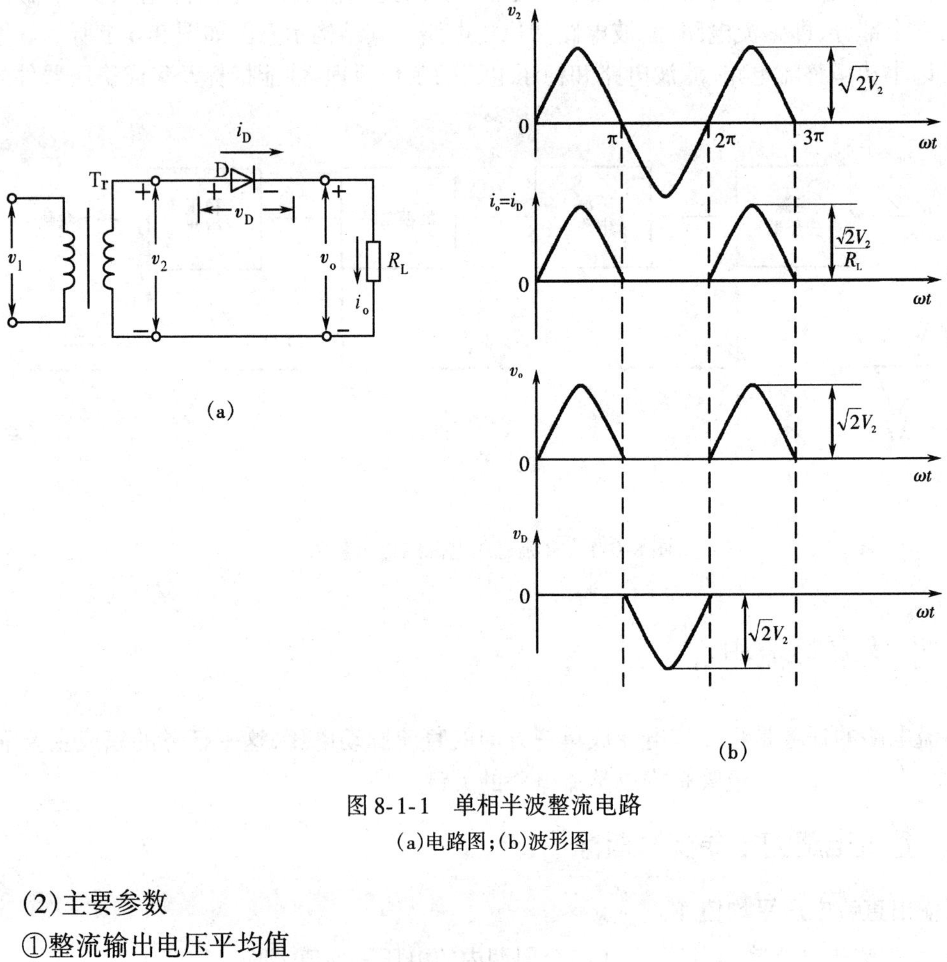

(a)

(b)

图 8-1-1 单相半波整流电路

(a)电路图;(b)波形图

(2)主要参数

①整流输出电压平均值

$$V_{o(AV)}=\frac{1}{2\pi}\int_0^{\pi}\sqrt{2}V_2\sin\omega t\,d(\omega t)$$

$$=\frac{\sqrt{2}}{\pi}V_2\approx 0.45\ V_2 \tag{8-1-3}$$

式中 V_2 为变压器 Tr 副边电压有效值。

②整流输出电压的脉动系数 S

用傅里叶级数对图 8-1-1(b)中 v_o 的波形进行分解后可得

$$v_o = \sqrt{2}V_2\left(\frac{1}{\pi}+\frac{1}{2}\sin\omega t-\frac{2}{3\pi}\cos 2\omega t-\frac{2}{15\pi}\cos 4\omega t-\cdots\right) \tag{8-1-4}$$

根据脉动系数 S 的定义有

$$S=\frac{V_{o1m}}{V_{o(AV)}}=\frac{\sqrt{2}V_2/2}{\sqrt{2}V_2/\pi}=\frac{\pi}{2}\approx 1.57 \tag{8-1-5}$$

③整流输出平均电流

$$I_{o(AV)}=\frac{V_{o(AV)}}{R_L}\approx\frac{0.45\ V_2}{R_L} \tag{8-1-6}$$

④整流管承受的最大反向电压

$$V_{RM}=\sqrt{2}V_2 \tag{8-1-7}$$

半波整流电路结构简单,但输出电压脉动系数大,直流成分低,变压器中电流含直流分量、易饱和,且变压器只有半个周期工作,利用率低。

2. 全波整流电路

(1)电路结构及工作原理

最常用的全波整流是桥式整流电路,如图 8-1-2(a)所示。其中,四个整流二极管接成

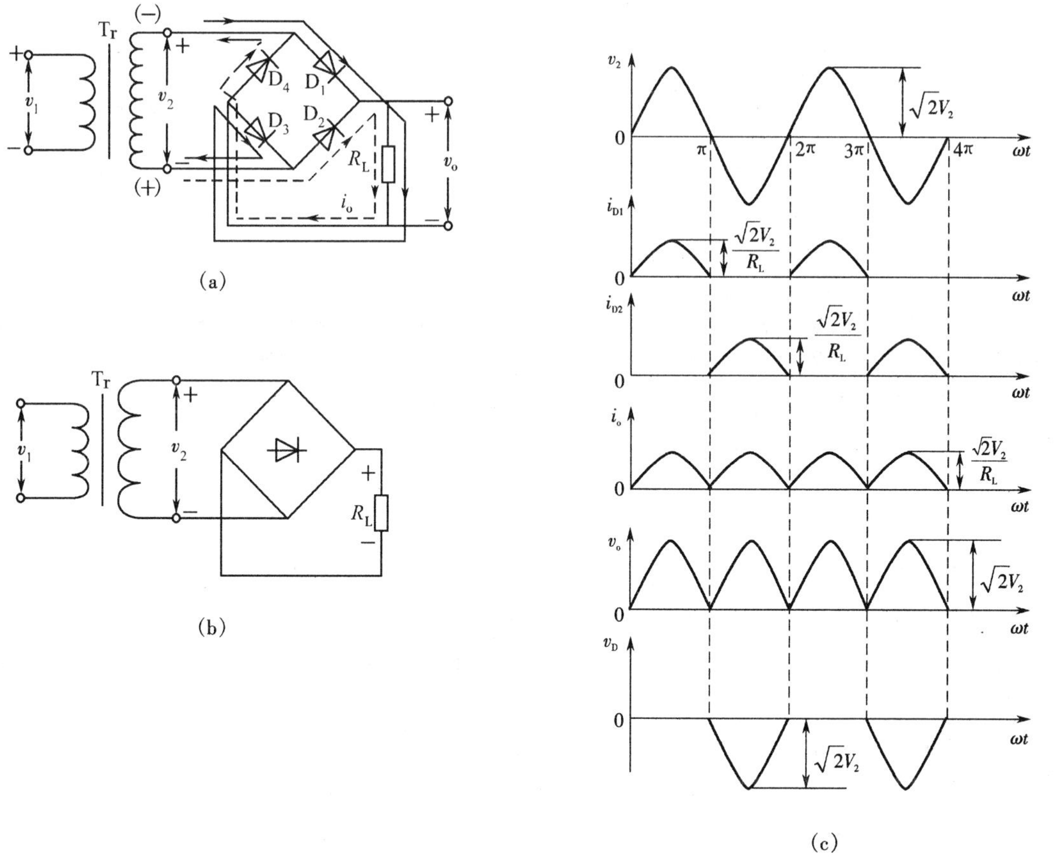

图 8-1-2　单相桥式整流电路及波形

(a)电路图;(b)简化画法;(c)波形图

电桥的形式，故又称为桥式整流电路，其简化画法如图 8-1-2(b)所示。在变压器副边电压 v_2 的正半周(上正、下负)时，二极管 D_1、D_3 受正向电压而导通；D_2、D_4 受反向电压截止，负载 R_L 中的电流自上而下流过负载，如图 8-1-2(a)中实线所示。v_2 负半周(上负、下正)时，D_1、D_3 截止，D_2、D_4 导通，负载 R_L 中的电流方向仍自上而下，如图 8-1-2(a)中虚线所示。整个周期中负载电流方向不变，负载两端电压方向不变，其波形如图 8-1-2(c)所示。

(2)主要参数

①整流输出电压直流平均值。

$$V_{o(AV)}=\frac{1}{\pi}\int_0^{\pi}v_2\,d(\omega t)=\frac{1}{\pi}\int_0^{\pi}\sqrt{2}V_2\sin\omega t\,d(\omega t)$$

$$=\frac{2}{\pi}\sqrt{2}V_2\approx 0.9\ V_2 \tag{8-1-8}$$

②整流输出电压的脉动系数 S。

用傅里叶级数对图 8-1-2(c)中的 v_o 波形进行分解，可得

$$v_o=\sqrt{2}V_2\left(\frac{2}{\pi}-\frac{4}{3\pi}\cos 2\omega t-\frac{4}{15}\cos 4\omega t-\cdots\right) \tag{8-1-9}$$

最低次谐波分量的幅值 $V_{o2M}=\frac{4}{3\pi}\sqrt{2}V_2$，因此，输出电压的脉动系数

$$S=\frac{V_{o2M}}{V_{o(AV)}}=\frac{2}{3}\approx 0.67 \tag{8-1-10}$$

③整流元件的参数计算。

由于桥式整流电路中，二极管 D_1、D_3 和 D_2、D_4 两两轮流导通，流经每个二极管的电流

$$I_D=\frac{1}{2}I_L=\frac{0.9\ V_2}{2\ R_L}=0.45\frac{V_2}{R_L} \tag{8-1-11}$$

二极管所承受的最大反向电压

$$V_{RM}=\sqrt{2}V_2 \tag{8-1-12}$$

桥式整流电路的优点是：输出电压直流平均值大，脉动系数小，管子承受的最大反向电压较低(与两管构成的全波整流电路比，参见习题 8-1-1)，电源变压器利用充分，效率高。因此，桥式整流电路得到了广泛应用，目前已做成模块被称为整流桥。

8.2 滤波电路

整流电路的输出电压都含有较大的脉动成分，除了在一些特殊场合可以直接作为电路的电源外(如调制放大器)，均需要在尽可能保留直流成分的同时减小其脉动成分，这种措施就是滤波。滤波电路中都含有电抗元件，利用它的储能作用将脉动的直流电压变为平滑的直流电压。

1. 电容滤波电路

图 8-2-1(a)为单相桥式整流电容滤波电路，电容 C 并于输出端。

在负载 R_L 未接入(开关 S 打开)时，接入交流电源，v_2 正半周时，D_1、D_3 导通，v_2 向电容 C 充电；v_2 负半周时，D_2、D_4 导通，v_2 经 D_2、D_4 向电容 C 充电，充电时间常数为

$$\tau_C=R_{int}\cdot C \tag{8-2-1}$$

其中 R_{int} 为变压器副边绕组的直流电阻和二极管正向导通电阻之和。由于 R_{int} 很小，电容两端的电压很快充到 v_2 的峰值 $\sqrt{2}V_2$。由于电容器无放电回路，电容两端的电压，即输出电压保持在 $\sqrt{2}V_2$ 不变，如图 8-2-1(b)中纵坐标左边部分。

当接入 R_L（开关 S 闭合）时，设变压器副边电压 v_2 从 0 开始上升，由于电容器 C 之前已经充了电，在 $v_2 < v_C$ 期间二极管均截止，电容器 C 经 R_L 放电，其时间常数为

$$\tau_d = R_L C \tag{8-2-2}$$

因 τ_d 一般较大，v_C 按指数规律缓慢下降（图 8-2-1(b)中的 ab 段）。同时，交流电压 v_2 也在按正弦规律上升，当 v_2 升至大于 v_C 时，二极管 D_1、D_3 导通，此时 v_2 一方面向 R_L 供电，另一方面向电容器 C 充电（图 8-2-1(b)中的 bc 段），v_C 随 v_2 升高到接近最大值 $\sqrt{2}V_2$。然后 v_2 又按正弦规律下降，$v_2 < v_C$，二极管承受反向电压而再次截止，电容 C 又经负载放电（图 8-2-1(b)的 cd 段）。在 v_2 的负半周，只有当 $|v_2| > v_C$ 时，D_2、D_4 才承受正向电压导通。接入负载 R_L 后，电容滤波电路的工作波形如图 8-2-1(b)中纵轴右边部分所示，与图 8-1-2(c)比较不难发现，加上电容滤波后，使负载电压的波动大为减小。

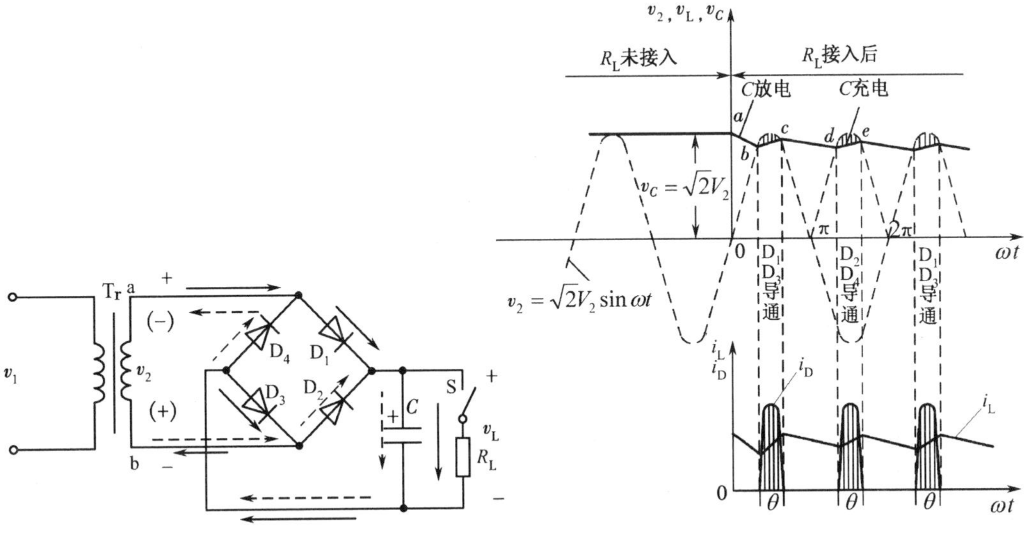

(a)　　　　　　　　(b)

图 8-2-1　桥式整流电容滤波电路

(a)电路图；(b)波形图

由以上分析可知，电容滤波电路有如下工作特点。

①二极管的导通角 $\theta < \pi$，流经二极管电流瞬时值增大。

由于电流有效值与平均值之间的关系与波形有关，在纯电阻负载情况下，变压器副边电流有效值

$$I_2 \approx 1.11\ I_L \tag{8-2-3}$$

而在有电容滤波时，

$$I_2 \approx (1.5 \sim 2) I_L \tag{8-2-4}$$

②输出电压平均值提高，脉动减小。

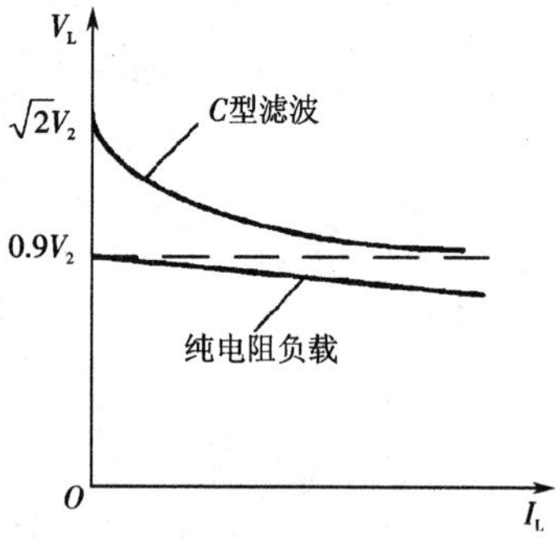

图 8-2-2　桥式整流电路输出特性

当负载 $R_L=\infty$ 时，输出电压 $V_L=\sqrt{2}V_2$，当 R_L 接入时，输出电压与 R_L 大小有关，一般取

$$V_L=(1.1\sim1.2)V_2 \tag{8-2-5}$$

电容滤波的外特性如图 8-2-2 所示。

为了得到良好的滤波效果，当 R_L 一定时，电容的容量要足够大。一般取放电时间常数

$$\tau_d=R_LC\geqslant(3\sim5)\frac{T}{2} \tag{8-2-6}$$

式中 T 为交流电源的周期。

总之，电容滤波电路简单，输出电压较高、脉动减小。其缺点是较纯电阻负载时输出特性变差，它适用于电压较高、负载电流小且变动不大的场合。

2. 电感滤波电路

桥式整流电感滤波电路中，电感器 L 必须串联在输出回路中，如图 8-2-3 所示。利用电感器的储能作用，可以减小输出电压的脉动。当忽略电感器 L 的直流电阻时，负载上的输出电压与纯电阻负载时相同，即 $V_L\approx0.9\ V_2$。

电感滤波的特点如下。

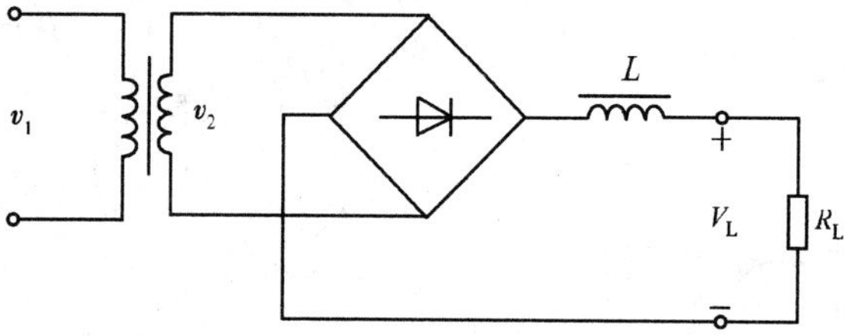

图 8-2-3　桥式整流电感滤波电路

①输出电压平均值与纯电阻负载的电压近似相等。

②整流二极管的导通角大，峰值电流小。由于电感产生的反电动势阻碍电流变化，使输出特性较平坦。

③电感器体积大、质量大，易引起电磁干扰。

电感滤波适用于低电压、大电流的场合。

3. 复式滤波电路

电容器与电感器的组合可以构成各种复式滤波电路，常用的结构有：倒 L 形滤波电路如图 8-2-4(a)所示，π 形滤波电路如图 8-2-4(b)所示。整流电路输出首先接电感器，其滤波特性与电感滤波特性相类似；整流电路输出首先接电容器，其滤波特性与电容滤波相类似，经过两次或多次滤波，其输出电压更加平滑。

[例 8-2-1]　单相整流电路如图 8-2-5 所示。若忽略二极管的正向压降和变压器内阻，试求：

(1)负载 R_{L1}、R_{L2} 两端的电压 V_{L1}、V_{L2} 和负载电流 I_{L1}、I_{L2}；

(2)求通过每个二极管的平均电流和二极管承受的最大反向电压；

(3)若采用电容 C 滤波，试说明二极管和电容应如何选择。

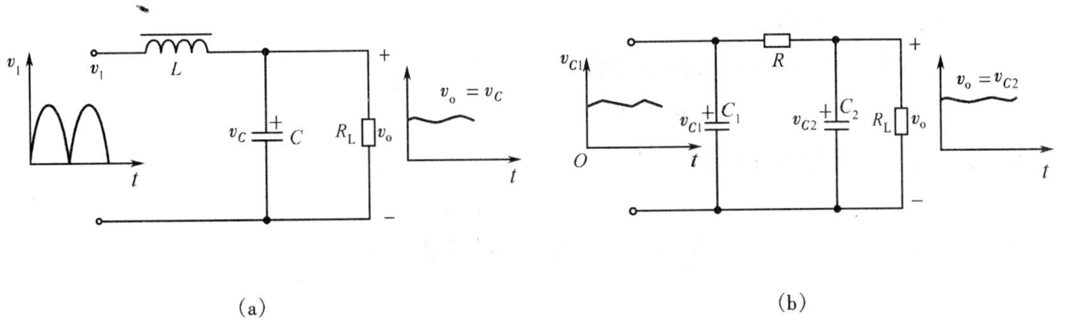

图 8-2-4 常用复式滤波电路
(a)倒 L 形滤波;(b)π 形滤波

解:(1)分析

图 8-2-5 中,v_1 的正半周 D_1、D_2 中 D_1 导通,D_2 截止,v_{21}、D_1 与 R_{L1} 构成回路,负载 R_{L1}上的电流自上而下流动;v_1 的负半周 D_1、D_2 中 D_2 导通,D_1 截止,v_{22}、D_2、R_{L1} 构成回路,R_{L1} 中的电流方向仍然自上而下,故 D_1、D_2、R_{L1} 与变压器副边构成正电压输出的全波整流电路。同理,D_3、D_4、R_{L2} 与变压器副边构成负电压输出的全波整流电路。

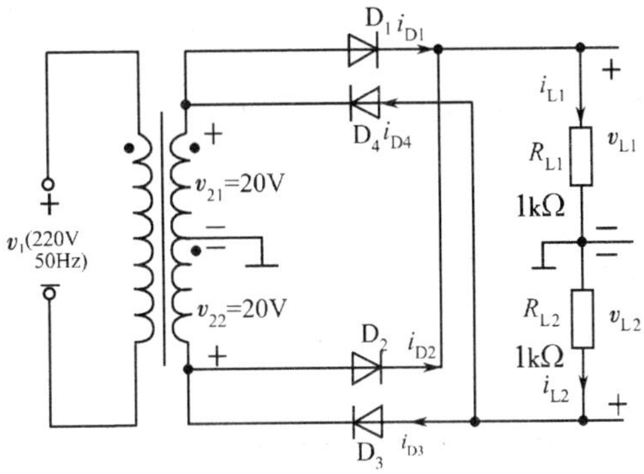

图 8-2-5 例 8-2-1 图

$$V_{L1} \approx 0.9\ V_{21} = 18\ \text{V}$$

$$V_{L2} \approx -0.9\ V_{21} = -18\ \text{V}$$

$$I_{L1} = I_{L2} = V_{L1}/R_{L1} = -V_{L2}/R_{L2}$$
$$= 18\ \text{mA}$$

(2)通过每个二极管的平均电流

$$I_{D1} = I_{D2} = I_{D3} = I_{D4} = \frac{1}{2} I_L = 9\ \text{mA}$$

二极管承受的最大反向电压

$$V_{RM} = 2\sqrt{2} V_{21} \approx 2 \times 1.4 \times 20 = 56\ \text{V}$$

(3)若采用电容滤波,由于

$$V_{L1} = -V_{L2} \approx 1.2\ V_2 = 24\ \text{V}$$

$$I_{L1} = I_{L2} = V_L/R_L = 24\ \text{mA}$$

$$I_D = \frac{1}{2} I_L = 12\ \text{mA}$$

$$V_{RM} = 56\ \text{V}$$

应选择 $I_F > 12$ mA,$V_{BR} > 56$ V 的整流二极管,如 2CZ51D。它的参数为:$I_F = 50$ mA,$V_{RM} = 100$ V,可满足要求。

由于电网电压频率为 50 Hz,周期 $T = 0.02$ s,$\tau_d = R_L C \geqslant (3 \sim 5)\frac{T}{2}$,取 $\tau_d = 4 \times \frac{T}{2} = 0.04$ s,则

$$C = \tau_d / R_L = 40\ \mu F$$

考虑电网电压波动±10%，则电容的耐压应为

$$V_{CM} \geqslant 2\sqrt{2} V_2 \times 110\% = 61.6\ V$$

因此，可选取标称值为50 μF/100 V的电解电容。

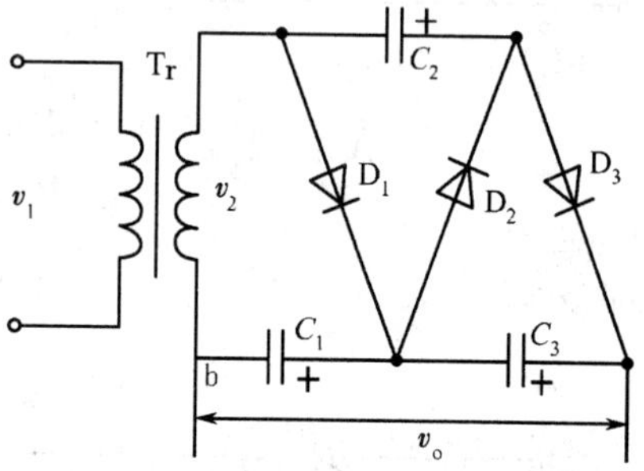

图8-2-6　例8-2-2图

[例8-2-2]　倍压整流电路如图8-2-6所示，变压器副边电压 $V_2=12$ V，试求：输出电压 v_o 与 v_2 的关系；标出电容两端电压极性及耐压。

解：当 v_2 正半周时，二极管 D_1、D_3 导通，C_1 充电至 $\sqrt{2}V_2$，C_2、C_3 各充电至 $\frac{1}{2}\sqrt{2}V_2$，D_2 承受反向电压截止；v_2 的负半周，D_1 承受反向电压截止，D_2 导通，使 C_2 充电至 $2\sqrt{2}V_2$，D_3 承受反向电压截止，再一个正半周，D_3 正向导通，给 C_3 充电至 $2\sqrt{2}V_2$，由于无放电回路，电压维持不变，如图8-2-6中标示。因此，电路的输出电压 $v_o=3\sqrt{2}V_2$，C_1 的耐压应大于 $\sqrt{2}V_2$，其余电容器的耐压均应大于 $2\sqrt{2}V_2$。

8.3　直流稳压电路

整流滤波电路能够把交流电变换成相当平滑的直流电，但电网电压的波动、负载电流的变化、环境温度变化等都会引起输出电压的变化。要想得到稳定的直流电压输出，在整流滤波之后必须加上稳压电路。

8.3.1　稳压电路的主要技术指标

稳压电路的性能指标有两类：一类是特性指标，如输出电压、输出电压范围及输出电流最大值；另一类是质量指标，用来衡量稳压电源的优劣，主要有以下几个。

1. 稳压系数 S_r

稳压系数 S_r 是指在电源的负载、环境温度都不变时，输出电压相对变化量与输入电压相对变化量之比，即

$$S_r = \left. \frac{\Delta V_o / V_o}{\Delta V_i / V_i} \right|_{\substack{\Delta I_o = 0 \\ \Delta T(℃) = 0}} \tag{8-3-1}$$

工程上常把电网电压波动±10%作为极限条件，并将此时的输出电压的相对变化量作为衡量稳压性能的一项指标，叫电压调整率，用 S_V 表示，即

$$S_V = \left. \frac{\Delta V_o / V_o}{\Delta V_i} \right|_{\substack{\Delta I_o = 0 \\ \Delta T(℃) = 0}} \tag{8-3-2}$$

2. 内阻 r_o

r_o 是指稳压电路的输出电阻，即

$$r_o = \left. \frac{\Delta V_o}{\Delta I_o} \right|_{\substack{\Delta V_i = 0 \\ \Delta T(℃) = 0}} \tag{8-3-3}$$

工程上也常用负载电流 I_o 由零变到最大额定值时输出电压的相对变化量来表征这一性能，称作电流调整率，用 S_I 表示

$$S_I = \left.\frac{\Delta V_o/V_o}{\Delta I_o}\right|_{\substack{\Delta V_i=0\\ \Delta T(℃)=0}} \tag{8-3-4}$$

3.温度系数 S_T

S_T 定义为在规定的温度范围内，输入电压 V_i 和负载电流 I_o 都不变时单位温度变化所引起的输出电压变化。即

$$S_T = \left.\frac{\Delta V_o}{\Delta T℃}\right|_{\substack{\Delta V_i=0\\ \Delta I_0=0}} \tag{8-3-5}$$

4.纹波电压抑制比 S_R

S_R 定义为输入电压中纹波电压峰—峰值 $\hat{V}_i$ 与输出电压中的纹波电压峰—峰值 $\hat{V}_o$ 之比的分贝数，即

$$S_R = 20\ \lg\frac{\hat{V}_i}{\hat{V}_o}(\mathrm{dB}) \tag{8-3-6}$$

通常可在稳压电路输出端直接用交流毫伏表测出纹波电压有效值。为了减小纹波电压，常在输出端并上电容器。

8.3.2　稳压管稳压电路

1.稳压原理

稳压管稳压电路如图8-3-1所示。由于作为调整元件的稳压管与负载 R_L 并联，因此称它为并联型稳压电路，其输入 V_i 是整流滤波电路的输出电压，R 是限流电阻。

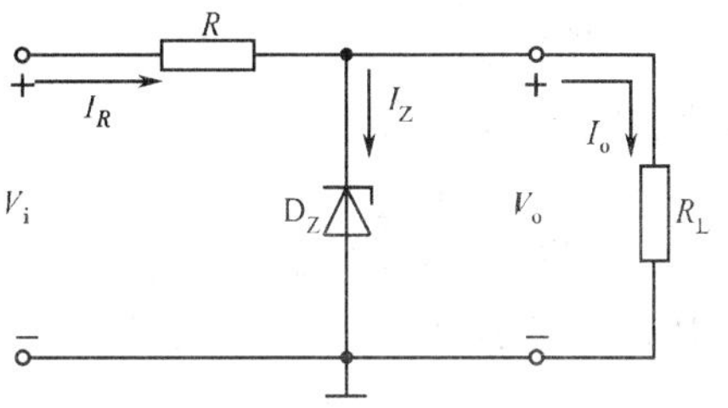

图 8-3-1　稳压管稳压电路

假设电路的负载 R_L 不变，若输入电压 V_i 升高而引起输出 V_o 变大时，由于稳压管中的电流 I_Z 增大，R 上压降增大，从而抵消 V_i 的升高，输出电压 V_o 基本保持不变，以上稳压过程表示为

$$V_i\uparrow \to V_o\uparrow \to I_Z\uparrow \to V_R\uparrow$$
$$V_o\downarrow \leftarrow V_R\uparrow$$

同理，当 V_i 不变，由于 R_L 减小，I_o 增大时稳压过程如下：

$$R_L\downarrow \to I_o\uparrow \to I_R\uparrow \to V_o\downarrow \to I_Z\downarrow \to I_R\downarrow$$
$$V_o\uparrow \leftarrow I_R\downarrow$$

以上两种情况说明，稳压管的电流调节作用是稳压电路能够稳压的关键。即当 R_L 或 V_i 变化引起稳压管两端电压有微小变化时，通过电流 I_Z 的较大变化来控制 R 上电压，从而调整 V_o，使之达到稳定的目的。

2.性能分析

为了计算稳压系数 S_r，将图8-3-1的稳压管用电压源串电阻等效代替，得到图8-3-2(a)电路所示，若只考虑交流时，等效电路如图8-3-2(b)所示。

由此可求得 S_r 和 r_o，即

$$S_r=\frac{\Delta V_o/V_o}{\Delta V_i/V_i}=\frac{\Delta V_o}{\Delta V_i}\times\frac{V_i}{V_o}=\frac{r_z/\!/R_L}{R+r_z/\!/R_L}\times\frac{V_i}{V_o}$$

$$\approx\frac{r_z}{R}\times\frac{V_i}{V_o} \tag{8-3-7}$$

$$r_o=R/\!/r_z\approx r_z \tag{8-3-8}$$

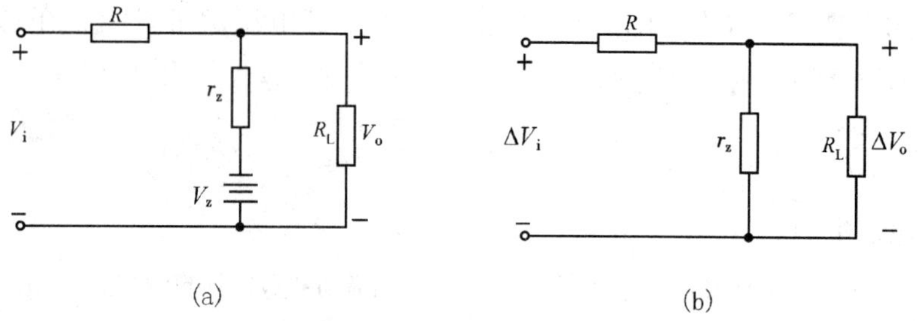

图 8-3-2　稳压管稳压电路

(a)等效电路 1;(b)等效电路 2

由此分析可看出:限流电阻 R 越大,稳压管的动态电阻越小,稳压性能越好。但限流电阻 R 不能随意增大。

3.限流电阻 R 的选择

由图 8-3-1 可知,限流电阻

$$R=\frac{V_i-V_o}{I}=\frac{V_i-V_Z}{I_Z+I_o} \tag{8-3-9}$$

R 的选择需考虑两种情况。

①当输入 $V_i=V_{imax}$,而 $I_o=I_{omin}$时,流过稳压管的电流 I_Z 最大。为了管子安全,R 不能太小,R 的最小值应满足

$$R_{min}\geqslant\frac{V_{imax}-V_Z}{I_{Zmax}+I_{omin}} \tag{8-3-10}$$

式中 I_{Zmax}为稳压管所允许电流最大值。

②当输入 $V_i=V_{imin}$最小,且负载电流为最大值 I_{omax}时,流过稳压管的电流最小,为了保证稳压管工作在击穿区(稳压区),限流电阻 R 不能太大,其最大值应满足

$$R_{max}\leqslant\frac{V_{imin}-V_Z}{I_Z+I_{omax}} \tag{8-3-11}$$

[例 8-3-1]　在图 8-3-1 所示稳压电路中,稳压管为 2CW14,其参数 $V_Z=6$ V,$I_Z=10$ mA,$I_{Zmax}=33$ mA,$r_z=10\ \Omega$。输入电压 $V_i=15$ V,若 V_i 变化 ±10%,负载电阻 R_L 变化范围为 0.5~2 kΩ。试选择限流电阻 R 的值,并计算该电路的稳压系数及内阻。

解:(1)由式(8-3-10)及式(8-3-11)可求得

$$R_{min}=\frac{15\times110\%-6}{33+\dfrac{6}{2}}\approx0.29\ \text{k}\Omega$$

$$R_{max}=\frac{15\times90\%-6}{10+\dfrac{6}{0.5}}\approx0.34\ \text{k}\Omega$$

可选标称值电阻 330 Ω。电阻功耗

$$P_R=\frac{V_{R\max}^2}{R}=\frac{(15\times110\%-6)^2}{330}\approx0.33\ \text{W}$$

因此,选用阻值为 330 Ω,功耗为 1 W 的电阻。

(2)稳压系数 S_r 与内阻 r_o 计算

$$S_r=\frac{r_z}{R}\times\frac{V_i}{V_Z}=\frac{10}{330}\times\frac{15}{6}\approx0.076=7.6\%$$

$$r_o\approx r_z=10\ \Omega$$

稳压管稳压电路结构简单,调试方便,其输出电流受稳压管最大允许电流限制,负载变化大时,稳定度不易做高。这种电路常用在输出电压固定、输出电流不大且变动范围较小的场合。对于要求大电流输出、输出电压可调、稳定度高的稳压电源,可采用串联型稳压电路。

8.3.3 线性串联型稳压电路

1.电路组成及工作原理

串联型稳压电路的基本框图和原理电路如图 8-3-3 所示。它由调整管、取样电路、基准电压和比较放大等四个部分组成,基本框图如图 8-3-3(a)所示。图 8-3-3(b)为原理电路,图中 T_1 为调整管,对输出电压起调节作用。由于它与负载 R_L 串联,并且工作在线性区,故称该电路为线性串联型稳压电路。图中 R_1、R_2 构成取样电路,从输出电压 V_o 取样并将 V_o

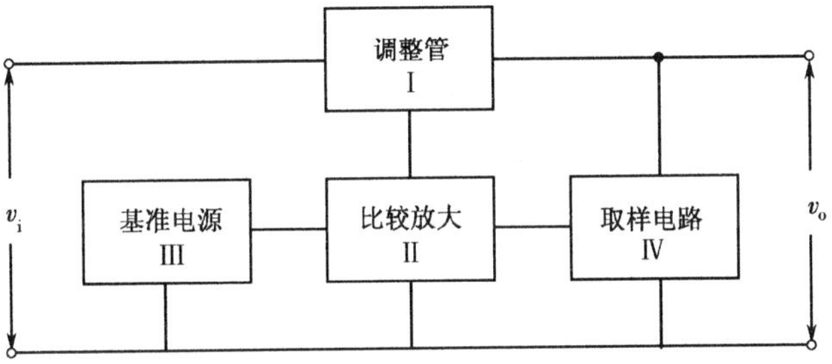

(a)

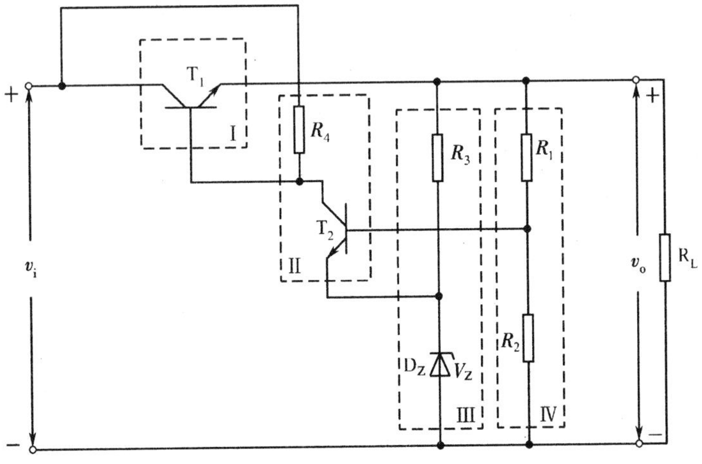

(b)

图 8-3-3 串联型稳压电路框图和原理电路

(a)框图;(b)原理电路

的一部分反馈到比较放大电路的输入端；R_3 和稳压管 D_Z 构成基准电压产生部分，给比较放大器另一输入端提供参考电压；T_2 和 R_4 组成比较放大器。

电路的稳压原理简述如下：当电路中由于输入电压 V_i 的增加或负载电流 I_o 的减小（R_L 增大）使输出电压 V_o 上升时，则 V_o 通过 R_1、R_2 分压使 T_2 的基极电位升高；由于 T_2 的射极电位为 V_Z 稳定不变，故 V_{BE2} 增大，经 T_2 放大，使 $V_{B1}=V_{C2}$ 下降，引起 I_{B1} 减小、V_{CE1} 增大，从而阻止了输出电压 V_o 的上升，达到稳压的目的。上述过程可概括如下：

$$\left.\begin{matrix} V_i\uparrow \\ \text{或 } I_o\downarrow \end{matrix}\right\rangle V_o\uparrow \rightarrow V_{R2}\uparrow \rightarrow V_{BE2}\uparrow \rightarrow I_{B2}\uparrow \rightarrow V_{C2}\downarrow \rightarrow V_{CE1}\uparrow$$

$$V_o\downarrow \leftarrow V_{CE1}\uparrow$$

同理，如果 V_i 减小或 I_o 增大引起输出电压 V_o 下降时，通过电路内部的调整过程，也可使 V_o 的下降受到抑制，从而保持 V_o 基本不变。

输出电压 V_o 的大小与基准电压 V_{REF}、取样系数 F 有关，若略去 V_{BE2}，则有

$$F=\frac{R_2}{R_1+R_2}$$

$$V_{REF}=V_Z$$

因此

$$V_o=V_{REF}F=V_Z\frac{R_1+R_2}{R_2} \tag{8-3-12}$$

2. 实用串联型稳压电路分析

图 8-3-4 是一种实用线性串联型稳压电源的典型电路。此电路对上述原理电路进行了完善。

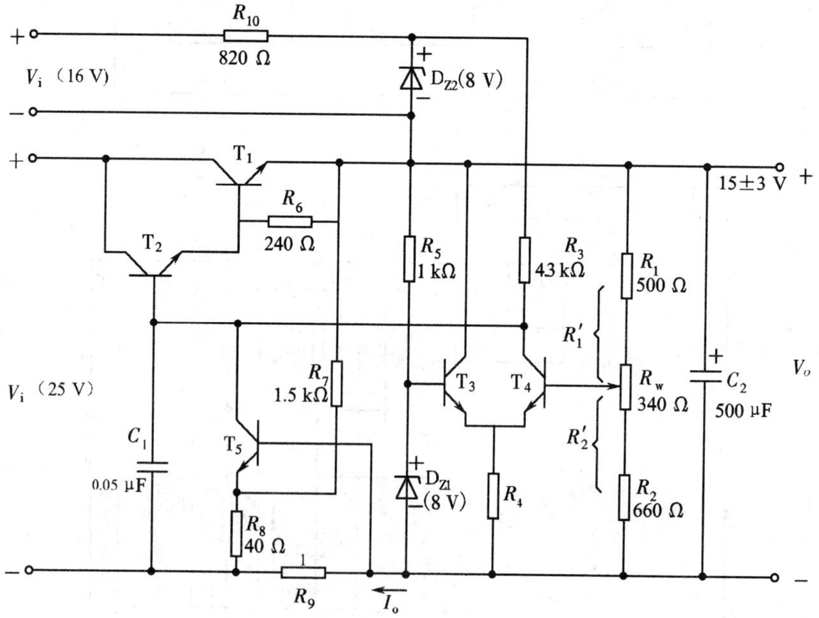

图 8-3-4　实用串联型稳压电路

（1）基准电压源和取样电路

基准电压源 V_{REF} 由稳压管 D_{Z1} 和 R_5 组成，为了克服温漂的影响，D_{Z1} 采用具有温度补偿

的高精度稳压管如埋层齐纳稳压管。取样电路包括 R_1、R_2、R_W，电位器 R_W 用来调节取样系数 F，使输出电压具有一定调节范围。由电路参数可计算 V_o 的范围为 12～18 V。

(2)比较放大和辅助电源

比较放大电路的性能对稳压电源的稳定性有很大影响。为了减小温度漂移采用了差分放大电路，由对管 T_3、T_4 和 R_3、R_4 组成。原理电路中比较放大管的负载 R_4 直接接 V_i，当电网电压波动 V_i 变化时，可通过 R_4 直接传到调整管的基极，对输出稳定性有影响。为解决这一问题，采用了由 R_{10} 和 D_{Z2} 组成的辅助电源，差分放大器由辅助电源供电。

(3)调整管

由于调整管中的电流包含输出电流，通过的电流大，而且工作在线性区，因此功耗很大，必须采用大功率管，为了减小驱动电流常采用复合管结构。这里为 T_1、T_2 复合；其 $\beta \approx \beta_1 \times \beta_2$，使驱动电流 I_{B2} 减到很小。同时，必须合理选择功率管并按要求加散热片。

(4)保护电路

为了防止稳压电路输出过载或短路致使调整管中电流过大而损坏，稳压电路中必须接入保护环节。保护电路种类很多，图 8-3-4 中采用限流型保护环节，由 T_5、R_7、R_8、R_9 构成。适当选择电路参数，当负载电流 I_o 处于正常工作范围内时，T_5 的 $V_{BE5} < V_{th}$(开启电压)，T_5 截止，保护环节不起作用；而当 $I_o > I_{omax}$(最大允许值)时，R_9 上电压增大，使 T_5 导通，V_{C5} 降低，调整管驱动电流减小，使 I_o 增大受到限制，从而保护了调整管。

串联型稳压电路实际上是一个深度负反馈系统。为了抑制电路产生高频自激振荡，在 T_2 的基极与电源负端之间接一小电容 C_1；输出端并一大电容 C_2 以防止脉冲负载电流引起输出电压波动，同时也减小了输出纹波电压。

8.3.4 三端集成稳压器

随着集成工艺的发展，把稳压电路制作在一块硅片上，成为集成稳压器。它的基本环节仍与串联稳压电路相似，但从集成工艺特点出发，制作时常采用若干特殊电路形式，由于只有三个引线端，即输入端、输出端、公用端(或调整端)，故称为三端式稳压器。

1.固定输出电压三端稳压器

固定输出电压三端稳压器通用产品有 78××系列和 79××系列，输出电压可分为 5 V、6 V、9 V、12 V、15 V、18 V 和 24 V 等不同档次。额定电流分别为 0.1 A、0.5 A 、1 A、1.5 A 等。78××系列为正电压输出器件，79××系列为负电压输出器件，型号中后面两位数字表示输出电压值。例如 7805，输出电压为 +5 V，输出电流为 1.5 A。79 M12，输出电压为 −12 V，输出电流为 0.5 A。三端稳压器的外形如图 8-3-5(a)所示。

三端稳压器件用作固定电压输出时，接线十分简单，如图 8-3-5(b)所示。为了得到稳定的输出，输入电压 V_i 至少要比输出电压高 2～3 V，电路中接入电容 C_1、C_2 用来实现频率补偿，防止自激振荡、减小高频噪声和改善负载的瞬态响应。C_3 用以减小由输入电压 V_i 引入的低频干扰。D 为保护二极管，当输入端短路时给 C_3 一个放电回路，防止调整管的发射结击穿。

由于三端稳压器的输出电流有限，当需要进一步增大输出电流时，可采用外接功率管的方法满足负载要求，如图 8-3-6 所示。输出电流 I_o 由两部分组成，I_{o1} 为外接功率管 T_1 中的电流 I_{C1}。正常工作时 T_2、T_3 截止，电流流过电阻 R_1，使 T_1 导通，输出电流 $I_o = I_{o1} + I_{o2}$，从

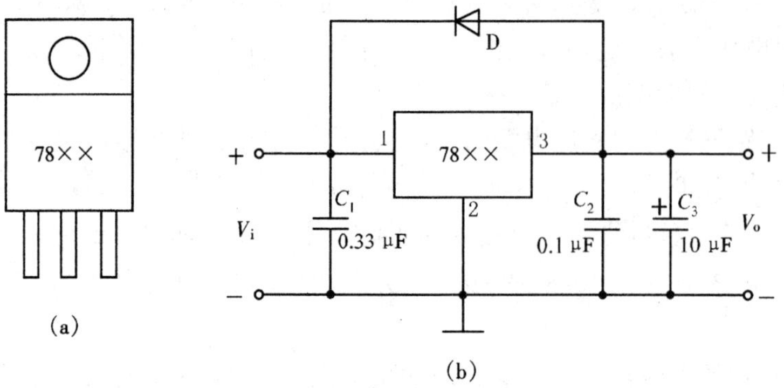

图 8-3-5　三端稳压器的外形及典型接法

(a)外形;(b)典型接法

而使输出电流扩大。T_2、T_3 为过电流保护环节。当 I_o 大于电路额定输出电流时,R_3 上的压降增大使 T_3 导通、T_2 饱和,T_1 的 V_{BE1} 减小,从而限制了功率管 T_1 中的电流 I_{C1},使之不致损坏。

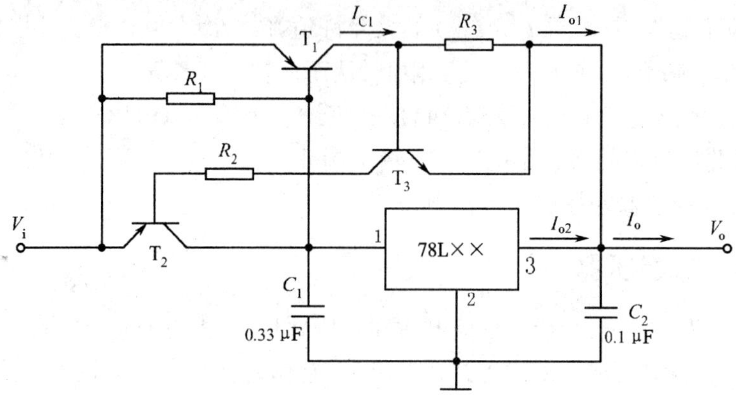

图 8-3-6　扩大输出电流的接法

2.三端可调式集成稳压器

集成稳压器中除固定输出电压的 78××、79××系列外,还有输出电压可调的集成稳压器,如正电压输出的 LM117、LM317;负电压输出的 LM137、LM337 等。它的三个引线端分别为电压输入端 V_i、输出端 V_o 和调整端 adj,只要外部接入少量元件,即可实现输出电压可调。LM317 的电路结构如图 8-3-7 所示。器件本身无接地端,所消耗的电流都从输出端流出。内部基准电压约 1.2 V,接至比较器的同相端和调整端之间,若接上外部调整电阻 R_1、R_2 后,输出电压为

$$V_o = V_{REF} + \left(\frac{V_{REF}}{R_1} + I_{adj}\right)R_2$$

$$= V_{REF}\left(1 + \frac{R_2}{R_1}\right) + I_{adj}R_2 \tag{8-3-13}$$

LM317 的 $V_{REF} = 1.2\ V$, $I_{adj} = 50\ mA$, $I_1 \gg I_{adj}$ 因此

$$V_o \approx V_{REF}\left(1 + \frac{R_2}{R_1}\right) \tag{8-3-14}$$

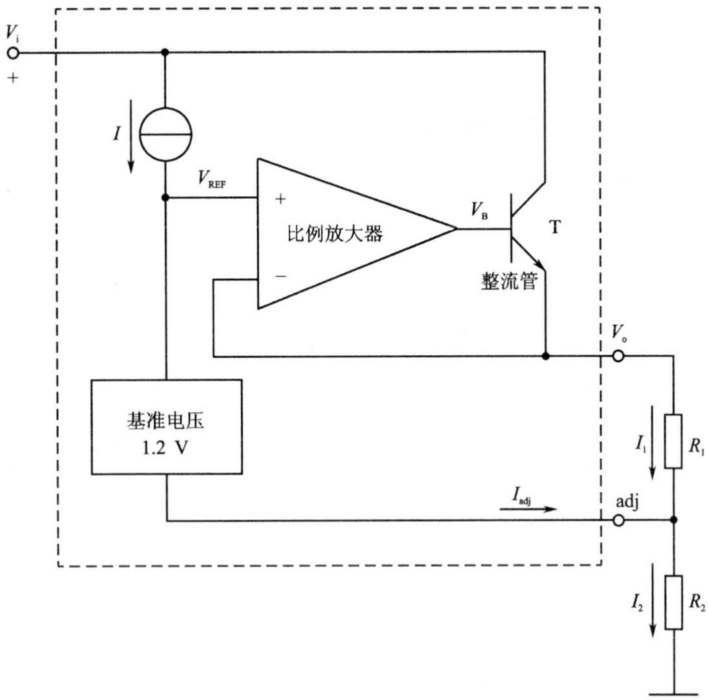

图 8-3-7 三端可调集成稳压器结构

三端可调稳压电路的基本接法如图 8-3-8(a)所示。电阻 R_1 一般在 120～240 Ω 之间，以使输出电压稳定；R_2 根据调节范围确定。该电路的输入电压 V_i 为 25 V，输出电压 V_o 调节范围为 1.2～20 V。

图 8-3-8(b)为电流扩展式稳压电路。它由两个 LM317 并联而成，输出电流为 $I_{o1}+I_{o2}=3$ A，电路中 741 用来平衡两稳压器中的电流。

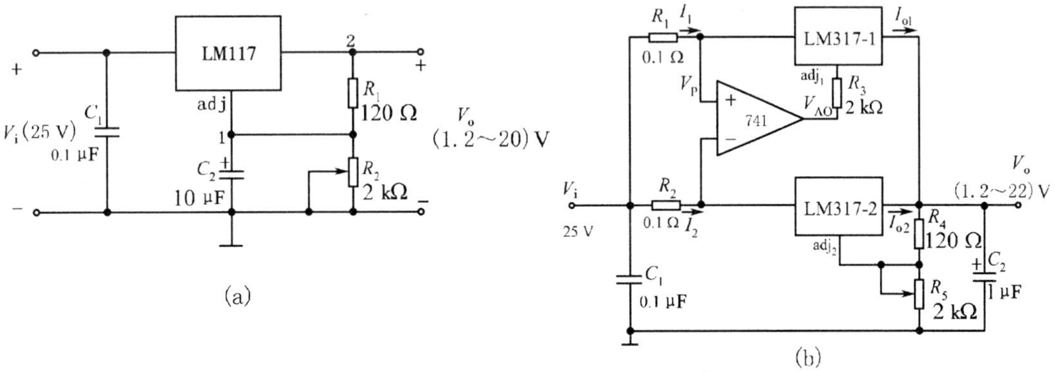

图 8-3-8 三端可调式集成稳压器的连接方法

(a)基本接法；(b)电流扩展式稳压电路

三端稳压器的应用形式很多，由于它的稳定性高，内部电路有完善的保护措施，具有使用方便可靠、价格低廉的优点而得到广泛的应用。

8.3.5 高效串联开关型直流稳压电路

前面讨论的串联型稳压电路，无论是分立元件的，还是集成稳压器，其调整管都工作在线性放大区，属于线性稳压电路。由于调整管的集电结损耗较大，电源效率一般为40%左右，而且调整管必须配置笨重的散热器。

在串联开关型稳压电路中，调整管工作在开关状态，当它饱和导通时，有较大电流通过，但管子的饱和降压很小，管耗不大；而当管子截止时，管子承受的电压大，而通过的电流很小，损耗也小，因此，效率可大大提高，一般可达到70%～90%。

串联开关型稳压电路的结构如图8-3-9所示，它和线性串联型稳压电路相比，增加了LC低通滤波器、三角波电压发生器和比较器C组成的控制电路。V_i 为整流滤波后的输出电压，即开关稳压电源的输入。v_B 是比较器的输出，用来控制调整管的开通和关断。当 $v_A > v_T$ 时，v_B 为高电平，调整管T饱和导通，二极管D截止，负载中有电流 I_o 流过，电感 L 储存能量，同时向 C 充电，输出电压 v_o 略有增加；当 $v_A < v_T$ 时，v_B 为低电平，调整管T由导通变为截止，电感 L 产生反电动势，使D导通，电感 L 向负载释放能量，R_L 中继续有电流流过。通常称D为续流二极管。由于D的续流和 LC 的滤波作用，输出电压比较平稳。电路中各点电压、电流波形如图8-3-10所示。

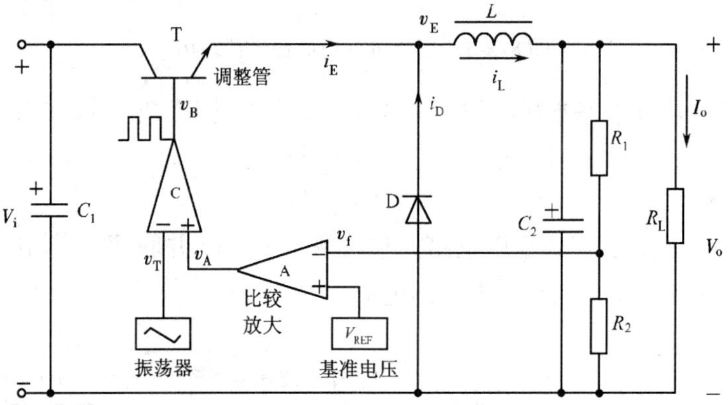

图8-3-9 串联开关型稳压电路原理框图

波形图中，t_{on}为调整管的开通时间，t_{off}为截止时间，T 为开关转换周期。当略去电感器的直流压降时

$$V_o = \frac{t_{on}}{T}(V_i - V_{CES}) + (-V_D)\frac{t_{off}}{T}$$

$$\approx V_i \frac{t_{on}}{T} = q V_i \tag{8-3-15}$$

式中 $q = t_{on}/T = \dfrac{t_{on}}{t_{on} + t_{off}}$为脉冲波的占空比。调整占空比 q，即可调整电压 V_o。

串联开关型稳压电路的稳压过程如下：当某种原因引起输出电压 V_o 下降时，V_f 随之减小，V_A 增加，调整管的截止时间减小，导通时间增长，占空比 q 增大，输出电压 V_o 增大，弥补了 V_o 减小，使之基本不变。

为了提高开关电源的效率，应注意所用器件的选型。即调整管应选取饱和压降 V_{CES} 及

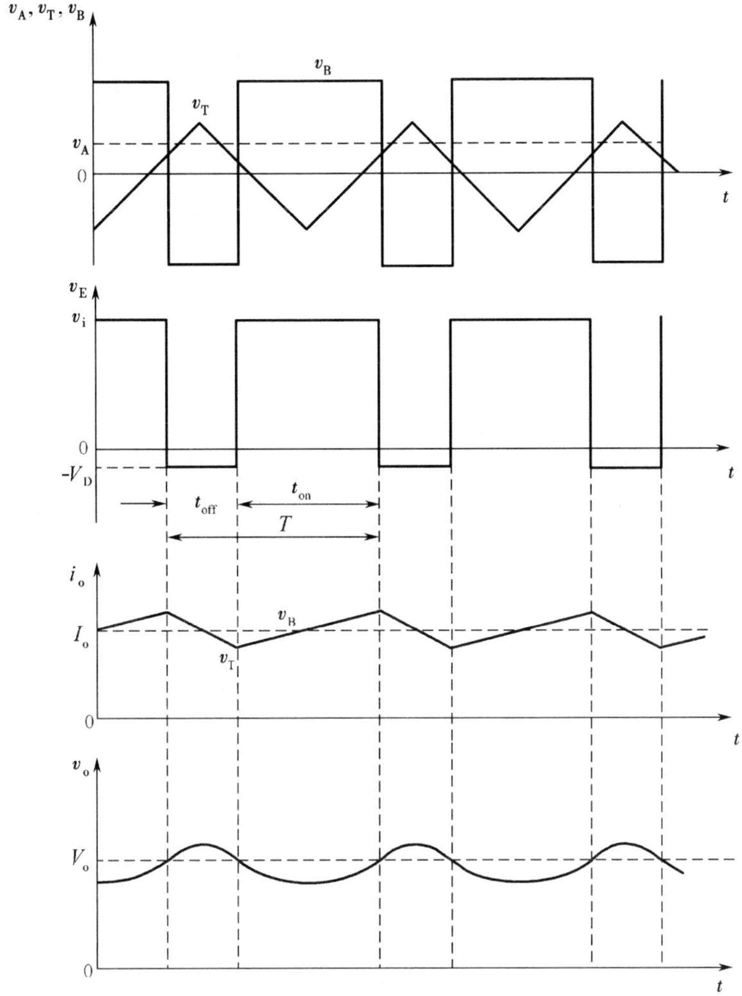

图 8-3-10　串联开关型直流稳压电路的电压、电流波形

穿透电流 I_{CEO} 都小的功率管；开关管的特征频率 $f_T \geqslant 10\beta f_k$，$f_k$ 为开关转换频率；续流二极管 D 选用正向压降小、反向电流也小、存储时间短的开关管，如肖特基二极管；输出端的滤波电容使用高频电解电容器。

开关电源的主要缺点是输出电压中所含纹波较大，对电子设备的干扰较大，电路比较复杂，对元件的要求高。由于它的优点突出，已成为宇航、计算机通信和大功率电子设备中电源的主流，应用日趋广泛。

习　　题

8-1-1　变压器副边有中心抽头的全波整流电路如图题 8-1-1 所示，副边电源电压为 $v_{2a}=-v_{2b}=\sqrt{2}V_2\sin\omega t$，假定忽略二极管的正向压降和变压器内阻。

(1)试画出 v_{2a}、v_{2b}、i_{D1}、i_{D2}、i_L、v_L 及二极管承受的反向电压 v_R 的波形；

(2)已知 V_2(有效值)，求 V_L、I_L(均为平均值)；

(3)计算整流二极管的平均电流 I_D、最大反向电压 V_{RM}；

(4)若已知 $V_L = 30$ V，$I_L = 80$ mA，试计算 V_{2a}、V_{2b}的值，并选择整流二极管。

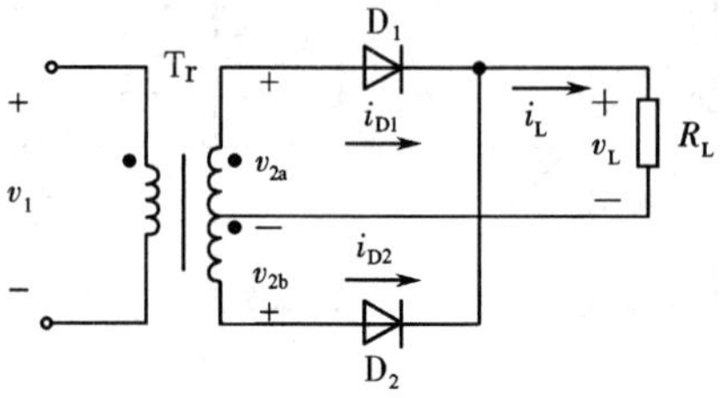

图题 8-1-1

8-1-2　图题 8-1-2 是万用表中测量交流电压的整流电路。

(1)标出使电表 M 的表针正向偏传的电表正、负端。

(2)若忽略电表内阻和二极管正向导通电阻，试计算当被测正弦交流电压为 250 V(有效值)时，使电表满偏的电阻 R 的大小。已知电表满偏电流为直流 100 μA。

(3)计算每只二极管所承受的最大反向电压 V_{RM}；设二极管正向压降为 V_D，电流表压降可忽略。

(4)若出现以下两种情况：①R 短路；②D_1 或 D_2 极性接反，分别会出现什么后果？

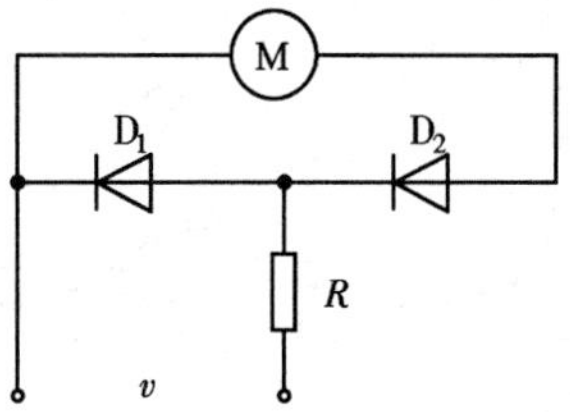

图题 8-1-2

8-1-3　电路参数如图题 8-1-3 所示，图中标出了变压器副边电压(有效值)和负载电阻值，若忽略二极管的正向压降和变压器内阻，试求：

(1)R_{L1}、R_{L2}两端的电压 V_{L1}、V_{L2}和电流 I_{L1}、I_{L2}(平均值)；

(2)通过整流二极管 D_1、D_2、D_3 的平均电流和二极管承受的最大反向电压。

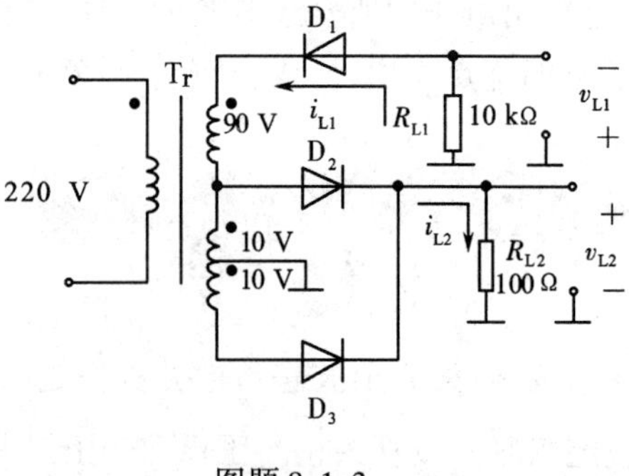

图题 8-1-3

8-1-4　图题 8-1-4 为桥式整流电容滤波电路。已知 $R_L = 50\ \Omega$，$C = 1\ 000\ \mu$F，用交流电

压表测得 $V_2 = 20$ V;如果用直流电压表测得的 $V_{o(AV)}$ 有下列几种情况:①28 V;②18 V;③24 V;④9 V。试分析它们是电路分别处在什么情况下引起的(指电路正常或出现某种故障)。

8-1-5　在图题 8-1-4 所示桥式整流电容滤波电路中已知交流电源电压 $V_i = 220$ V、$f = 50$ Hz,$R_L = 50\ \Omega$,要求输出直流电压为 24 V,纹波较小。

(1)选择整流管的型号;

(2)选择滤波电容器(容量和耐压);

(3)确定电源变压器副边的电压和电流。

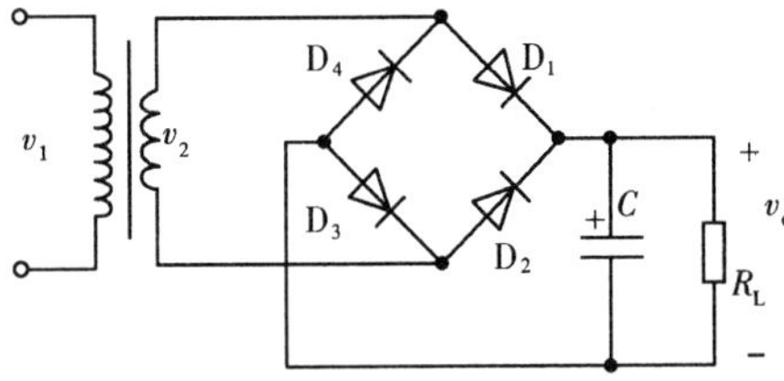

图题 8-1-4

8-1-6　如图题 8-1-6 所示倍压整流电路,要求标出每个电容器上的电压和二极管承受的最大反向电压;求输出电压 V_{L1}、V_{L2}的大小,并标出极性。

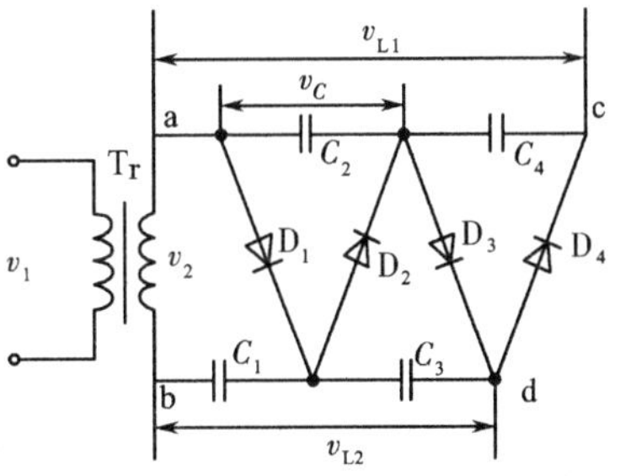

图题 8-1-6

8-2-1　在图题 8-2-1 所示稳压电路中,稳压管的稳定电压 $V_Z = 6$ V,最小稳定电流 $I_{Zmin} = 5$ mA,正向导通电压 $V_D = 0.7$ V,$V_i = 15$ V。试求:

(1)当 $R = R_L = 1\ \text{k}\Omega$ 时,$V_o = ?$

(2)当 $R = R_L = 3\ \text{k}\Omega$ 且 D_Z开路时,$V_o = ?$

(3)当 $R = 3\ \text{k}\Omega$ 且 D_Z接反时,$V_o = ?$

(4)当 $R = 2\ \text{k}\Omega$ 且 $R_L = 1\ \text{k}\Omega$ 时,$V_o = ?$

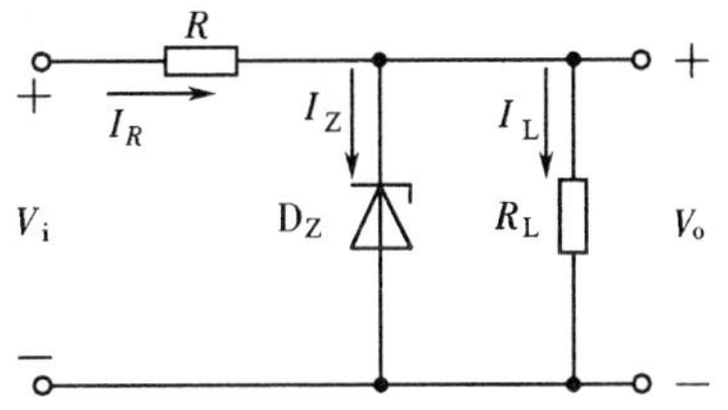

图题 8-2-1

8-2-2　图题 8-2-2 所示电路是输出电压为 +15 V 的稳压电路，指出图中错误。

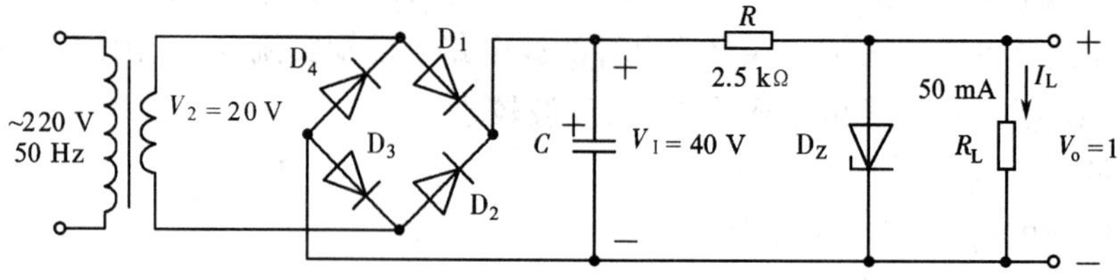

图题 8-2-2

8-2-3　如图题 8-2-3 所示串联型稳压电源，试回答：

(1) R_1短路，V_o的最小值 V_{omin} = ?

(2) 已知 V_2 = 20 V，V_i = ?

(3) R_2短路，V_o = ?

(4) Q 点开路，V_o = ?

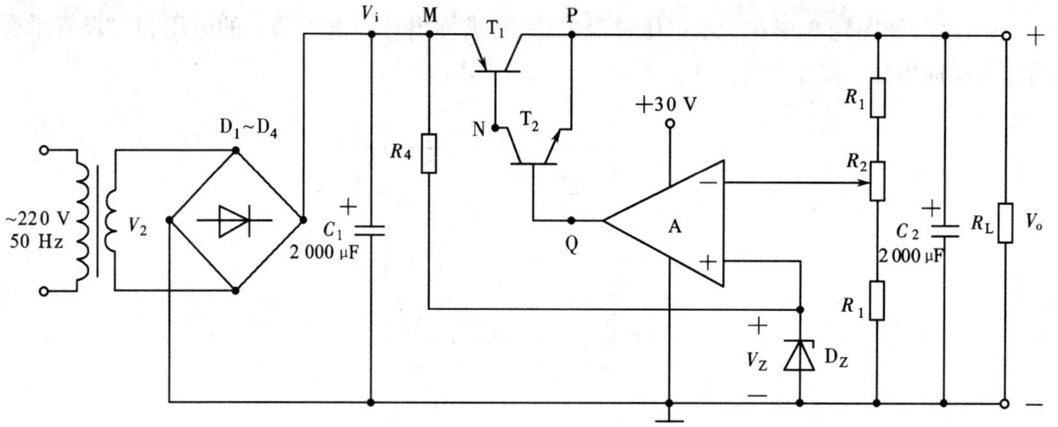

图题 8-2-3

8-2-4　图题 8-2-4 所示电路为串联型稳压电源。

(1) 在图中标出集成运放的同相输入端及反相输入端；

(2) 定性说明当 V_i升高时，V_o的稳定过程；

(3) 写出 V_o的表达式。

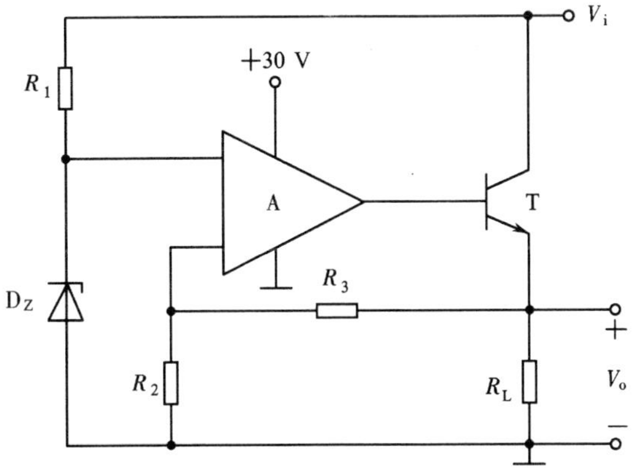

图题 8-2-4

8-2-5　在如图题 8-2-5 所示串联型稳压电源中，已知 $V_i = 20 \sim 24$ V；稳压管 D_Z 的最小稳定电流 $I_{Zmin} = 5$ mA，最大稳定电流 $I_{Zzmax} = 25$ mA。试求出：

(1) V_o 的调节范围；

(2) R_4 的取值范围。

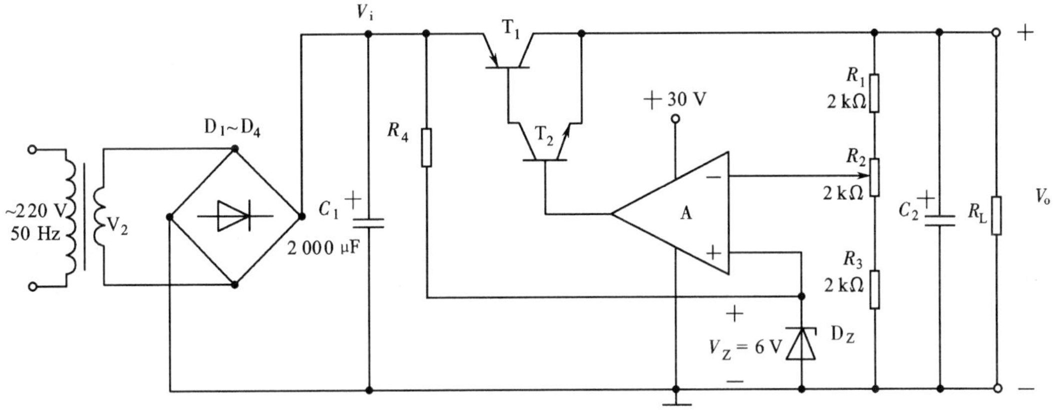

图题 8-2-5

8-3-1　图题 8-3-1 所示电路为三端稳压器组成的直流稳压电源，试说明各元件的作用及输出电压 V_o 的值。

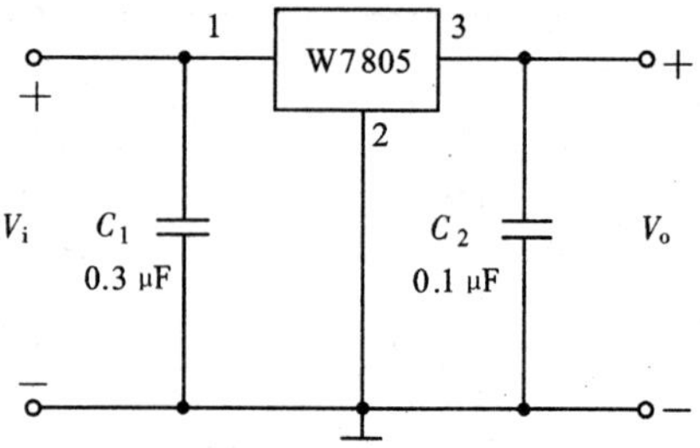

图题 8-3-1

8-3-2 在如图题 8-3-2 所示直流稳压电源中，已知三极管 T 的 $|V_{BE}|$ 与二极管正向导通电压 V_D 相等，W7815 的最大输出电流 $I_{omax}=1.5$ A。试问：

(1) I_L 的最大值 I_{Lmax} 约为多少？

(2)应选择多大功率的 R_1 和 R_2？

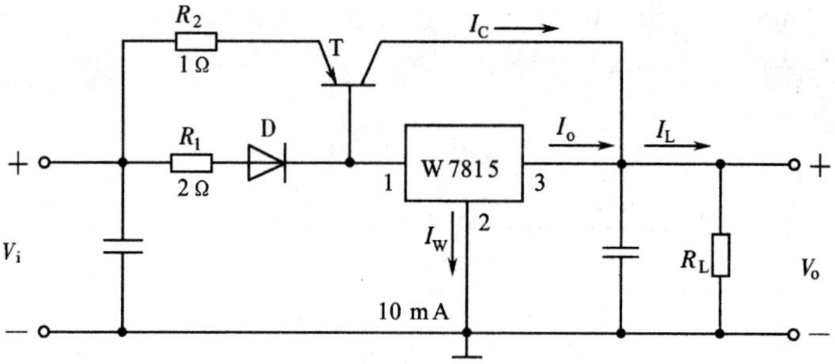

图题 8-3-2

8-3-3 在图题 8-3-3 所示直流稳压电源中，运放是理想的。三端稳压器 W7818 的输出电压 $V_{23}=18$ V，1、2 端电压 $V_{12}\geqslant 3$ V 时电路才能正常工作；输出电压的调节范围为 18 ~ 24 V。试回答：

(1)输出电压 V_i 至少应选取多少伏？

(2)电位器 R_W 的滑动端在什么位置时 $V_o=18$ V？

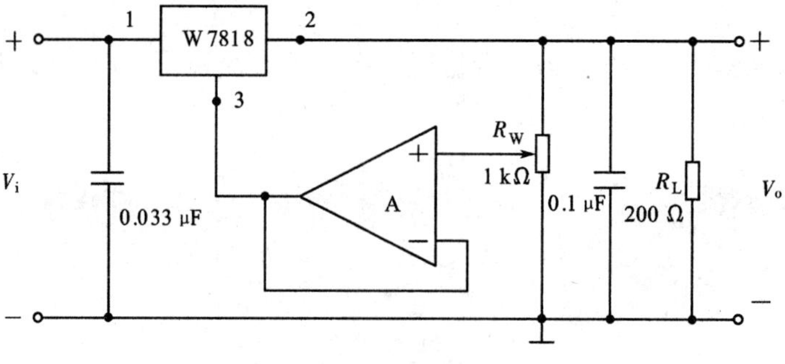

图题 8-3-3

第9章　电流模式电路概述

引言

在电子电路中，尤其是在模拟电子电路中，人们长久以来习惯于采用电压而不是电流作为信号变量，并通过处理电压信号来决定电路的功能。依此促成了大量电压信号处理电路或称电压模式电路的诞生和发展。自从1965年第一片商用电压模式集成运算放大器问世以来，更加确定了以电压模式运算放大器为标准部件的模拟网络在模拟信号处理中的主宰地位。

但是，随着被处理信号的频率越来越高，电压型运算放大器的固有缺点开始阻碍它在高频、高速环境中的应用。电压型运算放大器的缺点之一是，它的 -3 dB 闭环带宽与闭环增益的乘积是常数，当带宽向高频区域扩展时，增益成比例下降；缺点之二是，它在大信号下输出电压的最高转换速率很低，一般只有 0.2 ~ 20 V/μs。

近二十年来，以电流为信号变量的电路在信号处理中的巨大潜在优势逐渐被认识并被挖掘出来，促进了一种新型电子电路——电流模式电路的发展。人们发现，电流模式电路可以解决电压模式电路所遇到的一些难题，在速度、带宽、动态范围等方面获得更优良的性能。研究结果显示，在高频、高速信号处理领域，电流模式的电路设计方法正在取代电压模式的传统设计方法，电流模式电路的发展和应用将把现代模拟集成电路推进到一个新阶段。

9.1　电流模式电路基本概念和发展概况

9.1.1　什么是电流模式电路

迄今为止，对电流模式电路这个术语还没有形成一个统一的、严格的定义。一般地讲，电流模式电路可以定义为：当选用电流而不是电压作为电路中的信号变量，并通过处理电流变量来决定电路的功能时，称为电流模式电路。

应该了解，电路中的电压信号和电流信号总是彼此关联、相互作用的，任何处理电流信号的电路必然会产生内部电压信号摆幅。但是，作为电流模式电路，电路的功能取决于电流信号的处理结果，而那些内部电压信号摆幅应尽量减小，因为它们对电路的功能不起决定性作用。相反，当选用电压而不是电流作为电路中的信号变量，并通过处理电压信号决定电路的功能时，称为电压模式电路。电压模式电路中同样存在一定摆幅的电流信号，但是电路的功能取决于电压信号而不是电流信号。

上面关于电流模式电路和电压模式电路的定义通常适用于通用性强的基本集成单元，或称标准集成部件，例如运算放大器、电流传送器等。

除此之外，“电流模式”和“电压模式”这两个术语还常用来划分具有不同类型传输函数的电子系统（或子系统），即把用电流传输函数描述的系统称为电流模式系统，用电压传输函数描述的系统称为电压模式系统。例如：电流模式滤波器、电流模式运算器；电压模式滤波器、电压模式运算器等。应该指出,电子系统(或子系统)是由标准集成部件适当组合而成的。电流模式系统可以用电流模式标准部件构成,也可以用电压模式标准部件构成。同理,电压模式系统可以用电压模式标准部件构成,也可以用电流模式标准部件构成。但是,用不同模式的标准部件组成的同一模式的电子系统,在速度、带宽等性能上会有一些不同的特点,尽管它们具有完全相同的传输函数。

9.1.2 电流模式电路的性能特点

与电压模式电路相比较,电流模式电路主要有以下性能特点。

1.阻抗水平有别

电压信号与电流信号的实际区别表现在其阻抗水平的高低,实现电压模式信号处理还是电流模式信号处理,关键要看对电路的阻抗水平的选择。总的来说,电流信号源具有高阻抗,电压信号源具有低阻抗;电流信号要求低阻抗的负载,电压信号要求高阻抗的负载。因此,在实践中,把内阻很小的电信号源作为电压源,把内阻很大的电信号源作为电流源。要求理想电压信号放大器应具有无穷大输入阻抗和零输出阻抗,理想电流信号放大器应具有零输入阻抗和无穷大输出阻抗。要求电压模式电路的关键节点具有高阻抗、在大摆幅电压信号下只有小摆幅电流;电流模式电路的关键节点具有低阻抗、在大摆幅电流信号下只有小摆幅电压。

2.速度高,频带宽

在电流模式电路中,影响速度和带宽的晶体管极间电容工作在阻抗水平很低的节点上。一方面,这些低阻抗节点上的电压摆幅很小,另一方面,这些节点上的阻容时间常数很小,在大摆幅电流信号作用下,晶体管极间电容的充、放电过程可以很快地完成。因此,电流模式电路大信号下的工作速度比电压模式电路快得多。同时,由这些电容和节点低电阻决定的极点频率很高,工作频率可以接近晶体管的 f_T。

3.电源电压低,功耗小

为了提高集成电路的集成密度,减少功耗,降低电源电压将是一种必然趋势,一般要求将集成电路的电源电压降低到3.3 V,甚至1.5 V。对于电压模式电路,降低电源电压将直接降低其信号电压的最大动态范围。同时,电源电压的降低,对于设计高速度的电压模式电路也会更加困难。电流模式电路则不然,它可以在0.7~1.5 V的低电源电压下正常工作,保持电流信号在nA~mA(甚至10 pA~mA)数量级内变化。电流模式电路中的最大电流和最大动态范围受晶体管允许电流的限制,而不受电源电压降低的限制。

9.2 电流镜

电流镜是模拟集成电路中普遍存在的一种标准部件,它几乎是所有模拟集成电路中不可缺少的单元电路,并且也出现在一些数字电路中。在传统的电压模式运算放大器设计中,电流镜用来产生偏置电流和作为有源负载。在新型电流模式模拟集成电路设计中,电流镜除了用来产生偏置电流外,还被广泛用来实现电流信号的复制或倍乘,极性互补的电流镜还可以实现差动—单端电流信号的变换。电流镜不仅是设计集成电路的基本单元电路,而且它本身就是一种典型的电流模式电路,在一些电流模式系统(例如高频连续时间滤波器、人工神经网络)中得到直接应用。

电流镜的基本知识已在第 4 章第 3 节内容中介绍，在此不再介绍，较详细内容可参考文献[24]。

9.3　跨导线性电路

“跨导线性”(Translinear)是英国学者 Barrie Gelbert 在 1975 年创造的一个新术语，这个术语给双极型集成工艺实现的一类电路一个命名，即跨导线性电路。

跨导线性电路共享一个重要的概念，即双极型晶体管的跨导(Transconductance)与它的集电极电流线性地(Linearly)成比例关系，由此构造出一个合成术语 Translinear，中文直译为跨导线性。或者说，跨导线性电路的主要性能是借助于开发双极型晶体管的跨导参数与其集电极电流成正比例关系而得到的。

跨导线性的概念和原理正在得到普遍应用，并有可能发展为模拟集成电路设计的有力工具之一。利用跨导线性这一原理有助于理解和简化分析多种非线性电路，如乘法器、除法器、函数发生器等。跨导线性概念还隐含在很多现代线性集成电路中，如电流镜、典型四管甲乙类输出级等。此外，近期成功设计的新型电流模式模拟集成电路，如电流传送器、电流反馈运算放大器，也是间接应用跨导线性原理的实例。

跨导线性电路工作在完全的电流域，是一种真正的电流模式电路，它的输入变量和输出变量都是电流，除了变化很小的晶体管结电压(通常变化量只有几十毫伏)外，不包含任何其他电压信号变量。

9.3.1　跨导线性原理

1. 跨导线性概念

对于双极型晶体管(BJT)，集电极电流 I_C 与基—射结电压 V_{BE}之间的关系是它的核心关系。这种关系可以用两种方法来表达。第一种表达方式，用 V_{BE} 作驱动信号，I_C 作响应信号，则 I_C 是 V_{BE}的指数函数，即

$$I_C = I_S e^{V_{BE}/V_T} \tag{9-3-1}$$

式中：V_T 是热电压，300 K 时其值约为 26 mV；I_S 是饱和电流，它对温度敏感，每提高 1℃，I_S 增加约 9.5%，同时，I_S 近似与发射区面积成正比。

第二种表达方式，用 I_C 作驱动信号，V_{BE}作响应信号，则 V_{BE}是 I_C 的对数函数，即

$$V_{BE} = V_T \ln \frac{I_C}{I_S} \tag{9-3-2}$$

式(9-3-1)和式(9-3-2)的函数关系还可以用图 9-3-1 的变化曲线来直观描述，横坐标用 V_{BE}的线性刻度，纵坐标用 I_C 的对数刻度。这条特性曲线最明显的特征是它的特别好的线性，表明 I_C 与 V_{BE}之间有着特别严格的对数关系。

对式(9-3-1)求微分，可以得到

$$\frac{\mathrm{d}i_C}{\mathrm{d}v_{BE}} = g_m = \frac{I_C}{V_T} \tag{9-3-3}$$

式(9-3-3)表明，理想 BJT 的跨导 g_m 是集电极静态工作电流 I_C 的线性函数，这是由于 I_C 与 V_{BE}之间具有对数关系的结果。由图 9-3-1 可看出，在 I_C 的 pA 数量级至 mA 数量级的变化

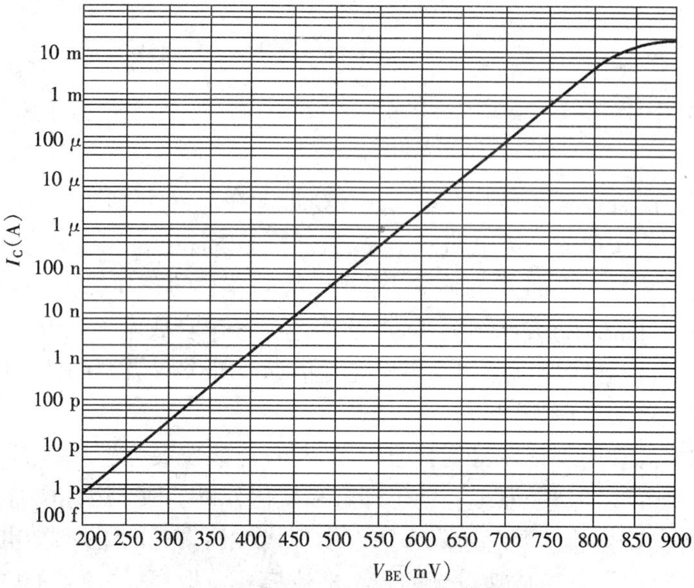

图 9-3-1　BJT 的 I_C 与 V_{BE} 的严格对数关系

范围内，I_C 与 V_{BE} 有严格的对数关系，使得在同样大的工作电流变化范围内，g_m 与 I_C 具有准确的线性关系。

所有跨导线性电路都是基于 BJT 的这样一个重要的概念：跨导 g_m 与其集电极静态工作电流 I_C 成线性比例关系。当用 BJT 的这一重要特征来分析和设计电路时，产生了很好的效果，促进了跨导线性原理和跨导线性电路的发展。

2.跨导线性原理(简称 TL 原理)

在一包含 n 个 BJT 基—射结的闭合环路(简称 TL 环路)中，采用某种方法使结正向偏置而导通，则结电压之和应等于零，即

$$\sum_{j=1}^{n} V_{BEj} = 0 \tag{9-3-4}$$

图 9-3-2 给出了一个简化 TL 环路，它包含了四个 PN 结，每个 PN 结实际代表环路中每 个 BJT 的基—射结，每个结上标出的电流代表流过结的正向偏置电流，通常就是 BJT 的集电极电流 I_C。

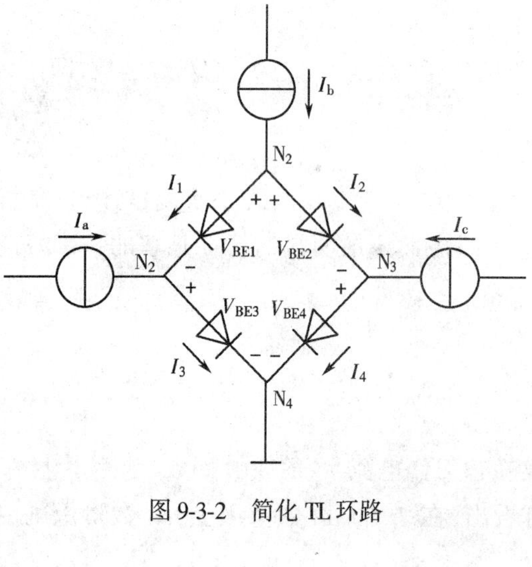

图 9-3-2　简化 TL 环路

把式(9-3-2)代入式(9-3-4)，将 V_{BE} 加以替换得

$$\sum_{j=1}^{n} V_{Tj} \ln \frac{I_{Cj}}{I_{Sj}} = 0 \tag{9-3-5}$$

式中：I_{Sj} 代表每个结的反向饱和电流，由于各个结可能对应不同的发射区面积，也可能由不同极性(PNP 和 NPN)的 BJT 组成，因此 $I_{Sj}(j=1,2,\cdots,n)$ 可能是

不相等的；V_{Tj}代表每个结的热电压，对于大多数应用电路，可以假定所有结的热电压 V_T 相等（只有在分析高精度 TL 回路的某些误差因素的精度补偿时，才需要考虑每个结对应 V_T 的微小偏差）。因此，可以将式(9-3-5)中的 V_{Tj}因子消去，并得到

$$\sum_{j=1}^{n} \ln \frac{I_{Cj}}{I_{Sj}} = 0 \tag{9-3-6}$$

一系列对数项之和为零可以改写成一系列乘积项为 1，因此式(9-3-6)可以写成

$$\prod_{j=1}^{n} \frac{I_{Cj}}{I_{Sj}} = 1 \tag{9-3-7}$$

由图 9-3-1 所示的 I_C 与 V_{BE}的对数关系特性看出，在合理的工作电流范围内，V_{BE}的数值变化是较小的。例如，I_C 从 1 μA 变化到 1 mA，电流增长 1 000 倍，相应的 V_{BE}从 580 mV 变化到 760 mV，只增加了 180 mV。因此，对于任何实际的 TL 环路，为实现式(9-3-4)的环路内结电压之和为零及式(9-3-6) I_C/I_S 电流比的对数和为零，在维持合理的工作电流的同时，TL 环路必须是对称的，那么它应满足两个基本条件：TL 环路内的结数必须是偶数个（至少两个）；面向顺时针方向（CW）排列和面向反时针方向（CCW）排列的结数目必须相等。

满足了这两个条件时，结的排列次序并不重要，实际上人们正是利用多种多样的排列次序，创造出了很多有价值的电路结构。同时，还允许使用不同类型 BJT（PNP 与 NPN）发射结的组合，当然在这样做时，同一类型管的结在环路内必须成对反方向出现。

为便于讨论，现假设所有器件都是同一类型的，如果有差异，也仅在于它们发射区面积的不同。

设 TL 环路是对称的，满足上述两个条件，则可将式(9-3-7)以另一种形式表示，即

$$\left(\prod_{K=1}^{\frac{n}{2}} \frac{I_{CK}}{I_{SK}} \right)_{CW} = \left(\prod_{K=1}^{\frac{n}{2}} \frac{I_{CK}}{I_{SK}} \right)_{CCW} \tag{9-3-8}$$

公式左、右双方分别为顺时针（CW）和反时针（CCW）排列的正偏发射结（基—射结）的 I_C/I_S项的乘积。

由于 TL 环路中发射结反向饱和电流 I_{SK}与发射区的面积成正比，因此可将式(9-3-8)中的 I_{SK}表示为

$$I_{SK} = A_K J_{SK} \tag{9-3-9}$$

式中，A_K 是第 K 个结的发射区面积；J_{SK}是与几何结构无关的反向饱和电流密度。

可以认为在式(9-3-8)中引入 $I_{SK} = A_K J_{SK}$之后，等号两边的 J_{SK}是相等的（即使配对使用 NPN 和 PNP 管混合结的 TL 环路，这个假设也能得到满足）。因此，式(9-3-8)可以重新写成

$$\left(\prod_{K=1}^{\frac{n}{2}} \frac{I_{CK}}{A_K} \right)_{CW} = \left(\prod_{K=1}^{\frac{n}{2}} \frac{I_{CK}}{A_K} \right)_{CCW} \tag{9-3-10}$$

上式中的 I_{CK}/A_K 恰好是每个发射结的电流密度 J_K，于是又可写成

$$\left(\prod_{K=1}^{\frac{n}{2}} J_K \right)_{CW} = \left(\prod_{K=1}^{\frac{n}{2}} J_K \right)_{CCW} \tag{9-3-11}$$

或写为

$$\left(\prod J \right)_{CW} = \left(\prod J \right)_{CCW} \tag{9-3-12}$$

这就是跨导线性原理，式(9-3-12)是它最简洁、最紧凑的表达式。

跨导线性原理的文字陈述为，在一个含有偶数个正向偏置发射结，且排列成顺时针方向结的数目和反时针方向结的数目相等的闭合环路中，顺时针方向发射结电流密度之积等于反时针方向发射结电流密度之积。

应用跨导线性原理不仅可以鉴别复杂电路的功能，使电路分析变得十分简单，而且还能在给定功能要求的条件下，实现便捷的电路设计。

3.考虑发射区面积比的 TL 原理

在跨导线性环路中，成对器件之间的发射区面积比值很重要，通常是为实现某些希望的性能和结果，谨慎地设计和改变发射区面积之比。当考虑 TL 环路中成对器件发射区面积之比时，式(9-3-10)可表示为

$$\left(\prod \frac{1}{A_K}\prod I_{CK}\right)_{CW} = \left(\prod \frac{1}{A_K}\prod I_{CK}\right)_{CCW}$$

$$\left(\prod I_{CK}\right)_{CW} = \lambda\left(\prod I_{CK}\right)_{CCW} \tag{9-3-13}$$

式中 λ 为面积比系数，即

$$\lambda = \frac{\left(\prod A_K\right)_{CW}}{\left(\prod A_K\right)_{CCW}} \tag{9-3-14}$$

例如，对于图 9-3-3 所示的 TL 环路，共包含 8 个正偏发射结，相应有 8 个静态电流值和 8 个结面积值，设它们的编号对应相同。顺时针方向发射结的面积分别为 A_1、A_4、A_6、A_8，逆时针方向发射结的面积分别为 A_2、A_3、A_5、A_7。

图 9-3-3 中 TL 环路的面积比系数为

$$\lambda = \frac{A_1A_4A_6A_8}{A_2A_3A_5A_7}$$

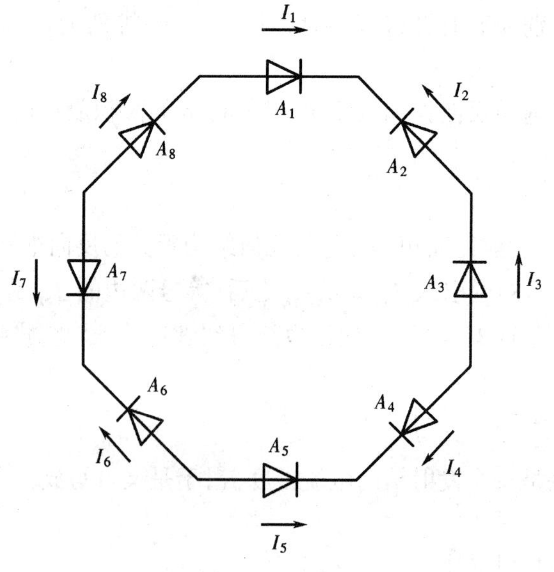

图 9-3-3 $\lambda = 1$ 的 TL 环路

在 TL 环路的设计中，通常希望面积比系数 λ 尽可能接近于 1，但这并不要求发射区面积全部相等。实际上，$A_1, A_2, \cdots, A_8$ 可以各为不同数值，但仍能保持 $\lambda = 1$。例如令 $A_1 = 21$，

$A_4=2, A_6=5, A_8=8; A_2=3, A_3=7, A_5=20, A_7=4$，计算可知 $\lambda=1$。这里，每个 A 的数值代表它是“单位”发射区面积的多少倍，绝对尺寸在这里不重要，重要的是发射区面积比。为了实现所要求的发射区面积比值，一种常用的设计方法是将一个固定的发射区几何结构复制成整数倍的几何结构。

当 $\lambda=1$ 时，跨导线性原理又可表示为

$$(\prod I_{CK})_{CW}=(\prod I_{CK})_{CCW} \tag{9-3-15}$$

该式表明，在 $\lambda=1$ 的条件下，TL 环路中顺时针方向集电极电流之积等于反时针方向集电极电流之积，这是跨导线性原理的另一种最简洁的表达形式。

需要指出，前面在对跨导线性原理的讨论中，只涉及一个环路。事实上，许多实用 TL 电路包含两个或更多相互交叠的环路。为讨论这种多环路的情况，不需要对前面的理论作任何修正，式(9-3-11)、式(9-3-12)和式(9-3-15)的结论完全适用于电路中满足两个基本对称条件的任何一个闭合环路。注意的只是对包含在多个环路中的公用晶体管要采用合适的电流值。

4. TL **电路分析实例**

由一个或多个 TL 环路组成的电路叫 TL 电路，即跨导线性电路。这里借助两个 TL 电路实例介绍跨导线性原理的应用方法，意在表明，TL 原理能把某些相当复杂电路的分析变得非常简单，并能很快鉴别电路的功能。

实例 1　电路如图 9-3-4 所示，图中 I_x 是单向输入电流，I_y 是双向输入电流，I_o 是输出电流，e 代表单位发射区面积，$2e$ 代表 2 倍单位发射区面积。试分析该电路 I_o 与 I_x 和 I_y 的函数关系。

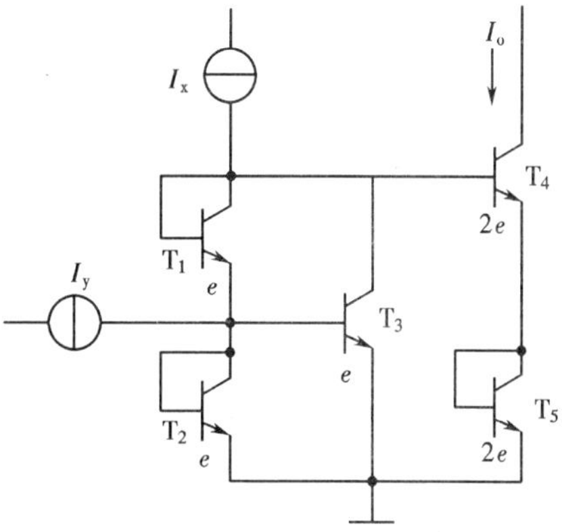

图 9-3-4　TL 电路分析实例

经观察，该电路包含两个 TL 环路。晶体管 T_2、T_3 的发射结组成环 1，由于 T_2 与 T_3 的发射区面积相等，由式(9-3-15)知 $I_{C2}=I_{C3}$。其实，这样的两个晶体管组成的最简单 TL 环路，就是一个基本电流镜。

T_1、T_2、T_4、T_5 的发射结组成环 2，其中顺时针方向为 T_4、T_5 的结，逆时针方向为 T_1、T_2 的结。由于 T_4、T_5 的发射区面积是 T_1、T_2 发射区面积的 2 倍，由式(9-3-11)知

$$\frac{I_{C4}}{2}\frac{I_{C5}}{2}=I_{C1}I_{C2} \tag{9-3-16}$$

观察电路还可看出以下关系：

$$I_{C1}=I_x-I_{C3}=I_x-I_{C2} \tag{9-3-17}$$

$$I_{C2}=I_{C1}+I_y \tag{9-3-18}$$

$$I_{C4}=I_{C5}=I_o \tag{9-3-19}$$

由上面的关系式，经推导得到

$$I_{C2}=\frac{I_x+I_y}{2} \tag{9-3-20}$$

$$I_{C1} = \frac{I_x - I_y}{2} \tag{9-3-21}$$

$$I_o^2 = I_{C4} I_{C5} = 4 I_{C1} I_{C2} = I_x^2 - I_y^2 \tag{9-3-22}$$

$$I_o = \sqrt{I_x^2 - I_y^2} \tag{9-3-23}$$

式(9-3-23)结果表明，这是一种非线性运算电路。分析过程显示，当运用 TL 原理分析 TL 电路时，只关注电流形成的形式，电路功能借助电流比求出来，出现在晶体管发射结上的电压值几乎没有影响。这种分析方法要比先将晶体管线性化，再画出它的等效电路，最后求解克希霍夫方程式的传统方法简易得多。

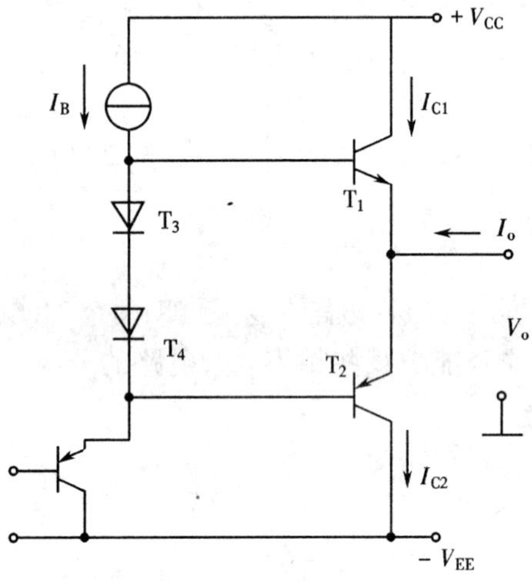

图 9-3-5　四管甲乙类互补输出级

实例 2　电路如图 9-3-5 所示，它由四个晶体管组成，并被电压运算放大器广泛用作甲乙类互补输出级。试用 TL 原理分析其工作特性。

观察发现，T_1、T_2、T_3、T_4 组成一个 TL 环路，在集成电路制作中，T_3、T_4 由 BJT 的发射结实现。T_1、T_2 为顺时针排列，T_3、T_4 为反时针排列。I_B 是 T_3、T_4 的直流偏置电流，I_o 是输出电流。

设 T_1、T_2、T_3、T_4 的发射区面积相等，由 TL 原理可写成

$$I_{C1} I_{C2} = I_{C3} I_{C4} \tag{9-3-24}$$

$$I_{C1} I_{C2} = I_B^2 \tag{9-3-25}$$

当 $I_o = 0$ 时，T_1 和 T_2 处于静态，其静态工作电流为

$$I_{C1} = I_{C2} = I_B \tag{9-3-26}$$

当 $I_o \neq 0$ 时，T_1、T_2 处于动态情况，由电路看出

$$I_{C2} = I_{C1} + I_o \tag{9-3-27}$$

对于 $I_o > 0$ 的情况，由式(9-3-25)和式(9-3-27)可以解出

$$I_{C1} = \frac{-1}{2} I_o + I_B \left[\left(\frac{I_o}{2I_B} \right)^2 + 1 \right]^{\frac{1}{2}} \tag{9-3-28}$$

$$I_{C2} = \frac{1}{2} I_o + I_B \left[\left(\frac{I_o}{2I_B} \right)^2 + 1 \right]^{\frac{1}{2}} \tag{9-3-29}$$

此时，还可根据信号大小分为下列两种情况进行讨论。

①若信号很小，$|I_o| \ll I_B$，则式(9-3-28)和式(9-3-29)可简化为

$$I_{C1} = I_B - \frac{1}{2} I_o \tag{9-3-30}$$

$$I_{C2} = I_B + \frac{1}{2} I_o \tag{9-3-31}$$

此时电路处于甲类推挽工作状态。

②若信号很大，$|I_o| \gg I_B$，则由式(9-3-28)和式(9-3-29)可得

$$I_{C1} \approx 0$$

$$I_{C2} \approx I_o$$

此时电路处于乙类工作状态。

不难看出,几乎被任何电压运算放大器都采用的典型四管甲乙类互补输出级也是一个简单的跨导线性电路,特别适合用 TL 原理考察它的工作特性,因为分析过程变得与电压信号无关,十分简单、清晰。

9.3.2 跨导线性应用电路举例

以 TL 电流增益单元和电流放大器为例说明跨导线性的应用。

根据 TL 环路中 BJT 发射结排列次序的不同,TL 电流增益单元分为 A 型电路和 B 型电路,下面分别加以讨论。

1.A 型电流增益单元和电流放大器

A 型电流增益单元的电路如图 9-3-6 所示,它由四个 NPN 型 BJT 管组成,四个管的发射结组成一个 TL 环路,从节点 N_1 到 N_4,发射结的排列顺序是 CW→CCW→CW→CCW,即 T_1、T_4 的发射结顺时针排列,T_2、T_3 的发射结反时针排列。此外,从电路看出,T_3、T_4 的 c、b 短接,其集电极对地具有低输入电阻,从 T_3、T_4 的集电极分别加入偏置电流 I。同时,输入信号电流也从 T_3、T_4 的集电极加入,分别为 xI 和 $-xI$。这里,x 为信号电流调制系数,它等于信号电流与偏置电流的比值。为了保证 T_3 和 T_4 不进入截止区,x 取值范围为 $-1\sim+1$。T_1、T_2 的公共偏置电流 $2I_E$ 由它们的并接发射极送入,输出电流则从 T_1、T_2 的集电极取出,其值分别为 ωI_E 和 $-\omega I_E$,ω 是输出电流对偏电流 I_E 的调制系数。

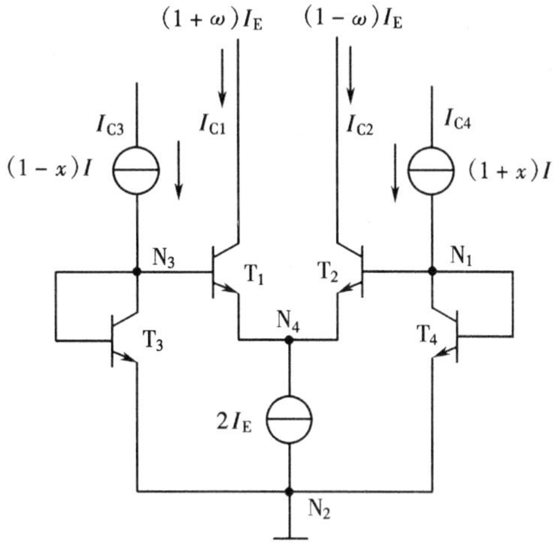

图 9-3-6 A 型 TL 电流增益单元

假设 $T_1\sim T_4$ 为理想匹配,发射区面积相等,则根据 TL 原理得到

$$I_{C1}I_{C4}=I_{C2}I_{C3} \tag{9-3-32}$$

$$(1+\omega)I_E(1-x)I=(1-\omega)I_E(1+x)I \tag{9-3-33}$$

由上式得到 ω 恒等于 x,即

$$\omega\equiv x \tag{9-3-34}$$

这是一个令人感到惊奇的结果,它表明,对于所有的偏置电流 I_E 和 I 的值、对于 x 取值在 $-1\sim+1$ 范围内的任何输入信号值、对于晶体管的任何几何尺寸和在任一结温上,都有里边对管(又称输出对管)T_1、T_2 的电流变化总是线性地重现外边对管(又称输入对管)T_3、T_4 的电流变化。

图 9-3-6 所示电路的差模输入电流

$$I_{id}=(1+x)I-(1-x)I=2xI \tag{9-3-35}$$

差模输出电流

$$I_{od}=(1+\omega)I_E-(1-\omega)I_E=2\omega I_E \tag{9-3-36}$$

差模电流增益

$$A_{id}=\frac{I_{od}}{I_{id}}=\frac{I_E}{I} \tag{9-3-37}$$

可见，电路的差模电流增益决定于输出对管偏流 I_E 与输入对管偏流 I 之比，改变 I_E 或 I 即可调整 A_{id} 的值。因此，图 9-3-6 所示的电路是一个电流增益单元电路，而且其增益是可变的。

图 9-3-6 所示电路的电流增益作用，也可以用跨导线性概念来定性理解。首先，输入电流信号通过输入对管 T_3、T_4 转变为其发射结上的电压信号，该电流—电压变换服从式(9-3-2)的对数规律，变换增益为 T_3、T_4 跨导的倒数，增益值与 T_3、T_4 的偏置电流 I 成反比；进而，T_3、T_4 发射结上的电压信号通过输出对管 T_1、T_2 变换为其集电极的输出电流信号，该电压—电流变换服从式(9-3-1)的指数规律，变换增益为 T_1、T_2 跨导，增益值与 T_1、T_2 的偏置电流 I_E 成正比；最后，从输入电流信号到输出电流信号的增益值与 I_E 成正比，与 I 成反比，并保持线性放大。这就是利用跨导线性概念，借助调节 BJT 的集电极偏置电流实现电流放大的 TL 方法。

以上的分析是假设 T_1、T_2 的基极电流为零，偏置电流 I 和输入信号电流 xI 完全流入 T_3、T_4 的情况。

现在考虑输出对管 T_1、T_2 的基极电流不为零的情况(即 β 为有限值的情况)，这时 T_1、T_2 的基极电流分别为 $I_{B1}=(1+\omega)I_E/\beta$，$I_{B2}=(1-\omega)I_E/\beta$，并分别是从 $(1+x)I$ 和 $(1-x)I$ 中分流而得到的。

应用 TL 原理可写出

$$\begin{aligned}&(1+\omega)I_E\left[(1-x)I-\frac{1}{\beta}(1-\omega)I_E\right]\\&\quad=(1-\omega)I_E\left[(1+x)I-\frac{1}{\beta}(1+\omega)I_E\right]\end{aligned} \tag{9-3-38}$$

由上式得到的结果仍然是 ω 恒等于 x，即

$$\omega\equiv x \tag{9-3-39}$$

这是图 9-3-6 所示 A 型 TL 电流增益单元的重要特性，它表明按照这种方式排列组成的四管 TL 电路，其中晶体管的 β 值对 ω 和 x 的恒等关系没有影响，这种独特的性质对于提高电路精度是有益的。图 9-3-6 电路的另一个特性是它可以无限级联，即只要设法配置合适的偏置电流，就能把它级联成多级电流放大器，图 9-3-7 所示的是一个两级可变(或固定)增益电流放大器电路。

图 9-3-7 电路中的两级 TL 电路相同，每级分别由 NPN 型管 $T_1\sim T_4$ 组成，其中 T_3、T_4 为输入对管，T_1、T_2 为输出对管。除上面 8 个晶体管外，其余的 BJT 管用来为 TL 电路提供偏置电流，其中所有的 PNP 管均用来提供偏流 I；所有的 NPN 管提供偏流 I_E(第一级的 T_3、T_4)和 $2I_E$(第一级和第二级的 T_1、T_2)。不难看出，两级电流增益单元的偏置电流是相同的，输入对管 T_3、T_4 的偏流是 $I-I_E$，输出对管 T_1、T_2 的偏流是 I_E。根据式(9-3-37)所表达的结论，图 9-3-7所示电路的单级电流增益

$$A_{id}=\frac{I_E}{I-I_E} \tag{9-3-40}$$

n 级电路的总电流增益

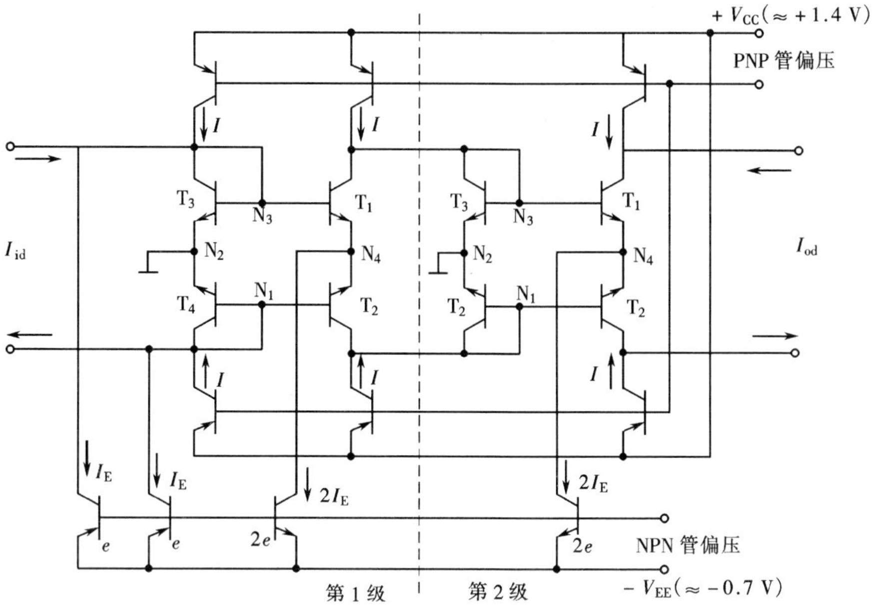

图 9-3-7 两级可变增益 A 型电流放大器

$$A_{idn} = \left(\frac{I_E}{I - I_E}\right)^n \tag{9-3-41}$$

当取 $I_E = I/2$ 时,单级增益 $A_{id} = 1$,$T_1 \sim T_4$ 的 β 典型值为 100,单级增益以不超过 β 的 1/10 比较合适,这样可取 $I_E = I(10/11)$,这时的单级增益 $A_{id} = 10$。若级联数 $n = 5$,则总电流增益可达 100 dB。

在图 9-3-7 所示电路中,通过调节 PNP 管的偏压可调节偏流 I,或调节 NPN 管的偏压可调节偏流 I_E,就可控制 A_{id}的数值。可见 TL 电流放大器不仅级联十分容易,而且可以方便地调节电流增益。此外,这种电流模式电路可以在约 +1.4 V 和 −0.7 V 的低电源电压下正常工作。

2.B 型电流增益单元和电流放大器

B 型电流增益单元(又称 Gilbert 增益单元)的电路如图 9-3-8 所示,它也由四个 NPN 管组成,它们的发射结组成一个 TL 环路。与 A 型电流增益单元不同的是,从节点 $N_1 \sim N_4$,发射结的排列顺序是 CW→CW→CCW→CCW。即 T_2、T_4 的发射结为顺时针方向,T_1、T_3 的发射结为反时针方向。此外,由电路看出,里边对管 T_3、T_4 的偏置电流之和为 $2I_E$,从公共发射极送入;外边对管 T_1、T_2 的偏置电流各为 I,从每管的发射极送入。同时,输入电流信号也由 T_1、T_2 的发射极送入,分别为 $-xI$ 和 xI,这里 x 为输入信号电流调制系数。在输入信号电流作用下,N_2、N_4 节点的电压分别按对数变换规律产生微弱的升高和降低,进而使 T_3、T_4 的集电极电流分别按指数变换规律增加和减小,其值分别为 $(1+\omega)I_E$ 和 $(1-\omega)I_E$,这里 ω 是 T_3、T_4 电流变化的调制系数。

利用 TL 原理可写出

$$I_{C2}I_{C4} = I_{C1}I_{C3} \tag{9-3-42}$$

如果对 T_3、T_4 基极电流忽略不计,即认为 $\beta = \infty$,则由式(9-3-42)可得

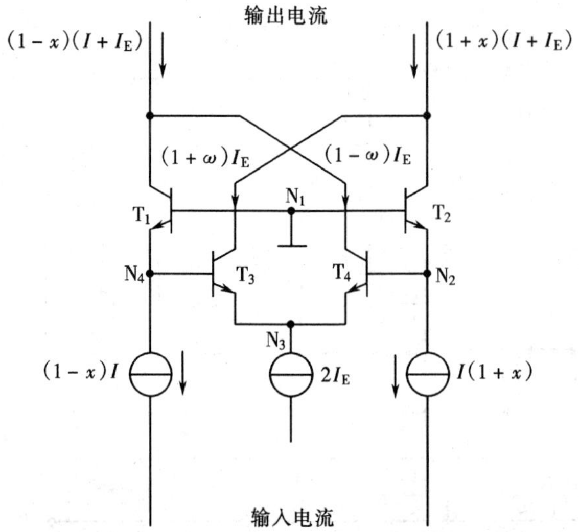

图 9-3-8　B 型 TL 电流增益单元

$$(1+x)I(1-\omega)I_E=(1+\omega)I_E(1-x)I \tag{9-3-43}$$

由上式可以得到结果

$$\omega\equiv x \tag{9-3-44}$$

这一结果与 A 型电路完全相同,因此可将 T_3、T_4 的集电极电流分别改写为 $(1+x)I_E$、$(1-x)I_E$。然后对四个晶体管的集电极电流交叉相加,再取它们的差模电流作为输出电流信号,这样做的好处是把 T_1、T_2 的输入电流也相加到输出端去,使得输入信号得到重复利用。

由图 9-3-8 所示电路可看出差模输入电流

$$I_{id}=(1-x)I-(1+x)I=-2xI \tag{9-3-45}$$

差模输出电流

$$I_{od}=(1-x)(I+I_E)-(1+x)(I+I_E)=-2x(I+I_E) \tag{9-3-46}$$

差模电流增益

$$A_{id}=\frac{I_{od}}{I_{id}}=\frac{I+I_E}{I}=1+\frac{I_E}{I} \tag{9-3-47}$$

如果考虑 T_3、T_4 有限 β 值的影响,即考虑 T_3、T_4 基极电流对 T_1、T_2 电流有分流作用,那么由式(9-3-42)可写出

$$\left[(1+x)I-\frac{1}{\beta}(1-\omega)I_E\right](1-\omega)I_E=\left[(1-x)I-\frac{1}{\beta}(1+\omega)I_E\right](1+\omega)I_E \tag{9-3-48}$$

由该式得到

$$\omega=x\frac{1}{1+2\dfrac{1}{\beta}\dfrac{I_E}{I}} \tag{9-3-49}$$

在这种情况下,ω 与 x 的恒等关系不复存在,说明 β 有限值对 B 型电流增益单元的增益精度

的影响比对A型单元的影响大一些。

由式(9-3-47)看出,B型TL电流增益单元的单级电流增益最小值为1,最大值由I_E与I之比决定。当I_E/I的比值过高时,T_3、T_4的基极电流会使由β有限值引起的误差增加,所以单级增益的最高值以不超过10倍为宜。

B型TL电流增益单元也可以方便地实现级联,构成多级电流放大器。图9-3-9是一个两级电流放大器,其级联规律是:第一级单元四个晶体管的偏置电流在输出端交叉相加后送入第二级单元外边对管作偏置电流,再用一个新的电流源$2I_E$给第二级里边对管送入偏置电流。依此类推,可以扩展为n级电流放大器,第n级四个晶体管在输出端交叉相接后每一侧的偏置电流为$I + I_{E1} + I_{E2} + \cdots + I_{En}$。

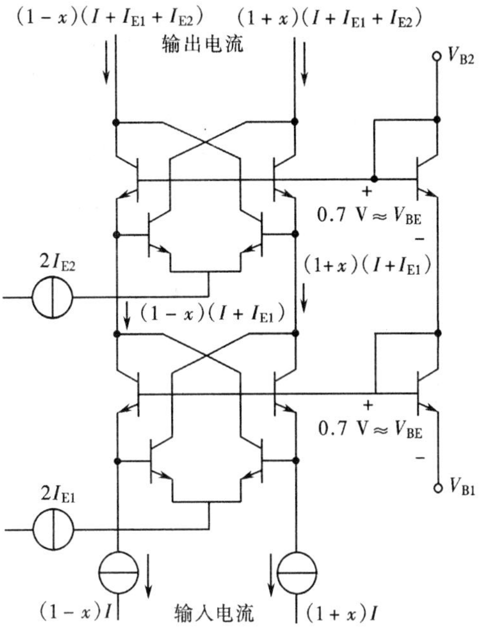

图9-3-9 两级可变增益B型电流放大器

根据式(9-3-47)所表达的结论,图9-3-9所示的两级电流放大器的差模电流增益

$$A_{id} = 1 + \frac{I_{E1}}{I} + \frac{I_{E2}}{I} \qquad (9\text{-}3\text{-}50)$$

n级B型电流增益单元级联后的总电流增益

$$A_{idn} = 1 + \sum_{j=1}^{n} \frac{I_{Ej}}{I} \qquad (9\text{-}3\text{-}51)$$

为保证多级放大器正常工作,每增加一级,其偏置电压提高一个正向结压降(约0.7 V),这也是B型电路级联的一个特点。

最后,需要强调指出,不论是由A型单元还是B型单元构成的多级电流放大器,它们都是比较严格的电流模式电路,从输入端到输出端,整个电路中除TL环路发射结电压随信号电流有不大的电压变化外,再无其他影响电路传输特性的电压参量。因此,它们基本上是无电压摆幅的高速、宽频带放大电路,在理论上可使电路的工作频率达到TL环路中晶体管的特征频率f_T。

9.4 电流传输器

9.4.1 引言

1968年,加拿大学者K.C.Smith和A.Sedra提出了一个新的模拟标准部件——电流传输器(Current Conveyer,简称CC)。电流传输器是四端(可能五端)集成器件,它是最早被提出的电流模式万用功能块。

电流传输器是一种功能很强的标准部件,将电流传输器与其他电子元件组合可以十分简便地构成各种特定的电路结构,实现多种模拟信号处理功能,在这一点上,电流传输器与通用电压模式运算放大器是相似的。

但是，电流传输器是一种电流模式电路，模拟电路的设计者们发现电流传输器能提供若干优于通用运算放大器的电路性能。模拟技术中的几种最基本的信号处理功能(加/减、比例、积分等)用电流传输器都可以方便地实现。而且，由于电流传输器具有电压输入端和电流输入端，因此，利用电流传输器既可以方便地实现电压模式信号处理电路，也可以方便地实现电流模式信号处理电路。电流传输器电路，无论信号大小，都能比相应的基于电压运算放大器的电路提供更大带宽下的更高电压增益，即更大的增益带宽积。电流传输器为性能较高的复杂电路设计提供了另一种方法，有助于开发一些新的电路。

在电流传输器刚被提出时，人们还不十分清楚它能提供优于通用运算放大器的那些性能，加之当时的电子工业正致力于第一代单片集成通用电压运算放大器的开发和应用，因此，缺乏推动实现单片集成电流传输器的积极性。由于没有实用的集成器件，大大限制了电流传输器的应用。时至今日，经过近十多年集成电路设计者的努力，这种状况已经发生了极大的变化。随着很多单片集成电流传输器的出现，电流传输器的应用开发也在一些领域获得了很大的成功。

9.4.2 电流传输器端口特性

1.第一代电流传输器(CCⅠ)

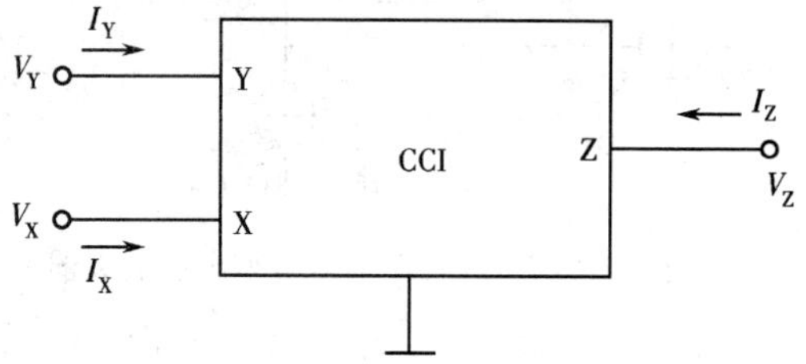

图 9-4-1 第一代电流传输器符号

Smith 和 Sedra 在 1968 年提出的第一代电流传输器是接地的三端口网络，即四端器件，其符号表示如图 9-4-1 所示。

符号中的 X 和 Y 是输入端，Z 是输出端，另一端是公共接地端。该器件的基本作用是，如果有一电压作用于输入端 Y，则在输入端 X 呈现一相等的电压。如果有一输入电流 I 流进 X 端，则有等量的电流流进 Y 端，同时，电流 I 将被传送到输出端 Z。这样，使得 Z 端具有高输出阻抗和电流值为 I 的电流源特征。由 Y 端电压确定的 X 端电压与流进 X 端的电流无关；而由 X 端电流确定的流经 Y 端的电流也与作用于 Y 端的电压无关。因此，这种器件在 X 端口具有虚短路的输入特性，在 Y 端口具有虚开路的输入特性。

CCⅠ的输入—输出特性可用如下混合矩阵方程表示为

$$\begin{bmatrix} I_Y \\ V_X \\ I_Z \end{bmatrix} = \begin{bmatrix} 0 & 1 & 0 \\ 1 & 0 & 0 \\ 0 & \pm 1 & 0 \end{bmatrix} \begin{bmatrix} V_Y \\ I_X \\ V_Z \end{bmatrix} \tag{9-4-1}$$

式中各变量均表示总瞬时值。该方程表明，CCⅠ的 X 端口电压跟随 Y 端口电压，Y 端口电流跟随 X 端口电流，Z 端口电流还跟随 X 端口电流。方程中的"+"号表示电流在 CCⅠ的 X 输入端和 Z 输出端都是流进传输器的，两者极性相同，文字符号用 $CCⅠ_+$ 表示；而"−"号则表示 X 端与 Z 端电流极性相反，以 $CCⅠ_-$ 表示。为了更直观地了解上述矩阵方程所描述的端口电压与电流之间的相互关系，不妨用单端对理想有源器件——零子和极子来表示 CCⅠ的作用。

零子和极子属于单端对理想有源器件。它们单独存在时不能物理实现，只有把它们组合在一起成为零极子(Nullor)方能实现,构成一种二端对有源器件。它们的符号分别如图 9-4-2(a)、(b)和(c)所示。

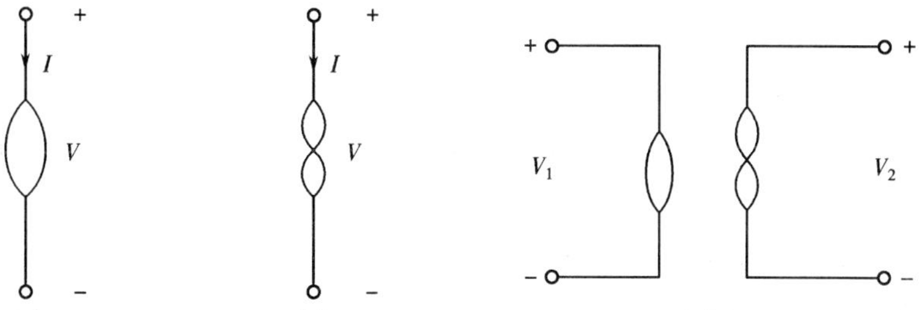

(a)　　(b)　　(c)

图 9-4-2　零极子符号

(a)零子;(b)极子;(c)零极子

图(a)表示零子,它的端对电压和电流都为零,即 $V=0, I=0$;图(b)表示极子,它的端对电压和电流都不受限制,故也称为“任意子”,即 $V=$任意,$I=$任意。

由零极子的特性及式(9-4-1)得到 CCⅠ的零极子表示法,如图 9-4-3 所示。其中,在 Z 端,受控源的箭头向下表示 CCⅠ$_+$,箭头向上表示 CCⅠ$_-$。显然,零子元件是用来表示在 X 端和 Y 端之间所呈现的虚短路。在这种表示法中,还包含了两个受控电流源,它们用来表明把 X 端电流变换到 Y 端口和 Z 端口。

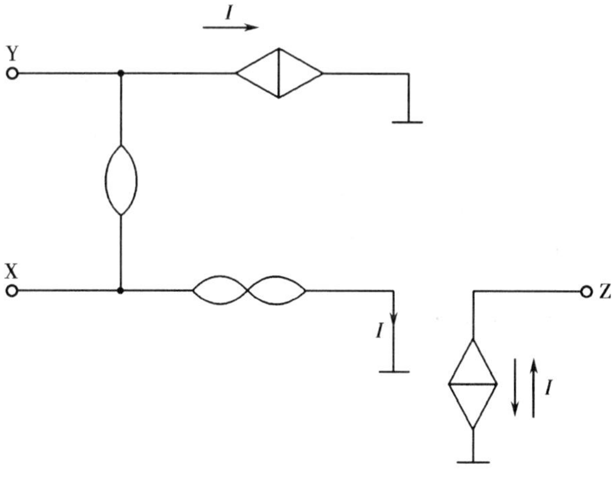

图 9-4-3　CCⅠ的零极子表示法

2. 第二代电流传输器(CCⅡ)

为增加电流传输器的通用性,Smith 和 Sedra 在 1970 年对 CCⅠ的特性加以改进,提出了没有电流流入 Y 输入端口的第二代电流传输器,其符号如图 9-4-4 所示。

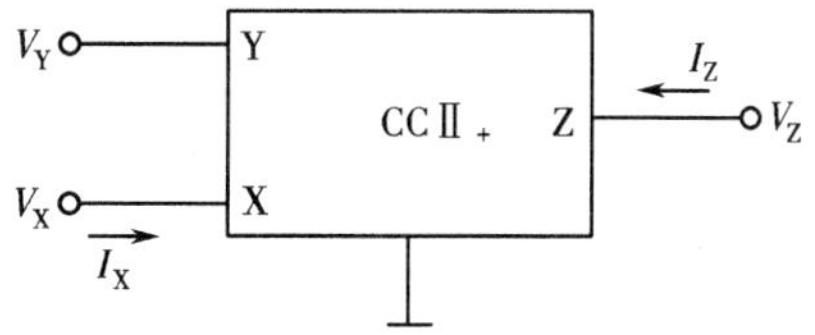

图 9-4-4　第二代电流传输器符号

CCⅡ的端口特性可用下列矩阵方程描述。即

$$\begin{bmatrix} I_Y \\ V_X \\ I_Z \end{bmatrix} = \begin{bmatrix} 0 & 0 & 0 \\ 1 & 0 & 0 \\ 0 & \pm 1 & 0 \end{bmatrix} \begin{bmatrix} V_Y \\ I_X \\ V_Z \end{bmatrix} \tag{9-4-2}$$

该方程表明,CCⅡ Y 端口的电流为零,X 端口的电压跟随 Y 端口电压,Z 端口的电流跟随 X 端口的电流。CCⅡ与 CCⅠ的区别是消除了 Y 端口的电流。由此可见,Y 是电压输入端,Y 端口呈现的输入阻抗为无穷大;X 是电流输入端,而且 X 端口电压跟随加于 Y 端口的电压,因而 X 端口呈现零输入阻抗;低阻抗 X 输入端的电流传输到高阻抗的 Z 输出端,即在 Z 端口产生一个可控输出电流,该电流仅取决于 X 端的输入电流,电流方向可相同也可相反,并以 CCⅡ$_+$或 CCⅡ$_-$区分。显然,传输到 Z 端的电流可以直接由 X 端注入,也可以由 Y 端的输入电压变换产生。第二代电流传输器(CCⅡ$_+$、CCⅡ$_-$)端口的零极子表示如图 9-4-5(a)和(b)所示。

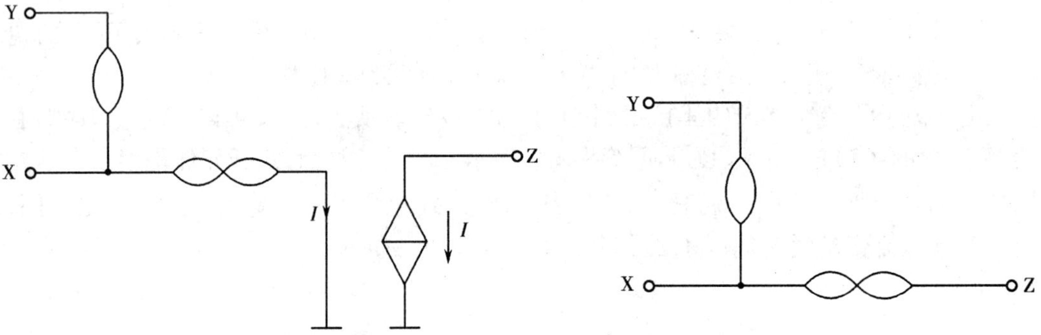

图 9-4-5　CCⅡ的零极子表示

(a)CCⅡ$_+$的零极子表示;(b)CCⅡ$_-$的零极子表示

对于 CCⅡ$_-$,由于流入 X 端的电流必然流出 Z 端,因而无需受控电流源,使得 CCⅡ$_-$的等效电路可单用零极子表示,如图 9-4-5(b)所示。

9.4.3　电流传输器应用原理举例

电流传输器是通用性很强的标准部件,将它与其他电子元件组合可以构成电流传输器的多种应用电路。其中,最基本的应用电路有两类,一类是有源网络元件模拟电路,另一类是模拟信号处理电路。

与基于常规电压型运算放大器的应用电路比较,电流传输器应用电路的主要优点是具有更大的增益带宽积,即更高增益下的更大带宽。此外,由于电流传输器(CCⅡ)具有高阻抗(电压)输入端口和低阻抗(电流)输入端口,所以用电流传输器既可以方便地构成电压模式应用电路,也可以方便地构成电流模式应用电路。

第二代电流传输器(CCⅡ)比第一代电流传输器(CCⅠ)更具有通用性和灵活性,因此 CCⅡ比 CCⅠ更有用,本节重点介绍 CCⅡ基本应用电路的工作原理。

1.四种受控源的模拟

CCⅡ构成的四种受控源的电路如图 9-4-6 所示。

图(a)是电压控制电压源,CCⅡ$_+$的 Z 端接地,Y 端接输入电压(控制电压),从 X 端取输出电压(被控制电压),输出—输入的关系式为

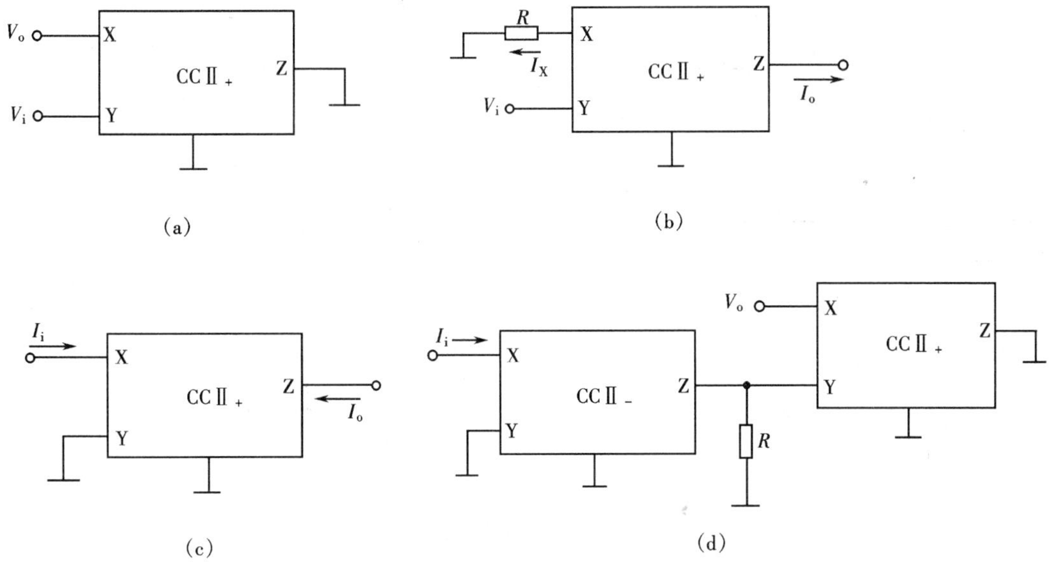

图 9-4-6　四种受控源

(a)电压控制电压源;(b)电压控制电流源;(c)电流控制电流源;(d)电流控制电压源

$$V_o = V_i \tag{9-4-3}$$

图(b)是电压控制电流源,CCⅡ$_+$的 X 端经串联电阻 R 接地,Y 端接输入电压(控制电压),从 Z 端取输出电流(被控制电流),输出—输入关系式为

$$I_o = \frac{V_i}{R} \tag{9-4-4}$$

图(c)是电流控制电流源,CCⅡ$_+$的 Y 端接地,X 端接输入电流(控制电流),从 Z 端取输出电流(被控制电流),输出—输入的关系式为

$$I_o = I_i \tag{9-4-5}$$

图(d)是电流控制电压源,由 CCⅡ$_-$和 CCⅡ$_+$组成。CCⅡ$_-$的 Y 端和 CCⅡ$_+$的 Z 端均接地,且 CCⅡ$_-$的 Z 端与 CCⅡ$_+$的 Y 端经同一串联电阻 R 接地,CCⅡ$_-$的 X 端接输入电流(控制电流),从 CCⅡ$_+$的 X 端取输出电压(被控制电压),输出—输入的关系式为

$$V_o = I_i R \tag{9-4-6}$$

2.负阻抗变换器

由 CCⅡ构成的负阻抗变换器如图 9-4-7 所示。其中图(a)是接地式的,图(b)是浮地式的。

在图(a)所示电路中,外阻抗 Z_1 接在 X 与地之间,由于 CCⅡ$_+$的 X 端与 Z 端电流的极性相同,所以在 Y 与地之间呈现的输入阻抗为 $-Z_1$。当取 Z_1 为一个电阻时,则可获得一个接地的负电阻

$$Z_{in} = \frac{V}{I} = -Z_1 \tag{9-4-7}$$

图(b)所示的电路由两个 CCⅡ$_+$组成,外阻抗 Z_1 跨接在两个 CCⅡ$_+$的 X 端之间,从两个 Y 输入端视入的输入阻抗为两端浮地的阻抗

$$Z_{in} = \frac{V}{I} = -Z_1 \tag{9-4-8}$$

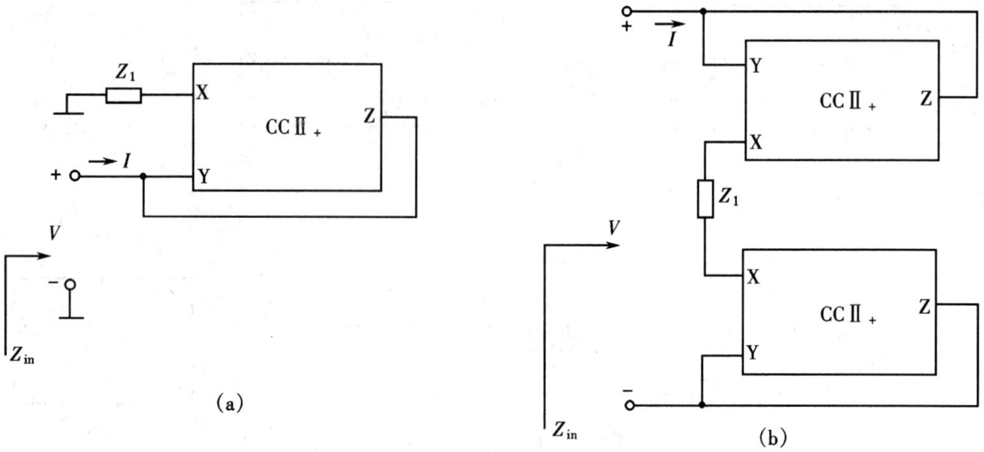

(a) (b)

图 9-4-7　负阻抗变换器

(a)接地式;(b)浮地式

3.模拟信号运算电路

(1)电流放大器

由 CCⅡ及 R 构成的电流放大器如图 9-4-8 所示。

根据 CCⅡ的端口电流—电压关系,即式(9-4-2),可写出如下方程式:

$$V_X = V_Y = I_i R_1 \tag{9-4-9}$$

$$I_X = \frac{V_X}{R_2} \tag{9-4-10}$$

$$I_o = I_X \tag{9-4-11}$$

求解上式得到电流增益

$$A_i = \frac{I_o}{I_i} = \frac{R_1}{R_2} \tag{9-4-12}$$

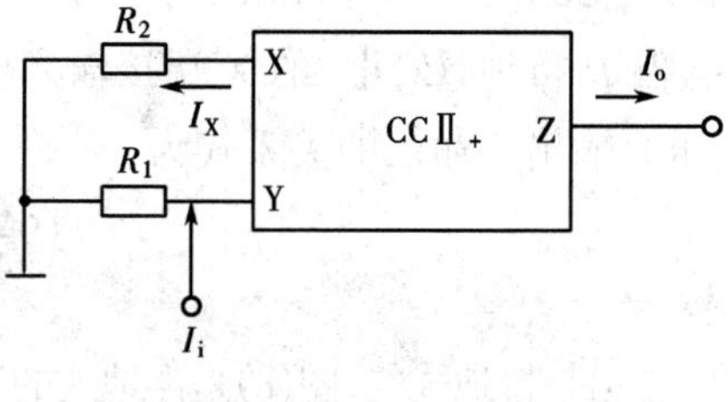

图 9-4-8　电流放大器

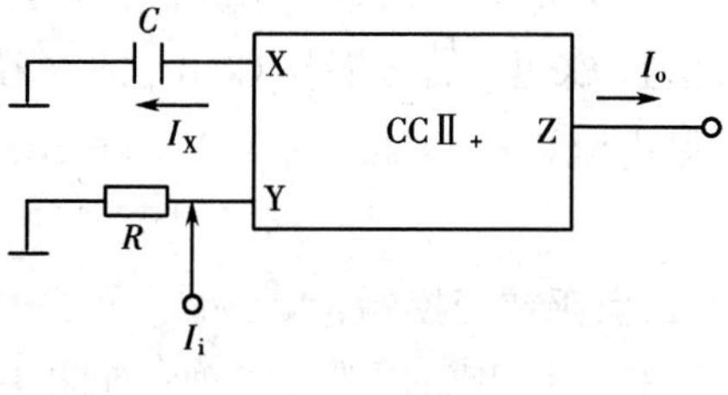

图 9-4-9　电流微分器

(2)电流微分器

由 $CCⅡ_+$ 和 RC 构成的电流微分器如图 9-4-9 所示。

设 $t=0$ 时,$V_C=0$。利用 CCⅡ端口特性,可列出如下方程式:

$$V_Y = I_i R = V_X$$

$$I_X = C\frac{\mathrm{d}V_X}{\mathrm{d}t}$$

$$I_o = I_X$$

联立求解上面三个式子，得

$$I_o = RC\frac{dI_i}{dt} \tag{9-4-13}$$

上式表明，输出电流正比于输入电流的微分。

(3)电流积分器

由 $CCⅡ_+$ 和 RC 构成的电流积分器如图 9-4-10 所示。

假设电容 C 初始电压为零，则根据 CCⅡ 端口特性得到

$$I_o = I_R = \frac{V_C}{R} = \frac{\frac{1}{C}\int I_i dt}{R} = \frac{1}{RC}\int I_i dt \tag{9-4-14}$$

上式表明，输出电流 I_o 为输入电流对时间的积分。

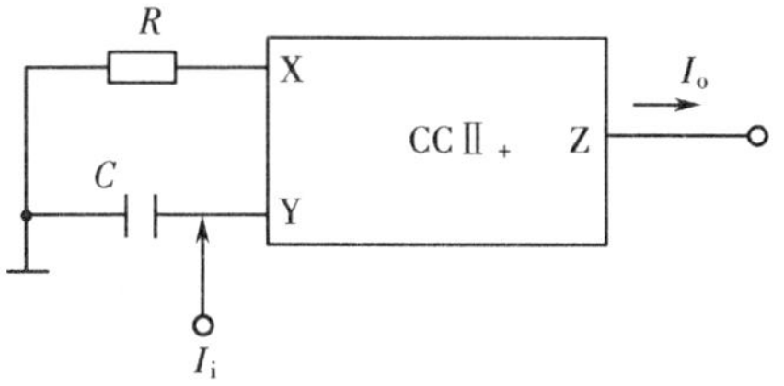

图 9-4-10　电流积分器

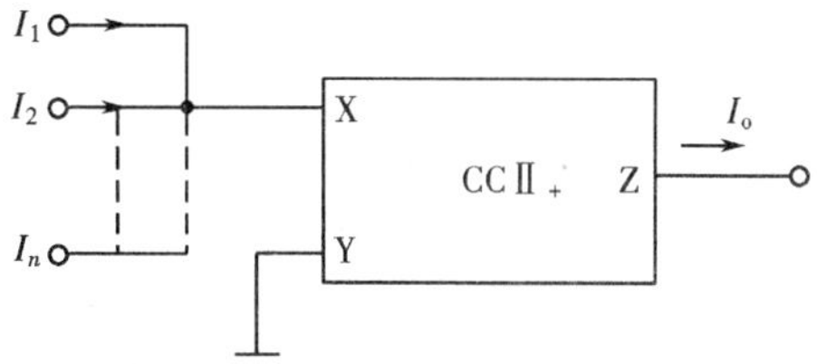

图 9-4-11　电流加法器

(4)电流加法器

如果要将若干个电流信号相加，可以利用图 9-4-11 所示的电路来实现，输出电流为

$$I_o = -\sum_{j=1}^{n} I_j \tag{9-4-15}$$

(5)电压放大器

由 $CCⅡ_+$ 及电阻 R 构成的开环形式电压放大器如图 9-4-12 所示。

根据 CCⅡ 的端口特性，可得输出电压

$$V_o = I_Z R_2 = \frac{V_X}{R_1}R_2 = \frac{R_2}{R_1}V_i \tag{9-4-16}$$

电压增益

$$A_v = \frac{V_o}{V_i} = \frac{R_2}{R_1} \tag{9-4-17}$$

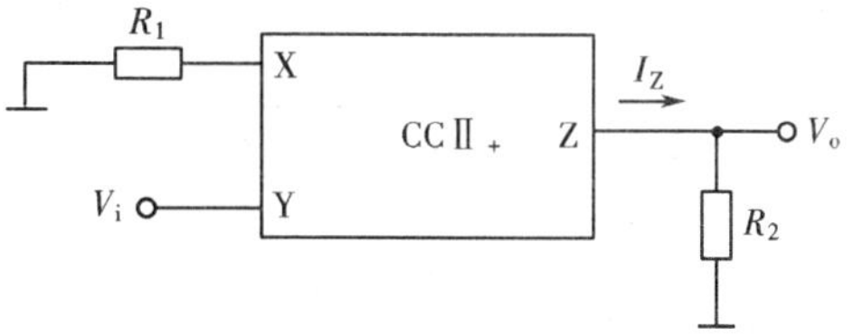

图 9-4-12　开环电压放大器

用 $CCⅡ_+$ 和电阻 R 还可组成闭环结构的电压放大器，其电路如图 9-4-13 所示。其中图(a)是反相放大器，图(b)是同相放大器。

图 9-4-13(a)反相放大器的输出电压和电压增益分别为

$$V_o = -\frac{1}{2}\frac{R_2}{R_1}V_i \tag{9-4-18}$$

$$A_v = \frac{V_o}{V_i} = -\frac{1}{2}\frac{R_2}{R_1} \tag{9-4-19}$$

图 9-4-13(b)同相放大器的输出电压和电压增益分别为

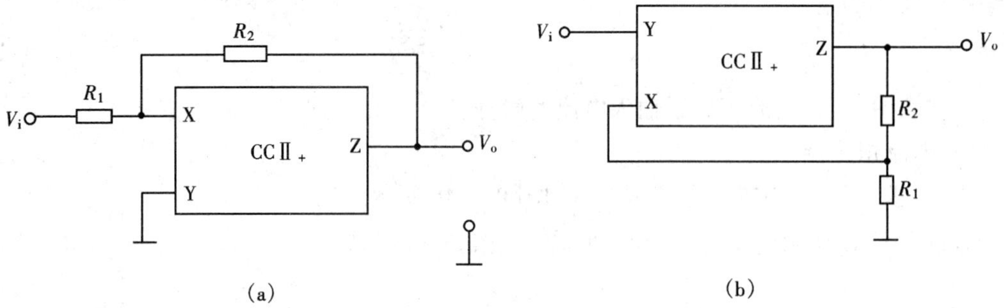

图 9-4-13 闭环电压放大器

(a)反相放大器;(b)同相放大器

$$V_o = V_i + \frac{1}{2}\frac{R_2}{R_1}V_i \tag{9-4-20}$$

$$A_v = \frac{V_o}{V_i} = 1 + \frac{1}{2}\frac{R_2}{R_1} \tag{9-4-21}$$

(6)电压积分器

电压积分器电路如图 9-4-14 所示。设电容两端初始电压为零,可得

$$\begin{aligned} V_o &= \frac{1}{C}\int I_Z \mathrm{d}t \\ &= \frac{1}{C}\int \frac{V_i}{R}\mathrm{d}t = \frac{1}{RC}\int V_i \mathrm{d}t \end{aligned} \tag{9-4-22}$$

可见,输出电压 V_o 为输入电压对时间的积分。

(7)电压加法器

由 CCⅡ$_-$ 及电阻 R 组成的电压加法器如图 9-4-15 所示。根据 CCⅡ$_-$ 的端口电流—电压关系得

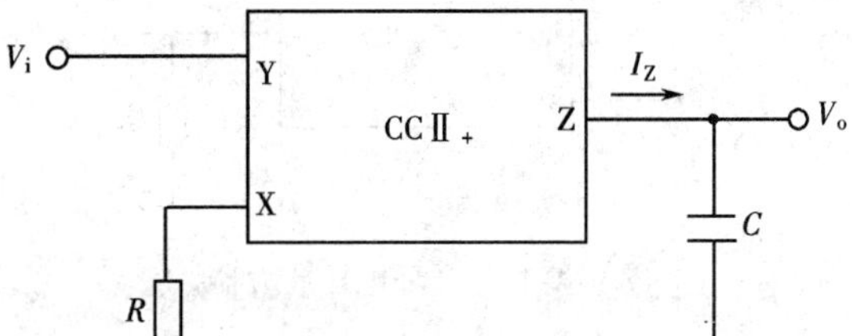

图 9-4-14 电压积分器

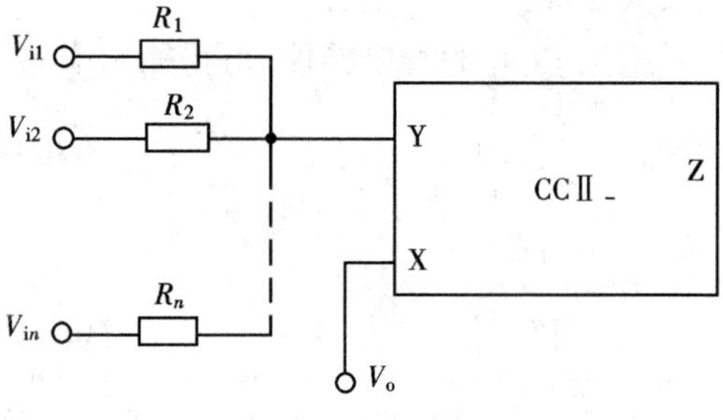

图 9-4-15 电压加法器

$$V_o = V_Y$$

$$\sum_{j=1}^{n}\frac{V_{ij} - V_Y}{R_j} = 0 \tag{9-4-23}$$

设 $R_1 = R_2 = \cdots = R_n$,则由式(9-4-23)可得

$$V_o = \frac{1}{n}\sum_{j=1}^{n}V_{ij} \tag{9-4-24}$$

由以上讨论不难看出,利用电流传输器和阻容元件的组合,不仅能实现比例、求和、微

分、积分等模拟信号运算功能，而且还可以完成电压模式和电流模式两种形式的信号处理。

9.4.4　电流传输器电路实现

1.CCⅠ的实现电路

由分立元件实现的第一代电流传输器(CCⅠ)电路如图9-4-16所示。假设图中的电阻 R_1、R_2 与 R_3 匹配，晶体管 T_1 与 T_2 匹配以及 T_3、T_4 与 T_5 匹配，且所有的晶体管都具有高的电流增益(直流的和交流的)，则流过晶体管 T_1 ~ T_5 的电流均相等。这就迫使流过晶体管 T_1 和 T_2 的发射极电流及发射结电压 V_{BE} 分别相等。因此X端口和Y端口的电流和电压均相互跟踪。如果Y端口作为基准电压，那么X端口变为虚地端或低阻抗输入端，来自该端口的电流不变地传输到高阻抗输出端口Z。只要保证晶体管在整个工作范围内都是线性工作，则电路的工作与各电阻的阻值和电源电压的绝对值均无关。

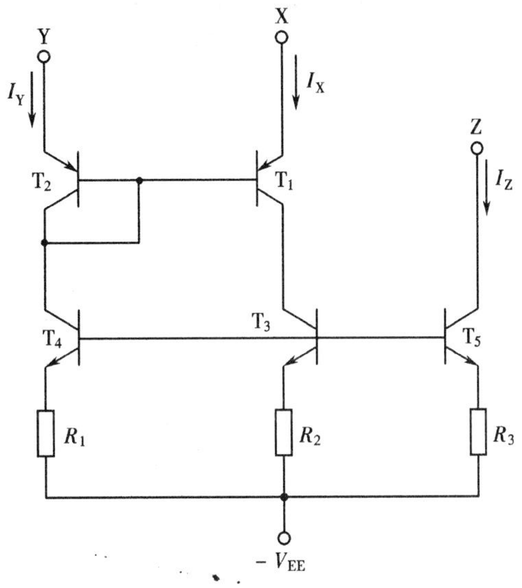

图9-4-16　CCⅠ的分立元件实现电路1

仔细观察图9-4-16可知，由于共基电流增益不为1，各晶体管传送的电流就会略有不同。然而这些差异可以减小，例如采用更精密的电流镜。此外，Z端输出电流的极性可用附加一级的电流镜来反向。当然，如果用PNP管代替NPN管，用NPN管代替PNP管，用正电源代替负电源，则可得到极性相反的CCⅠ电路，即极性互补的电路。

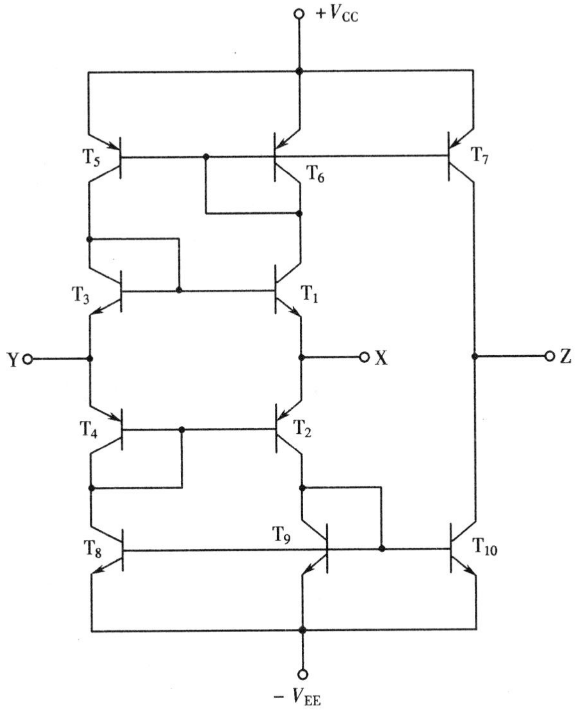

图9-4-17　CCⅠ的分立元件实现电路2

将两个极性互补的电流传输器CCⅠ电路连接起来，就能构成用于双极性输入信号的甲乙类CCⅠ，图9-4-17所示为一种基于双极互补集成工艺的实现电路。其中 T_1 ~ T_4 可看成TL(线性跨导)回路；T_5 ~ T_7 是PNP管基本电流镜；T_8 ~ T_{10} 是NPN管基本电流镜。

需要指出，为了使图9-4-17所示CCⅠ实现电路的上下两部分不仅极性互补，而且性能对称，需要用先进的双极互补集成工艺实现，而不能用传统的双极型集成工艺实现。因为在传统的双极型集成工艺中，NPN 管适宜采用纵向结构，其电流增益(β)和带宽(f_T)的典型值分别为 100 和 350 MHz；PNP 管则要求采用横向结构，其 β 和 f_T 的典型值分别不超过 20 和 5 MHz，这种传统工艺中的横向 PNP 管将成为实现高性能电流传输器的主要限制因素。幸好，近年来成功开发了先进的互补双极集成工艺，这种工艺将 NPN 管与 PNP 管两者的纵向结构组合起来，适用于制造典型 β 值为 100 和带宽为 2.5 GHz 的 NPN 和 PNP 两种晶体管。因此，利用双极互补工艺使得生产高性能集成电流传输器成为现实。

2.CCⅡ的基本实现方法

不难发现，图 9-4-5(b)所示的 CCⅡ₋零极子表示法就是晶体管的零极子的表示。在某种意义上，CCⅡ₋可被看成一个理想的双极型或 MOS 型晶体管。现以图 9-4-18 所示的 NMOS 晶体管为例来说明，假设晶体管是理想的，则作用在栅极上的电压将导致源极上有一个与之相等的电压。由于栅极电流近似为零，则栅极可近似视为开路(与电流传输器的 Y 端相似)。源极电压跟随栅极，与源极电流无关，因此，源极端具有零输入阻抗(与电流传输器的 X 端相似)。注入源极的电流传输到漏极，而漏极端的阻抗为无穷大(与电流传输器的 Z 端相似)。由此可见，一个理想的晶体管可以作为负电流传输器(CCⅡ₋)，这个晶体管应该具有栅极(或基极)电流为零以及栅—源(或基—射)正向电压降为零的理想条件。

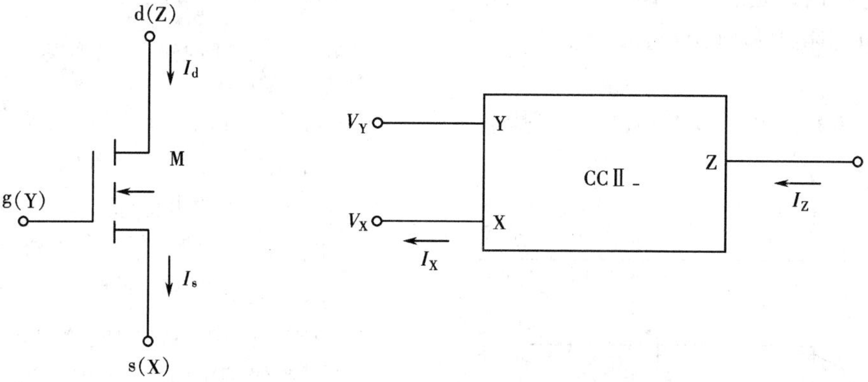

图 9-4-18　CCⅡ₋和 NMOS 晶体管的比较

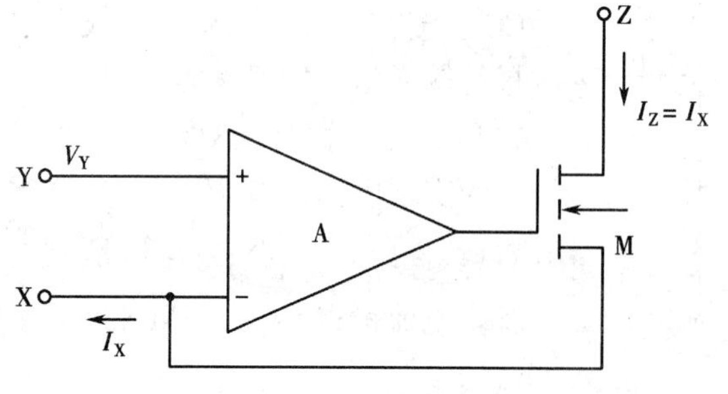

图 9-4-19　等效"理想晶体管"CCⅡ₋

实际的双极型或 MOS 型晶体管都不是理想的晶体管，但是，如果将一个 NMOS 晶体管放在运算放大器的负反馈环路中，就能构成一个较为理想的晶体管，如图 9-4-19 所示。在这个电路中，运算放大器 A 与 MOS 管 M 的栅、源极形成深度并联负反馈连接，迫使 X 端输入阻抗降低且近似为零，X 端电压精确地跟随 Y 端电压(运放两输入端虚短路)，同时 X 端的电流被传送到高阻抗的 Z 端，结果 Y、X、Z 三端构成一个等效"理想晶体管"，这就实现了具有较好性能的 CCⅡ₋电路。

显然，在图 9-4-19 这种 $CCII_-$ 电路的实现中，电流只限于从 X 端流出。如果在运算放大器负反馈环路中放一对互补的 MOS 管，就可实现在 X 输入端有双向电流的 CCII 电路。为了将两个互补 MOS 管的漏极电流传输到 Z 输出端，还需要增加两个极性互补的电流镜，构成双极性 CCII 电路结构，如图 9-4-20 所示，这时 I_Z 与 I_X 极性相同，因此是 $CCII_+$ 电路。如果在这个电路中再增加互补的两个电流镜，即可得到 $CCII_-$ 电路。

3. 运算放大器输出电流反馈式 CCII 实现电路

实际上，图 9-4-20 中的晶体管 M_1、M_2 可以用运算放大器输出级的互补晶体管实现，这时反馈到 X 端的电流就是运放的输出电流。因此，这种结构的 $CCII_+$ 可以称为运放输出电流反馈式 CCII 电路。

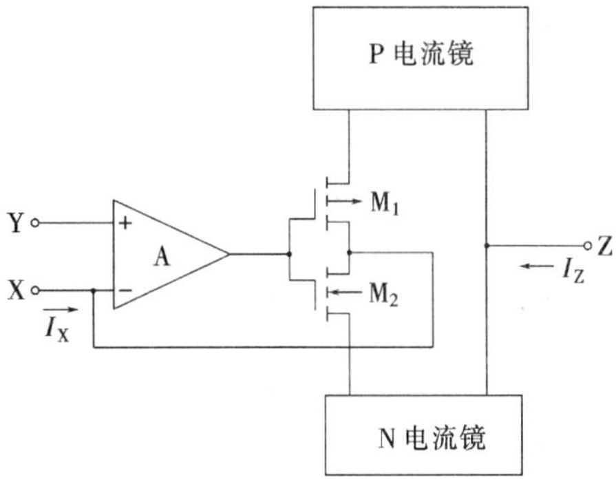

图 9-4-20 $CCII_+$ 电路结构

目前已制作了带有甲乙类输出缓冲级的高增益集成运算放大器和若干不同类型的电流镜。在这些部件中都有若干个分隔开的引脚至其输入—输出节点，为人们研究不同的电路组合提供了方便，电流传输器电路正可以采用这种组合方法实现。

图 9-4-21 所示是用 CMOS 工艺实现的运算放大器输出电流反馈式 CCII 电路，其中图(a)是 $CCII_+$ 电路，图(b)是 $CCII_-$ 电路。电路中的 M_1、M_2 是运放输出级的 MOS 晶体管，其余的晶体管组成电流镜，其中 M_3 ~ M_6 与 M_7 ~ M_{10}、M_{11} ~ M_{14} 与 M_{15} ~ M_{18} 组成极性互补的级联(共源—共栅)电流镜，将 M_1、M_2 的漏极电流传输到 Z 输出端，并取其差值电流作为单端输出电流。

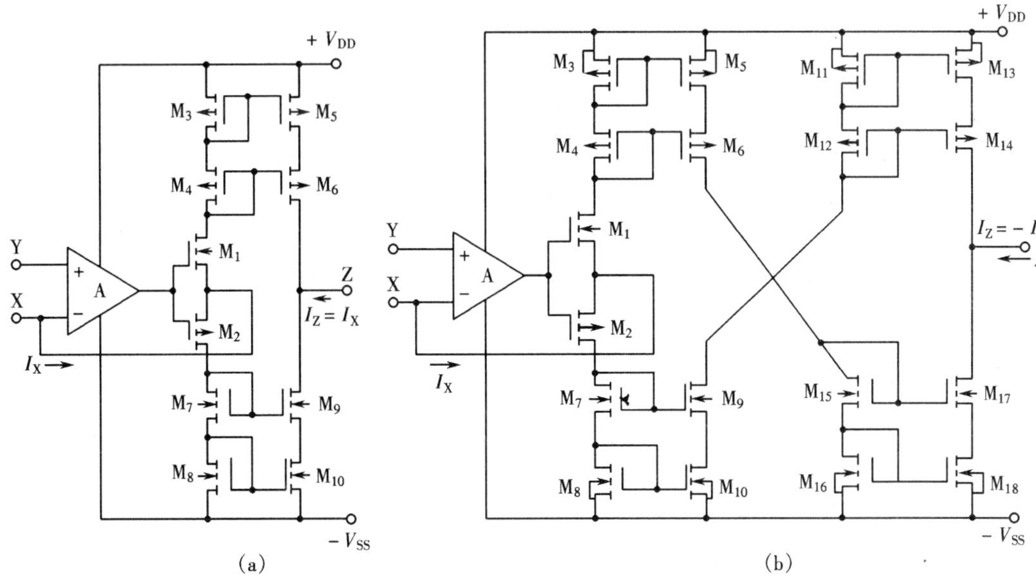

图 9-4-21 CMOS 运放输出电流反馈式 CCII 电路

(a) $CCII_+$ 电路；(b) $CCII_-$ 电路

图 9-4-21 所示电路中运算放大器是以常见的两级 CMOS 运算放大器为基础，不过附加了一个低阻抗输出级，这种 CMOS 运算放大器的电路结构示于图 9-4-22 中。其中，PMOS 的 M_1 和 M_2 作差动输入对管，与 NMOS 的 M_3 和 M_4 基本电流源负载构成 CMOS 差分输入级，并完成单端—双端输出转换功能；NMOS M_6（放大）与 PMOS M_7（有源负载）构成 CMOS 单级放大器，为运放第二级；PMOS M_{14}、偏置电阻 R_b 和 M_5、M_7 构成电流源，M_5 为输入级偏置，M_7 为第二级偏置；晶体管 M_{12} 和 M_{13} 组成 CMOS 动态电阻与 C_φ 相串联提供运算放大器内部的补偿，以保证该运放有足够的相位裕度；NMOS M_{10} 和 PMOS M_{11} 的源极连在一起作为运放输出端。栅漏短接的 M_8 和 M_9 为输出管 M_{10} 和 M_{11} 提供起始偏压，使输出级工作于甲乙类，以消除交越失真。表 9-4-1 中列出了上述运算放大器样品的一组典型参数。

表 9-4-1　CMOS 运算放大器的实测参数

参数	实验结果（$I_B = 25$ mA）
开环增益（50 Hz）	72.7 dB
输出电阻	1 051 Ω
3 dB 频率	400 Hz
单位增益频率	2.2 MHz
转换速率（正）	+2.26 V/ms
转换速率（负）	−6.87 V/ms
功率损耗	1.21 mW
输入失调电压	17.4 mV
PSRR	
100 Hz	68.3 dB
10 kHz	47.8 dB
500 kHz	13.1 dB

需要特别注意的是，在这个电路中，组成输出缓冲级的两个晶管——M_{10} 和 M_{11} 的漏极并非直接与电源主线连接，而是接到集成电路的外部引脚上，从而提供了图 9-4-21（a）、（b）所示传输器电路与电流镜部件组合相连的可能性。事实上，图 9-4-21 所示电流传输器的晶体管 M_1 和 M_2 就是 CMOS 运算放大器电路中的晶体管 M_{10} 和 M_{11}。

用上述 CMOS 运算放大器和电流镜部件构成电流传输器 $CCII_+$ 和 $CCII_-$ 样品，对电流传输器的性能参数进行测试，主要测试结果有：

①在 Y 端加 −3 ~ +3 V 时，输入电压 X 端与 Y 端的大信号电压增益是 1.0，即 X 端电压跟随 Y 端电压；

②Y 端输入电阻大于 10 MΩ，X 端输入电阻近似为 0.5 Ω；

③从 X 端到 Z 端电流增益的小信号幅频特性可由从 X 端到 Z 端的电压增益特性求得（即在 X、Z 端分别接电阻 R_x 和 R_z，电压增益为 R_z/R_x），当电压增益为 100 时，−3 dB 带宽是 100 kHz，相应的增益带宽积为 10 MHz，是表 9-4-1 中 CMOS 运算放大器单位增益带宽积（2.2 MHz）的 4.5 倍；

④Z 端输出电阻与所用电流镜有关，当采用基本电流镜时，输出电阻约为 270 kΩ，当采

用级联电流镜时，输出电阻约为 1 MΩ。

4. **运算放大器电源电流检测式 CCⅡ 电路**

由前面讨论知道，CCⅡ 的基本特性有两点，即 X 端口电压跟随 Y 端口电压；Z 端口电流跟随 X 端口电流。在图 9-4-21 所示 CCⅡ 电路中，由运放输出端到输入端的负反馈实现了上述第一点特性，并使 X 端口保持低输入阻抗；由互补电流镜传输运放输出电流实现第二点特性。

但是，在并联负反馈情况下，大多数电压运算放大器产品的输出电流不能独立取出，因为输出级对管 M_1 和 M_2（图 9-4-22 所示电路中的 M_{10} 和 M_{11}）的漏极没有接到外部引脚上，而是接到运放的电源线上，这时，便不能直接取出运放的输出电流，并经电流镜传输到 Z 端。

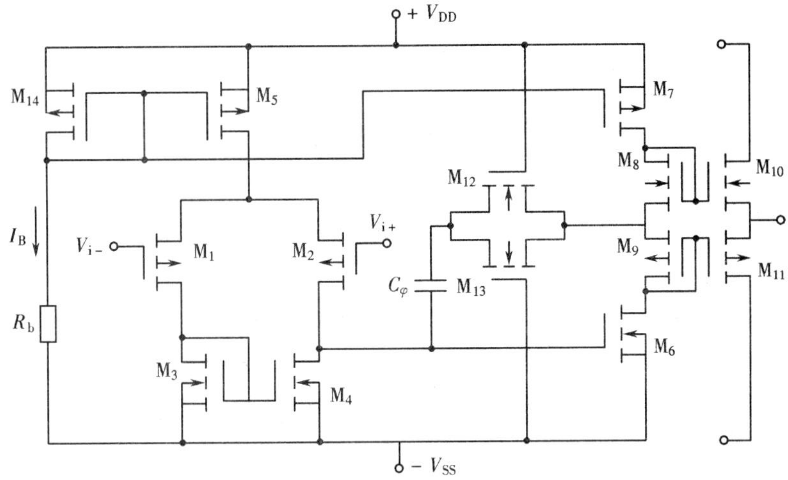

图 9-4-22　CMOS 运算放大器的电路图

尽管大多数电压运放的输出电流不能独立取出，但只要不存在其他接地电流支路，电压运放正、负极性电源线中的电流的代数和就等于它的输出电流，对于大多数运放能够满足这个条件。电压运放电源电流检测技术正是基于这一事实而出现的，该技术在电流变换器和电流传输器电路中很有用途。

图 9-4-23 所示为检测电压运放电源线电流并构成电流传输器的简化电路，其中图(a)为 $CCⅡ_+$，图(b)为 $CCⅡ_-$。电路中的电流镜被用来检测电压运放电源线中不同极性的电流，并形成具有高阻抗及双极性的单端输出电流。

在图 9-4-23 所示传输器中，CM_1（及 CM_3）是 PNP 双极型管或 PMOS 管组成的正极性电流镜，CM_2（及 CM_4）是 NPN 管或 NMOS 管组成的负极性电流镜。设 $CM_1 \sim CM_4$ 的电流传输比 $\lambda = 1$，则 Z 端电流 I_Z 为正、负极性电源线的电流之和（数值相减），即为运放的输出电流 I_X，因此 I_Z 与 I_X 数值相等。在图(a)所示传输器中，若 I_X 流入节点 X，则输出电流 I_Z 也流进节点 Z，实现 $CCⅡ_+$；在图(b)所示传输器中，由于采用交叉耦合电流镜，当 I_X 流入节点 X 时，输出电流 I_Z 流出节点 Z，实现 $CCⅡ_-$。这种利用电压运算放大器和电流镜组合实现的电流传输器的基本优点是，它们能够提供甲乙类双极性输出，因而具有较强的电流驱动能力。但是，这种电流传输器实现电路在精度、频带宽度、瞬态响应等方面也会受到集成运算放大器性能的限制。

5. **全集成电流传输器**

除了上面介绍的基于集成运算放大器和电流镜阵列组合而成的 CCⅡ 实现电路外，还有

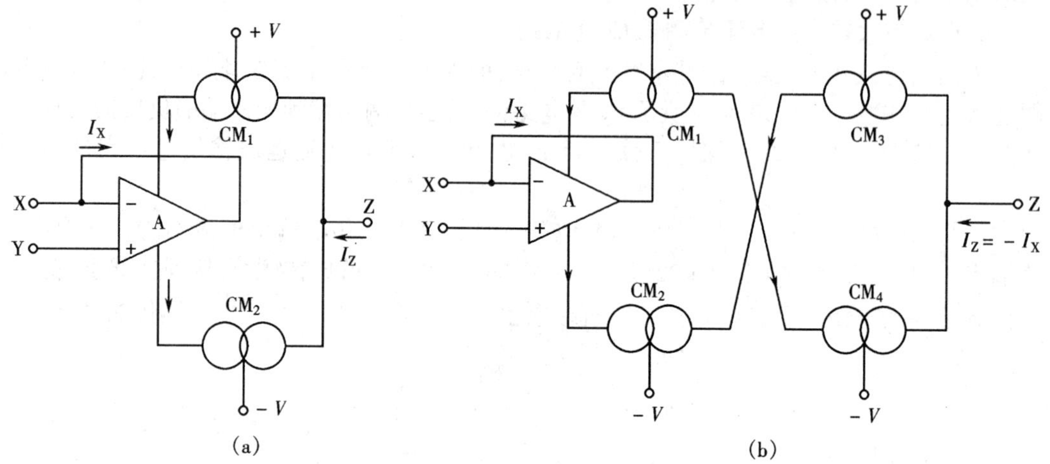

图 9-4-23 运算放大器电源电流检测式 CCⅡ

(a)$CCⅡ_+$;(b)$CCⅡ_-$

一些利用双极互补工艺或 CMOS 工艺实现的全集成电流传输器,这种全集成电流传输器在频带宽度、响应速度、精度等方面有显著的改进。

(1)基本电路拓扑结构

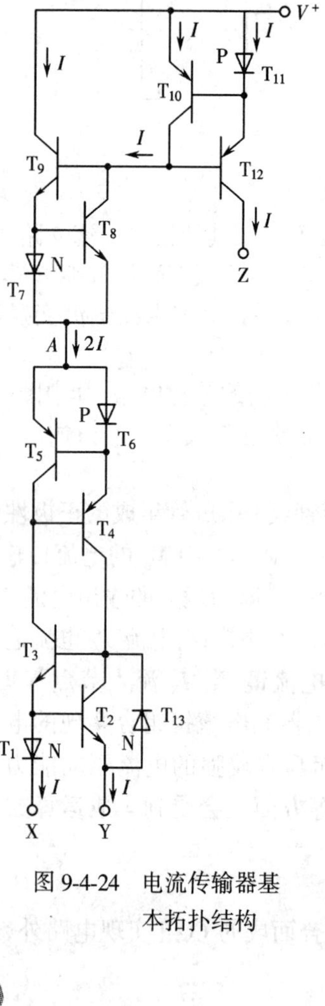

图 9-4-24 电流传输器基本拓扑结构

利用双极集成工艺实现的全集成电流传输器(包括 CCⅠ和 CCⅡ)电路的基本拓扑结构如图 9-4-24 所示。该结构采用四个 Wilson 电流镜构成第一代电流传输器,注意,带有字母“N”或“P”的二极管符号分别表示连接成二极管的 NPN 或 PNP 晶体管,其基极端和集电极端短接在一起。电路工作原理是:首先,在 NPN Wilson 电流镜(T_1、T_2、T_3)和 PNP Wilson 电流镜(T_4、T_5、T_6)交叉耦合的局部连接中完成 X 端口和 Y 端口之间电流的精确传输,并使支路 A 吸入的电流等于分别由 X 端口和 Y 端口流出的每个等值电流的两倍;然后,由另一个 NPN Wilson 电流镜(T_7、T_8、T_9)完成电流分离。T_7 和 T_8 发射极的电流被该电流镜分开,一半通过 T_9 分流到电源主线,另一半输送到输出 PNP Wilson 电流镜(T_{10}、T_{11}、T_{12})。至此产生流出 Z 端口的电流,它等于从 X 端口和 Y 端口流出的电流。基于 Wilson 电流镜良好的精度,该 CCⅠ电路具有良好的传输精度。

但是,也应看到图 9-4-24 所示电路可能出现的一种可能性(尽管是极少的可能性),在电路接通电源的瞬间,两个交叉耦合的 Wilson 电流镜(T_1、T_2、T_3 和 T_4、T_5、T_6)可能不能正常启动。原因是 T_3 通过上面 PNP 电流镜(T_4、T_5、T_6)才能产生基极驱动。假若 T_3 截止,它需要基极驱动才能导通,但是直到 T_3 导通之前,T_4、T_5、T_6 不能导通,

T_3 也就不可能产生基极驱动。图 9-4-24 所示电路中，附加器件 T_{13} 可以保证当端口 X 比端口 Y 低三个二极管压降时，T_3 导通路径便会建立起来，从而强制电流通过 T_{13} 流入 T_3 基极。一旦电流镜启动起来，T_{13} 就处于反偏状态，因而不影响电流传输器的正常工作。

为进一步提高电路的传输精度，对图 9-4-24 所示电路进行改进，得到图 9-4-25 所示的改进拓扑结构。其改进之处有两点：第一，在每个 Wilson 电流镜中增加一个晶体管（二极管连接），成为改进型 Wilson 电流镜，进一步改善了它的精度；第二，在每个 Wilson 电流镜中接入两个发射极负反馈电阻 R 和一个电容 C，用来抑制 Wilson 电流镜在高频时电流增益大于 1 的情况出现。这种情况与 X 端口的寄生电容一道，能使两个交叉耦合电流镜（图 9-4-24 中的 $T_1 \sim T_3$ 和 $T_4 \sim T_6$）的环路增益大于 1，伴随产生潜在的振荡。

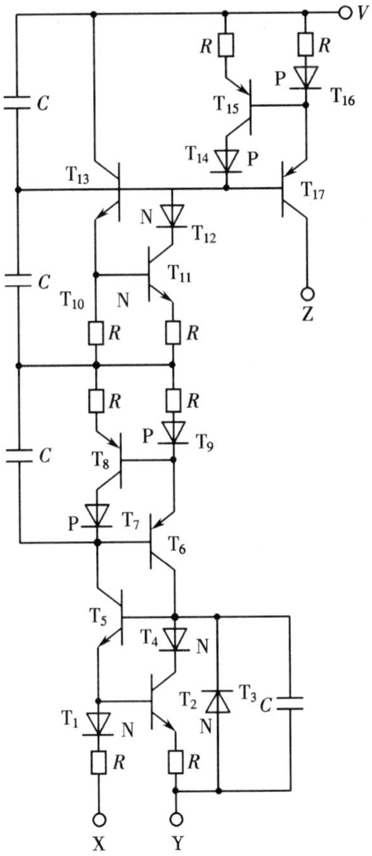

图 9-4-25　电流传输器改进拓扑结构

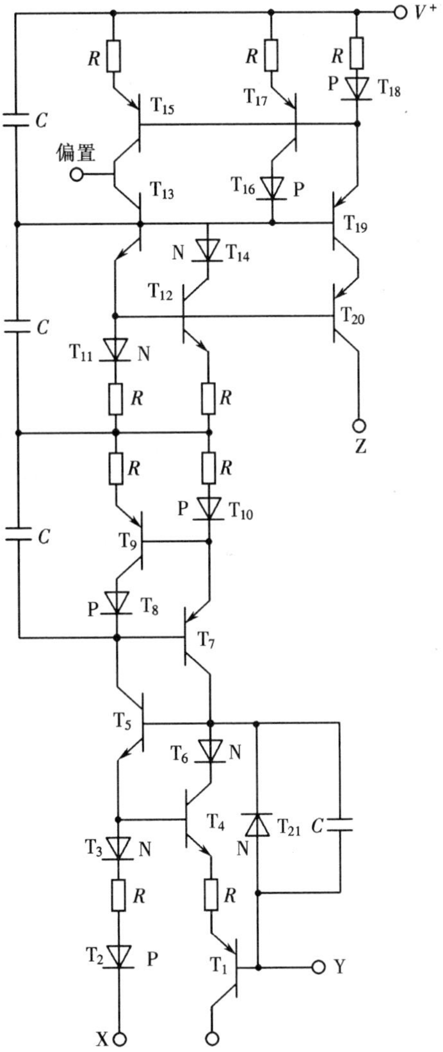

图 9-4-26　最终的电流传输器拓扑结构

(2)最终电路拓扑结构

最终形成的全集成电流传输器拓扑结构如图 9-4-26 所示。它在图 9-4-25 所示电路的基础上又做了两方面的改进。其一，附加上晶体管 T_{15} 和 T_{20}，以提高 Z 端口的输出电阻。通过

T_{20}提升由T_{16}、T_{17}、T_{18}和T_{19}组成的改进型PNP Wilson电流镜的输出电阻。T_{15}用来为T_{19}、T_{20}提供平衡基极电流。其二，在图9-4-26所示电路中，增加器件T_1和T_2，可给传输器的应用提供某些灵活性。如果将T_1的集电极和基极短接在一起，则可组成CCⅠ，它以T_2的发射极作为X端口，以T_1的基极和集电极的连接点作为Y端口。除了在X端口和Y端口分别串接二极管压降外，电流传输器的工作原理与前述电路相比并无两样。如果T_1的基极与集电极不短接，则可实现第二代电流传输器。在这种情况下，T_1的集电极接到更负的电源，基极变为Y端口。和CCⅠ情况一样，X端口和Y端口的电压被强制相等，源自X端口的电流不变地传输到Z端口，变化的是阻抗级别。然而，Y端口的电流不再与X端口和Z端口电流匹配，事实上，它要除以T_1的电流增益，因此大大减小，从而愈加接近要求Y端口电流为零的CCⅡ特性。

（3）PA630和PA630A电路描述

PA630和PA630A是两种新型全集成电流传输器，其功能电路分别如图9-4-27和图9-4-28所示。每个电路均由三部分组成，即两个单位增益缓冲放大器、一个电流镜和一个电流传输器，它们是用先进的双极互补工艺制造的。其中，PA630是16引线器件，PA630A还有两条附加引线，以备为接口提供一些灵活性，但两个芯片在电气上是等效的。考虑到电路的清晰度，在这两个电路图上的电流传输器部分和电流镜均已被简化。在实际芯片上，这两部分电路是把图9-4-26所示的传输器拓扑结构和具有发射极负反馈补偿电阻的Wilson电流镜组合在一起的。

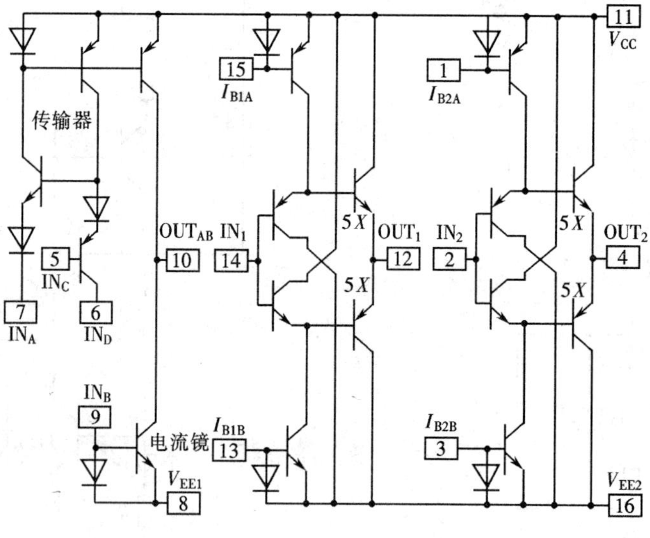

图9-4-27　PA630电流传输器简化电路图

其中，两个单位增益缓冲放大器均分别由四个互补对称的射极跟随器和两个偏置电流源组成，偏置电流源实际上有Wilson电流镜，为清晰起见，在图9-4-27和图9-4-28中简化成基本电流镜。两个跟随缓冲器可以用来缓冲各种传输器的输入和输出。缓冲器静态工作点可独立地由图9-4-29所示的外接电阻R_b来设置。

如果将电流传输器部分和电流镜进行适当的组合，可以构成CCⅠ或CCⅡ结构，分别如图9-4-30、图9-4-31所示。

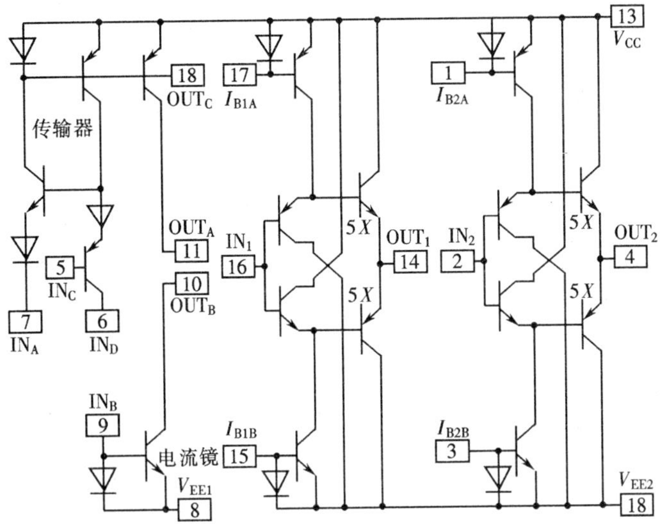

图 9-4-28　PA630A 电流传输器简化电路图

对图 9-4-30 所示的结构，由于引出端 7 被强制变为虚地端，可通过 R_3 设置环路静态电流。如果输入端开路或接地，则由于所有的电流都平衡，使得引线端 10 上的输出电流为零，输出端也将为地电位。在输入端、输出端分别接入电阻 R_1、R_2，则电压增益为 $-R_2/R_1$。

必须注意，输入参数和输出参数均为电流，它们分别由电阻 R_1 和 R_2 变换为电压。去掉这些电阻，可以实现电流传输器的其他应用。

对图 9-4-31 所示的结构，在引线端 5 产生一高阻抗输入端，并将电压输入信号接到该输入端，引线端 7 将被迫跟随变化，在 7 端和 10 端接入电阻 R_1、R_2，电压增益为 R_2/R_1。若取 $R_4 = R_1$ 和 $R_5 = R_3$，则引线端 6 的电压与引线端 5 和 7 的电压紧密匹配，输入晶体管的 Early 电压引起的误差将为最小。如果嫌引线端 5 的输入阻抗不够高，则可将所给缓冲器之一放在输入端，借以大大提高输入阻抗，因而可以实现更具理想特性的 CCⅡ。

此外，还可利用 PA630A 电流传输器部件上的两个附加引线端 10 和 11 与外部结型场效管(JFET)接口，构成一种特殊的输出结构，来提供极高的输出阻抗，进一步改善传输器的性能，连接方法如图 9-4-32 所示。对于回转器的应用来说，电流传输器输出阻抗的提高无疑是非常适用的。

(4)性能参数

表 9-4-2 汇总了 PA630/PA630A 全集成电流传输器的电特性。观察表 9-4-2 可发现，对于 PA630A，由于采用 JFET 输出而使一些传输器参数有所提高，失真减小，性能有很大改善；两种集成电路提供的单位增益缓冲器的频带宽度达 50 MHz，并且有较高的输入电阻，其典型值为 11 MΩ。

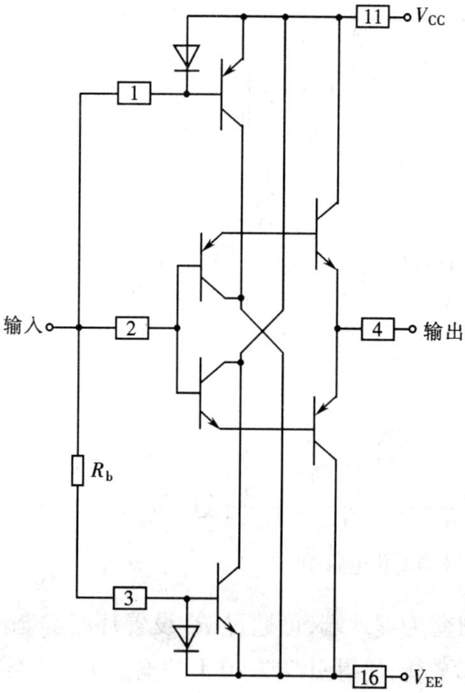

图 9-4-29　PA630 和 PA630A 缓冲放大器

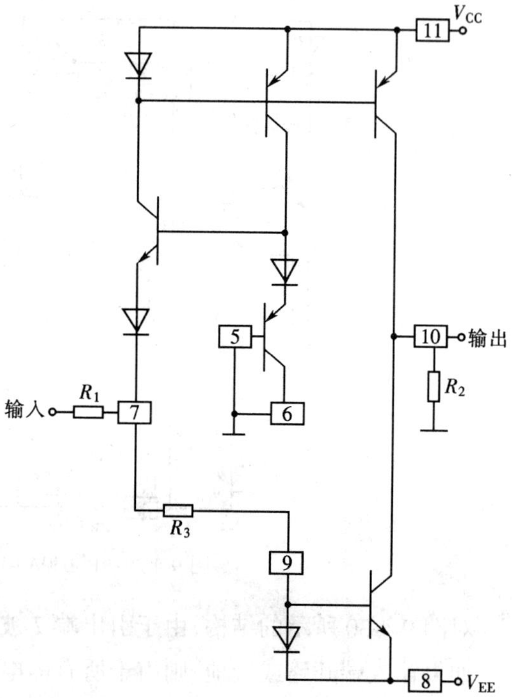

图 9-4-30　PA630 反相 CCⅠ结构

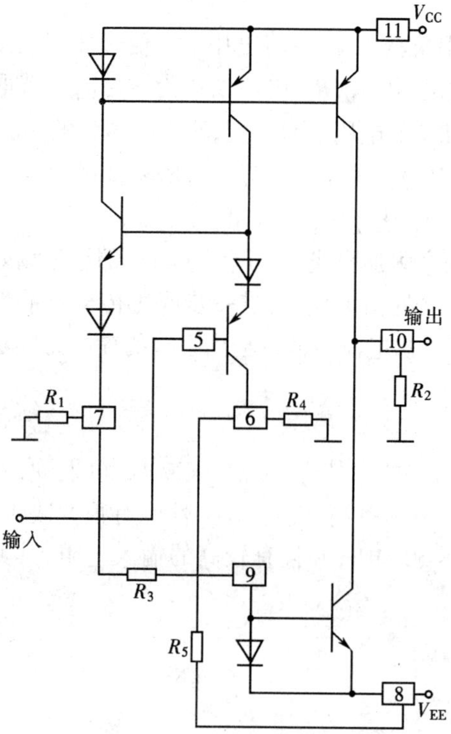

图 9-4-31　PA630 同相 CCⅡ结构

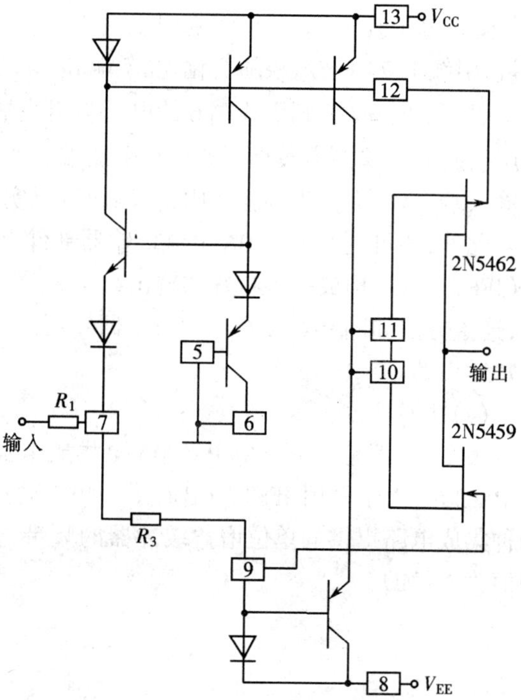

图 9-4-32　PA630A JFET 输出

表 9-4-2　PA630/PA630A 电特性

电特性　$T_a = 25$ ℃，$V_{CC} = +15$ V，$V_{EE} = -15$ V，缓冲器：$R_B = 68$ kΩ，$R_L = 10$ kΩ
传输器：$R_1 = 1$ kΩ，$R_2 = 1$ kΩ，$R_3 = 6.8$ kΩ（除非另有规定）

参数	条件	缓冲器每个放大器（图 9-4-29）			反相传输器（图 9-4-30）			同相传输器（图 9-4-31）			JFET 输出传输器（图 9-4-32）			单位
		最小值	典型值	最大值	最小值	典型值	最大值	最小值	典型值	最大值	最小值	典型值	最大值	
输入偏置电流		−10	+2	+10				−50	−15	−5				μA
输入电阻	增量		11						0.1					MΩ
虚地	增量					2						2		Ω
输入电容			8						3					pF
共模输入范围	$R_1 = 10$ kΩ													
+		+13.0	+13.3					+4.5	+5.2					V
−			−13.3	−13.0					−5.0	−4.5				V
失调电压	$R_s = 50$ Ω	−40	−10	+40										mV
虚地					−5	−3	+5				−5	−3	+5	mV
精度	增量		0.1			0.5			0.5			0.25		%
输出电阻	增量					3			3			100		MΩ
缓冲器	增量		9											Ω
输出电容						11			11			7		pF
输出电压摆幅	$R_2 = 10$ kΩ													
+		+13.0	+13.3		+12.0	+12.8		+12.0	+12.8		+9.8	+10.8		V
−			−13.3	−13.0		−13.5	−13.0		−13.5	−13.0		−11.5	−10.5	V
电源电流														
V_{CC}			3	3.5		6	6.5		6	6.5		6	6.5	mA
V_{EE}		−3.5	−3		−4.5	−4		−6.5	−6		−4.5	−4		mA
电源抑制比	120 Hz													
V_{CC}			70			66			62			66		dB
V_{EE}			64			75			70			75		dB
带宽	3 dB 点		50			6			6			8		MHz
传输器	$R_3 = 100$ Ω					18			18			18		MHz
上升时间			15			70			70			60		ns
传输器	$R_3 = 100$ Ω					25			25			25		ns
上冲			0			0			0			0		%
缓冲器	$C_L = 20$ pF		10											%
转换速率			150			50			50			50		V/μs
谐波失真	1 kHz，0.5 V（有效值）		0.002			0.020			0.030			0.010		%
缓冲器	$R_L = 1$ kΩ		0.005											%
输出噪声电流	20 Hz ~ 20 kHz					5			5			5		nA

习　　题

9-1-1　简述电流模式电路的主要性能特点。

9-3-1　在图 9-3-2 所示电路中，设 $I_a = 3$ mA，$I_b = 1$ mA，$I_c = 2$ mA，求各发射极电流。

9-4-1　试用 CCⅡ设计一宽带同相放大电路。

9-4-2　试用 CCⅡ设计一宽带半波整流器。

部分习题答案或提示

第 1 章

1-1-1 (1)错 (2)错 (3)错

1-1-2 (1)错 (2)错 (3)错

1-1-3 (1)对 (2)对

1-2-1 $r_d|_{i_d=1\text{ mA}}=26\ \Omega$, $r_d|_{i_d=2\text{ mA}}=13\ \Omega$

1-2-4 (a) $V_o=-6$ V (b) $V_o=-12$ V (c) $V_o=0$ V (d) $V_o=-15$ V

1-2-5 (a)截止 (b)截止 (c)导通

1-2-7 (a) $V_o=15$ V (b) $V_o=1.4$ V (c) $V_o=5$ V (d) $V_o=0.7$ V

1-3-1 (1)图(a) $I=4.1$ mA;图(b) $I=6$ mA

(2)图(a)NPN 型;图(b)PNP 型

(3)图(a) $\beta=40$, $\alpha=0.975$;图(b) $\beta=60$, $\alpha=0.983$

1-3-2 (1)NPN 型、硅管;$V_b=3.3$ V, $V_e=2.6$ V, $V_c=15$ V

(2)NPN 型、锗管;$V_b=3.2$ V, $V_e=3$ V, $V_c=15$ V

(3)PNP 型、硅管;$V_c=6.5$ V, $V_b=14.3$ V, $V_e=15$ V

(4)PNP 型、锗管;$V_c=8$ V, $V_b=14.8$ V, $V_e=15$ V

1-3-3 选 B 管

1-3-4 (1) $I_C<15$ mA (2) $I_C<I_{CM}=100$ mA

1-4-1 (1)N 沟道的 FET (2) $V_P=-4$ V, $I_{DSS}=3$ mA

1-4-2 (a)N 沟道耗尽型, $V_P=-3$ V (b)P 沟道耗尽型 $V_P=2$ V (c)N 沟道增强型, $V_T=-4$ V

1-4-3 (a)P 沟道 JFET (b)N 沟道耗尽型 MOSFET (c)P 沟道耗尽型 MOSFET (d)N 沟道增强型 MOSFET

第 2 章

2-1-1 (a)无放大作用 (b)无放大作用 (c)有放大作用 (d)无放大作用

2-2-1 (1)临界饱和、$I_C=3$ mA (2)放大区、$I_C=2.2$ mA (3)截止区、$I_C=0$ mA

2-2-2 (1)放大区 (2)放大区 (3)饱和区 (4)截止区 (5)饱和区

2-2-3 (1) $V_{CC}=6$ V, $I_B=20\ \mu$A, $I_C=1$ mA, $V_{CE}=3$ V (2) $R_b\approx300$ kΩ, $R_c=3$ kΩ

(3)1.6 V (4)20 μA

2-2-4 (1)饱和区 (2) $R_c\leqslant0.9$ kΩ (3) $R_b\geqslant150$ kΩ

2-2-6 (1) $I_B\approx40\ \mu$A, $I_C=2$ mA, $V_{CE}=4$ V (3) $r_{be}\approx863\ \Omega$ (4) $A_v\approx-116$ (5) $A_{vs}\approx-73$

2-2-7 $r_{be}\approx1$ kΩ

2-2-8 (1) $I_B\approx40\ \mu$A, $I_C=4$ mA, $V_{CE}=-4$ V (3) $\dot{A}_v\approx-155.6$, $R_i=857\ \Omega$, $R_o\approx2$ kΩ (4)截止失真,减小 R_b 值

2-2-9 (2) $\dot{A}_{vs}=-\dfrac{\beta R_c}{R_s+r_{be}+(1+\beta)(1-\alpha)R_c}$ (3) $R_i=r_{be}+(1+\beta)(1-\alpha)R_e$

2-2-10 (1) $I_B=\dfrac{V_{CC}-0.7}{R_1}$, $I_C=\beta I_B$, $V_{CE}=V_{CC}-(R_2+R_3)\beta I_B$

(2)$R_i = R_1 // r_{be}$, $R_o = R_2$, $\dot{A}_v = \frac{\beta(R_2 // R_L)}{r_{be}}$

(3)使输出电阻变大、电压放大倍数变大

2-3-1 静态集电极电位 $V_C = 4$ V;温度升高后, $V_C = V_C + \Delta V_C \approx 3.987$ V

2-3-2 (1)√ (2)√ (3)×

2-3-3 (1)$V_B \approx 4.3$ V, $I_C \approx 1.8$ V, $V_{CE} = 2.8$ V, $I_B = 1.8\ \mu A$ (2)$\dot{A}_{v1} \approx -0.79$, $\dot{A}_{v2} \approx 0.8$

(3)$R_i \approx 8.2$ kΩ (4)$R_{o1} \approx 2$ kΩ, $R_{o2} \approx 31$ Ω

2-4-1 (1)$I_B \approx 30$ mA, $I_C \approx 1.5$ mA, $V_{CE} \approx 6$ V

(2)$r_{be} \approx 1.2$ kΩ, $R_i \approx 100$ kΩ, $R_o \approx 43$ Ω

(3)$\dot{A}_v \approx \dot{A}_{vs} \approx 1$ (4)$R_L = 4$ kΩ

2-4-2 (1)$I_B \approx 23\ \mu A$, $I_C = 1.15$ mA, $V_{CE} \approx -6.13$ V

(2)$\dot{A}_v \approx 0.99$, $R_i \approx 87.3$ kΩ, $R_o \approx 36$ Ω

(3)$\dot{V}_o \approx 197$ mV

2-4-3 $\dot{A}_v \approx 268$, $R_i \approx 28$ Ω, $R_o \approx 36$ Ω

2-4-4 $v_o = 0$

2-5-1 (1)N 沟道 (2)P 沟道 (3)N 沟道耗尽型

2-5-2 (2)$\dot{A}_v = -g_m(R_d // R_L)$, $R_i = R_g + (R_{g1} // R_{g2})$, $R_o = R_d$

(3)$|\dot{A}_v|$下降, R_i、R_o不变 (4)$\dot{A}_v = -\frac{g_m(R_d // R_L)}{1 + g_m R_s}$

2-5-3 $0 \leqslant R_L \leqslant 10$ kΩ, $I_L = I_D = I_{DSS}\left(1 - \frac{V_{GS}}{V_P}\right)^2 = 1$ mA

2-5-4 $V_{GS} = -2.3$ V, $I_D = 2.3$ mA, $V_D = 12.4$ V, $\dot{A}_{v1} = -9.1$, $\dot{A}_{v2} = 0.38$, $R_{o1} = 12$ kΩ, $R_{o2} = 310$ Ω

2-5-5 $R'_e = r_{ds} + (1 + g_m r_{ds})R_s$ $A_v = -\frac{(1+\beta)(R_L // R'_e)}{r_{be} + (1+\beta)(R_L // R'_e)}$

输入电阻 $R_i = R_b // [r_{be} + (1+\beta)(R_L // R'_e)]$ 输出电阻 $R_o = R'_e // \frac{r_{be}}{1+\beta} \approx \frac{r_{be}}{1+\beta}$

2-7-1 (1)$f_H = 10^8$ Hz, $f_L = 10^2$ Hz (2)$20\lg|\dot{A}_v| = 60$ dB − 3 dB = 57 dB

2-7-2 $f_2 = 5.2$ kHz, $f_1 = 86.6$ Hz

2-7-3 $g_m = 57.69$ mS, $r_{b'e} = 866.7$ Ω, $r_{bb'} = 233.3$ Ω, $C_{b'e} = 92$ pF

2-7-4 (1)$f_H \approx 3.13$ MHz (2)分别变化 1.42 倍、0.78 倍和 1.11 倍

2-7-5 $f_H \approx 200$ kHz, $f_L \approx 11$ Hz

第 3 章

3-1-1 甲类:$\theta = 2\pi$,乙类:$\theta = \pi$,甲乙类:$\pi < \theta < 2\pi$。乙类放大电路效率最高

3-2-1 (1)$V_{CC} \geqslant 18$ V (2)$I_{CM} \geqslant 1.125$ A, $|V_{(BR)CEO}| \geqslant 36$ V (3)$P_E \approx 12.9$ W

(4)$P_{CM} \approx 2$ W (5)$V_i \approx 12.7$ V

3-2-2 (1)$P_o = 12.5$ W, $P_{T1} = P_{T2} = 5$ W, $P_E \approx 22.5$ W, $\eta = 55.5\%$

(2)$P_o = 25$ W, $P_{T1} = P_{T2} = 3.4$ W, $P_E \approx 31.8$ W, $\eta = 78.5\%$

3-3-1 (1)增加 (2)$P_{om} = 9$ W, $\eta = 62.9\%$ (3)$P_{T1} = P_{T2} = 2.65$ W

3-3-2 (1)流过负载电阻的电流为 0 (2)组成静态偏置电路,克服交越失真

(3)交流信号无法传递,导致失真,甚至烧坏功率管

3-3-3 $P_{om} = 2.25$ W

3-3-4 (1)6 V、调整 R_1 或 R_3 (2)增大 R_2 值

(3)从 $V_{CC} \to R_1 \to V_{BE1} \to V_{BE2} \to R_3 \to$ 地,形成通路,因 $P_{T1} > P_{CM}$,故可能烧毁管子

3-3-5 $P_o = 16$ W, $P_E = 21.4$ W, $\eta = 74.7\%$, $P_{T1} = P_{T2} = 2.7$ W

3-3-6 (1)组成“V_{BE}扩大电路” (2)作 T_1、T_2的有源负载,以提高本级的电压增益 (3)当正向电流过大时,V_{R3}增大,使 D_1导通,形成对 T_3基极电流的分流,从而使 T_4的输出电流受到限制;反之亦然

第 4 章

4-3-1 (1)镜像电流源电路;作 T_3的有源负载,以提高电压增益

(2)$I_{C2} \approx I_{REF} = \dfrac{V_{CC}}{R}$

4-3-2 (1)镜像电流源电路;作 T_1的有源负载,以提高电压增益

(2)$I_{C3} \approx 23.3$ mA, $R_{e1} \approx 313$ kΩ

4-4-1 (1)$v_o = 500$ mV (2)$v_{C1} = 10$ V, $v_{C2} = 9.8$ V

4-4-2 (1)$R_e \approx 5.7$ kΩ (2)$v_{i1} = -v_{i2} = 13.3$ mV

4-4-3 (1)$I_B = 11$ μA, $I_C = 0.56$ mA, $V_{CE} = 7.2$ V

(2)$A_{vd} \approx -28.9$, $A_{vc} = 0$, $K_{CMRR} = \infty$

(3)$R_{id} \approx 35.2$ kΩ, $R_{ic} \approx 1\,037.6$ kΩ, $R_{od} = 2R_c = 20$ kΩ

4-4-4 (1)$I_B = 10$ μA, $I_E = 0.51$ mA (2)$v_i = 1.1$ mA

4-4-5 (1)$A_{vd} = -13.3$ (2)$A_{vd1} = 664$ kΩ, $A_{vc1} = -0.33$, $K_{CMRR} = 20.2$

4-4-6 $R_{id} = 664$ kΩ, $A_{vd1} \approx -28$, $K_{CMRR} = 44.4$, $A_{vc1} = -0.63$

4-4-7 $A_{vd2} = 12$, $K_{CMRR} = 24\,000$, $R_{id} = 13.5$ kΩ, $R_o = R_{c2} = 4.7$ kΩ

4-4-8 (1)$I_{C3} = 1$ mA, $I_{C2} = 0.37$ mA, $I_E = 0.74$ mA, $V_{CE3} = -9$ V, $V_{CE2} = 9$ V, $R_{e2} = 5.2$ kΩ

(2)$A_v \approx 50 \times (-3.9) = -195$ (3)$v_o = A_v \times v_i = -0.98$ V (4)$A_v = -97.5$

第 5 章

5-1-1 $\dot{A} = \dfrac{\dot{X}_o}{\dot{X}_i}, F = \dfrac{\dot{X}_f}{\dot{X}_o}, A_f = \dfrac{\dot{X}_o}{\dot{X}_s}$

5-2-1 电压串联、电压并联、电流串联、电流并联

5-2-2 $\dot{V}_o$、$\dot{V}_s$、$\dot{V}_f$、电压、$\dot{V}_o$、$\dot{V}_s$

5-2-3 $\dot{I}_o$、$\dot{I}_s$、$\dot{I}_f$、电流、$\dot{I}_o$、$\dot{I}_s$

5-2-4 $\dot{V}_o$、$\dot{I}_s$、$\dot{I}_f$、跨阻、$\dot{V}_o$、$\dot{I}_s$

5-2-5 $\dot{I}_o$、$\dot{V}_s$、$\dot{V}_f$、跨导、$\dot{I}_o$、$\dot{V}_s$

5-2-6 (a)由 R_f、R_{e3}组成,引入交、直流反馈 (b)由 R_f、R_{e1}、C_f组成,引入交流反馈

(c)由 R_1、R_2组成,引入交、直流反馈 (d)由 R_2组成,引入交、直流反馈

(e)由 R_6组成,引入交、直流反馈 (f)R_{f1}、R_{f2}引入直流反馈,R_{e1}引入交、直流反馈

5-3-1 (a)电流并联负反馈。稳定输出电流 (b)正反馈

(c)电压串联负反馈。提高输入电阻,降低输出电阻,稳定输出电压

(d)电压并联负反馈。降低输出电阻,稳定输出电压

(e)电流串联负反馈。提高输入电阻,稳定输出电流

(f)电流串联负反馈。提高输入电阻,稳定输出电流

5-3-2 闭环增益变化 0.8%

5-3-3 电压反馈,$|1 + \dot{A}\dot{F}| = 5$;电流反馈,$|1 + \dot{A}\dot{F}| = 0.2$

5-4-1 (a)$A_{if} \approx -\left(1 + \dfrac{R_f}{R_{e2}}\right)$, $A_{vf} = -\dfrac{R_{c2} /\!/ R_L}{R_s}\left(1 + \dfrac{R_f}{R_{e2}}\right)$ (c)$A_{vf} = 1 + \dfrac{R_2}{R_1}$

(d) $A_{rf} \approx -R_2, A_{vf} = \frac{R_2}{R_1}$　(e) $A_{gf} \approx \frac{1}{R_6}, A_{vf} = \frac{R_L}{R_6}$　(f) $A_{gf} \approx \frac{1}{R_{e1}}, A_{vf} = -\frac{1}{R_{e1}}(R_{C3} /\!/ R_{f2})$

5-4-2　$v_o = \left(1 + \frac{R_f}{R_3}\right)\left(\frac{R_2}{R_1 + R_2} v_{s1} + \frac{R_1}{R_1 + R_2} v_{s2}\right)$

5-4-3　$v_o = 1.8$ V,第一级电压并联负反馈,第二级电压串联负反馈、电压并联负反馈

5-4-4　$v_o = \left(1 + \frac{R_3}{R_2} + \frac{R_1 R_f}{R_2 R}\right) v_{s2} - \left(\frac{R_f}{R} + \frac{R_1 R_f}{R_2 R} + \frac{R_3}{R_2}\right) v_{s1}$

5-4-5　$A_v = \frac{v_o}{v_{i1} - v_{i2}} = -\frac{R_2 R_4}{R_1 R_3}$

5-4-6　$v_{o1} = -\frac{R_4}{R_1} v_{s1} + \left(1 + \frac{R_4}{R_1}\right) \frac{R_3}{R_2 + R_3} v_{s2}$

$v_o = -v_C = -\frac{1}{C}\int i_C \, dt = -\frac{1}{C}\int \left(\frac{v_{s3}}{R_6} + \frac{v_{o1}}{R_6}\right) dt$

第 6 章

6-1-1　(1)带通　(2)低通　(3)带阻　(4)高通

6-1-2　(1)带阻　(2)低通　(3)高通　(4)带通

6-1-3　(1) $A_1(s) = -\frac{sCR_1}{1 + sCR_1}, A(s) = -\frac{1}{1 + sCR_1}$

(2) A_1 组成一阶高通滤波电路,整个电路为一阶低通滤波电路

6-1-4　$\frac{V_o(s)}{V_i(s)} = -\frac{sR_f C_1}{1 + s(R_1 C_1 + R_f C_f) + s^2 R_1 C_1 R_f C_f}$,带通滤波电路

6-1-5　(1)二阶低通　(2)三阶低通　(3)全通　(4)三阶高通　(5)带通

6-1-6　通常取决于时钟周期 T_{CLK} 和电容的比值,而与电容的绝对值无关;利于逼近连续时域特性

6-1-7　无需模数转换电路、处理速度快、整体结构简单等

6-2-1　$v_o = \sqrt[3]{\frac{-v_i}{K^2}}$

6-2-2　$v_o = -\frac{v_{i1} + v_{i2} - v_{i3}}{KV_{REF}}$

6-2-3　$v_o = -K(v_{i1}^2 + v_{i2}^2)$

6-2-4　(1) $v_o = -R_f\left(\frac{v_i}{R_1} + \frac{Kv_i^2}{R_2} + \frac{K^2 v_i^3}{R_3}\right)$　(2) $v_o = -8.75$ V

第 7 章

7-2-1　(a)不能　(b)能　(c)不能　(d)能

7-2-2　(1)能　(2) $R_f > 2R_{e1}$ 且接近于 $2R_{e1}$; $f_0 = 58.5$ Hz, R_{e1}(正温度系数)或 R_f(负温度系数)

7-2-3　(a)不能　(b)能　(c)能

7-2-4　(1) $f_0 = 97$ Hz

(2)可能电压增益太小,不满足幅值平衡条件,可以适当增大 R_f 值;输出波形失真可减小 R_f 值

7-2-5　$R_w > 3.55$ kΩ

7-2-6　(1)上正下负　(2) $R_p + R_2 > 10.2$ kΩ　(3) $f_0 = 1\ 591.5$ Hz

7-2-7　(1) RC 串并联网络; R_1、R_2、R_w 和 T

(2)T 工作在可变电阻区,提供自动增益控制

(3) R_3 为隔离(或缓冲)电阻,其作用是减小二极管支路的负载效应;D 和 C_1 组成整流和滤波电路,将输出正弦波转换为直流电压,为 T 提供控制电压

(4)利用负反馈稳定输出电压

(5)$f_0 \approx 1$ kHz (6)$r_{ds} \approx 1$ kΩ

7-2-8 满足

7-2-9 (a)不能 (b)不能 (c)能 (d)不能

7-2-10 (a)能 (b)能 (c)不能(d)能

7-2-11 (a)串联型 (b)并联型

7-3-1 (1)$v_o \approx 0$ V、$v_o \approx 6$ V (2)$v_o = 4.5$ V

7-3-4 $V_{T+} = 3$ V, $V_{T-} = -3$ V

7-3-5 (1)$V_{T+} = 3$ V, $V_{T+} = -3$ V

7-3-7 (1)$f_{omax} = 33$ Hz (2)$v_{o1p-p} = 12$ V, $v_{o2p-p} = 6$ V (3)$R_3 = 20$ kΩ

(4)将 R_4 减小到 15 kΩ 或 C 减小到 0.01 μF

7-3-8 (1)反相积分电路、迟滞比较电路 (3)$f \approx 20v_i$(Hz)

第 8 章

8-1-1 (2)$V_L = 0.9V_2, I_L = 0.9\dfrac{V_2}{R_L}$ (3)$I_D = 0.45\dfrac{V_2}{R_L}, V_{RM} = 2\sqrt{2}V_2$

(4)$V_{2a} = -V_{2b} = \dfrac{V_L}{0.9} = 33.3$ V; $I_D = 40$ mA, $V_{RM} = 94$ V

8-1-2 (1)左正右负 (2)$R \approx 1\,124$ kΩ (3)$V_{RM} \approx V_D$

(4)①烧毁电表或二极管或交流电压源;②电表的电流减小、V_{RM}增大至$\sqrt{2}V_2$、电表读数为负值

8-1-3 (1)$V_{L1} = 45$ V, $V_{L2} = 9$ V, $I_{L1} = 4.5$ mA, $I_{L2} = 90$ mA

(2)$V_{DRM1} = 141$ V, $V_{DRM2} = V_{DRM3} = 28.1$ V, $I_{D1} = I_{L1} = 4.5$ mA, $I_{D2} = I_{D3} = 45$ mA

8-1-4 (1)R_L开路 (2)C 开路 (3)电路正常 (4)C 开路且有一个二极管开路

8-1-5 (1)由 $I_{DM} = 500$ mA 和 $V_{RM} = 100$ V 查手册选管 (2)选 1 000 μF/50 V 的电解电容

(3)$V_2 = 20$ V, $I_2 = 720$ mA

8-1-6 $V_{L1} = 4\sqrt{2}V_2, V_{L2} = 3\sqrt{2}V_2$

8-2-1 (1)$V_o = 7.5$ V (2)$V_o = 7.5$ V (3)$V_o = 0.7$ V (4)$V_o = 5$ V

8-2-2 稳压管 D_Z接反,稳定电压过大,不能起稳压作用;电阻 R 值过大;V_Z太小

8-2-3 (1)$V_{omin} = V_Z$ (2)$V_i = 24$ V (3)$V_o = 2V_Z$ (4)$V_o = 0$ V

8-2-4 (1)上正下负 (3)$V_o = \left(1 + \dfrac{R_3}{R_2}\right)V_Z$

8-2-5 (1)9 V ≤ V_o ≤ 18 V (2)720 Ω ≤ R_4 ≤ 2.8 kΩ

8-3-1 $V_o = 5$ V

8-3-2 (1)$I_{Lmax} \approx 4.5$ A (2)$P_{R_1} \approx 4.5$ W

8-3-3 (1)$V_i = 27$ V,(2)在最下端时

第 9 章

9-3-1 $i_1 = 1.67$ mA, $i_2 = 2.67$ mA, $i_3 = 3.33$ mA , $i_4 = 1.33$ mA

附录 1　本书常用符号说明

为便于读者阅读，对容易混淆的符号和电子器件参数的符号作如下说明。

一、基本原则

1. 电流和电压（以基极电流为例）

$\mathrm{I}_{\mathrm{B(AV)}}$	表示平均值
I_{B}	大写符号、大写下标，表示直流量（或静态电流）
i_{B}	小写符号、大写下标，表示包含直流量的瞬时总量
I_{b}	大写符号、小写下标，表示交流有效值
i_{b}	小写符号、小写下标，表示交流瞬时值
$\dot{I}_{\mathrm{b}}$	表示交流相量值（复数）
ΔI_{B}	表示直流变化量
Δi_{B}	表示瞬时值的变化量

2. 电阻

R	大写字母，表示电路中的电阻或等效电阻
r	小写字母，表示器件内部的等效电阻

二、基本符号

1. 电流和电压

I_{f}、V_{f}	反馈电流、电压
$\dot{I}_{\mathrm{i}}$、$\dot{V}_{\mathrm{i}}$	交流输入电流、电压
$\dot{I}_{\mathrm{o}}$、$\dot{V}_{\mathrm{o}}$	交流输出电流、电压
I_{R}、V_{R} 或 I_{REF}、V_{REF}	参考电流、电压
i_{P}、v_{P}	集成运放同相输入电流、电压
i_{N}、v_{N}	集成运放反相输入电流、电压
v_{ic}	共模输入电压
v_{id}	差模输入电压
$\dot{V}_{\mathrm{s}}$	交流信号电压
V_{T}	开启电压
V_{P}	夹断电压
V_{CC}、V_{EE}、V_{DD}、V_{SS}	电源电压

2. 功率和效率

P	功率通用符号
p	瞬时功率
P_{o}	输出功率
P_{om}	最大输出功率

P_T　　晶体管耗散功率

P_E　　电源消耗的功率

η　　效率

3.频率

f　　频率通用符号

BW（或 f_{bw}）　　通频带

f_C　　使放大电路增益为0 dB时的信号频率

f_H、f_L　　放大电路的上限截止频率、下限截止频率（或 -3 dB频率）

f_P　　滤波电路的截止频率

f_0　　电路的振荡频率、中心频率

ω　　角频率通用符号

4.电阻、电导、电容、电感

R、G、C、L　　电阻、电导、电容、电感通用符号

R_i、R_o　　放大电路的交流输入、输出电阻

R_{if}、R_{of}　　负反馈放大电路的输入、输出电阻

R_L　　负载电阻

R_s　　信号源内阻

5.增益、放大倍数

A　　放大倍数或增益的通用符号

A_c　　共模电压增益

A_d　　差模电压增差

$\dot{A}_v$　　电压增益的通用符号，$\dot{A}_v = \dot{V}_o/\dot{V}_i$

$\dot{A}_{vs}$　　源电压增差，$\dot{A}_{vs} = \dot{V}_o/\dot{V}_s$

$\dot{A}_{vH}$　　高频电压增益

$\dot{A}_{vL}$　　低频电压增益

$\dot{A}_{vM}$　　中频电压增益

$\dot{A}_{vP}$　　有源滤波电路的通带增益

$\dot{A}_{vf}$　　反馈放大电路的闭环电压增益

F　　反馈系数通用符号

三、电子器件参数符号

1.二极管

C_B　　势垒电容

C_D　　扩散电容

C_J　　结电容

N　　电子型（N型）半导体

P　　空穴型（P型）半导体

n　　电子浓度

p　　空穴浓度

V_T	温度的电压当量
D	二极管
D_Z	稳压二极管
I_D	二极管的电流
I_F	二极管的最大整流电流
I_R	二极管的反向电流
I_S	二极管的反向饱和电流
r_d	二极管导通时的动态电阻
r_z	稳压管工作在稳压区的动态电阻
$I_{Z(max)}$	稳压管允许的最大稳定电流
P_{ZM}	稳压管允许的最大耗散功率，$P_{ZM}=V_Z I_{Z(max)}$
$V_{(BR)}$	二极管的反向击穿电压

2.双极型三极管(BJT)

T	三极管
b	基极
c	集电极
e	发射极
$C_{ob}(C_{b'c})$	集电结等效电容
$C_{b'e}$	发射结等效电容
f_α、f_β	三极管共基、共射接法电流放大系数的上限截止频率
f_T	三极管特征频率(此时 β 下降为1)
g_m	跨导
h_{ie}、h_{re}、h_{fe}、h_{oe}	共射接法 h 参数等效电路的四个参数
I_{CBO}	发射极开路时b—c间的反向电流
I_{CEO}	基极开路时c—e间的穿透电流，$I_{CEO}=(1+\beta)I_{CBO}$
I_{CM}	集电极最大允许电流
P_{CM}	集电极最大允许耗散功率
$r_{bb'}$	基区体电阻
$r_{b'e}$	发射结微变等效电阻
r_{be}	b—e间的动态电阻
$V_{(BR)CES}$	b—e间短路时b—c间的击穿电压
$V_{(BR)CBO}$	发射极开路时b—c间的击穿电压
$V_{(BR)CBR}$	b—e间加电阻时c—e间的击穿电压
$V_{(BR)CEO}$	基极开路时c—e间的击穿电压
V_{CES}	饱和管压降
α	共基交流电流放大系数
$\bar{\alpha}$	共基直流电流放大系数
β	共射交流电流放大系数

$\overline{\beta}$	共射直流电流放大系数

3.场效应管(FET)

T	场效应管
d	漏极
g	栅极
s	源极
C_{ds}	d—s 间的等效电容
C_{gs}	g—s 间的等效电容
C_{gd}	g—d 间的等效电容
g_m	跨导
I_{DO}	增强型 MOS 管 $V_{GS}=2V_{GS(th)}$时的漏极电流 i_D
I_{DSS}	耗尽型场效应管 $V_{GS}=0$ 时的漏极电流(也称饱和漏极电流)
P_{DM}	漏极最大允许耗散功率
$V_{GS(off)}$ 或 V_P	耗尽型场效应管的夹断电压
$V_{GS(th)}$ 或 V_T	增强型场效应管的开启电压

4.集成运放

A	集成运放
A_{od}	开环差模增益
dI_{IO}/dT	I_{IO}的温漂
dU_{IO}/dT	U_{IO}的温漂
f_c	单位增益带宽
f_h	-3 dB 带宽
I_{IB}	输入级偏置电流
I_{IO}	输入失调电流
K_{CMRR}	共模抑制比
r_{id}	差模输入电阻
SR	转换速率
U_{IO}	输入失调电压

5.其他符号

D	非线性失真系数
K	热力学温度的单位
N_F	噪声系数
Q	静态工作点
T	温度,周期
τ	时间常数
φ	相位角

附录 2　名词术语汉英对照

二　画

二极管(Diode)

点接触型(Point contact type)~

面结型(Junction type)~

~单向导电性(Unidirectional conductibility)

~伏安特性(Voltampere characteristics)

~参数(Parameters)

~直流电阻(Direct current resistance)

~微变电阻(Incremental resistance)

~最大整流电流(Maximum rectification current)

~反向击穿电压(Reverse breakdown voltage)

~最高工作频率(Highest operational frequency)

~反向饱和电流(Reverse saturation current)

~势垒电容(Barrier capacitance)

~扩散电容(Diffusion capacitance)

~热力学电压(Thermodynamic voltage)

~热力学温度(Thermodynamic temperature)

稳压(Zener)~

变容(Varactor)~

发光(Light-emitting)~

光电(Photo)~

三　画

三极管(Bipolar junction transistor,BJT)

~发射极(Emitter)

~基极(Base)

~集电极(Collector)

~特性曲线(Characteristics)

~参数(Parameters)

~基极体电阻($r_{bb'}$)(Base-spreading resistance)

~发射结电阻(Base-Emitter Junction Resistance)

~偏置电路(Biasing circuits)

~输入特性(Input characteristic)

~输出特性(Output characteristic)

~击穿电压(Breakdown voltage)

~放大区(Active region)

~截止区(Cut-off region)

~饱和区(Saturation region)

~击穿区(Breakdown region)

~共基组态(Common-base configuration)

~共射组态(Common-emitter configuration)

~共集组态(Common-collector configuration)

~电流放大系数(Current amplification factor)

~图解分析(Graphical analysis)

~模型分析(Model analysis)

~H 参数小信号模型(H-parameter small signal model)

~混合 π 型模型(Hybrid-π type)

横向 PNP(Lateral PNP)~

~极限参数(Limiting parameter)

多集电极(Multiple collector)~

~特征频率(f_T)(Characteristic frequency)

四　画

反向偏置(Reverse bias)

反向饱和电流(Reverse saturation current)

二极管(Diode)~

三极管(Transistor)~

反馈放大电路(Feedback amplifiers)

虚地(Virtual ground)

电压串联(Voltage-series)~

电压并联(Voltage-parallel)~

电流串联(Current-series)~

电流并联(Current-parallel)~

~方框图(Block diagram)

~基本放大器(Basic amplifier)

~反馈网络(Feedback network)

~反馈系数(Feedback factor)

~负反馈(Negative feedback)

~正反馈(Positive feedback)

~开环增益(Open-loop gain)

~闭环增益(Closed-loop gain)

~环路增益(Loop gain)

~反馈深度(Desensitivity)

~频率响应(Frequency response)

~非线性失真(Nonlinear distortion)
~信噪比(Signal-to-noise ratio)
~输入电阻(Input resistance)
~输出电阻(Output resistance)
~深度负反馈(Strong negative feedback)
~稳定判据(Stability criterion)
~波特图(Bode plot)
~增益裕度(Gain margin)
~相位裕度(Phase margin)
~频率补偿(Frequency compensation)
比较器(Comparator)
滞回(Regenerative)~
窗口(Window)~
过零(Zero-crossing)~
~阈值电压(Threshold voltage)
互补对称功率放大器(Complementary symmetry power amplifier)
方波发生器(Square wave generator)
开启电压(Threshold voltage)
开关电容滤波器(Switched-capacitor filter)
中心角频率(Central angular frequency)
分贝(Decibel,dB)

五　画

电子系统(Electronic system)
电流源(Current source)
镜像~(Current mirror)
多路~(Multiple current source)
偏置~(Biasing current source)
微~(Micro-current source)
电源(Power supply)
电压跟随器(Voltage follower)
电容(Capacitance)
极间(Interelectrode)~
势垒(Barrier)~
扩散(Diffusion)~
结(Junction)~
密勒(Miller)~
滤波(Filtering)~
耦合(Coupling)~
旁路(By-pass)~
失真(Distortion)
幅度(Amplitude)~
相位(Phase)~
非线性(Nonlinear)~
交越(Crossover)~
功率放大电路(Power amplifier)
甲类(Class A)~
乙类(Class B)~
甲乙类(Class AB)~
OCL(Output capacitorless)~
OTL(Output transformerless)~
互补对称(Complementary symmetry)~
推挽式(Push-pull)~
集成(Integrated)~
~效率(Efficiency)
功率管(Power transistor)
~散热器(Heat sink)
~散热(Heat dissipation)
对数放大器(Logarithmic amplifier)
半导体(Semiconductor)
~PN 结(PN junction)
本征(Intrinsic)~
掺杂(Doping)~
N 型(N type)~
P 型(P type)~
加法器(Adder)

六　画

共价键(Covalent bond)
共模信号(Common-mode signal)
共模抑制比(Common-mode rejection ratio)
有源滤波电路(Active filter)
有源负载(Active load)
多级放大电路(Multistage amplifier)
变压器耦合(Transformer-coupled)~
RC 耦合(RC-coupled)~
直接耦合(Direct-coupled)~
负载线(Load line)
直流(Direct current,DC)~
交流(Alternating current,AC)~
交流通路(AC path)
齐纳击穿(Zener breakdown)
夹断电压(Pinch off voltage)
自由电子(Free electron)
自举电路(Bootstrap circuit)
压控振荡器(Voltage-controlled oscillator)

七 画

补偿(Compensation)
　　频率(Frequency)~
场效应管(Field effect transistor,FET)
　　结型(Junction type,JFET)~
　　MOS 型(Metal-oxide-semiconductor type, MOS-FET)~
　　耗尽型(Depletion type)~
　　增强型(Enhancement type)~
　　~参数(Parameters)
　　~夹断电压(Pinch off voltage)
　　~开启电压(Threshold voltage)
　　~输出特性(Output characteristics)
　　~转移特性(Transfer characteristics)
　　~可变电阻区(Variable resistance region)
　　~共源组态(Common source configuration)
　　~共漏组态(Common drain configuration)
　　~共栅组态(Common gate configuration)
　　~输出电阻(Output resistance)
　　~转换速率(Slew rate,SR)
　　~虚短(Virtual short circuit)
　　~虚断(Virtual open circuit)
　　同相(Noninverting)~
　　反相(Inverting)~
　　~加法器(Adder)
　　~减法器(Subtracter)
　　~积分器(Integrator)
　　~微分器(Differentiator)
　　理想(Ideal)~
阻带(Band-reject)

八 画

波特图(Bode plot)
势垒(Barrier)
受主杂质(Acceptor impurities)
空穴(Hole)
放大电路(Amplifier)
　　电压(Voltage)~
　　差分式(Differential)~
　　功率(Power)~
　　共射单级(Common emitter single stage)~
　　~通频带(Bandwidth,*BW*)
　　~频率响应(Frequency response)
单片集成稳压器(Monolithic integrated regulator)
直流(Direct current)
　　~负载线(Load line)
　　~通路(Path)

九 画

施主杂质(Donor impurities)
玻耳兹曼常数(Boltzmann constant)
恒流源(Constant current source)
复合管(达林顿)电路(Darlington circuit)
品质因数(Quality factor)
相位裕度(Phase margin)
限幅电路(Clipping circuits)
信号(Signal)
　　差模(Differential-mode)~
　　共模(Common-mode)~
　　干扰(Interference)~

十 画

耗尽区(Depletion region)
耗尽型场效应管(Depletion type FET)
射极输出器(Emitter follower)
热噪声(Thermal noise)
热阻(Thermal resistance)
通频带(Pass band)
特征频率(Transition frequency,f_T)
效率(Efficiency)
积分电路(Integrator)
振荡电路(Oscillator)
　　正弦波(Sinusoidal)~
　　RC~
　　LC~
　　桥式(文氏电桥)(Wien bridge)~
自激振荡(Self oscillation)
　　振荡条件(Criterion of oscillation)
　　幅值条件(Amplitude criterion)
　　相位条件(Phase criterion)
　　科皮兹(电容三点式)(Colpitts)~
　　哈特莱(电感三点式)(Hartley)~
　　晶体(Crystal)~
　　变压器耦合(Transformer-coupled)*LC*

十一画

雪崩击穿(Avalanche breakdown)

十 二 画

十 三 画

十 四 画

十 五 画

十 六 画

参考文献

[1] 华中理工大学电子学教研室编,康华光主编.电子技术基础(模拟部分)(第4版)[M].北京:高等教育出版社,1999.

[2] 浙江大学电子学教研室编,邓汉馨,郑家龙主编.模拟集成电子技术教程[M].北京:高等教育出版社,1994.

[3] 浙江大学电工电子基础教学中心电子学组编,郑家龙,王小海,章安元主编.集成电子技术基础教程[M].北京:高等教育出版社,2002.

[4] 张凤言.电子电路基础(第2版)[M].北京:高等教育出版社,1995.

[5] 王远主.模拟电子技术[M].北京:机械工业出版社,1994.

[6] 西安交通大学电子学教研室编,沈尚贤主编.电子技术导论[M].北京:高等教育出版社,1985.

[7] Adel S Sedra, kenneth. Microelectronic Circuits, 4rd ed[M]. Oxford University Press, 1998.

[8] 吴运昌.模拟电子线路基础[M].广州:华南理工大学出版社,1998.

[9] 清华大学电子学教研组编,童诗白,华成英主编.模拟电子技术基础(第3版)[M].北京:高等教育出版社,2000.

[10] 华正权.信号变换电路[M].北京:电子工业出版社,1994.

[11] 电子学名词审定委员会.电子学名词[M].北京:科学出版社,1993.

[12] 清华大学电子学教研组编,童诗白主编.模拟电子技术基础(第2版)[M].北京:高等教育出版社,1998.

[13] Jacok Millman, Arvin Grabel. Microelectronics. 2nd ed[M]. McGraw-Hill Book Company, New York, 1989.

[14] 朱达斌,张宝玉,张文骏.模拟集成电路的特性及应用[M].北京:航空航天大学出版社,1994.

[15] 张国雄,金篆芷.测控电路[M].北京:机械工业出版社,2001.

[16] 林玉江.模拟电子技术基础[M].哈尔滨:哈尔滨工业大学出版社,1997

[17] 童诗白,何金茂.电子技术基础试题汇编(模拟部分)[M].北京:高等教育出版社,1992.

[18] P L Jones, P J Spreadbury. Analogue electronic circuits and systems[M]. New York: Cambride University Press, 1991.

[19] 谢沅清,解月珍.电子电路基础[M].北京:人民邮电出版社,1999.

[20] 何希才,伊兵,杜煜.实用电子电路设计[M].北京:电子工业社版社,1998.

[21] 王秀才,张畴先.模拟集成电路应用[M].西安:西北工业大学出版社,1994.

[22] 郭维芹.模拟电子技术[M].北京:科学出版社,1993.

[23] C Toumazou F J Lidgey, D G Haigh.模拟集成电路设计——电流模法[M].姚玉洁等,译.北京:高等教育出版社,1996.

[24] 赵玉山,周跃庆,王萍.电流模式电子电路[M].天津:天津大学出版社,2001.

[25] Thomas L Floyd, David Buchla. Fundamentals of Analog Circuits. 2nd ed[M].(影印本)北京:高等教育出版社,2004.

